Python 网络爬虫实战（第2版）

胡松涛 著

清華大学出版社
北 京

内 容 简 介

本书从 Python 3.6.4 的安装开始，详细讲解了 Python 从简单程序延伸到 Python 网络爬虫的全过程。本书从实战出发，根据不同的需求选取不同的爬虫，有针对性地讲解了几种 Python 网络爬虫。

本书共 10 章，涵盖的内容有 Python3.6 语言的基本语法、Python 常用 IDE 的使用、Python 第三方模块的导入使用、Python 爬虫常用模块、Scrapy 爬虫、Beautiful Soup 爬虫、Mechanize 模拟浏览器和 Selenium 模拟浏览器、Pyspider 爬虫框架、爬虫与反爬虫。本书所有源代码已上传网盘供读者下载。

本书内容丰富，实例典型，实用性强。适合 Python 网络爬虫初学者、Python 数据分析与挖掘技术初学者，以及高等院校和培训学校相关专业的师生阅读。

图书在版编目（CIP）数据

Python 网络爬虫实战 / 胡松涛著. —2 版. —北京：清华大学出版社，2018（2024.7重印）
ISBN 978-7-302-51008-6

I. ①P… II. ①胡… III. ①软件工具－程序设计 IV. ①TP311.56

中国版本图书馆 CIP 数据核字（2018）第 191827 号

责任编辑： 夏毓彦
封面设计： 王 翔
责任校对： 闫秀华
责任印制： 沈 露

出版发行： 清华大学出版社
网 址：https://www.tup.com.cn，https://www.wqxuetang.com
地 址：北京清华大学学研大厦 A 座　　邮 编：100084
社 总 机：010-83470000　　邮 购：010-62786544
投稿与读者服务：010-62776969，c-service@tup.tsinghua.edu.cn
质量反馈：010-62772015，zhiliang@tup.tsinghua.edu.cn
印 装 者：天津鑫丰华印务有限公司
经 销：全国新华书店
开 本：190mm×260mm　　印 张：24.5　　字 数：627 千字
版 次：2017 年 1 月第 1 版　2018 年 10 月第 2 版　　印 次：2024 年 7 月第 6 次印刷
定 价：79.00 元

产品编号：078131-01

前　言

计算机技术飞速发展，人们对计算机使用技能的要求也越来越高。在编写软件时，大家既希望有超高的效率，又希望这门语言简单易用。这种鱼与熊掌皆得的要求的确很高，Python编程语言恰好符合这么苛刻的要求。

Python的执行效率仅比效率之王C略差一筹，在简单易用方面Python也名列三甲。可以说Python在效率和简单之间达到了平衡。另外，Python还是一门胶水语言，可以将其他编程语言的优点融合在一起，达到1+1>2的效果。这也是Python如今使用人数越来越多的原因。

Python语言发展迅速，在各行各业都发挥独特的作用。在各大企业、学校、机关都运行着Python明星程序。但就个人而言，运用Python最多的还是网络爬虫（这里的爬虫仅涉及从网页提取数据，不涉及深度、广度算法爬虫搜索）。在网络上经常更新的数据，无须每次都打开网页浏览，使用爬虫程序，一键获取数据，下载保存后分析。考虑到Python爬虫在网络上的资料虽多，但大多都不成系统，难以提供系统有效的学习。因此笔者抛砖引玉，编写了这本有关Python网络爬虫的书，以供读者学习参考。

Python简单易学，Python爬虫也不复杂。只需要了解了Python的基本操作即可自行编写。本书中介绍了几种不同类型的Python爬虫，可以针对不同情况的站点进行数据收集。

本书特色

- 附带全部源代码。为了便于读者理解本书内容，作者已将全部的源代码上传到网络，供读者下载使用。读者通过代码学习开发思路，精简优化代码。
- 涵盖了Linux&Windows上模块的安装配置。本书包含了Python模块源的配置、模块的安装，以及常用IDE的使用。
- 实战实例。通过常用的实例，详细说明网络爬虫的编写过程。

本书内容

本书共10章，前面4章简单地介绍了Python 3.6的基本用法和简单Python程序的编写。第5章的Scrapy爬虫框架主要针对一般无须登录的网站，在爬取大量数据时使用Scrapy会很方便。第6章的Beautiful Soup爬虫可以算作爬虫的“个人版”。Beautiful Soup爬虫主要针对一些爬取数据比较少的，结构简单的网站。第7章的Mechanize模块，主要功能是模拟浏览器。

它的作用主要是针对那些需要登录验证的网站。第 8 章的 Selenium 模块，主要功能也是模拟浏览器，它的作用主要是针对 JavaScript 返回数据的网站。第 9 章的 Pyspider 是由国人自产的爬虫框架。Pyspider 框架独具一格的 Web 接口让爬虫的使用更加简单。第 10 章简单介绍了反爬虫技术，使读者编写的爬虫可以绕过简单的反爬虫技术更加灵活地获取数据。

本书用于 Python 3 编程与 Python 3 网络爬虫快速入门。另外，为了让读者多了解几个爬虫框架，本书也介绍了 Python 2.7 下运行的 Mechanize 与 Pyspider 工具。

修订说明

本书第 1 版使用了 Python 2.7，由于 Python 2 未来不再被官方支持，今后 Python 将逐渐转换到 Python 3 版本。Python 3 基本上可以与 Python 2 兼容，但细节方面略有差异，比如某些模块的名称（Python2 中的 urllib2 在 Python 3 中变成了 urllib.request）。本次修订将所有支持 Python 3 的爬虫全部转换成了 Python 3 的版本，更加符合主流。目前暂时不支持 Python 3、只支持 Python 2 的爬虫（Mechanize 与 Pyspider）也修订了代码，改正了一些因为目标网站改版而造成爬虫不能使用的问题。

源代码下载

本书源代码下载地址请扫描右边二维码。如果下载有问题，或者对本书有任何疑问与建议，请联系 booksaga@163.com，邮件主题为“Python 网络爬虫”。

本书读者与作者

- Python 编程及 Python 网络爬虫初学者
- 数据分析与挖掘技术初学者
- 高等院校和培训学校相关专业的师生

本书由胡松涛主笔，其他参与创作的还有王立平、刘祥淼、王启明、樊爱宛、张倩、曹卉、林江闽、王铁民、殷龙、李春城、赵东、李玉莉、李柯泉、李雷霆。

著　者

2018 年 8 月

目 录

第 1 章

◂Python环境配置▸

为什么选择 Python 来写网络爬虫？

众所周知 Python 的运行速度并不是最快的，比不上 Java，比不上 C++，更比不上传说中的速度效率之王 C。学习资料的完备也不在三甲之内，市面上讲解 C&C++的书籍绝对是 Python 的几倍甚至几十倍。使用的人数也不是最多，目前还是使用 Java、C、C++的人要更多一些。

那么，为什么会选择 Python？

首先是它简单易学，简单到没有学过任何编程语言的人稍微看下资料，再看几个示例就可以编写出可用的程序；其次它是一门解释型编程语言，编写完毕后可直接执行，无须编译，发现 Bug 后立即修改，省下了无数的编译时间；还有它的代码重用性高，可以把包含某个功能的程序当成模块代入其他程序中使用，因而 Python 的模块库庞大到恐怖，几乎是无所不包；最后就是因为它的跨平台性，几乎所有的 Python 程序都可以不加修改地运行在不同的操作平台，都能得到同样的结果。这么多的优点都集中在这个语言中，因此写没有特殊要求的网络爬虫最好的选择就是使用 Python。

1.1 Python 简介

了解一门语言，我们先从它的历史说起。Python 的应用越来越广泛，它最初是用来做什么用的，之后又如何发展的，了解这些，我们就更能了解 Python。

1.1.1 Python 的历史由来

Python 是一种开源的面向对象的脚本语言，它起源于 1989 年末，当时，CWI（阿姆斯特丹国家数学和计算机科学研究所）的研究员 Guido van Rossum 需要一种高级脚本编程语言，为其研究小组的 Amoeba 分布式操作系统执行管理任务。为创建新语言，他从高级数学语言 ABC（ALL BASIC CODE）汲取了大量语法，并从系统编程语言 Modula-3 借鉴了错误处理机制。Van Rossum 把这种新的语言命名为 Python（大蟒蛇）——来源于 BBC 当时正在热播的喜剧连续剧 Monty Python。

ABC 是由 Guido 参加设计的一种教学语言。就 Guido 本人看来，ABC 这种语言非常优美和强大，是专门为非专业程序员设计的。但是 ABC 语言并没有成功，究其原因，Guido 认为是非开放造成的。Guido 决心在 Python 中避免这一错误。同时，他还想实现在 ABC 中闪现过但未曾实现的东西。

就这样，Python 在 Guido 手中诞生了。可以说，Python 是从 ABC 发展起来，并且结合了 Unix shell 和 C 的习惯。Python 源代码遵循 GPL（GNU General Public License）协议，所以任何个人用户都可以免费使用。

1.1.2 Python 的现状

Python 于 1991 年初公开发行。由于功能强大并采用开源方式发行，Python 发展得很快，用户越来越多，形成了一个强大的社区力量。2001 年，Python 的核心开发团队移师 Digital Creations 公司，该公司是 Zope（一个用 Python 编写的 Web 应用服务器）的创始者。大家可以到 http://www.python.org/上了解最新的 Python 动态和资料 。

如今，Python 已经成为最受欢迎的程序设计语言之一。2011 年 1 月，它被 TIOBE 编程语言排行榜评为 2010 年年度语言。自从 2004 年以后，Python 的使用率呈线性增长 。

1.1.3 Python 的应用

Python 应用广泛，特别适用于以下几个方面。

- 系统编程：提供 API（Application Programming Interface，应用程序编程接口），能方便地进行系统维护和管理，Linux 下标志性语言之一，是很多系统管理员理想的编程工具 。
- 图形处理：有 PIL、Tkinter 等图形库支持，能方便进行图形处理。
- 数学处理：NumPy 扩展提供大量与许多标准数学库的接口。
- 文本处理：Python 提供的 re 模块能支持正则表达式，还提供 SGML、XML 分析模块，许多程序员利用 Python 进行 XML 程序的开发。
- 数据库编程：程序员可通过遵循 Python DB-API（数据库应用程序编程接口）规范的模块与 Microsoft SQL Server、Oracle、Sybase、DB2、MySQL、SQLite 等数据库通信。Python 自带有一个 Gadfly 模块，提供了一个完整的 SQL 环境。
- 网络编程：提供丰富的模块支持 sockets 编程，能方便、快速地开发分布式应用程序。很多大规模软件开发计划，例如 Zope、Mnet 及 BitTorrent、Google 都在广泛地使用它。
- Web 编程：应用的开发语言，支持最新的 XML 技术。
- 多媒体应用：Python 的 PyOpenGL 模块封装了 OpenGL 应用程序编程接口，能进行二维和三维图像处理。PyGame 模块可用于编写游戏软件。
- PYMO 引擎：PYMO 的全称为 Python Memories Off，是一款运行于 Symbian S60V3、Symbian3、S60V5、Symbian3、Android 系统上的 AVG 游戏引擎。因其基于 Python 2.0 平台开发，并且适用于创建秋之回忆（memories off）风格的 AVG 游

戏，故命名为 PYMO。

不只个人用户推崇 Python，企业用户也对 Python 青睐有加，以下是明星企业的应用项目：

- Reddit：社交分享网站，最早用 Lisp 开发，在 2005 年转为 Python。
- Dropbox：文件分享服务。
- 豆瓣网：图书、唱片、电影等文化产品的资料数据库网站。
- Django：鼓励快速开发的 Web 应用框架。
- Fabric：用于管理成百上千台 Linux 主机的程序库。
- EVE：网络游戏 EVE 大量使用 Python 进行开发。
- Blender：以 C 与 Python 开发的开源 3D 绘图软件。
- BitTorrent：bt 下载软件客户端。
- Ubuntu Software Center：Ubuntu 9.10 版本后自带的图形化包管理器。
- YUM：用于 RPM 兼容的 Linux 系统上的包管理器。
- Civilization IV：游戏《文明 4》。
- Battlefield 2：游戏《战地 2》。
- Google：谷歌在很多项目中用 Python 作为网络应用的后端，如 Google Groups、Gmail、Google Maps 等，Google App Engine 支持 Python 作为开发语言。
- NASA：美国宇航局，从 1994 年起把 Python 作为主要开发语言。
- Industrial Light & Magic：工业光魔，乔治·卢卡斯创立的电影特效公司。
- Yahoo! Groups：雅虎推出的群组交流平台。
- YouTube：视频分享网站，在某些功能上使用到 Python。
- Cinema 4D：一套整合 3D 模型、动画与绘图的高级三维绘图软件，以其高速的运算和强大的渲染插件著称。
- Autodesk Maya：3D 建模软件，支持 Python 作为脚本语言。
- gedit：Linux 平台的文本编辑器。
- GIMP：Linux 平台的图像处理软件。
- Minecraft: Pi Edition：游戏《Minecraft》的树莓派版本。
- MySQL Workbench：可视化数据库管理工具。
- Digg：社交新闻分享网站。
- Mozilla：为支持和领导开源的 Mozilla 项目而设立的一个非营利组织。
- Quora：社交问答网站。
- Path：私密社交应用。
- Pinterest：图片社交分享网站。
- SlideShare：幻灯片存储、展示、分享的网站。
- Yelp：美国商户点评网站。
- Slide：社交游戏/应用开发公司，被谷歌收购。

还有很多企业级的应用这里就不一一列举了。Python 适用于不同的场合、不同的人群，是适应性非常强的一门语言。

1.2 Python 3.6.4 开发环境配置

Python 在 PC 三大主流平台（Windows、Linux 和 OS X）都可使用。在这里只讲解 Windows 和 Linux 下的开发环境配置。Windows 平台以 Windows 7 为例，Linux 平台以 Debian 8 系统为例。Python 目前主要有两个版本，Python 2 和 Python 3。

目前，Python 2 的最终版本是 Python 2.7.14，Python 3 的最终版本是 Python 3.6.4。虽然目前 Python 2 和 Python 3 的拥趸暂时棋逢对手，但相信 Python 3 才是未来的方向。所以本书的程序将以 Python 3 为主。

在 Windows 系统中，如果同时安装了 Python 2 和 Python 3，这两个程序的名字都是 Python.exe，只能以安装目录来区分 Python 2 和 Python 3 了。Linux 系统还好区分，可以通过程序名来区分。

1.2.1 Windows 下安装 Python

（1）打开 Chrome 浏览器，在地址栏输入 Python 官网地址 www.python.org，如图 1-1 所示。

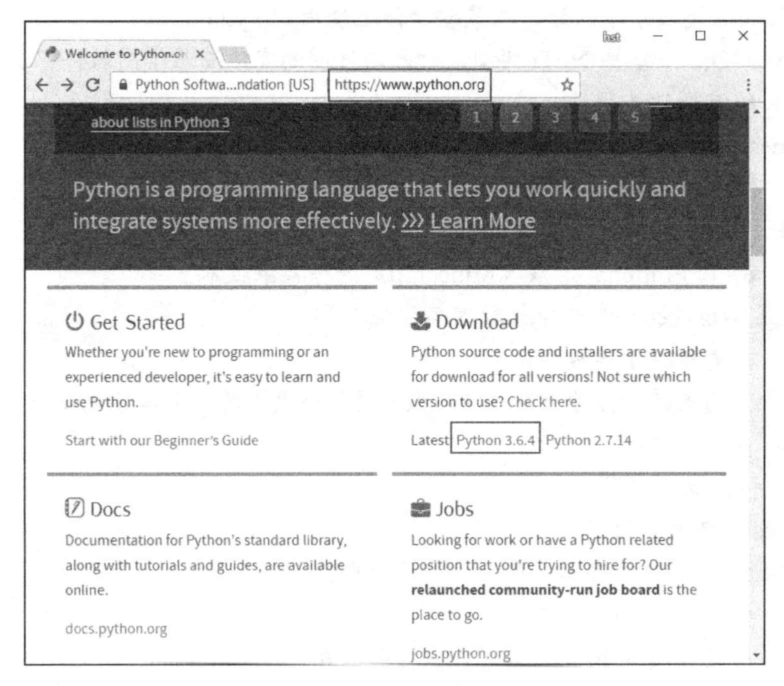

图 1-1　Python 官网

（2）单击 Python 3.6.4，进入 Python 3.6.4 的下载页面，如图 1-2 所示。

（3）按照安装的 Windows 系统选择下载的安装文件。示例系统是 Windows 7 64 位，适合当前 Windows 版本的 Python 安装文件有 3 个，一个是绿色解压缩版本，一个是正常的安装版本，最后一个是网络安装版本。绿色安装版本需要自行添加环境变量。正常的安装版本安装更简单一些。所以这里下载的是 Windows x86-64 executable installer。

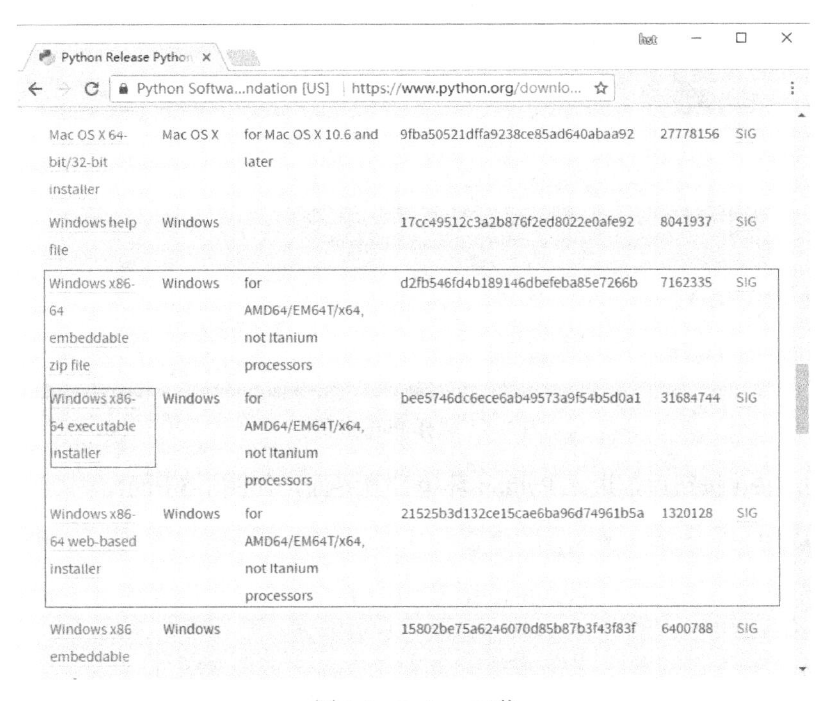

图 1-2　Python 下载

（4）下载完毕，得到安装文件 python-3.6.4-amd64.exe。以管理员身份运行安装程序，开始安装 Python 3.6，如图 1-3 所示。

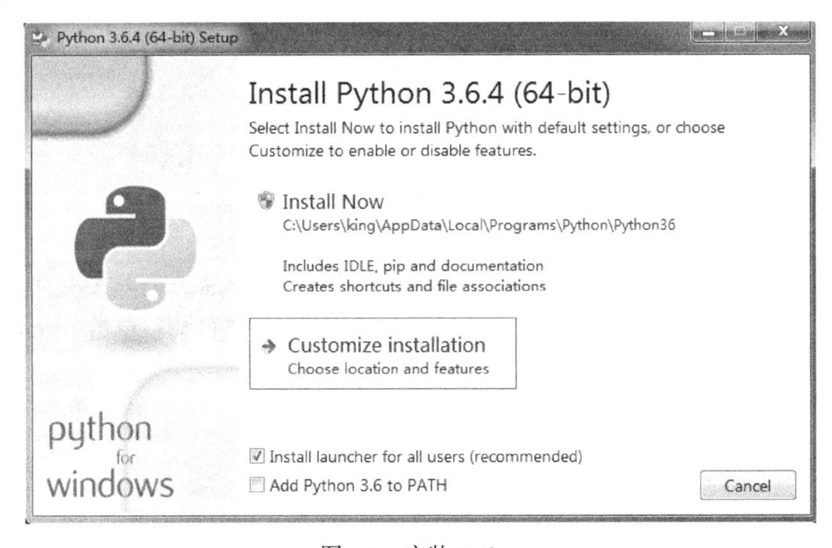

图 1-3　安装 Python

（5）单击 Customize installation 按钮，选择 Python 安装组件，将全部的组件都选上，如图 1-4 所示。

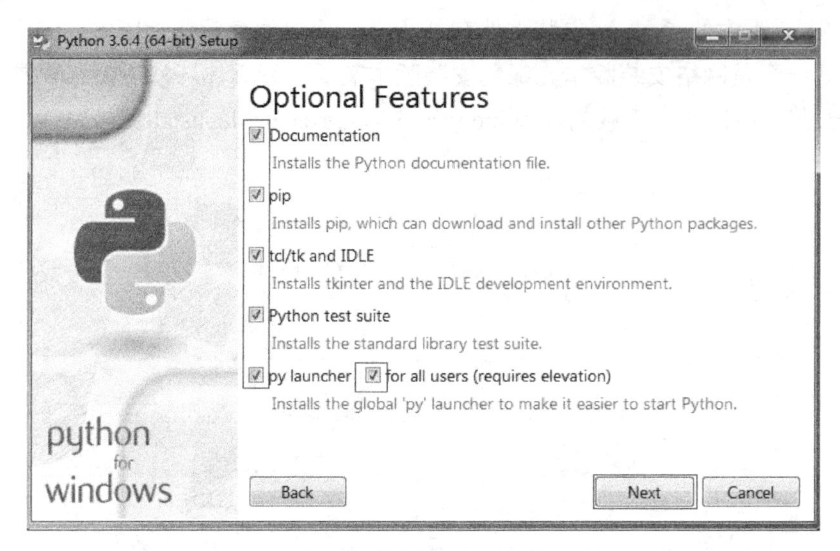

图 1-4　选择 Python 组件

（6）单击 Next 按钮后，进入 Python 环境设置界面，如图 1-5 所示。

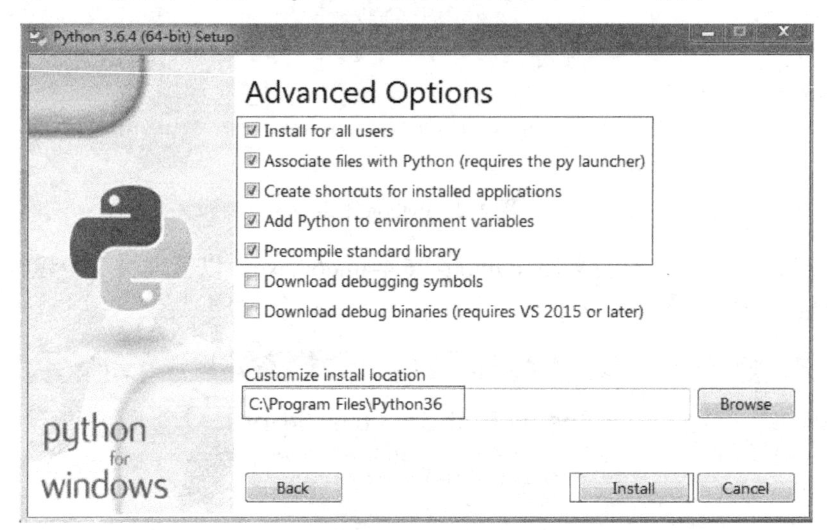

图 1-5　Python 安装环境

选择 Add Python to environment variables，将 Python 加入系统环境变量中。选择 Install for all users，允许所有用户使用 Python。修改一个合适的安装目录。单击 Install 按钮开始安装 Python，如图 1-6 所示。

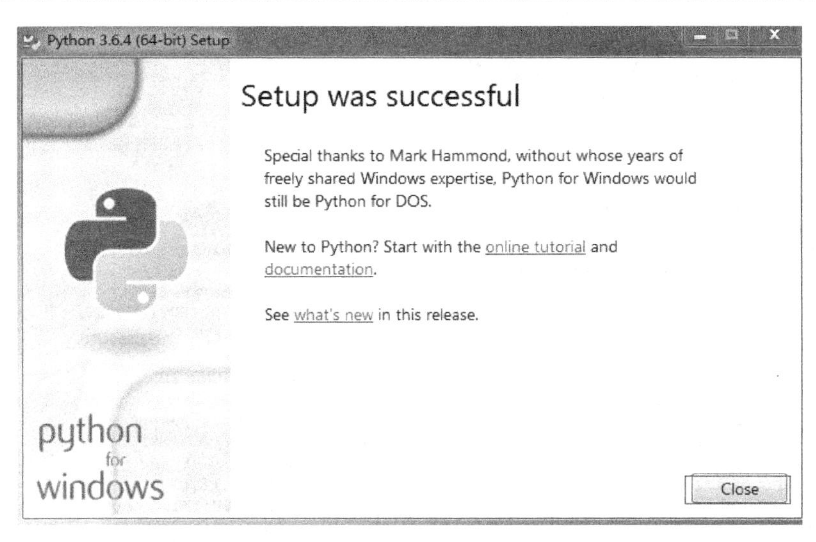

图 1-6　安装 Python

（7）单击 Close 按钮，整个安装程序完毕。验证 Python 是否安装成功。单击桌面左下角的“开始”菜单，在地址栏输入 cmd.exe 后按 Enter 键，打开 Windows 系统命令行程序，如图 1-7 所示。

图 1-7　打开系统命令行工具 cmd.exe

（8）执行命令，验证 Python，如图 1-8 所示。

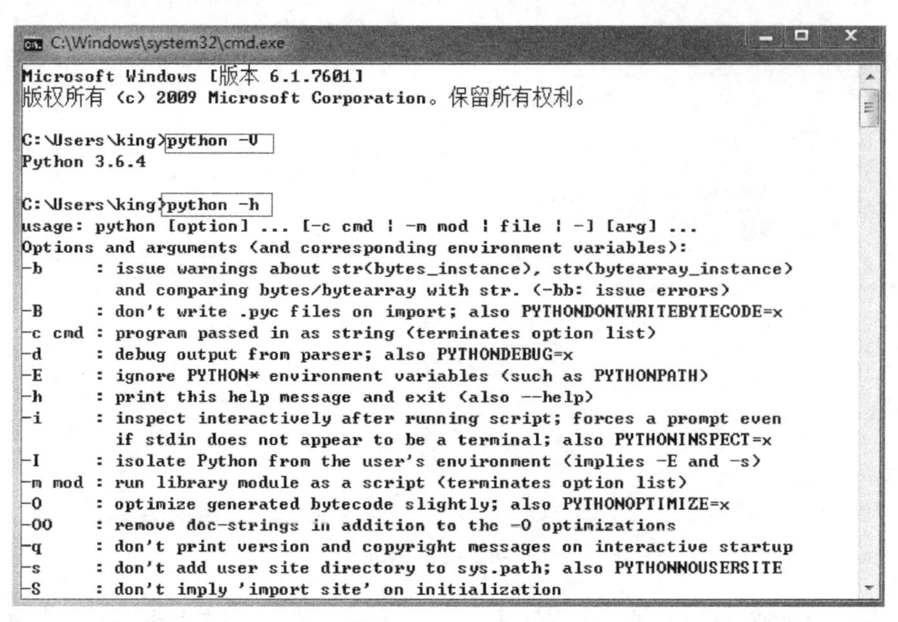

图 1-8　验证 Python

由此可见 Python 已安装成功，并已将路径添加到环境变量。单击桌面左下角的“开始”|“所有程序”菜单，单击 Python 3.6 文件夹，就可以看到 Python 的菜单，如图 1-9 所示。

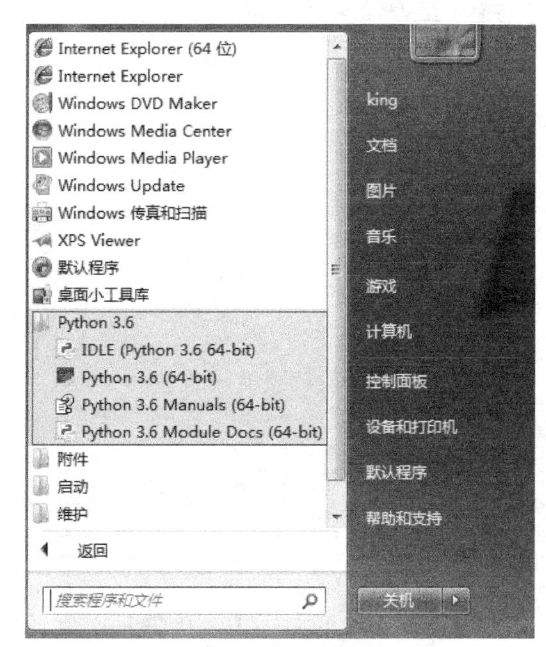

图 1-9　Python 3.6 菜单

在安装 Python 的同时也安装了 Python 自带的 IDE——IDLE 和本地的模块说明文档。这个文档的说明很详细，一般只需要看这个文档就足够了。

至此 Python 3 已在 Windows 上安装验证成功，可以愉快地使用 Python 了。

1.2.2　Windows 下安装配置 pip

上文中说过，Python 有几乎无限的第三方模块。如何安装这些第三方模块呢？这里就不得不说到 easy_install 和 pip 了。

easy_install 和 pip 都是 Python 的模块安装工具，有点类似于 Debian 系统的 apt-get、Fedora 系统中的 yum 或者 Windows 系统中的 QQ 软件管理器，都是一键安装软件工具，所不同的是它们只负责安装 Python 模块。老版本中的 Python 只有 easy_install。pip 可以认为是 easy_install 的高级版本，所以 pip 和 easy_install 任选其一即可，建议使用 pip。在安装 Python 时已经选择了 pip 组件（如图 1-5 所示），就无须再次安装 pip 了，直接开始配置即可。

因为 pip 的服务器安装源在国外，基于国内糟糕的网络环境，使用 pip 安装 Python 第三方模块将是一个很痛苦的过程。好在有变通的方法，在国内也有 pip 的镜像源，只需要在 pip 的配置文件中将 pip 的安装源指向国内的服务器，这个问题就解决了。

根据 pip 的指南，Windows 中 pip 的配置文件是%HOME%/pip/pip.ini（具体到当前环境，本书使用的 Windows 当前用户是 king，那么配置文件位置就是 C:\Users\king\pip\pip.ini）。默认情况下 pip 文件夹和 pip.ini 文件都未被创建，需要自行创建。按照指南创建好文件夹和文件后，pip.ini 文件内容如下：

```
[global]
index-url = https://pypi.mirrors.ustc.edu.cn/simple
#index-url = http://pypi.hustunique.com/simple
#index.url = http://pypi.douban.com/simple
```

这里一定是 pip.ini 文件，而不是 pip.ini.txt。在 Windows 中显示文件后缀名，确认配置文件的文件名。

修改后的结果如图 1-10 所示。

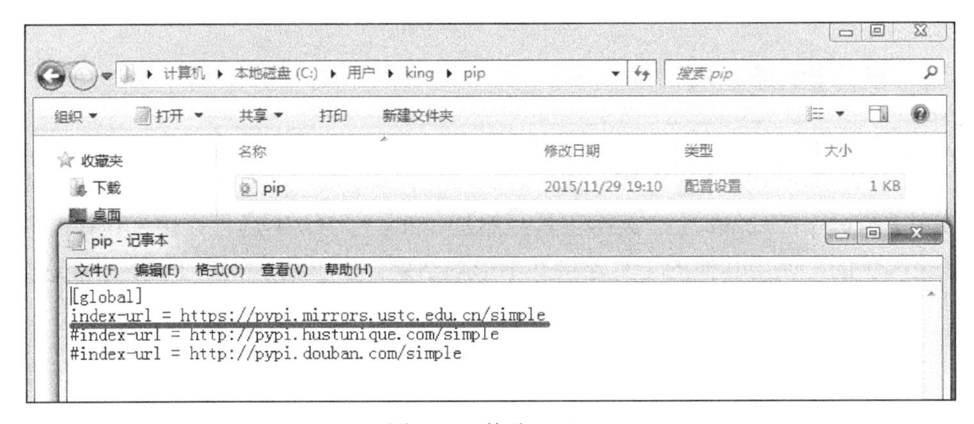

图 1-10　修改 pip.ini

图 1-10 中准备了 3 个 pip 源，任选其一即可。选择的方法就是在不需要的源地址前面加上#符号。下面来验证一下修改源地址是否成功，执行命令：

```
python -m pip install --upgrade pip
```

此命令的作用是更新 pip 源，结果如图 1-11 所示。

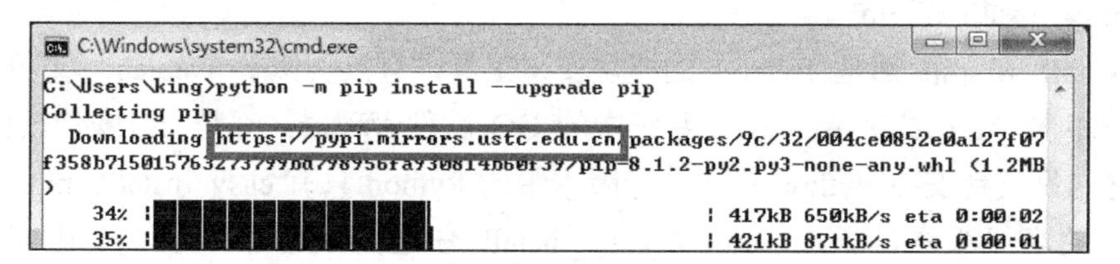

图 1-11　更新 pip 源

可以看出，配置文件中的新源已经起作用了。测试一下 pip。单击桌面左下角的“开始”菜单，在地址栏中输入 cmd.exe 后按 Enter 键，打开 Windows 系统命令行程序。执行命令，如图 1-12 所示。

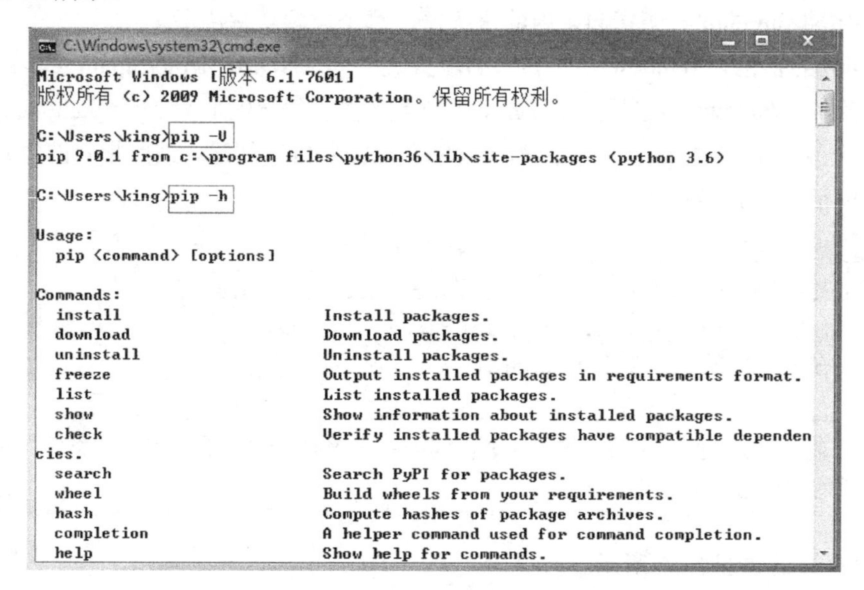

图 1-12　测试 pip

至此 pip 已完全配置完毕。

1.2.3　Linux 下安装 Python

连接到虚拟机 pyDebian 上。连接工具当然是 Putty 了（ssh 远程连接工具有很多，这里只是选了个顺手的，使用其他的工具连接并不影响结果）。下面，先用 Putty 连接这个 Linux 机器。

（1）双击 Putty 图标，打开 Putty.exe，填入 IP 地址和端口信息，如图 1-13 所示。

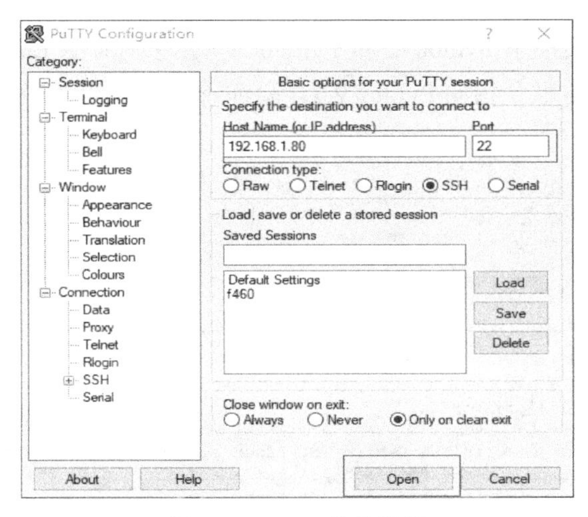

图 1-13　Putty 连接设置

（2）单击 Open 按钮，第一次使用 Putty 登录 Linux 会有一个安全警告提示，如图 1-14 所示。

图 1-14　Putty 安全警告

（3）单击“是(Y)”按钮，进入 Linux 的登录界面（用户名和密码就使用默认的 king:qwe123），如图 1-15 所示。

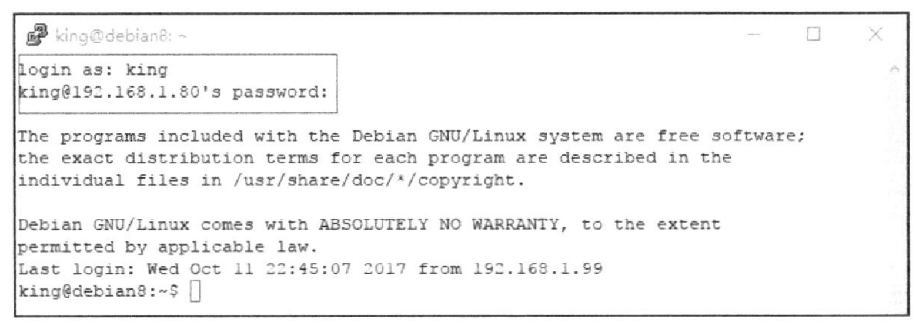

图 1-15　登录 Linux

（4）输入用户名和用户密码后（用户密码不回显），登录到 Linux。

Debian Linux 默认安装了 Python 2 和 Python 3（几乎所有的 Linux 发行版本都默认安装了 Python）。Python 命令默认指向 Python 2.7，验证一下 Python 的路径，执行命令：

```
whereis python
ls -l /usr/bin/python
ls -l /usr/bin/python3
```

执行的结果如图 1-16 所示。

```
king@debian8: ~
login as: king
king@192.168.1.80's password:

The programs included with the Debian GNU/Linux system are free software;
the exact distribution terms for each program are described in the
individual files in /usr/share/doc/*/copyright.

Debian GNU/Linux comes with ABSOLUTELY NO WARRANTY, to the extent
permitted by applicable law.
Last login: Wed Oct 11 22:45:07 2017 from 192.168.1.99
king@debian8:~$ whereis python
python: /usr/bin/python3.4 /usr/bin/python /usr/bin/python2.7 /usr/bin/python3.4
m /usr/lib/python3.4 /usr/lib/python2.7 /usr/lib/python2.6 /etc/python3.4 /etc/p
ython /etc/python2.7 /usr/local/lib/python3.4 /usr/local/lib/python2.7 /usr/incl
ude/python2.7 /usr/share/python /usr/share/man/man1/python.1.gz
king@debian8:~$ ls -l /usr/bin/python
lrwxrwxrwx 1 root root 9 9月  12 22:17 /usr/bin/python -> python2.7
king@debian8:~$ ls -l /usr/bin/python3
lrwxrwxrwx 1 root root 9 9月  12 22:17 /usr/bin/python3 -> python3.4
king@debian8:~$
```

图 1-16　查看 Python 路径

再来看看 Python 的版本信息，执行命令：

```
python2 -V
python3 -V
```

执行的结果如图 1-17 所示。

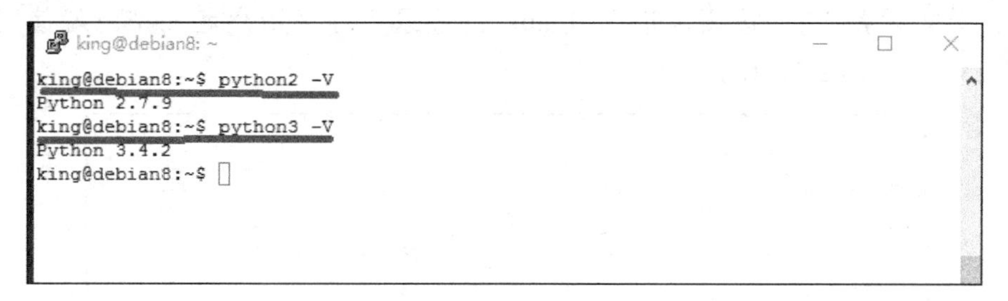

图 1-17　Python 版本信息

从图 1-17 中可以看出，Linux 上安装的 Python 版本与官网上的最新版本（Python 3.6.4）是不同的。这是正常现象，一般来说 Debian Linux 会使用软件的最稳定版本，而 Ubuntu Linux 会使用软件的最新版本。

1.2.4　Linux 下安装配置 pip

如同 Windows 中的 Python 一样，Linux 中的 Python 同样需要一个模块安装的管理工具，既可以是 easy_install，也可以是 pip。遗憾的是多数 Linux 版本并没有默认安装这个管理工具（Debian 可以使用 apt-get 安装大部分的 Python 第三方模块，只有极少数的模块不能使用 apt-get 安装），所以得自己安装。

从 Debian Linux 中安装 pip，执行命令：

```
su -
apt-get install python3-pip
```

执行结果如图 1-18 所示。

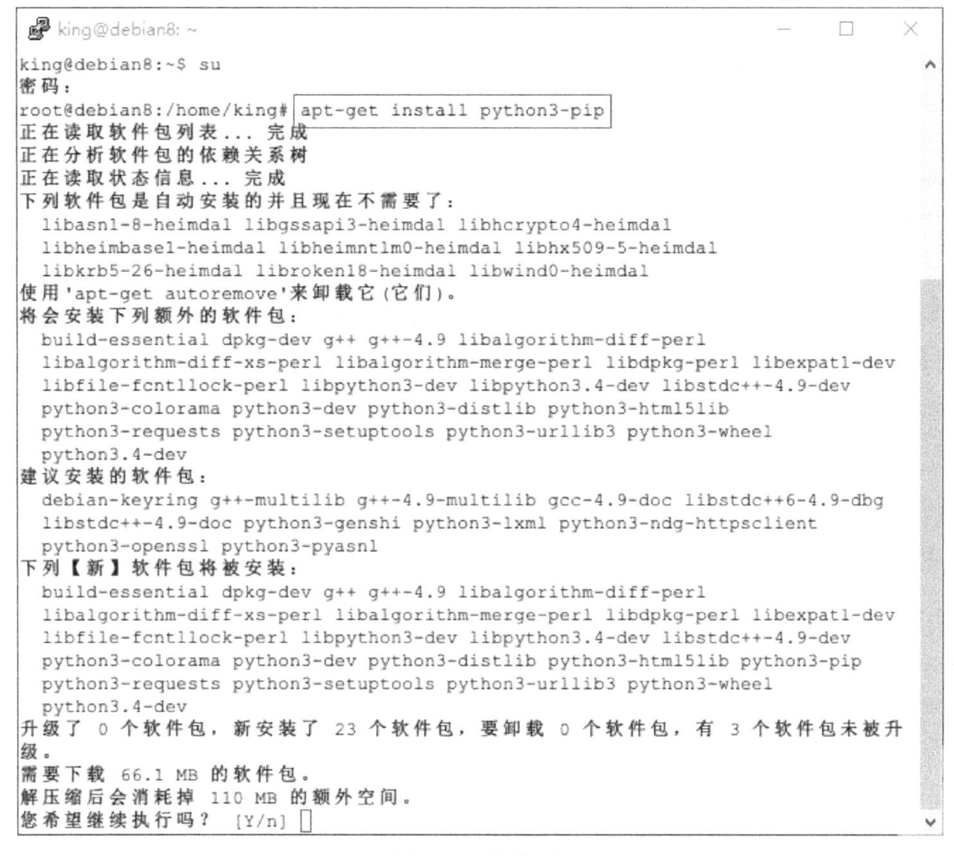

图 1-18　安装 pip

输入 su -命令后再输入系统 root 用户的登录密码。该命令的作用是使用 root 用户登录系统，并使用 root 用户的环境变量。apt-get install Python 3-pip 的作用是使用 apt-get 命令安装 Python 3-pip 这个工具包。最后输入 y 确认执行命令，开始安装 python-pip。

Linux 下安装软件都必须有 root 权限，可以直接转换成 root 用户安装，也可以在 sudoers 里添加特权用户和权限。

安装 Python 3-pip 后，退出 root 用户环境，查看 pip3 版本，如图 1-19 所示。

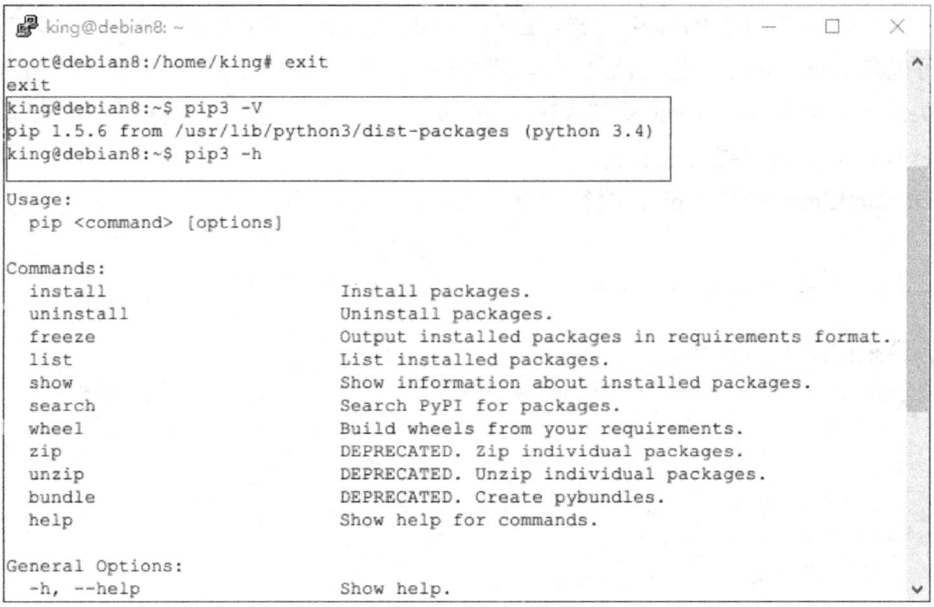

```
king@debian8: ~
root@debian8:/home/king# exit
exit
king@debian8:~$ pip3 -V
pip 1.5.6 from /usr/lib/python3/dist-packages (python 3.4)
king@debian8:~$ pip3 -h

Usage:
  pip <command> [options]

Commands:
  install                     Install packages.
  uninstall                   Uninstall packages.
  freeze                      Output installed packages in requirements format.
  list                        List installed packages.
  show                        Show information about installed packages.
  search                      Search PyPI for packages.
  wheel                       Build wheels from your requirements.
  zip                         DEPRECATED. Zip individual packages.
  unzip                       DEPRECATED. Unzip individual packages.
  bundle                      DEPRECATED. Create pybundles.
  help                        Show help for commands.

General Options:
  -h, --help                  Show help.
```

图 1-19　验证 pip

最后还要将 pip3 的更新源改成国内源。根据 pip 的指南，在 Linux 下 pip 的配置文件是 $HOME/.pip/pip.conf，执行命令：

```
su -
cd
pwd
mkdir .pip
cd .pip
cat > pip.conf << EOF
[global]
index-url = https://pypi.mirrors.ustc.edu.cn/simple
#index-url = http://pypi.hustunique.com/simple
#index-url = http://pypi.douban.com/simple
EOF
cat pip.conf
exit
```

执行结果如图 1-20 所示。

```
king@debian8: ~
king@debian8:~$ su -
密码:
root@debian8:~# cd
root@debian8:~# pwd
/root
root@debian8:~# mkdir .pip
root@debian8:~# cd .pip
root@debian8:~/.pip# cat > pip.conf << EOF
> [global]
> index-url = https://pypi.mirrors.ustc.edu.cn/simple
> #index-url = https://pypi.hustunique.com/simple
> #index-url = https://pypi.douban.com/simple
> EOF
root@debian8:~/.pip# cat pip.conf
[global]
index-url = https://pypi.mirrors.ustc.edu.cn/simple
#index-url = https://pypi.hustunique.com/simple
#index-url = https://pypi.douban.com/simple
root@debian8:~/.pip# exit
注销
king@debian8:~$
```

图 1-20 修改 pip.conf

一般 Windows 中的配置文件后缀名为 ini，Linux 中相应文件的后缀名为 conf。

一般用户和 root 用户都可以使用 pip 安装模块，这里只修改了 root 用户目录下的配置文件，也就是说只有 root 用户在使用 pip 命令时才会使用国内的 pip 源。而一般用户并没有修改 pip 的配置文件，使用的还是 pip 默认源。

验证一下修改源地址是否成功，执行命令：

```
su -
python3 -m pip install --upgrade pip
exit
```

结果如图 1-21 所示。

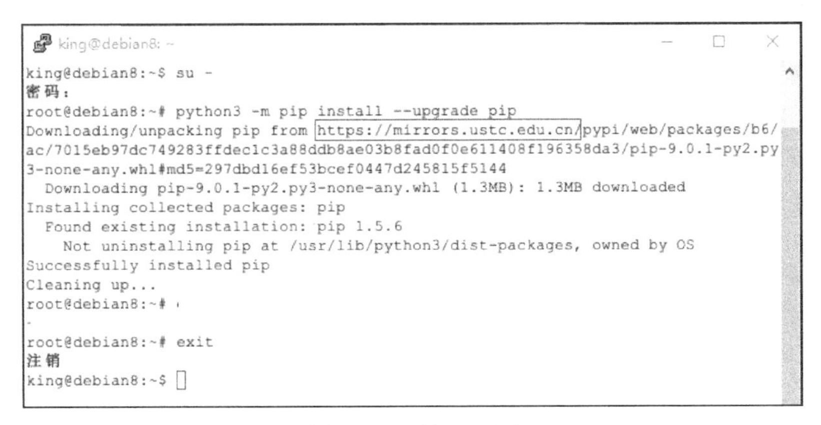

图 1-21 更新 pip 源

从图 1-21 可以看出 pip 源已经开始起作用了。下面来测试一下 pip，如图 1-22 所示。

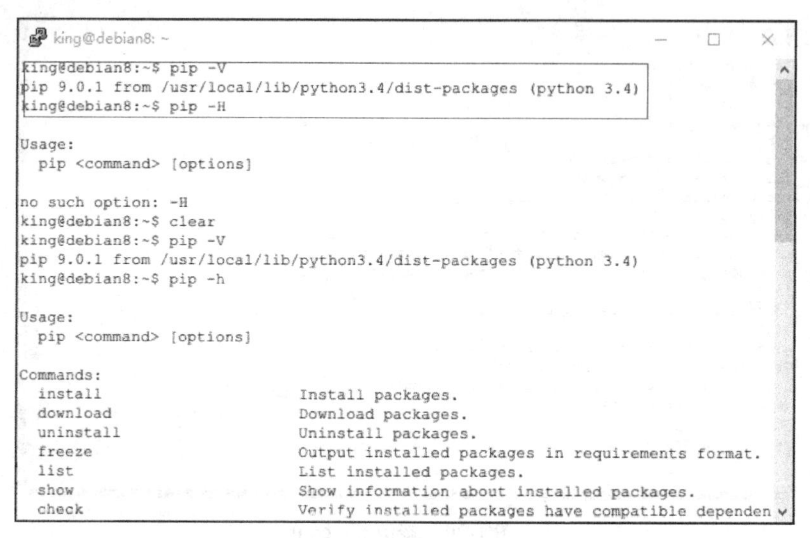

图 1-22　测试 pip

到此 pip 已完全配置完毕。和 Windows 下的 pip 不同，Linux 下的 pip 可以使用 root 安装模块，也可以使用一般用户来安装模块。推荐使用 root 用户来安装，因为有些模块安装需要 root 特权，root 安装的模块一般用户都可以使用。

1.2.5　永远的 hello world

似乎所有的编程语言第一个程序都是 hello world。Python 也不能免俗，下面分别从 Windows 和 Linux 下创建 hello.py。

1．Windows 下创建 hello.py

（1）单击桌面左下角的“开始” | “所有程序”菜单，单击 Python 3.6 菜单，单击 IDLE (Python GUI) 菜单，如图 1-23 所示。

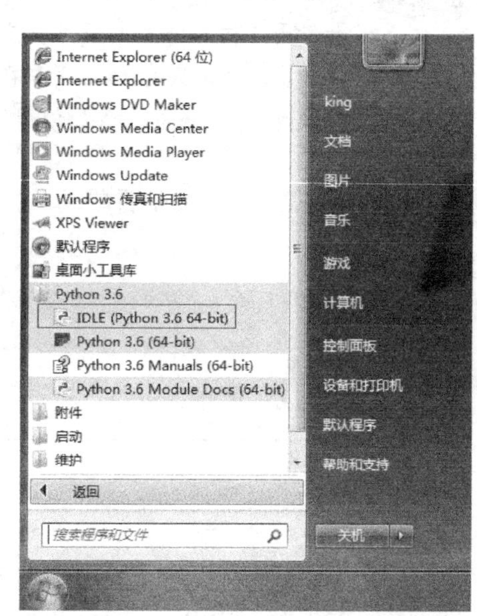

图 1-23　打开 IDLE

（2）此时打开的是 Python Shell 交互界面，再单击 File | New File 菜单，如图 1-24 所示。

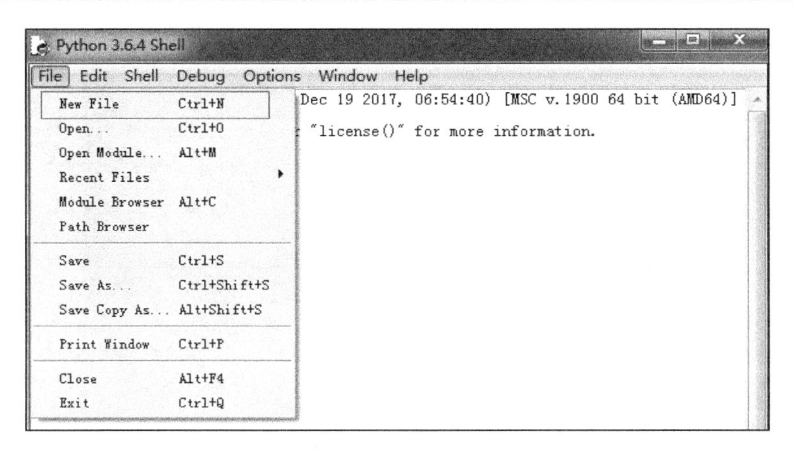

图 1-24　打开 IDE

（3）用 IDLE 的 IDE 打开一个新文件，在此新文件中编辑 hello.py，如图 1-25 所示。

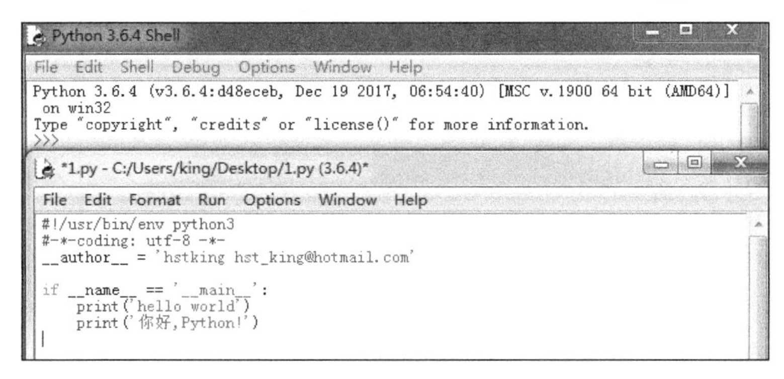

图 1-25　编辑 hello.py

（4）单击该 IDE 的 File | Save As ...菜单，将已编辑好的代码保存，如图 1-26 所示。

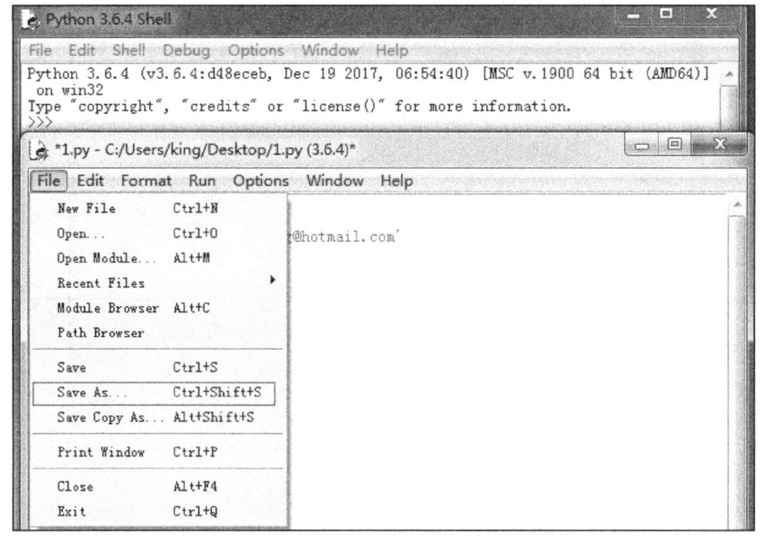

图 1-26　保存代码

（5）选择保存文件位置。这里选择的是保存到桌面，文件名为 hello.py，如图 1-27 所示。

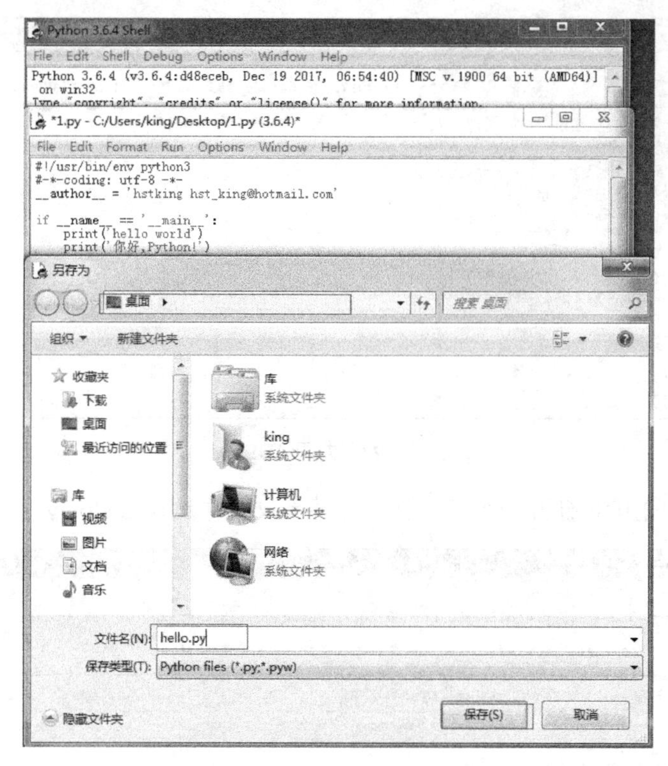

图 1-27　选择文件保存位置

（6）单击“保存”按钮，将 hello.py 保存到桌面。按住 Shift 键，同时右击桌面空白处，如图 1-28 所示。

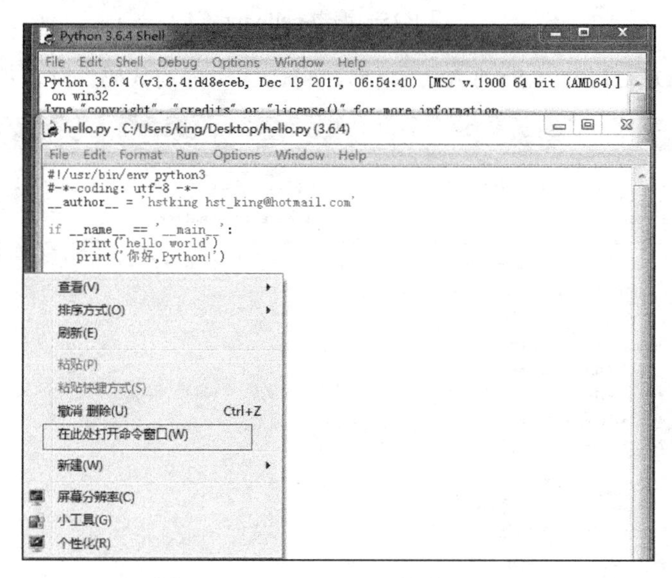

图 1-28　打开 Windows 命令行工具

（7）单击“在此处打开命令窗口”，打开了命令行工具，执行命令：

```
python hello.py
```

执行结果如图 1-29 所示。

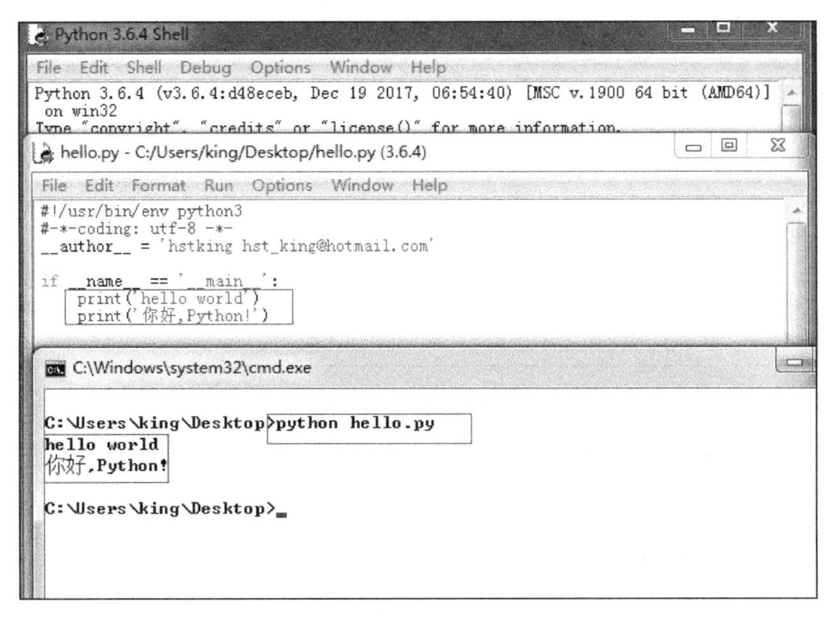

图 1-29 执行 hello.py

程序的第一行指定 Python 解释器的位置。在 Windows 中这一行并没有什么意义，留下这一行是为了兼容 Linux。第二行是指定 Python 程序编码，在 Python 3 中默认的字符编码就是 utf-8，因此这一行也没多大意义，是为了兼容 Python 2 而保留的。

至此，Windows 下的 hello.py 执行完毕。

2．Linux 下创建 hello.py

（1）使用 Putty 连接到 Linux，执行命令：

```
mkdir -pv code/python
cd !$
cat > hello.py << EOF
#!/usr/bin/env python3
#-*- coding: utf-8 -*-
__authon__ = 'hstking hst_king@hotmail.com'

if __name__ == '__main__':
    print("hello world!")
    print("你好, Python! ")
EOF
```

执行结果如图 1-30 所示。

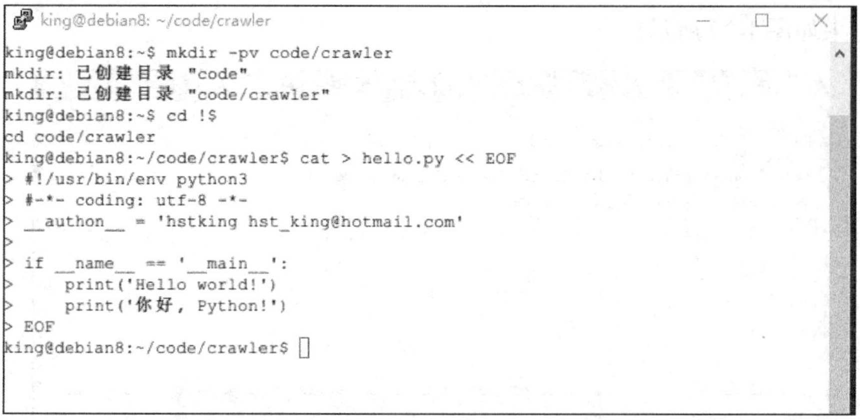

```
king@debian8: ~/code/crawler
king@debian8:~$ mkdir -pv code/crawler
mkdir: 已创建目录 "code"
mkdir: 已创建目录 "code/crawler"
king@debian8:~$ cd !$
cd code/crawler
king@debian8:~/code/crawler$ cat > hello.py << EOF
> #!/usr/bin/env python3
> #-*- coding: utf-8 -*-
> __author__ = 'hstking hst_king@hotmail.com'
>
> if __name__ == '__main__':
>     print('Hello world!')
>     print('你好, Python!')
> EOF
king@debian8:~/code/crawler$
```

图 1-30　编辑 hello.py

（2）然后在 Putty 中执行命令：

```
python hello.py
```

执行结果如图 1-31 所示。

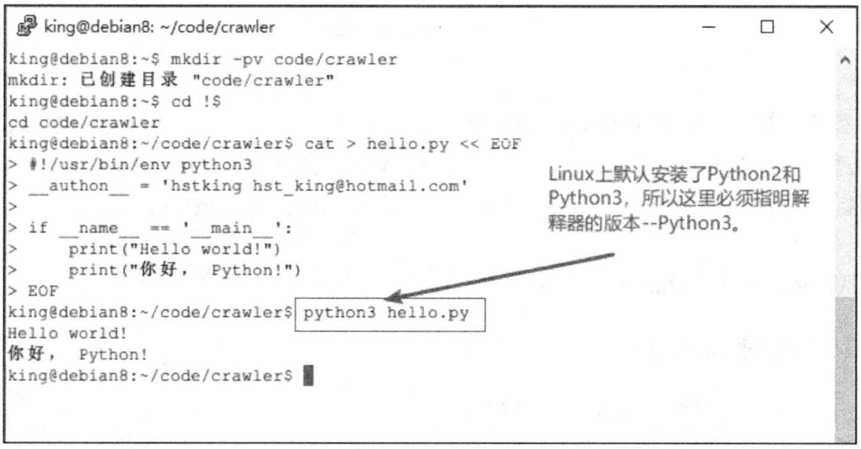

```
king@debian8: ~/code/crawler
king@debian8:~$ mkdir -pv code/crawler
mkdir: 已创建目录 "code/crawler"
king@debian8:~$ cd !$
cd code/crawler
king@debian8:~/code/crawler$ cat > hello.py << EOF
> #!/usr/bin/env python3
> __author__ = 'hstking hst_king@hotmail.com'
>
> if __name__ == '__main__':
>     print("Hello world!")
>     print("你好,  Python!")
> EOF
king@debian8:~/code/crawler$ python3 hello.py
Hello world!
你好,  Python!
king@debian8:~/code/crawler$
```

Linux上默认安装了Python2和Python3，所以这里必须指明解释器的版本--Python3。

图 1-31　执行 hello.py

这是没有使用文本编辑工具编辑文档，用的是 cat 命令。如果有条件，尽可能地使用文本编辑器，如 vi。几乎所有的 Linux 版本都默认安装了 vi 文本编辑器。

因为在 Windows 中只安装了一个 Python 3，而在 Linux 中默认安装了 Python 2 和 Python 3。所以在 Windows 中运行 Python 3 的程序只需要执行命令 Python program.py 就可以了。而在 Linux 中运行 Python 3 的程序则需要指明解释器的版本 Python 3，因此命令应该为 Python 3 program.py。

Linux 下的 hello.py 执行完毕。在 Python 程序中有中文字符时需要注意，这里的例子能正常显示是因为当前系统默认支持 utf-8 字符集。如果系统不支持 utf-8，就需要将中文字符用 encode 转换成系统可识别的字符集。

1.3 本章小结

Python 语言使用范围很广，既能做最简单的数学加减运算，也能做高端的科学计算；既可服务于企业、政府、学校，也能用于个人。Python 易学难精，不管是初学者还是“高端选手”都值得一学、一用。尤其是对网络的大力支持，使得 Python 用于网络编程具有很大的优势，这也是为什么要用 Python 写网络爬虫的原因之一。

第 2 章

Python基础

本章简略讲解 Python 的基础，介绍 Python 与其他编程语言的不同之处。在此主要是与 C 语言相比较。如果有 C 语言或者 Java 语言的基础，理解本章内容会更加容易；如果没有基础也没关系，Python 语言非常简单，多看两遍也就会了。

2.1 Python 变量类型

Python 的标准数据类型只有 5 个，分别是数字、字符串、列表、元祖、字典。看起来比 C 语言的数据类型少了很多，但该有的功能一个不少。即使 C 语言的代表作链表和二叉树，Python 同样能应付自如。

2.1.1 数字

Python 支持以下 3 种不同的数值类型。

1. int 类型

有符号整数，就是 C 语言中所指的整型，也就是数学中的整数。Python 3 的 int 与 Python 2 的 int 略有不同。Python 2 中有个 sys.maxint 限制了 int 类型的最大值，超过这个数值的将自动转换为 Python 2 的 long 类型。Python 3 中没有 sys.maxint，但有一个相似的 sys.maxsize，这个数并没有限制 Python 3 中 int 类型数的极限。理论上来说 Python 3 的 int 类型是无限大的。查看当前系统下的 sys.maxsize，使用 Putty 登录 Linux，执行命令：

```
python3
import sys
print(sys.maxsize)
```

执行结果，如图 2-1 所示。

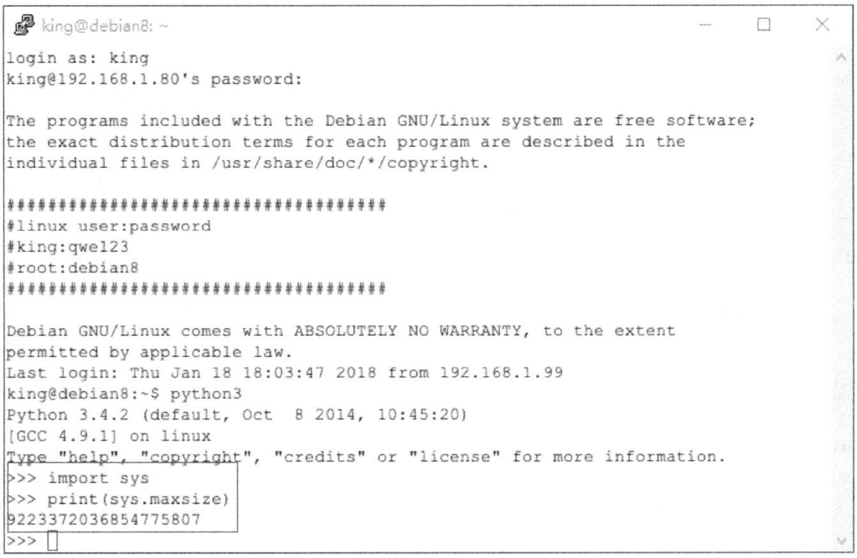

```
king@debian8: ~
login as: king
king@192.168.1.80's password:

The programs included with the Debian GNU/Linux system are free software;
the exact distribution terms for each program are described in the
individual files in /usr/share/doc/*/copyright.

#####################################
#linux user:password
#king:qwe123
#root:debian8
#####################################

Debian GNU/Linux comes with ABSOLUTELY NO WARRANTY, to the extent
permitted by applicable law.
Last login: Thu Jan 18 18:03:47 2018 from 192.168.1.99
king@debian8:~$ python3
Python 3.4.2 (default, Oct  8 2014, 10:45:20)
[GCC 4.9.1] on linux
Type "help", "copyright", "credits" or "license" for more information.
>>> import sys
>>> print(sys.maxsize)
9223372036854775807
>>>
```

图 2-1　求 int 最大值

与 C 语言不同的是，Python 给变量赋值时不需要预先声明变量类型。八进制数字、十六进制数字都是属于 int（Long）类型的。

长整数，超过 sys.maxsize 的整数还是 int 类型。想赋值多大都行，只要内存足够大就可以。在 Windows 中打开 cmd.exe，执行命令：

```
Python
import sys
sys.maxsize
type(9999999999999999999999999999999)
```

执行结果如图 2-2 所示。

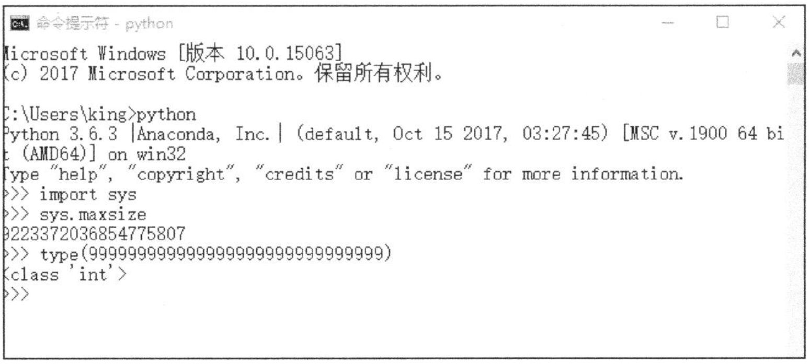

```
命令提示符 - python
icrosoft Windows [版本 10.0.15063]
(c) 2017 Microsoft Corporation。保留所有权利。

:\Users\king>python
ython 3.6.3 |Anaconda, Inc.| (default, Oct 15 2017, 03:27:45) [MSC v.1900 64 bi
 (AMD64)] on win32
ype "help", "copyright", "credits" or "license" for more information.
>> import sys
>> sys.maxsize
223372036854775807
>> type(9999999999999999999999999999999)
class 'int'>
>>
```

图 2-2　Python long int

2. float 类型

浮点型实数，基本和 C 语言的浮点型一致，也就是数学中带小数点的数，不包括无限小数，不区分精度。只要是带小数点的数都可以看作浮点型数据。

3. complex 类型

复数，在 C 语言中是需要自定义的一个数据类型。在 Python 中把它单独列出来作为基本数据类型。复数包含一个有序对，表示为 a + bj，其中，a 是实部，b 是复数的虚部。

【示例 2-1】用一个简单的程序 showNumType.py 来显示 Python 的数字类型。使用 Putty 连接到 Linux，执行命令：

```
mkdir -pv code/crawler
cd !$
vi showNumType.py
```

showNumType.py 代码如下：

```
 1 #!/usr/bin/env python3
 2 #-*- coding: utf-8 -*-
 3 __author__ = 'hstking hst_king@hotmail.com'
 4
 5 class ShowNumType(object):
 6     def __init__(self):
 7         self.showInt()
 8         self.showLong()
 9         self.showFloat()
10         self.showComplex()
11
12     def showInt(self):
13         print("##########显示整型#############")
14         print("十进制的整型")
15         print("%-20d,%-20d,%-20d" %(-10000,0,10000))
16         print("二进制的整型")
17         print("%-20s,%-20s,%-20s" %(bin(-10000),bin(0),bin(10000)))
18         print("八进制的整型")
19         print("%-20s,%-20s,%-20s" %(oct(-10000),oct(0),oct(10000)))
20         print("十六进制的整型")
21         print("%-20s,%-20s,%-20s" %(hex(-10000),hex(0),hex(10000)))
22
23     def showLong(self):
24         print("##########显示长整型#############")
25         print("十进制的整型")
26         print("%-20Ld,%-20Ld,%-20Ld" %(-1000000000000000000000,0,100000000000000000000))
27         print("八进制的整型")
28         print("%-20s,%-20s,%-20s" %(oct(-1000000000000000000000),oct(0),
         oct(1000000000000000000000)))
29         print("十六进制的整型")
30         print("%-20s,%-20s,%-20s" %(hex(-1000000000000000000000),hex(0),
```

```
            hex(10000000000000000000)))
31
32      def showFloat(self):
33          print("##########显示浮点型#############")
34          print("%-20.10f,%-20.10f,%-20.10f" %(-100.001,0,100.001))
35
36      def showComplex(self):
37          print("##########显示复数型#############")
38          print("变量赋值复数 var = 3 + 4j")
39          var = 3 + 4j
40          print("var 的实部是: %d\tvar 的虚部是: %d" %(var.real,var.imag))
41
42
43  if __name__ == '__main__':
44      showNum = ShowNumType()
```

在 Putty 下执行命令：

```
python3 showNumType.py
```

得到的结果如图 2-3 所示。

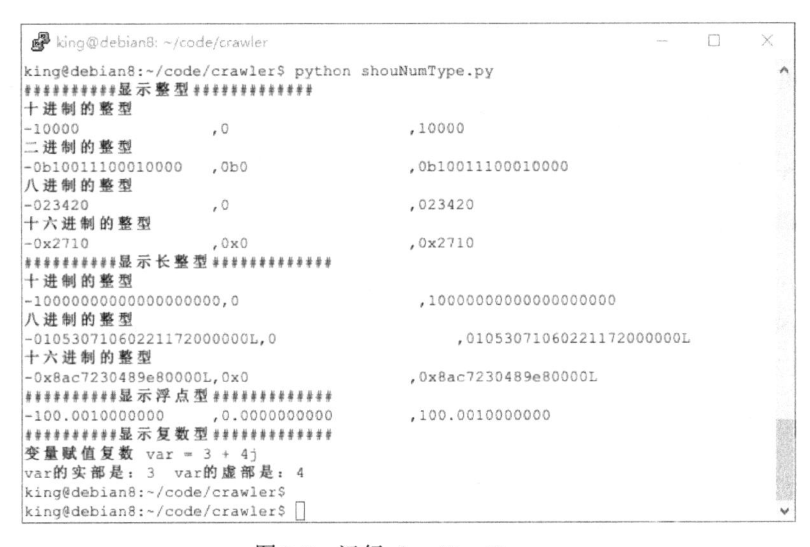

图 2-3　运行 showNumType.py

showNumType.py 是 Linux 下以 C++风格编写的示范程序，展示如何标准输出各种基本数字类型。

2.1.2　字符串

在 Python 中，字符串是被定义为在引号（或双引号）之间的一组连续的字符。这个字符可以是键盘上的所有可见字符，也可以是不可见的“回车符”“制表符”等。

字符串的操作方法很多，这里只选出最典型的几种。

（1）字符串大小写转换

- S.lower()：字母大写转换成小写。
- S.upper()：字母小写转换成大写。
- S.swapcase()：字母大写转换成小写，小写转换成大写。
- S.title()：将首字母大写。

（2）字符串搜索、替换

- S.find(substr, [start, [end]])：返回 S 中出现 substr 的第一个字母的标号，如果 S 中没有 substr 就返回-1，start 和 end 的作用就相当于在 S[start:end]中搜索。
- S.count(substr, [start, [end]])：计算 substr 在 S 中出现的次数。
- S.replace(oldstr, newstr, [count])：把 S 中的 oldstr 替换为 newstr，count 为替换次数。
- S.strip([chars])：把 S 左右两端 chars 中有的字符全部去掉，一般用于去除空格。
- S.lstrip([chars])：把 S 左端 chars 中所有的字符全部去掉。
- S.rstrip([chars])：把 S 右端 chars 中所有的字符全部去掉。

（3）字符串分割、组合

- S.split([sep, [maxsplit]])：以 sep 为分隔符，把 S 分成一个 list。maxsplit 表示分割的次数，默认的分割符为空白字符。
- S.join(seq)：把 seq 代表的序列——字符串序列，用 S 连接起来。

（4）字符串编码、解码

- S.decode([encoding])：将以 encoding 编码的 S 解码成 unicode 编码。
- S.encode([encoding])：将以 unicode 编码的 S 编码成 encoding，encoding 可以是 gb2312、gbk、big5……

（5）字符串测试

- S.isalpha()：S 是否全是字母，至少有一个字符。
- S.isdigit()：S 是否全是数字，至少有一个字符。
- S.isspace()：S 是否全是空白字符，至少有一个字符。
- S.islower()：S 中的字母是否全是小写。
- S.isupper()：S 中的字母是否全是大写。
- S.istitle()：S 是否是首字母大写的。

【示例 2-2】编写一个 showStrOperation.py 来实验一下。这次在 Windows 下以 IDLE 为 IDE 来编写程序。showStrOperation.py 代码如下：

```
#!/usr/bin/env python3
#-*- coding: utf-8 -*-
```

```
'''因为 Windows 默认的中文字符编码是 GBK，所以…'''
__author__ = 'hstking hst_king@hotmail.com'

def strCase():
    "字符串大小写转换"
    print("演示字符串大小写转换")
    print("演示字符串 S 赋值为：'  ThIs is a PYTHON  '")
    S = '  ThIs is a PYTHON  '
    print("大写转换成小写：\tS.lower() \t= %s" %(S.lower()))
    print("小写转换成大写：\tS.upper() \t= %s" %(S.upper()))
    print("大小写转换：\t\tS.swapcase() \t= %s" %(S.swapcase()))
    print("首字母大写：\t\tS.title() \t= %s" %(S.title()))
    print('\n')

def strFind():
    "字符串搜索、替换"
    print("演示字符串搜索、替换等")
    print("演示字符串 S 赋值为：'  ThIs is a PYTHON  '")
    S = '  ThIs is a PYTHON  '
    print("字符串搜索：\t\tS.find('is') \t= %s" %(S.find('is')))
    print("字符串统计：\t\tS.count('s') \t= %s" %(S.count('s')))
    print("字符串替换：\t\tS.replace('Is','is') = %s" %(S.replace('Is','is')))
    print("去左右空格：\t\tS.strip() \t=#%s#" %(S.strip()))
    print("去左边空格：\t\tS.lstrip() \t=#%s#" %(S.lstrip()))
    print("去右边空格：\t\tS.rstrip() \t=#%s#" %(S.rstrip()))
    print('\n')

def strSplit():
    "字符串分割、组合"
    print("演示字符串分割、组合")
    print("演示字符串 S 赋值为：'  ThIs is a PYTHON  '")
    S = '  ThIs is a PYTHON  '
    print("字符串分割：\t\tS.split() \t= %s" %(S.split()))
    print("字符串组合 1： '#'.join(['this','is','a','python']) \t= %s" 
%('#'.join(['this','is','a','python'])))
    print("字符串组合 2： '$'.join(['this','is','a','python']) \t= %s" 
%('$'.join(['this','is','a','python'])))
    print("字符串组合 3： ' '.join(['this','is','a','python']) \t= %s" %(' 
'.join(['this','is','a','python'])))
    print('\n')


def strTest():
    "字符串测试"
    print("演示字符串测试")
    print("演示字符串 S 赋值为：'abcd'")
    S1 = 'abcd'
    print("测试 S.isalpha() = %s" %(S1.isalpha()))
    print("测试 S.isdigit() = %s" %(S1.isdigit()))
    print("测试 S.isspace() = %s" %(S1.isspace()))
    print("测试 S.islower() = %s" %(S1.islower()))
```

```
    print("测试 S.isupper() = %s" %(S1.isupper()))
    print("测试 S.istitle() = %s" %(S1.istitle()))


if __name__ == '__main__':
        strCase()
        strFind()
        strSplit()
        strTest()
```

打开 Windows 的命令行工具（cmd.exe），执行命令：

```
python showStrOperation.py
```

得到的结果如图 2-4 所示。

图 2-4　运行 showStrOperation.py

与 showNumType.py 不同，showStrOperation.py 是在 Windows 下以 C 语言的风格编写的。实际上这两个程序并没有什么区别，使用哪种风格视个人习惯而定。

> 字符串也可以看成一个不可修改的字符列表，所以大部分用来操作列表的方法（不涉及修改列表元素的）同样可以用来操作字符串。

2.1.3　列表

列表是 Python 最常用的变量类型。列表是一个可变序列，序列中的每个元素都分配一个数字，即它的位置，或者叫索引。第一个索引是 0，第二个索引是 1，以此类推。列表中的元素可以是数字、字符串、列表、元组、字典……Python 使用中括号 [ ] 来解析列表，将一个变量赋值为空列表，很简单，执行命令 var = []就可以了。

列表的基本操作很简单，一般是创建列表、插入数据、追加数据、访问数据、删除数据。下面实验一下。

创建列表，直接赋值即可。访问列表，只需要列表名和列表中元素的下标即可。创建一个字符的列表，执行命令：

```
L1 = ['a','b','c','d','e']
L1[0]
L1[1]
L1[2]
L1[4]
L1[5]
```

执行的结果如图 2-5 所示。

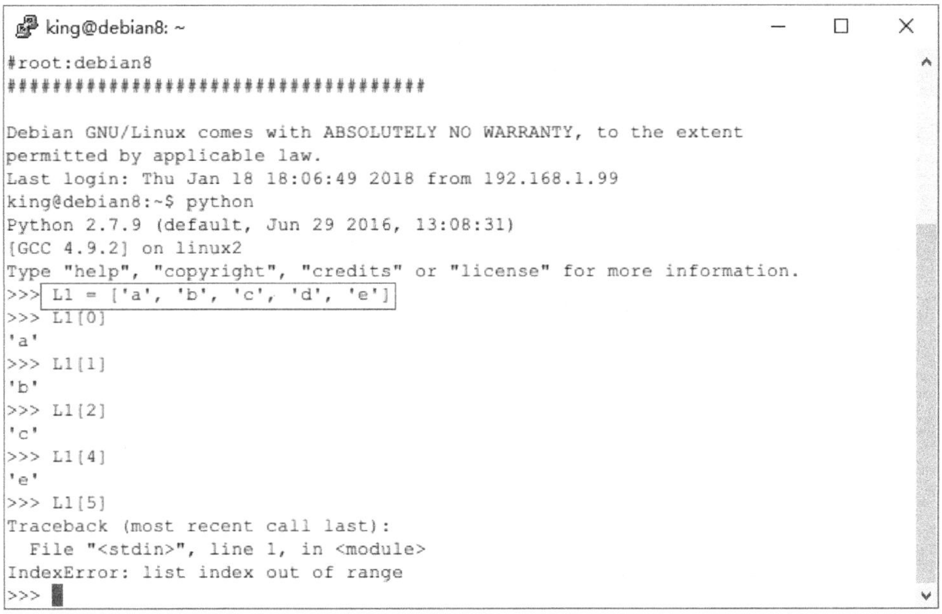

```
king@debian8: ~
#root:debian8
########################################

Debian GNU/Linux comes with ABSOLUTELY NO WARRANTY, to the extent
permitted by applicable law.
Last login: Thu Jan 18 18:06:49 2018 from 192.168.1.99
king@debian8:~$ python
Python 2.7.9 (default, Jun 29 2016, 13:08:31)
[GCC 4.9.2] on linux2
Type "help", "copyright", "credits" or "license" for more information.
>>> L1 = ['a', 'b', 'c', 'd', 'e']
>>> L1[0]
'a'
>>> L1[1]
'b'
>>> L1[2]
'c'
>>> L1[4]
'e'
>>> L1[5]
Traceback (most recent call last):
  File "<stdin>", line 1, in <module>
IndexError: list index out of range
>>>
```

图 2-5　创建列表

如图 2-5 所示，如果访问超出范围，Python 3 则会抛出一个异常 IndexError。如果只是创建一个纯字符的列表，无须逐个输入字符，执行命令 L1 = list('abcde')即可。

插入、追加、删除列表数据也很简单，执行命令：

```
L1.insert(0,0)
L1.insert(-1,100)
```

```
L1.append('python')
L1.pop(3)
L1.pop()
```

执行结果如图 2-6 所示。

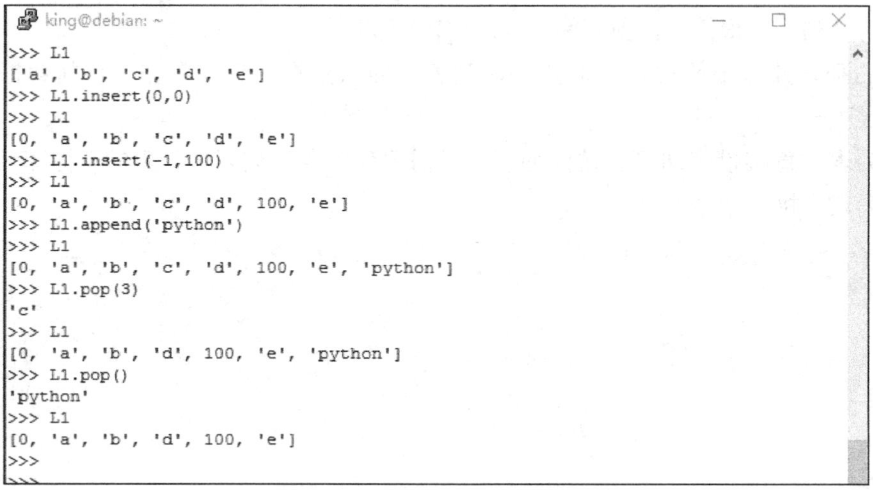

```
king@debian: ~
>>> L1
['a', 'b', 'c', 'd', 'e']
>>> L1.insert(0,0)
>>> L1
[0, 'a', 'b', 'c', 'd', 'e']
>>> L1.insert(-1,100)
>>> L1
[0, 'a', 'b', 'c', 'd', 100, 'e']
>>> L1.append('python')
>>> L1
[0, 'a', 'b', 'c', 'd', 100, 'e', 'python']
>>> L1.pop(3)
'c'
>>> L1
[0, 'a', 'b', 'd', 100, 'e', 'python']
>>> L1.pop()
'python'
>>> L1
[0, 'a', 'b', 'd', 100, 'e']
>>>
>>>
```

图 2-6　插入、追加、删除数据

对列表最常用的操作是列表分片。分片可以简单地理解为将一个列表分成几块。它的操作方法是 list[index1:index2[:step]]。先创建一个较长的数字列表做这个分片示例，执行命令：

```
L2 = []
for i in xrange(0,101):
 L2.append(i)
L2
```

这样就创建了一个包含 0~100 共 101 个数字的列表，如图 2-7 所示。

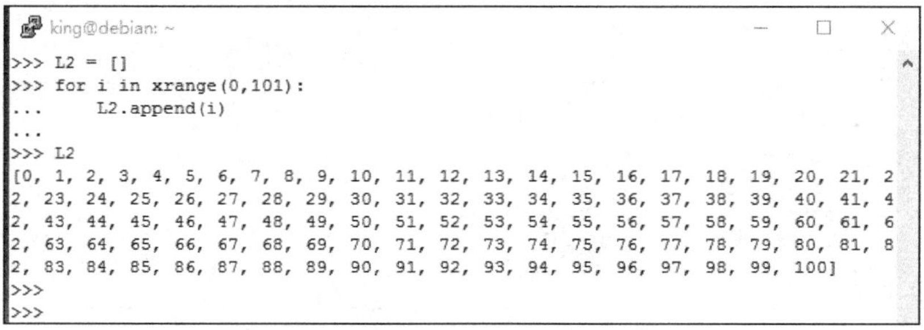

```
king@debian: ~
>>> L2 = []
>>> for i in xrange(0,101):
...     L2.append(i)
...
>>> L2
[0, 1, 2, 3, 4, 5, 6, 7, 8, 9, 10, 11, 12, 13, 14, 15, 16, 17, 18, 19, 20, 21, 2
2, 23, 24, 25, 26, 27, 28, 29, 30, 31, 32, 33, 34, 35, 36, 37, 38, 39, 40, 41, 4
2, 43, 44, 45, 46, 47, 48, 49, 50, 51, 52, 53, 54, 55, 56, 57, 58, 59, 60, 61, 6
2, 63, 64, 65, 66, 67, 68, 69, 70, 71, 72, 73, 74, 75, 76, 77, 78, 79, 80, 81, 8
2, 83, 84, 85, 86, 87, 88, 89, 90, 91, 92, 93, 94, 95, 96, 97, 98, 99, 100]
>>>
>>>
```

图 2-7　创建数字列表

列表切片其实和访问列表元素很相似。例如，要访问列表 L2 的第 10 个元素，直接用 L2[10]就可以了。如果要访问列表 L2 的第 10 到 20 个元素呢？很简单，L2[10:21]就可以了。至于 list[index1:index2[:step]]中的 step 是步长。实验一下就清楚了，执行命令：

```
L2[0:21]
```

```
L2[21:41]
L2[81:101]
L2[0:21:1]
L2[0:21:2]
L2[0:21:3]
L2[0:21:4]
L2[0:21:5]
```

执行结果如图 2-8 所示。

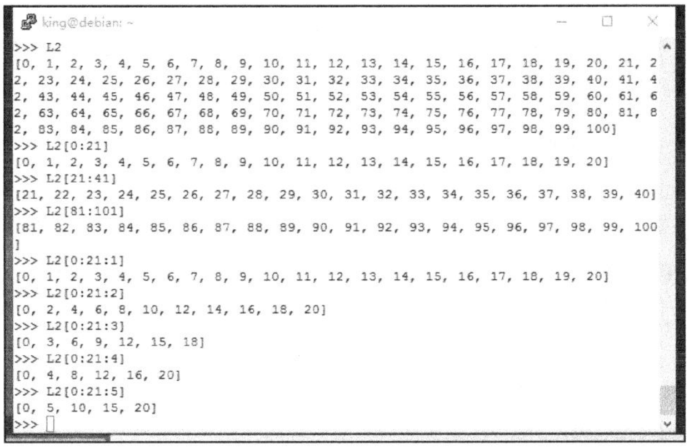

```
king@debian: ~
>>> L2
[0, 1, 2, 3, 4, 5, 6, 7, 8, 9, 10, 11, 12, 13, 14, 15, 16, 17, 18, 19, 20, 21, 2
2, 23, 24, 25, 26, 27, 28, 29, 30, 31, 32, 33, 34, 35, 36, 37, 38, 39, 40, 41, 4
2, 43, 44, 45, 46, 47, 48, 49, 50, 51, 52, 53, 54, 55, 56, 57, 58, 59, 60, 61, 6
2, 63, 64, 65, 66, 67, 68, 69, 70, 71, 72, 73, 74, 75, 76, 77, 78, 79, 80, 81, 8
2, 83, 84, 85, 86, 87, 88, 89, 90, 91, 92, 93, 94, 95, 96, 97, 98, 99, 100]
>>> L2[0:21]
[0, 1, 2, 3, 4, 5, 6, 7, 8, 9, 10, 11, 12, 13, 14, 15, 16, 17, 18, 19, 20]
>>> L2[21:41]
[21, 22, 23, 24, 25, 26, 27, 28, 29, 30, 31, 32, 33, 34, 35, 36, 37, 38, 39, 40]
>>> L2[81:101]
[81, 82, 83, 84, 85, 86, 87, 88, 89, 90, 91, 92, 93, 94, 95, 96, 97, 98, 99, 100
]
>>> L2[0:21:1]
[0, 1, 2, 3, 4, 5, 6, 7, 8, 9, 10, 11, 12, 13, 14, 15, 16, 17, 18, 19, 20]
>>> L2[0:21:2]
[0, 2, 4, 6, 8, 10, 12, 14, 16, 18, 20]
>>> L2[0:21:3]
[0, 3, 6, 9, 12, 15, 18]
>>> L2[0:21:4]
[0, 4, 8, 12, 16, 20]
>>> L2[0:21:5]
[0, 5, 10, 15, 20]
>>>
```

图 2-8　列表分片

【示例 2-3】写个简单的程序 showList.py 验证一下。打开 Putty 连接到 Linux，执行命令：

```
cd code/crawler
vi showList.py
```

showList.py 的代码如下：

```
 1 #!/usr/bin/env python3
 2 #-*- coding: utf-8 -*-
 3 __author__ = 'hstking hst_king@hotmail.com'
 4
 5 class ShowList(object):
 6     def __init__(self):
 7         self.L1 = []
 8         self.L2 = []
 9
10         self.createList()  #创建列表
11         self.insertData()  #插入数据
12         self.appendData()  #追加数据
13         self.deleteData()  #删除数据
14         self.subList()  #列表分片
15
```

```
16     def createList(self):
17         print("创建列表：")
18         print("L1 = list('abcdefg')")
19         self.L1 = list('abcdefg')
20         print("L2 = []")
21         print("for i in xrange(0,10):")
22         print("\tL2.append(i)")
23         for i in range(0,10):
24             self.L2.append(i)
25         print("L1 = "),
26         print(self.L1)
27         print("L2 = "),
28         print(self.L2)
29         print('\n')
30 
31     def insertData(self):
32         print("插入数据")
33         print("L1 列表中第 3 个位置插入数字 100，执行命令：L1.insert(3,100)")
34         self.L1.insert(3,100)
35         print("L1 = "),
36         print(self.L1)
37         print("L2 列表中第 10 个位置插入字符串'python'，执行命令：L2.insert(10,'python')")
38         self.L2.insert(10,'python')
39         print("L2 = "),
40         print(self.L2)
41         print('\n')
42 
43     def appendData(self):
44         print("追加数据")
45         print("L1 列表尾追加一个列表[1,2,3]，执行命令 L1.append([1,2,3]")
46         self.L1.append([1,2,3])
47         print("L1 = "),
48         print(self.L1)
49         print("L2 列表尾追加一个元组('a','b','c')，执行命令 L2.append(('a','b','c')")
50         self.L2.append(('a','b','c'))
51         print("L2 = "),
52         print(self.L2)
53         print('\n')
54 
55     def deleteData(self):
56         print("删除数据")
57         print("删除 L1 的最后一个元素，执行命令 L1.pop()")
58         self.L1.pop()
```

```
    59          print("L1 = "),
    60          print(self.L1)
    61          print("删除 L1 的第 1 个元素，执行命令 L1.pop(0)")
    62          self.L1.pop(0)
    63          print("L1 = "),
    64          print(self.L1)
    65          print("删除 L2 的第 4 个元素，执行命令 L2.pop(3)")
    66          self.L2.pop(3)
    67          print("L2 = "),
    68          print(self.L2)
    69          print('\n')
    70
    71      def subList(self):
    72          print("列表分片")
    73          print("取列表 L1 的第 3 到最后一个元素组成的新列表，执行命令 L1[2:]")
    74          print(self.L1[2:])
    75          print("取列表 L2 的第 2 个到倒数第 2 个元素组成的新列表，步长为 2，执行命令
L2[1:-1:2]")
    76          print(self.L2[1:-1:2])
    77          print('\n')
    78
    79
    80 if __name__ == '__main__':
    81      print("演示列表操作：\n")
    82      sl = ShowList()
```

按 Esc 键，进入命令模式后输入:wq 保存 showList.py。showList.py 显示了 Python 列表的基本功能——列表的创建、插入、追加、分片等。执行命令：

```
python3 showList.py
```

得到的结果如图 2-9 所示。

```
king@debian8: ~/code/crawler
king@debian8:~/code/crawler$ python3 showList.py
演示列表操作：

创建列表：
L1 = list('abcdefg')
L2 = []
for i in xrange(0,10):
        L2.append(i)
L1 =
['a', 'b', 'c', 'd', 'e', 'f', 'g']
L2 =
[0, 1, 2, 3, 4, 5, 6, 7, 8, 9]


插入数据
L1列表中第3个位置插入数字100，执行命令：L1.insert(3,100)
L1 =
['a', 'b', 'c', 100, 'd', 'e', 'f', 'g']
L2列表中第10个位置插入字符串'python'，执行命令：L2.insert(10,'python')
L2 =
[0, 1, 2, 3, 4, 5, 6, 7, 8, 9, 'python']


追加数据
L1列表尾追加一个列表[1,2,3]，执行命令L1.append([1,2,3]
L1 =
['a', 'b', 'c', 100, 'd', 'e', 'f', 'g', [1, 2, 3]]
L2列表尾追加一个元组('a','b','c')，执行命令L2.append(('a','b','c')
L2 =
[0, 1, 2, 3, 4, 5, 6, 7, 8, 9, 'python', ('a', 'b', 'c')]


删除数据
删除L1的最后一个元素，执行命令L1.pop()
L1 =
['a', 'b', 'c', 100, 'd', 'e', 'f', 'g']
删除L1的第1个元素，执行命令L1.pop(0)
L1 =
['b', 'c', 100, 'd', 'e', 'f', 'g']
删除L2的第4个元素，执行命令L2.pop(3)
L2 =
[0, 1, 2, 4, 5, 6, 7, 8, 9, 'python', ('a', 'b', 'c')]


列表分片
取列表L1的第3到最后一个元素组成的新列表，执行命令L1[2:]
[100, 'd', 'e', 'f', 'g']
取列表L2的第2个到倒数第2个元素组成的新列表，步长为2，执行命令L2[1:-1:2]
[1, 4, 6, 8, 'python']


king@debian8:~/code/crawler$
```

图 2-9　运行 showList.py

列表还有很多其他的函数和操作方法，如有兴趣可以参考官方文档和 Google。列表和元组非常相似，掌握了列表，就基本掌握了元组。列表是 Python 编程中必不可少的一种数据类型。

2.1.4　元组

Python 的元组与列表非常相似，不同之处在于元组的元素是不可修改的，是一个不可变序列（意思是赋值后就无法再修改了。同列表一样，可以用序列号来访问，有点类似 C 语言中的常量）。列表使用[]声明，元组使用()声明。

元组创建很简单，只需要在括号中添加元素，并使用逗号隔开即可。创建一个空元组，执行命令 var = ()。因为元组中元素是不可修改的，所以列表中的操作方法 insert、append、pop 等操作对于元组都没有。又因为元组与列表的高度相似性，列表的切片对元组是完全适用的（切片并不改变原始数据），所以只需要记住一个原则，列表中修改元素值的操作元组都不可用，列表中不修改元素值的操作元组基本上都可以用。

元组和列表是可以互相转换的。使用 tuple(list)可以将一个列表转换成元组，反过来使用 list(tuple)也可以将一个元组转换成列表。

【示例 2-4】编写一个 showTuple 来实验一下。打开 Putty 连接到 Linux，执行命令：

```
cd code/crawler
vi showTuple.py
```

showTuple.py 的代码如下：

```
  1 #!/usr/bin/env python3
  2 #-*- coding: utf-8 -*-
  3 __author__ = 'hstking hst_king@hotmail.com'
  4
  5 class ShowTuple(object):
  6     def __init__(self):
  7         self.T1 = ()
  8         self.createTuple()  #创建元组
  9         self.subTuple(self.T1)  #元组分片
 10         self.tuple2List(self.T1)  #元组、列表转换
 11
 12     def createTuple(self):
 13         print("创建元组：")
 14         print("T1 = (1,2,3,4,5,6,7,8,9,10)")
 15         self.T1 = (1,2,3,4,5,6,7,8,9,10)
 16         print("T1 = "),
 17         print(self.T1)
 18         print('\n')
 19
 20     def subTuple(self,Tuple):
 21         print("元组分片：")
 22         print("取元组 T1 的第 4 个到最后一个元组组成的新元组，执行命令 T1[3:]")
 23         print(self.T1[3:])
 24         print("取元组 T1 的第 2 个到倒数第 2 个元素组成的新元组，步长为 2，执行命令
T1[1:-1:2]")
 25         print(self.T1[1:-1:2])
 26         print('\n')
 27
 28     def tuple2List(self,Tuple):
```

```
29          print("元组转换成列表：")
30          print("显示元组")
31          print("T1 = "),
32          print(self.T1)
33          print("执行命令 L2 = list(T1)")
34          L2 = list(self.T1)
35          print("显示列表")
36          print("L2 = "),
37          print(L2)
38          print("列表追加一个元素 100 后，转换成元组。执行命令 L2.append(100)
tuple(L2)")
39          L2.append(100)
40          print("显示新元组")
41          print(tuple(L2))
42
43
44 if __name__ == '__main__':
45     st = ShowTuple()
```

按 Esc 键，进入命令模式后输入:wq，保存 showTuple.py。showTuple.py 显示了 Python 元组的创建、分片和转换。执行命令：

```
python3 showTuple.py
```

得到的结果如图 2-10 所示。

```
king@debian8:~/code/crawler$ python3 showTuple.py
创建元组：
T1 = (1,2,3,4,5,6,7,8,9,10)
T1 =
(1, 2, 3, 4, 5, 6, 7, 8, 9, 10)


元组分片：
取元组T1的第4个到最后一个元组组成的新元组，执行命令T1[3:]
(4, 5, 6, 7, 8, 9, 10)
取元组T1的第2个到倒数第2个元素组成的新元组，步长为2，执行命令T1[1:-1:2]
(2, 4, 6, 8)


元组转换成列表：
显示元组
T1 =
(1, 2, 3, 4, 5, 6, 7, 8, 9, 10)
执行命令 L2 = list(T1)
显示列表
L2 =
[1, 2, 3, 4, 5, 6, 7, 8, 9, 10]
列表追加一个元素100后，转换成元组。执行命令L2.append(100) tuple(L2)
显示新元组
(1, 2, 3, 4, 5, 6, 7, 8, 9, 10, 100)
king@debian8:~/code/crawler$
```

图 2-10 运行 showTuple.py

因为元组和列表高度相似，绝大部分场合都可以用列表来替代元组。

元组和列表的不同仅在于一个可修改，一个不可修改。其他方面几乎没有什么区别。由于元组不可修改的特性，一般在函数中需要返回多个返回值时，可以将这些返回值放入一个元组中返回。

2.1.5　字典

从某种意义上来说，字典和列表也很相似。字典使用的是{}，列表使用的是[]，元素分隔符都是逗号。所不同的是列表的索引只是从 0 开始的有序整数，不可重复；而字典的索引实际上在字典里应该叫键。虽然字典中的键和列表中的索引一样是不可重复的，但键是无序的，也就是说字典中的元素是没有顺序而言的。字典中的元素任意排列都不影响字典的使用，所以也就无法用字典名+索引号的方式来访问字典元素。

字典的键可以是数字、字符串、列表、元组……几乎什么都可以，一般用字符串来做键，键与键值用冒号分割。在列表中通过索引来访问元素，而在字典中是通过键来访问键值的。因为字典按“键”寻值而不同于列表的按“索引”寻值，所以字典的操作方法与列表稍有区别。

首先创建一个字典试验一下，执行命令：

```
ironMan = {'name':'tony stark','age':47,'sex':'male'}
```

这样就建立了一个简单的 IronMan 字典。因为字典的键值是无序的，所以插入一个数据无须 insert 之类的方法。直接定义即可，执行命令：

```
ironMan['college'] = 'NYU'
ironMan['Nation'] = 'America'
```

如需添加资料，继续添加即可。如果发现资料有误，修改字典，同样也是直接定义，执行命令：

```
ironMan['college'] = 'MIT'
```

如果要删除某个元素，可以使用 del 命令。del 命令可以理解为取消分配给变量的内存空间。执行命令：

```
del ironman['Nation']
```

del 命令不只是可以删除字典的元素，类似字典元素、用户定义的变量都可以用 del 来删除。它可以删除数字变量、字符串变量、列表、元组、字典等。

字典还有一些独特的操作。以下是字典中最常用的操作：

- dict.keys()：返回一个包含字典所有 key 的列表。
- dict.values()：返回一个包含字典所有 value 的列表。
- dict.items()：返回一个包含所有(键,值)元组的列表。

- dict.clear()：删除字典中所有的元素。
- dict.get(key)：返回字典中 key 所对应的值。

【示例 2-5】编写一个 showDict 来实验一下。打开 Putty 连接到 Linux，执行命令：

```
cd code/crawler
vi showDict.py
```

showDict.py 的代码如下：

```
 1 #!/usr/bin/env python
 2 #-*- coding: utf-8 -*-
 3 __author__ = 'hstking hst_king@hotmail.com'
 4
 5 class ShowDict(object):
 6     '''该类用于展示字典的使用方法 '''
 7     def __init__(self):
 8         self.spiderMan = self.createDict()  #创建字典
 9         self.insertDict(self.spiderMan)  #插入元素
10         self.modifyDict(self.spiderMan)  #修改元素
11         self.operationDict(self.spiderMan)  #字典操作
12         self.deleteDict(self.spiderMan)  #删除元素
13
14     def createDict(self):
15         print("创建字典:")
16         print("执行命令 spiderMan = {'name':'Peter
Parker','sex':'male','Nation':'Americ','college':'MIT'}")
17         spiderMan = {'name':'Peter
Parker','sex':'male','Nation':'Americ','college':'MIT'}
18         self.showDict(spiderMan)
19         return spiderMan
20
21     def showDict(self,spiderMan):
22         print("显示字典")
23         print("spiderMan = "),
24         print(spiderMan)
25         print('\n')
26
27     def insertDict(self,spiderMan):
28         print("字典中添加键 age，值为 31")
29         print("执行命令 spiderMan['age'] = 31")
30         spiderMan['age'] = 31
31         self.showDict(spiderMan)
32
33     def modifyDict(self,spiderMan):
```

```
34        print("字典修改键'college'的值为'Empire State University'")
35        print("执行命令 spiderMan['college'] = 'Empire State University'")
36        spiderMan['college'] = 'Empire State University'
37        self.showDict(spiderMan)
38
39    def operationDict(self,spiderMan):
40        print("字典的其他操作方法")
41        print("##########################")
42        print("显示字典所有的键, keyList = spiderMan.keys()")
43        keyList = spiderMan.keys()
44        print("keyList = "),
45        print(keyList)
46        print('\n')
47        print("显示字典所有键的值, valueList = spiderMan.values()")
48        valueList = spiderMan.values()
49        print("valueList = "),
50        print(valueList)
51        print('\n')
52        print("显示字典所有键和值的元组, itemList = spiderMan.items()")
53        itemList = spiderMan.items()
54        print("itemList = "),
55        print(itemList)
56        print('\n')
57        print("取字典中键为 college 的值,college = spiderman.get('college')")
58        college = spiderMan.get('college')
59        print("college = %s" %college)
60        print('\n')
61
62    def deleteDict(self,spiderMan):
63        print("删除字典中键为 Nation 的值")
64        print("执行命令 del(spiderMan['Nation'])")
65        del(self.spiderMan['Nation'])
66        self.showDict(spiderMan)
67        print("清空字典中所有的值")
68        print("执行命令 spiderMan.clear()")
69        self.spiderMan.clear()
70        self.showDict(spiderMan)
71        print("删除字典")
72        print("执行命令 del(spiderMan)")
73        del(spiderMan)
74        print("显示 spiderMan")
75        try:
76            self.showDict(spiderMan)
```

```
77        except NameError:
78            print("spiderMan 未被定义")
79
80
81 if __name__ == '__main__':
82     sd = ShowDict()
```

得到的结果如图 2-11 所示。

```
king@debian8: ~/code/crawler
king@debian8:~/code/crawler$ python3 showDict.py
创建字典：
执行命令spiderMan = {'name':'Peter Parker','sex':'male','Nation':'Americ','col
显示字典
spiderMan =
{'Nation': 'Americ', 'sex': 'male', 'college': 'MIT', 'name': 'Peter Parker'}


字典中添加键age, 值为31
执行命令spiderMan['age'] = 31
显示字典
spiderMan =
{'Nation': 'Americ', 'sex': 'male', 'college': 'MIT', 'age': 31, 'name': 'Pete


字典修改键'college'的值为'Empire State University'
执行命令spiderMan['college'] = 'Empire State University'
显示字典
spiderMan =
{'Nation': 'Americ', 'sex': 'male', 'college': 'Empire State University', 'age


字典的其他操作方法
###########################
显示字典所有的键, keyList = spiderMan.keys()
keyList =
dict_keys(['Nation', 'sex', 'college', 'age', 'name'])


显示字典所有键的值, valueList = spiderMan.values()
valueList =
dict_values(['Americ', 'male', 'Empire State University', 31, 'Peter Parker'])


显示字典所有键和值的元组, itemList = spiderMan.items()
itemList =
dict_items([('Nation', 'Americ'), ('sex', 'male'), ('college', 'Empire State U


取字典中键为college的值,college = spiderman.get('college')
college = Empire State University


删除字典中键为Nation的值
执行命令 del(spiderMan['Nation'])
显示字典
spiderMan =
{'sex': 'male', 'college': 'Empire State University', 'age': 31, 'name': 'Pete


清空字典中所有的值
执行命令 spiderMan.clear()
显示字典
spiderMan =
{}


删除字典
执行命令 del(spiderMan)
显示spiderMan
spiderMan 未被定义
king@debian8:~/code/crawler$
```

图 2-11　运行 showDict.py

Python 3 的基本变量类型就是这些。其他的类型几乎都是由这些基本类型组合而来（Python 还有特殊的数据类型 None 和 boolean）。

字典的键和键值可以是任何类型。在没有什么特殊要求的情况下，尽可能地使用字符串作为键。如果把键设置得太复杂了，就失去字典的意义了。

2.2 Python 语句

说到语句，回想一下 C、C++、Java、Perl 等，似乎所有的编程语言都有类似的语句：条件判断、有限循环、无限循环，这几个是最基本的，也是必不可少的。每个编程语言都差不多。熟悉了这几个语句后，即使是一门从未接触过的语言，稍微了解一下格式语法就可以用新的语言解决一般的小问题了。

2.2.1 条件语句——if else

似乎所有的条件语句都使用 if……else……。它的作用可以简单地概括为“非此即彼”。满足条件 A 则执行 A 语句，否则执行 B 语句。Python 的 if……else……功能更加强大，在 if 和 else 之间添加数个 elif，有更多的条件选择。其表达形式如下：

```
if 判断条件 1:
 执行语句 1
elif 判断条件 2:
 执行语句 2
elif 判断条件 3:
 执行语句 3
else:
 执行语句 4
```

【示例 2-6】编写 testIfRemainder7.py 熟悉一下 Python 3 下的 if 语句。testIfRemainder7.py 用来检验输入数字能否被 7 整除。打开 Putty 连接到 Linux，执行命令：

```
cd code/crawler
vi testIfRemainder7.py
```

testIfRemainder7.py 的代码如下：

```
1 #!/usr/bin/env python3
2 #-*- coding: utf-8 -*-
3 __author__ = 'hstking hst_king@hotmail.com'
4
5
```

```
 6 def isEvenNum(num):
 7     if num%7 == 0:
 8         print("%d 可以被 7 整除" %num)
 9     else:
10         print("%d 不可被 7 整除" %num)
11
12 if __name__ == '__main__':
13     numStr = input("请输入一个整数：")
14     try:
15         num = int(numStr)
16     except ValueError as e:
17         print("输入错误，要求输入一个整数")
18         exit()
19
20     isEvenNum(num)
```

按 Esc 键，进入命令模式后输入:wq 保存 testIfRemainder7.py。testIfRemainder7.py 要求用户输入一个整数，然后判断这个数能否被 7 整除，基本就是一个最简单的非此即彼的判断。执行命令：

```
python3 testIfRemainder7.py
```

得到的结果如图 2-12 所示。

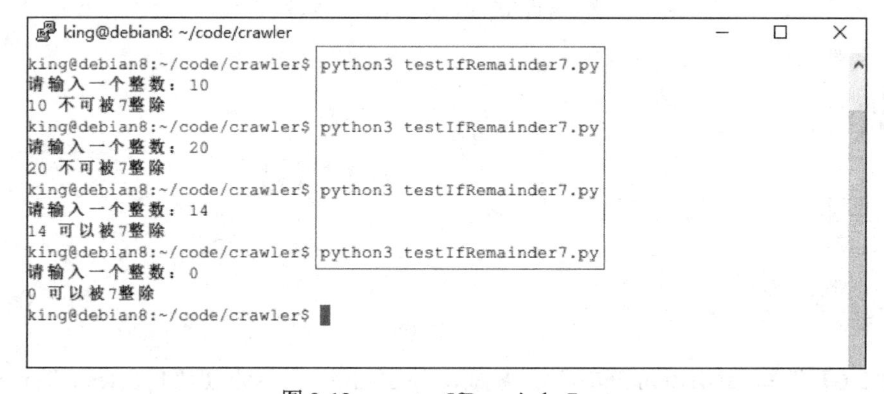

图 2-12　run testIfRemainder7.py

非常简单。按照格式，照猫画虎就可以解决类似的问题了。

case switch 是 C 语言中经典的条件语句之一。可惜的是 Python 中并没有 Case 语句。不过没关系，if elif else 完全可以替代 case 语句。如果愿意开动脑筋，Python 3 中还有很多可以替代 case 语句的方案，例如利用字典什么的，这里就不再一一赘述了。

2.2.2　有限循环——for

在编程时，总会遇到这种事情，把某个过程重复 N 次。这是每个编程语言都不可避免的。好在几乎所有的编程语言都提供 for 语句。它的作用是将一个语句块、函数等重复执行有限的次数。

for 循环表达形式如下：

```
for Var in Sequence:
执行语句
```

比如从 1 加到 100。大数学家高斯（Johann Karl Friedrich Gauss）10 岁时就给出了计算的公式。虽然已经有了简单的方法，用笨方法验算一下也不错。

【示例 2-7】编写 testForGauss10.py，打开 Putty 连接到 Linux，执行命令：

```
cd code/crawler
vi testForGauss10.py
```

testForGauss10.py 的代码如下：

```
 1 #!/usr/bin/env python3
 2 #-*- coding: utf-8 -*-
 3 __author__ = 'hstking hst_king@hotmail.com'
 4
 5 def cumulative(num):
 6     sum = 0
 7     for i in range(1,num+1):
 8         sum += i
 9     return sum  #累加函数，返回累加后的值
10
11 def main():
12     while True:
13         print("============================")
14         print("输入 exit 退出程序:")
15         str_num = input("从 1 累加到: ")
16         if str_num == 'exit':
17             break
18         try:
19             sum = cumulative(int(str_num))
20         except ValueError:
21             print("除非退出输入 exit，只能输入数字")
22             continue
23         print("从 1 累加到%d 的总数是%d" %(int(str_num),sum))
24
25
26 if __name__ == '__main__':
27     main()
```

按 Esc 键，进入命令模式后输入:wq，保存 testForGauss10.py。testForGauss10.py 将使用最笨的方法求从 1 加到 100 的和，使用 for 循环一个数一个数地叠加。执行命令：

```
python3 testForGauss10.py
```

得到的结果如图 2-13 所示。

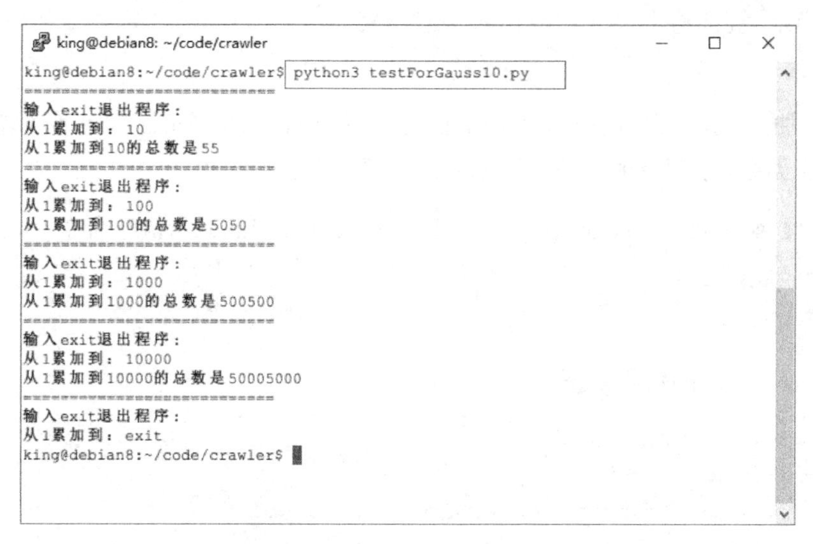

图 2-13　运行 testForGauss10.py

经过验算，聪明办法和笨办法得到的结果一致。for 循环用于数字循环时可以使用 for x in range(start_num, stop_num)。与 Python 2 略有不同的是 Python 3 中没有 xrange 函数了，只剩下了 range 函数，而且 range 函数返回的也不是一个列表，而是一个生成器。

2.2.3　无限循环——while

既然有有限循环，当然就有无限循环了。无限循环的作用是，只要不满足某种条件，就一直循环下去，直到满足条件为止。while 循环表达形式如下：

```
while Boolean expression:
执行语句
```

【示例 2-8】Linux 终端登录就是一个类似 while 循环的示例。下面模拟 Linux 终端登录，编写 testWhileSimulateLogin.py。打开 Putty 连接到 Linux，执行命令：

```
cd code/crawler
vi testWhileSimulateLogin.py
```

testWhileSimulateLogin.py 的代码如下：

```
1 #!/usr/bin/env python3
2 #-*- coding: utf-8 -*-
3 __author__ = 'hstking hst_king@hotmail.com'
4
5 import getpass
6
7 class FakeLogin(object):
```

```
 8     def __init__(self):
 9         self.name = 'king'
10         self.password = 'haha,no pw'
11         self.banner = 'hello, you have login system'
12         self.run()
13
14     def run(self):
15         '''仿 Linux 终端登录窗口'''
16         print("不好意思，只有一个用户 king")
17         print("偷偷地告诉你，密码是 6 个 8 哦")
18         while True:
19             print("Login:king")
20             pw = getpass.getpass("Password:")
21             if pw == '88888888':
22                 print("%s" %self.banner)
23                 print("退出程序")
24                 exit()
25             else:
26                 if len(pw) > 12:
27                     print("密码长度应该小于 12")
28                     continue
29                 elif len(pw) < 6:
30                     print("密码长度大于 6 才对")
31                     continue
32                 else:
33                     print("可惜，密码错误。继续猜")
34                     continue
35
36
37 if __name__ == '__main__':
38     fl = FakeLogin()
```

按 Esc 键，进入命令模式后输入 :wq，保存 testWhileSimulateLogin.py。testWhileSimulateLogin.py 脚本模拟 Linux 登录，只有输入了正确的密码才退出程序，输入了错误的密码则给出相应的提示，直到输入正确为止。因为不知道会输入多少次才会退出，所以这里使用 while 循环正好。执行命令：

```
python3 testWhileSimulateLogin.py
```

得到的结果如图 2-14 所示。

```
king@debian8: ~/code/crawler
king@debian8:~/code/crawler$ python3 testWhileSimulateLogin.py
不好意思，只有一个用户king
偷偷地告诉你，密码是6个8哦
Login:king
Password:
密码长度应该小于12
Login:king
Password:
可惜，密码错误。继续猜
Login:king
Password:
密码长度大于6才对
Login:king
Password:
hello, you have login system
退出程序
king@debian8:~/code/crawler$
```

图 2-14　运行 testWhileSimulateLogin.py

实际上目前的终端登录都有次数限制，不可能这样无限地输入密码进行测试，否则就会被暴力破解。正好这个程序没有限制，有兴趣的可以自行编写程序，实验一下暴力破解密码。

使用 while 循环时，最后一定要有一个满足条件的出口，否则就是死循环。

2.2.4　中断循环——continue、break

continue 和 break 语句都只能作用于循环之中，只对循环起作用（for 循环和 while 循环都可以）。continue 的作用是，从 continue 语句开始到循环结束，之间所有的语句都不执行，直接从下一次循环重新开始；而 break 语句的作用是退出循环，该循环结束。

【示例 2-9】用 continue、break 来做一个随机猜数字的游戏。先给定一个数值范围，系统在给定的范围内随机选取一个数，然后来猜这个随机数是多少，猜对了就直接退出，猜错了系统则提示猜的数字与随机数相比是大了还是小了。打开 Putty 连接到 Linux，执行命令：

```
cd code/crawler
vi guessNum.py
```

guessNum.py 的代码如下：

```
 1 #!/usr/bin/env python3
 2 #-*- coding: utf-8 -*-
 3 __author__ = 'hstking hst_king@hotmail.com'
 4 
 5 import random
 6 
 7 class GuessNum(object):
 8     '''这个类用于猜随机数 '''
 9     def __init__(self):
10         print("随机产生一个 0-100 的随机数")
```

```
11          self.num = random.randint(0,101)
12          self.guess()
13
14      def guess(self):
15          i = 0
16          while True:
17              print("猜这个随机数，0-100")
18              strNum = input("输入你猜的数字:")
19              i += 1
20              try:
21                  print("****************")
22                  if int(strNum) < self.num:
23                      print("你猜得太小了")
24                      continue
25                  elif int(strNum) > self.num:
26                      print("你猜得太大了")
27                      continue
28                  else:
29                      print("你总算是猜对了")
30                      print("你总共猜了%d 次" %i)
31                      break
32              except ValueError:
33                  print("只能输入数字，继续猜吧")
34                  continue
35              print("如果没有 continue 或 break，就会显示这个，要不要试试？")
36
37
38  if __name__ == '__main__':
39      gn = GuessNum()
```

按 Esc 键，进入命令模式后输入:wq，保存 guessNum.py。guestNum 先指定了一个 1~100 的随机数。然后开始猜这个随机数是多少，一般来说 5 次左右就可以猜出来。如果能一次猜到这个随机数，有这么逆天的运气还是赶紧买几注彩票试试吧。执行命令：

```
python3 guestNum.py
```

得到的结果如图 2-15 所示。

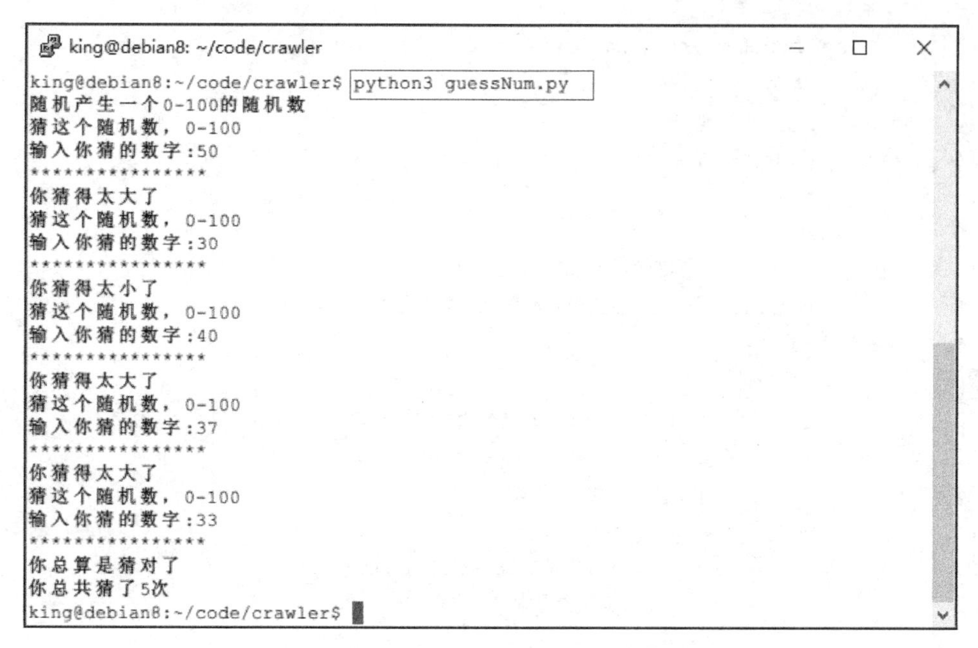

图 2-15 运行 guessNum.py

试一下，要猜多少次才会猜对这个随机数。

一般来说，纯粹只有循环而没有中断循环的情况很少见（特别是在 while 循环中），大多都是配对出现的，所以熟悉了循环还必须掌握中断循环的方法。

2.2.5 异常处理——try except

要求输入的数据不符合要求，访问列表、元组下标超出范围，根据 key 访问字典中的 key 值却发现这个 key 不存在……编程时总会遇上种种意外。有些编程语言在碰到程序执行意外错误时，系统自动提示错误，然后退出程序。当然，Python 也是这样处理的，但略有不同的是 Python 还给出了其他的选择。

在 Python 中，用 try 来测试可能出现异常的语句，然后用 except 来处理可能出现的异常。try except 的表达形式如下：

```
try:
测试语句
except 异常名称，异常数据:
处理异常语句
except 异常名称，异常数据:
处理异常语句
else:
未出现异常执行语句
finally:
不管有没有异常都需要执行的语句
```

其中，else 和 finally 都不是必须选项。try 和 except 则是必须成对出现的，可以同时出现多个 except，处理多个异常情况。Python 3 的标准异常如表 2-1 所示。

表 2-1　Python标准异常表

异常名称	描述
BaseException	所有异常的基类
SystemExit	解释器请求退出
KeyboardInterrupt	用户中断执行（通常是输入^C）
Exception	常规错误的基类
StopIteration	迭代器没有更多的值
GeneratorExit	生成器（generator）发生异常来通知退出
StandardError	所有的内建标准异常的基类
ArithmeticError	所有数值计算错误的基类
FloatingPointError	浮点计算错误
OverflowError	数值运算超出最大限制
ZeroDivisionError	除（或取模）零（所有数据类型）
AssertionError	断言语句失败
AttributeError	对象没有这个属性
EOFError	没有内建输入，到达 EOF 标记
EnvironmentError	操作系统错误的基类
IOError	输入/输出操作失败
OSError	操作系统错误
WindowsError	系统调用失败
ImportError	导入模块/对象失败
LookupError	无效数据查询的基类
IndexError	序列中没有此索引（index）
KeyError	映射中没有这个键
MemoryError	内存溢出错误（对于 Python 解释器不是致命的）
NameError	未声明/初始化对象（没有属性）
UnboundLocalError	访问未初始化的本地变量
ReferenceError	弱引用（weak reference）试图访问已经垃圾回收了的对象
RuntimeError	一般的运行时错误
NotImplementedError	尚未实现的方法

（续表）

异常名称	描述
SyntaxError	Python 语法错误
IndentationError	缩进错误
TabError	Tab 和空格混用
SystemError	一般的解释器系统错误
TypeError	对类型无效的操作
ValueError	传入无效的参数
UnicodeError	Unicode 相关的错误
UnicodeDecodeError	Unicode 解码时错误
UnicodeEncodeError	Unicode 编码时错误
UnicodeTranslateError	Unicode 转换时错误
Warning	警告的基类
DeprecationWarning	关于被弃用的特征的警告
FutureWarning	关于构造将来语义会有改变的警告
OverflowWarning	旧的关于自动提升为长整型（long）的警告
PendingDeprecationWarning	关于特性将会被废弃的警告
RuntimeWarning	可疑的运行时行为（runtime behavior）的警告
SyntaxWarning	可疑的语法的警告
UserWarning	用户代码生成的警告

【示例 2-10】以常见的输入数据异常为例，编写 testTryInput.py，打开 Putty 连接到 Linux，执行命令：

```
cd code/crawler
vi testTryInput.py
```

testTryInput.py 的代码如下：

```
 1 #!/usr/bin/env python3
 2 #-*- coding: utf-8 -*-
 3 __author__ = 'hstking hstking@hotmail.com'
 4
 5 class TryInput(object):
 6     def __init__(self):
 7         self.len = 10
 8         self.numList = self.createList()
 9         self.getNum()
10
```

```
11     def createList(self):
12         print("创建一个长度为%d 的数字列表" %self.len)
13         numL = []
14         while len(numL) < 10:
15             n = input("请输入一个整数: ")
16             try:
17                 num = int(n)
18             except ValueError as e:
19                 print("输入错误，要求是输入一个整数")
20                 continue
21             numL.append(num)
22             print("现在的列表为: "),
23             print(numL)
24         return numL
25
26     def getNum(self):
27         print("当前列表为"),
28         print(self.numList)
29         inStr = None
30         while inStr != 'EXIT':
31             print("输入 EXIT 退出程序")
32             inStr = input("输入列表下标[-10,9]: ")
33             try:
34                 index = int(inStr)
35                 num = self.numList[index]
36                 print("列表中下标为%d 的值为%d" %(index,num))
37             except ValueError as e:
38                 print("输入错误，列表下标是一个整数")
39                 continue
40             except IndexError:
41                 print("下标太大，访问列表超出范围")
42                 continue
43
44
45 if __name__ == '__main__':
46     ti = TryInput()
```

按 Esc 键，进入命令模式后输入:wq 保存 testTryInput.py。testTryInput.py 的目的是创建一个数字列表，在创建过程中尝试各种异常。执行命令：

```
python testTryInput.py
```

得到的结果如图 2-16 所示。

```
king@debian8: ~/code/crawler
king@debian8:~/code/crawler$ python3 testTryInput.py
创建一个长度为10的数字列表
请输入一个整数：x
输入错误，要求是输入一个整数
请输入一个整数：1
现在的列表为：
[1]
请输入一个整数：2
现在的列表为：
[1, 2]
请输入一个整数：3
现在的列表为：
[1, 2, 3]
请输入一个整数：4
现在的列表为：
[1, 2, 3, 4]
请输入一个整数：5
现在的列表为：
[1, 2, 3, 4, 5]
请输入一个整数：6
现在的列表为：
[1, 2, 3, 4, 5, 6]
请输入一个整数：7
现在的列表为：
[1, 2, 3, 4, 5, 6, 7]
请输入一个整数：8
现在的列表为：
[1, 2, 3, 4, 5, 6, 7, 8]
请输入一个整数：9
现在的列表为：
[1, 2, 3, 4, 5, 6, 7, 8, 9]
请输入一个整数：0
现在的列表为：
[1, 2, 3, 4, 5, 6, 7, 8, 9, 0]
当前列表为
[1, 2, 3, 4, 5, 6, 7, 8, 9, 0]
输入EXIT退出程序
输入列表下标[-10,9]: a
输入错误，列表下标是一个整数
输入EXIT退出程序
输入列表下标[-10,9]: 100
下标太大，访问列表超出范围
输入EXIT退出程序
输入列表下标[-10,9]: 8
列表中下标为8的值为9
输入EXIT退出程序
输入列表下标[-10,9]: EXIT
输入错误，列表下标是一个整数
king@debian8:~/code/crawler$
```

图 2-16　运行 testTryInput.py

这个程序针对输入出现的异常和访问列表越界的异常给出了解决方案。编程过程中总会遇上各种各样的异常。考虑周到一点，思维缜密一点，善用 try 一点，程序的健壮性就不止会强一点点。

2.2.6　导入模块——import

Python 最大的优点不是简单易学，而是其强大的模块功能。前面写的一个程序，后面就可以将它当成一个模块导入，取其精华弃其糟粕地随意使用。最理想的情况是任何一个功能，只要写一次，以后所有人都可以任意重复调用。代码重用性非常高，而且 Python 还可以根据需求将 C、C++、Java 等程序作为模块，随意取用。这也是为什么 Python 被称之为胶水语言的原因。

Python 3 的标准模块（一般也叫 Python 3 标准库）是安装 Python 3 时自带的模块，具体请参考网页 https://docs.python.org/3/py-modindex.html。它包含了几乎所有的常用功能。如果觉得不够，没关系，可以用 pip 来安装第三方的模块，这个模块库就已经非常强大了。如果还不够，也没关系，还有强大的 github，全世界爱好 Python 的代码贡献者都将成为坚实的后盾。只需要在 github 中找到适用的功能程序导入自己的程序里就可以了。对别人程序极度不放心，非要自力更生也行，那就辛苦一下，自己写个程序做独有的模块吧！

模块导入的几种方式如下，可根据需要自行选择：

```
#同时导入多个模块
import module1[, module2[,... moduleN]
#导入模块中的某个函数、类、变量
from modname import name1[, name2[, ... nameN]]
#导入某个模块中所有内容
from modname import *
```

每次使用 print 打印时，总是同一个颜色。能不能使用不同的颜色打印呢？当然可以，第三方模块库里就有相关的模块。只需要使用 pip 安装即可，从 github 中仔细找找，应该也能找得到。在这里自力更生，自己动手写一个最符合自己要求的彩色打印的 print。

【示例 2-11】编写 colorPrint.py，将它作为模块导入其他 Python 程序中使用。打开 Putty，连接到 Linux，执行命令：

```
cd code/crawler
vi colorPrint.py
```

colorPrint.py 的代码如下：

```
 1 #!/usr/bin/env python3
 2 #-*- coding: utf-8 -*-
 3 __author__ = 'hstking hst_king@hotmail.com'
 4
 5 import sys
 6
 7 class ColorPrint(object):
 8    def __init__(self,color,msg):
 9        self.color = color
10        self.msg = msg
11        self.cPrint(self.color,self.msg)
12
13    def cPrint(self,color,msg):
14        colors = {
15 'black' :  '\033[1;30;47m',
16 'red'   :  '\033[1;31;47m',
17 'green' :  '\033[1;32;47m',
18 'yellow':  '\033[1;33;47m',
19 'blue'  :  '\033[1;34;47m',
```

```
20 'white' :   '\033[1;37;47m'}
21         if color not in colors.keys():
22            print("输入的颜色暂时没有，按系统默认配置的颜色打印")
23         else:
24            print("输入的颜色有效,开始彩色打印")
25            print("%s" %colors[color])
26            print(msg)
27            print("\033[0m")
28
29
30 if __name__ == '__main__':
31     cp = ColorPrint(sys.argv[1],sys.argv[2])
```

按 Esc 键，进入命令模式后输入:wq，保存 ColorPrint.py。这里只写入了黑色、红色、绿色、黄色、蓝色和白色这几种颜色。如需添加其他的颜色，请自行 Google 一下。执行命令：

```
python3 colorPrint.py  black "I'm black"
python3 colorPrint.py  red "I'm red"
python3 colorPrint.py  green "I'm green"
python3 colorPrint.py  yellow "I'm yellow"
python3 colorPrint.py  blue "I'm blue"
python3 colorPrint.py  white "I'm white"
```

得到的结果如图 2-17 所示。

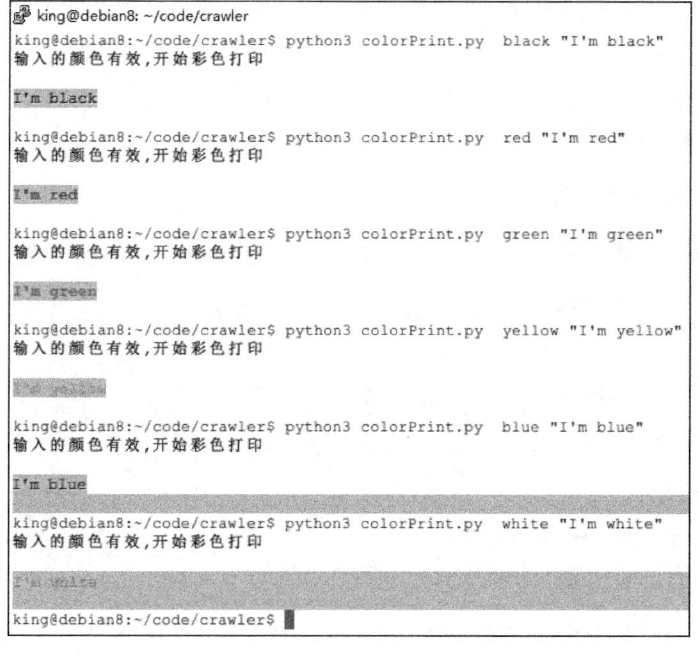

图 2-17　运行 colorPrint.py

彩色打印已经实现了（白色打印时因为背景色也是白色，所以显示不明显），下面是将 ColorPrint.py 当作模块导入其他 Python 程序中使用。

【示例 2-12】无须太复杂，写个最简单的 testColorPrint.py，只要能将 colorPrint.py 当成模

块导入使用即可。执行命令：

```
cd code/crawler
vi testColorPrint.py
```

testColorPrint.py 的代码如下：

```
 1 #!/usr/bin/env python
 2 #-*- coding: utf-8 -*-
 3 __author__ = 'hstking hst_king@hotmail.com'
 4
 5 from colorPrint import ColorPrint
 6 #这里的 colorPrint 模块就是从当前目录下导入的 colorPrint.py 程序
 7
 8 if __name__ == '__main__':
 9     p_black = ColorPrint('black','I am black print')
10     p_black = ColorPrint('red','I am red print')
11     p_black = ColorPrint('green','I am green print')
12     p_black = ColorPrint('yellow','I am yellow print')
13     p_black = ColorPrint('blue','I am blue print')
14     p_black = ColorPrint('white','I am white print')
```

按 Esc 键，进入命令模式后输入:wq，保存 testColorPrint.py。testColorPrint.py 尝试调用 colorPrint.py 脚本作为模块，调用该脚本的类放到自己的脚本中执行。执行命令：

```
python testColorPrint.py
```

得到的结果如图 2-18 所示。

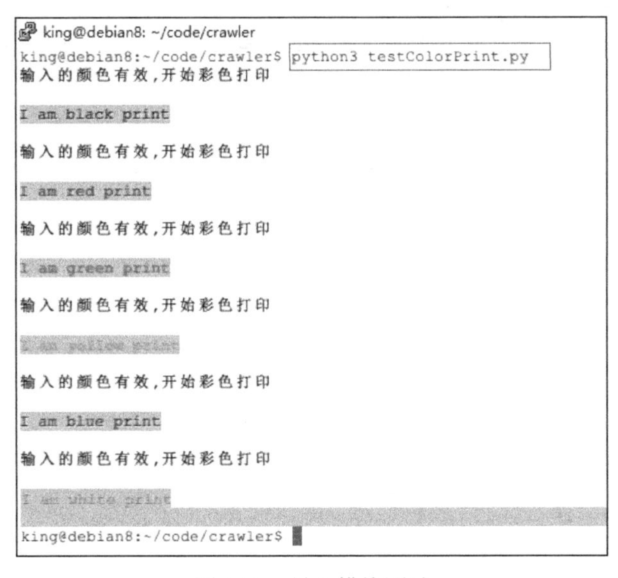

图 2-18　导入模块测试

将 Python 程序当成模块导入的先决条件是，这两个程序在同一目录下。或者将模块化的程序（这里就是 colorPrint.py）路径加入 Python 的系统路径中。是不是很简单呢？其实 Python 就是这么简单。

2.3 函数和类

C、C++、Java、Ruby、Perl、Lisp……在笔者所知的编程语言之中，所有程序都是由函数（有的编程语言叫做过程、方法什么的）和类组成的。可以说任何程序里面包含的不是函数就是类，Python 当然也不例外。

2.3.1 函数

在学习 UNIX 时，曾经有一句非常出名的话是 In UNIX Everything Is A File，在 UNIX 中所有的一切都是文件。在这里可以借鉴一下，In Python Everything Is A Function，在 Python 程序中，所有的一切都是函数。这是典型的 C 语言写法，把所需的功能都写成一个个的函数，然后由函数调用函数。以此类推，最终完成整个程序的功能。

还记得前面提过的暴力破解吗？不管用什么工具，暴力破解都少不了一个合适的字典文件（此字典非彼字典，这里的字典指的是一个包含密码的文件，也就是一个密码集，而不是 Python 的变量类型）。当然网上有很多的密码字典可供下载，但它们要么太大，遍历一次需要太多的时间，要么没有针对性，根本就不包含所需的密码。如果已知了一些可能是密码的字符串，完全可以根据已知条件用程序编写有针对性的字典出来，这样会节省很多时间。

【示例 2-13】现在来编写一个简单的程序 mkPassFileFunction.py。

mkPassFileFunction.py，创建一个有针对性的专用密码字典。打开 Putty 连接到 Linux，执行命令：

```
cd code/crawler
vi mkPassFileFunction.py
```

mkPassFileFunction.py 的代码如下：

```
1 #!/usr/bin/env python3
2 #-*- coding: utf-8 -*-
3 __author__ = 'hstking hst_king@hotmail.com'
4
5 import os
6 import platform
7 import itertools
```

```
 8 import time
 9
10 def main():
11     '''主程序 '''
12     global rawList #原始数据列表
13     rawList = []
14     global denyList #非法单词列表
15     denyList = [' ','','@']
16     global pwList #最终的密码列表
17     pwList = []
18     global minLen #密码的最小长度
19     minLen = 6
20     global maxLen #密码的最大长度
21     maxLen = 16
22     global timeout
23     timeout = 3
24     global flag
25     flag = 0
26     run = {
27 '0':exit,
28 '1':getRawList,
29 '2':addDenyList,
30 '3':clearRawList,
31 '4':setRawList,
32 '5':modifyPasswordLen,
33 '6':createPasswordList,
34 '7':showPassword,
35 '8':createPasswordFile
36 }
37
38     while True:
39         mainMenu()
40         op = input('输入选项:')
41         if op in map(str,range(len(run))):
42             run.get(op)()
43         else:
44             tipMainMenuInputError()
45             continue
46
47 def mainMenu():
48     '''主菜单 '''
49     global denyList
50     global rawList
```

```
51     global pwList
52     global flag
53     clear()
54     print('||'),
55     print('='*40),
56     print('||')
57     print('|| 0:退出程序')
58     print('|| 1:输入密码原始字符串')
59     print('|| 2:添加非法字符到列表')
60     print('|| 3:清空原始密码列表')
61     print('|| 4:整理原始密码列表')
62     print('|| 5:改变默认密码长度(%d-%d)' %(minLen,maxLen))
63     print('|| 6:创建密码列表')
64     print('|| 7:显示所有密码')
65     print('|| 8:创建字典文件')
66     print('||'),
67     print('='*40),
68     print('||')
69     print('当前非法字符为：%s' %denyList)
70     print('当前原始密码元素为：%s' %rawList)
71     print('共有密码%d 个' %len(pwList))
72     if flag:
73         print("已在当前目录创建密码文件 dic.txt")
74     else:
75         print("尚未创建密码文件")
76
77 def clear():
78     '''清屏函数 '''
79     OS = platform.system()
80     if (OS == u'Windows'):
81         os.system('cls')
82     else:
83         os.system('clear')
84
85 def tipMainMenuInputError():
86     '''错误提示 '''
87     clear()
88     print("只能输入 0-7 的整数,等待%d 秒后重新输入" %timeout)
89     time.sleep(timeout)
90
91 def getRawList():
92     '''获取原始数据列表 '''
93     clear()
```

```
 94     global denyList
 95     global rawList
 96     print("输入回车后直接退出")
 97     print("当前原始密码列表为:%s" %rawList)
 98     st = None
 99     while not st == '':
100         st = input("请输入密码元素字符串:")
101         if st in denyList:
102             print("这个字符串是预先设定的非法字符串")
103             continue
104         else:
105             rawList.append(st)
106             clear()
107             print("输入回车后直接退出")
108             print("当前原始密码列表为:%s" %rawList)
109
110 def addDenyList():
111     '''添加非法词 '''
112     clear()
113     global denyList
114     print("输入回车后直接退出")
115     print("当前非法字符为:%s" %denyList)
116     st = None
117     while not st == '':
118         st = input("请输入需要添加的非法字符串:")
119         denyList.append(st)
120         clear()
121         print("输入回车后直接退出")
122         print("当前非法字符列表为:%s" %denyList)
123
124 def clearRawList():
125     '''清空原始数据列表 '''
126     global rawList
127     rawList = []
128
129 def setRawList():
130     '''整理原始数据列表 '''
131     global rawList
132     global denyList
133     a = set(rawList)
134     b = set(denyList)
135     rawList = []
136     for str in set(a - b):
```

```
137         rawList.append(str)
138 
139 def modifyPasswordLen():
140     '''修改默认密码的长度 '''
141     clear()
142     global maxLen
143     global minLen
144     while True:
145         print("当前密码长度为%d-%d" %(minLen,maxLen))
146         min = input("请输入密码最小长度:")
147         max = input("请输入密码最大长度:")
148         try:
149             minLen = int(min)
150             maxLen = int(max)
151         except ValueError:
152             print("密码长度只能输入数字[6-18]")
153             break
154         if minLen not in range(6,19) or  maxLen not in range(6,19):
155             print("密码长度只能输入数字[6-18]")
156             minLen = 6
157             maxLen = 16
158             continue
159         if minLen == maxLen:
160             res = input("确定将密码长度设定为%d 吗?(Yy/Nn)" %minLen)
161             if res not in list('yYnN'):
162                 print("输入错误，请重新输入")
163                 continue
164             elif res in list('yY'):
165                 print("好吧，你确定就好")
166                 break
167             else:
168                 print("给个机会，改一下吧")
169                 continue
170         elif minLen > maxLen:
171             print("最小长度比最大长度还大，可能吗？请重新输入")
172             minLen = 6
173             maxLen = 16
174             continue
175         else:
176             print("设置完毕，等待%d 秒后回主菜单" %timeout)
177             time.sleep(timeout)
178             break
179 
```

```
180 def createPasswordList():
181     '''创建密码列表 '''
182     global rawList
183     global pwList
184     global maxLen
185     global minLen
186     titleList = []
187     swapcaseList = []
188     for st in rawList:
189         swapcaseList.append(st.swapcase())
190         titleList.append(st.title())
191     sub1 = []
192     sub2 = []
193     for st in set(rawList + titleList + swapcaseList):
194         sub1.append(st)
195     for i in range(2,len(sub1) + 1):
196         sub2 += list(itertools.permutations(sub1,i))
197     for tup in sub2:
198         PW = ''
199         for subPW in tup:
200             PW += subPW
201         if len(PW) in range(minLen,maxLen + 1):
202             pwList.append(PW)
203         else:
204             pass
205 
206 def showPassword():
207     '''显示创建的密码 '''
208     global pwList
209     global timeout
210     for i in range(len(pwList)):
211         if i%4 == 0:
212             print("%s\n" %pwList[i])
213         else:
214             print("%s\t" %pwList[i]),
215     print('\n')
216     print("显示%d 秒，回到主菜单" %timeout)
217     time.sleep(timeout)
218 
219 def createPasswordFile():
220     '''创建密码字典文件 '''
221     global flag
222     global pwList
```

```
223     print("当前目录下创建字典文件:dic.txt")
224     time.sleep(timeout)
225     with open('./dic.txt','w+') as fp:
226         for PW in pwList:
227             fp.write(PW)
228             fp.write('\n')
229     flag = 1
230
231
232 if __name__ == '__main__':
233     main()
```

按 Esc 键，进入命令模式后输入:wq，保存 mkPassFileFunction.py。mkPassFileFunction.py 稍微复杂一点点，它的作用就是根据用户输入的“密码元素”来创建一个字典列表。该脚本将输入的元素根据一定的规则修改、添加后当作新元素添加到元素列表中去。最后将元素列表排列组合得到字典列表。执行命令：

```
python mkPassFileFunction.py
```

得到的结果如图 2-19 所示。

```
king@debian: ~/code/crawler
|| ====================================== ||
|| 0:退出程序
|| 1:输入密码原始字符串
|| 2:添加非法字符到列表
|| 3:清空原始密码列表
|| 4:整理原始密码列表
|| 5:改变默认密码长度(6-16)
|| 6:创建密码列表
|| 7:显示所有密码
|| 8:创建字典文件
|| ====================================== ||
当前非法字符为: [' ', '', '@']
当前原始密码元素为: []
共有密码0个
尚未创建密码文件
输入选项:
```

图 2-19　运行 mkPassFileFunction.py

纯 C 语言的写法好处就是关系简单明了，函数调用一目了然。如果调用的函数过多，就难免有些混乱了。简单功能的程序还无妨，稍大一点项目就有些吃力了。

不要添加太多的“密码元素”，这个程序只是利用了 Python 3 的模块，没有优化算法。如果输入的“密码元素”超过了 20 个，那么创建密码字典的时间会非常长。

2.3.2　类

既然有了 In Python Everything Is A Function，当然会有 In Python Everything Is A Class。这种 C++的写法就是把所有相似的功能都封装到一个类里。最理想的情况是一个程序只有一个主程序，然后在主程序里实例化类。

【示例 2-14】还是以编写密码字典为例，将 mkPassFileFunction.py 改编成 mkPassFileClass.py。打开 Putty 连接到 Linux，执行命令：

```
cd code/crawler
vi mkPassFileClass.py
```

mkPassFileClass.py 的代码如下：

```
 1 #!/usr/bin/env python3
 2 #-*- coding: utf-8 -*-
 3 __author__ = 'hstking hst_king@hotmail.com'
 4
 5 import os
 6 import platform
 7 import itertools
 8 import time
 9
10 class MakePassword(object):
11     def __init__(self):
12         self.rawList = []
13         self.denyList = ['',' ','@']
14         self.pwList = []
15         self.minLen = 6
16         self.maxLen = 16
17         self.timeout = 3
18         self.flag = 0
19         self.run = {
20 '0':exit,
21 '1':self.getRawList,
22 '2':self.addDenyList,
23 '3':self.clearRawList,
24 '4':self.setRawList,
25 '5':self.modifyPasswordLen,
26 '6':self.createPasswordList,
27 '7':self.showPassword,
28 '8':self.createPasswordFile
29 }
30         self.main()
31
32     def main(self):
33         while True:
34             self.mainMenu()
35             op = input('输入选项:')
```

```
36          if op in map(str,range(len(self.run))):
37              self.run.get(op)()
38          else:
39              self.tipMainMenuInputError()
40              continue
41
42  def mainMenu(self):
43      self.clear()
44      print('||'),
45      print('='*40),
46      print('||')
47      print('|| 0:退出程序')
48      print('|| 1:输入密码原始字符串')
49      print('|| 2:添加非法字符到列表')
50      print('|| 3:清空原始密码列表')
51      print('|| 4:整理原始密码列表')
52      print('|| 5:改变默认密码长度(%d-%d)' %(self.minLen,self.maxLen))
53      print('|| 6:创建密码列表')
54      print('|| 7:显示所有密码')
55      print('|| 8:创建字典文件')
56      print('||'),
57      print('='*40),
58      print('||')
59      print('当前非法字符为：%s' %self.denyList)
60      print('当前原始密码元素为：%s' %self.rawList)
61      print('共有密码%d 个' %len(self.pwList))
62      if self.flag:
63          print("已在当前目录创建密码文件 dic.txt")
64      else:
65          print("尚未创建密码文件")
66
67  def clear(self):
68      OS = platform.system()
69      if (OS == u'Windows'):
70          os.system('cls')
71      else:
72          os.system('clear')
73
74  def tipMainMenuInputError(self):
75      self.clear()
76      print("只能输入 0-7 的整数,等待%d 秒后重新输入" %timeout)
77      time.sleep(timeout)
78
```

```
79    def getRawList(self):
80        self.clear()
81        print("输入回车后直接退出")
82        print("当前原始密码列表为:%s" %self.rawList)
83        st = None
84        while not st == '':
85            st = input("请输入密码元素字符串:")
86            if st in self.denyList:
87                print("这个字符串是预先设定的非法字符串")
88                continue
89            else:
90                self.rawList.append(st)
91                self.clear()
92                print("输入回车后直接退出")
93                print("当前原始密码列表为:%s" %self.rawList)
94
95    def addDenyList(self):
96        self.clear()
97        print("输入回车后直接退出")
98        print("当前非法字符为:%s" %self.denyList)
99        st = None
100       while not st == '':
101           st = input("请输入需要添加的非法字符串:")
102           self.denyList.append(st)
103           self.clear()
104           print("输入回车后直接退出")
105           print("当前非法字符列表为:%s" %self.denyList)
106
107   def clearRawList(self):
108       self.rawList = []
109
110   def setRawList(self):
111       a = set(self.rawList)
112       b = set(self.denyList)
113       self.rawList = []
114       for str in set(a - b):
115           self.rawList.append(str)
116
117   def modifyPasswordLen(self):
118       self.clear()
119       while True:
120           print("当前密码长度为%d-%d" %(self.minLen,self.maxLen))
121           min = input("请输入密码最小长度:")
```

```
122             max = input("请输入密码最大长度:")
123             try:
124                 self.minLen = int(min)
125                 self.maxLen = int(max)
126             except ValueError:
127                 print("密码长度只能输入数字[6-18]")
128                 break
129             if self.minLen not in range(6,19) or self.maxLen not in range(6,19):
130                 print("密码长度只能输入数字[6-18]")
131                 self.minLen = 6
132                 self.maxLen = 16
133                 continue
134             if self.minLen == self.maxLen:
135                 res = input("确定将密码长度设定为%d 吗?(Yy/Nn)" %self.minLen)
136                 if res not in list('yYnN'):
137                     print("输入错误，请重新输入")
138                     continue
139                 elif res in list('yY'):
140                     print("好吧，你确定就好")
141                     break
142                 else:
143                     print("给个机会，改一下吧")
144                     continue
145             elif self.minLen > self.maxLen:
146                 print("最小长度比最大长度还大，可能吗？请重新输入")
147                 self.minLen = 6
148                 self.maxLen = 16
149                 continue
150             else:
151                 print("设置完毕，等待%d 秒后回主菜单" %self.timeout)
152                 time.sleep(self.timeout)
153                 break
154 
155     def createPasswordList(self):
156         titleList = []
157         swapcaseList = []
158         for st in self.rawList:
159             swapcaseList.append(st.swapcase())
160             titleList.append(st.title())
161         sub1 = []
162         sub2 = []
163         for st in set(self.rawList + titleList + swapcaseList):
164             sub1.append(st)
```

```
165         for i in range(2,len(sub1) + 1):
166             sub2 += list(itertools.permutations(sub1,i))
167         for tup in sub2:
168             PW = ''
169             for subPW in tup:
170                 PW += subPW
171             if len(PW) in range(self.minLen,self.maxLen + 1):
172                 self.pwList.append(PW)
173             else:
174                 pass
175
176     def showPassword(self):
177         for i in range(len(self.pwList)):
178             if i%4 == 0:
179                 print("%s\n" %self.pwList[i])
180             else:
181                 print("%s\t" %self.pwList[i]),
182         print('\n')
183         print("显示%d 秒，回到主菜单" %self.timeout)
184         time.sleep(self.timeout)
185
186     def createPasswordFile(self):
187         print("当前目录下创建字典文件:dic.txt")
188         time.sleep(self.timeout)
189         with open('./dic.txt','w+') as fp:
190             for PW in self.pwList:
191                 fp.write(PW)
192                 fp.write('\n')
193         self.flag = 1
194
195
196 if __name__ == '__main__':
197     mp = MakePassword()
```

按 Esc 键，进入命令模式后输入:wq，保存 mkPassFileClass.py。mkPassFileClass.py 和 mkPassFileFunction.py 实质上没有什么区别，只是一个使用的是 C 语言风格的函数调用，一个使用的是 C++风格的类实例化。执行命令：

```
python3 mkPassFileClass.py
```

得到的结果如图 2-20 所示。

```
king@debian: ~/code/crawler
|| ======================================= ||
|| 0:退出程序
|| 1:输入密码原始字符串
|| 2:添加非法字符到列表
|| 3:清空原始密码列表
|| 4:整理原始密码列表
|| 5:改变默认密码长度(6-16)
|| 6:创建密码列表
|| 7:显示所有密码
|| 8:创建字典文件
|| ======================================= ||
当前非法字符为：[' ', '', '@']
当前原始密码元素为：[]
共有密码0个
尚未创建密码文件
输入选项：
```

图 2-20　运行 mkPassFileClass.py

执行结果完全一样。这种 C++的写法好处就是调用过程简单，不再关心类具体的实现过程，只需要调用其功能即可；但随之而来就是类的继承、函数重载等麻烦。这种写法在写大项目时可能非常有用，写小程序也行，只是没有那么多优势了。

这个程序还有一个问题，就是在创建密码文件前并没有估算磁盘剩余空间是否足够。一般的解决办法是先估算密码文件的大小，然后创建一个大小相同的空文件，能创建成功就继续运行程序，不能则抛出异常。

2.4 Python 内置函数

自行设置函数很简单，但用户不可能将所有常用的功能都设置成函数。Python 很贴心地将一些常用的功能设置成了内置函数。这些函数无须从模块中导入，也无须定义就可以在任意位置直接调用。

2.4.1 常用内置函数

一般常用的内置函数如下：

- abs(-1)：求绝对值，返回 1。
- max([1,2,3])：求序列中最大值，可以是列表或元组。
- min((2, 3, 4))：求序列中最小值，可以是列表或元组。
- divmod(6, 3)：取模，返回一个元组，包含商和余数。
- int(3.9)：转换成整数，去尾转换。
- float(3)：转换成浮点数。
- str(123)：转换成字符串。

- list((1, 2)): 元组转换为列表。
- tuple([1, 2]): 列表转换成元组。
- len([1, 3, 5]): 求序列长度，可以是列表或元组。

这些都是比较简单常见的函数，执行结果如图 2-21 所示。

```
king@debian8: ~/code/crawler
Python 3.4.2 (default, Oct  8 2014, 10:45:20)
[GCC 4.9.1] on linux
Type "help", "copyright", "credits" or "license" for more information.
>>> abs(-1)
1
>>> max([1, 2, 3])
3
>>> min([2, 3, 4])
2
>>> divmod(6, 3)
(2, 0)
>>> int(3.9)
3
>>> float(3)
3.0
>>> str(123)
'123'
>>> list((1,2))
[1, 2]
>>> tuple([1, 2])
(1, 2)
>>> len([1, 3, 5])
3
>>>
```

图 2-21　Python 简单内置函数

Python 内置函数当然不止这些，但常用的大致就是这些了。基本无须刻意记忆，多使用几次自然就记得了。

2.4.2　高级内置函数

有简单的内置函数，当然也有相对高级一点的内置函数。本小节说明最常用的几个高级内置函数，即 lambda、map、filter、reduce。

（1）lambda 函数。在 Python 中，lambda 的作用是定义一个匿名函数。有时候程序需要执行一个功能，但这个功能非常简单，也不是一个常用功能（例如输入一个数字，返回这个数字乘 2 加 1）。没有必要为此专门去定义一个函数，此时就可以使用 lambda 函数。在 Python 环境下执行命令：

```
f = lambda x: x*2 + 1
f(3)
f(5)
```

执行结果如图 2-22 所示。

```
king@debian8: ~/code/crawler
king@debian8:~/code/crawler$ python3
Python 3.4.2 (default, Oct  8 2014, 10:45:20)
[GCC 4.9.1] on linux
Type "help", "copyright", "credits" or "license" for more information.
>>> f = lambda x: x*2 + 1
>>> f(3)
7
>>> f(5)
11
>>>
```

图 2-22　Python 高阶函数 lambda

lambda 函数可以简化程序，节约资源。如今计算机资源很少有不足的情况，也可以定义一个函数来替代 lambda。

（2）map 函数。map，从名字上就可以看出是一一映射的意思。通常一般函数的映射是输入变量，通过指定的关系映射，返回的也是一个变量。map 稍有不同，它要求输入的变量是一个函数和一个序列（通常是列表，也可以是元组或者生成器），通过一个定义的函数对序列中的每个元素进行一一映射，返回的是一个列表（map 并不改变作为参数的列表或元组，但返回的一定是列表）。在 Python 环境下执行命令：

```
def f(x):
return x*x
def printSeq(seq):
for i in seq:
    print(“%d  ” %i, end=’’)
print(end=’\n’)
li = [1, 2, 3, 4, 5, 6, 7, 8, 9]
s = (x for x in range(1,10))

printSeq(li)
printSeq(s)

printSeq(map(f, li))
printSeq(map(f, s))

printSeq(map(lambda x:x*x, li))
printSeq(map(lambda x:x*x, s))
```

执行结果如图 2-23 所示。

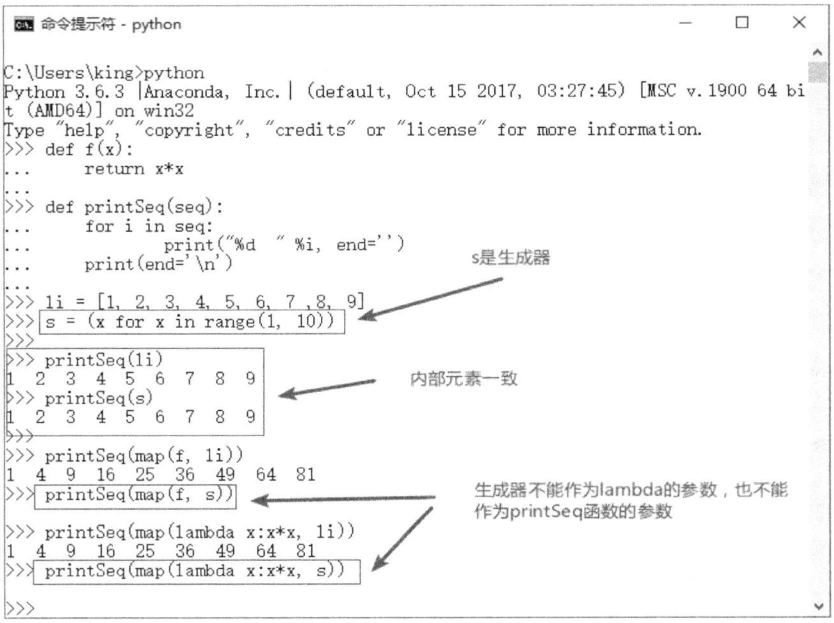

```
命令提示符 - python

C:\Users\king>python
Python 3.6.3 |Anaconda, Inc.| (default, Oct 15 2017, 03:27:45) [MSC v.1900 64 bi
t (AMD64)] on win32
Type "help", "copyright", "credits" or "license" for more information.
>>> def f(x):
...     return x*x
...
>>> def printSeq(seq):
...     for i in seq:
...         print("%d  " %i, end='')
...     print(end='\n')
...
>>> li = [1, 2, 3, 4, 5, 6, 7 ,8, 9]
>>> s = (x for x in range(1, 10))
>>>
>>> printSeq(li)
1  2  3  4  5  6  7  8  9
>>> printSeq(s)
1  2  3  4  5  6  7  8  9
>>>
>>> printSeq(map(f, li))
1  4  9  16  25  36  49  64  81
>>> printSeq(map(f, s))

>>> printSeq(map(lambda x:x*x, li))
1  4  9  16  25  36  49  64  81
>>> printSeq(map(lambda x:x*x, s))

>>>
```

s是生成器

内部元素一致

生成器不能作为lambda的参数，也不能作为printSeq函数的参数

图 2-23　Python 高阶函数 map

使用 map 函数对序列（列表或元组、生成器）元素一一映射。不用每次都使用 for 循环，精简了代码，使代码更加通俗易懂。

（3）filter 函数。顾名思义 filter 主要用于过滤。基本与 map 函数相似，不同的是它添加了一个限定条件（不然为什么叫过滤），符合这个条件的才会被输出，不符合的则去掉。与 map 函数相同的是，它输入的参数同样是一个函数和序列（可以是元组和生成器）。由输入参数中的函数来判断序列中的哪些元素可以通过返回、哪些直接去掉，最后返回的也只能是一个新的列表。在 Python 环境下执行命令：

```
def f1(x):
if x%2 == 1:
    return x
else:
    pass

def printSeq(seq):
for i in seq:
    print("%d  " %i, end="")
print(end='\n')

li = [x for x in range(1, 10)]
type(li)

g = (x for x in range(1, 10))
type(g)
```

```
printSeq(li)
printSeq(g)

printSeq(filter(f1, li))
printSeq(filter(lambda x:x%2==1, li))

printSeq(filter(f1, g))
printSeq(filter(lambda x:x%2==1, g))
```

执行结果如图 2-24 所示。

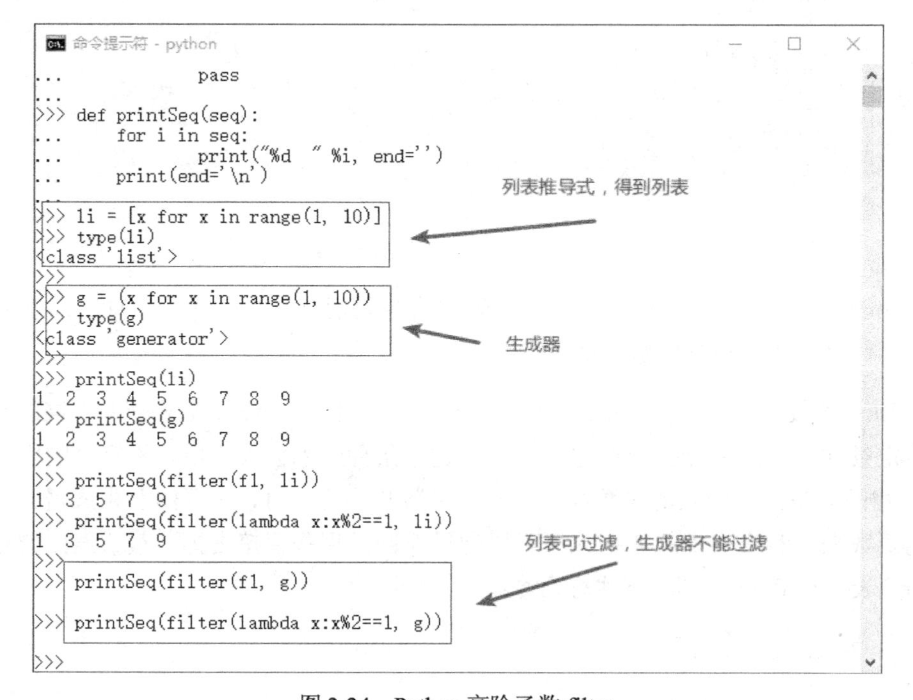

图 2-24 Python 高阶函数 filter

在使用 filter 函数时，要注意代入参数。检查序列与函数是否匹配。比如 lambda 和简化后的函数，虽然使用比较方便。把列表作为参数时都没问题，但把生成器作为参数就有可能无法返回。

（4）reduce 函数。在 Python 2 中 reduce 是内置函数，但在 Python 3 中 rudece 被放置到 functools 模块中了。reduce 是减少、缩小的意思。reduce 函数针对的也是序列，参数同样是一个函数和一个序列（可以是列表、元组，生成器不行）。作为 reduce 参数的函数必须是输入两个元素、输出一个元素的函数。只有这样的函数才能缩小序列。作为 reduce 参数的这个序列中必须包含 2 个以上的元素，否则也没必要缩小序列了。reduce 的运作过程大致是先取出序列中的前 2 个元素，作为函数的参数，等待函数的返回值；然后将这个返回值与序列中的第 3 个元素作为函数的参数，等待函数的返回值……以此类推。这个过程类似于递归。既然类似于递归，正好可以处理数学中的阶乘（Python 中并没有直接的阶乘函数），也可以用于序列求和。两者都是将多个数字“合并”成一个数字。在 Python 环境下执行命令：

```
from functools import reduce
li = [x for x in range(1,,5)]
li
tu = tuple(li)
tu
reduce(lambda x, y: x*y, li)
reduce(lambda x, y: x*y, tu)
reduce(lambda x, y: x+y, tu)
reduce(lambda x, y: x+y, li)
sum(li)
sum(tu)
```

执行结果如图 2-25 所示。

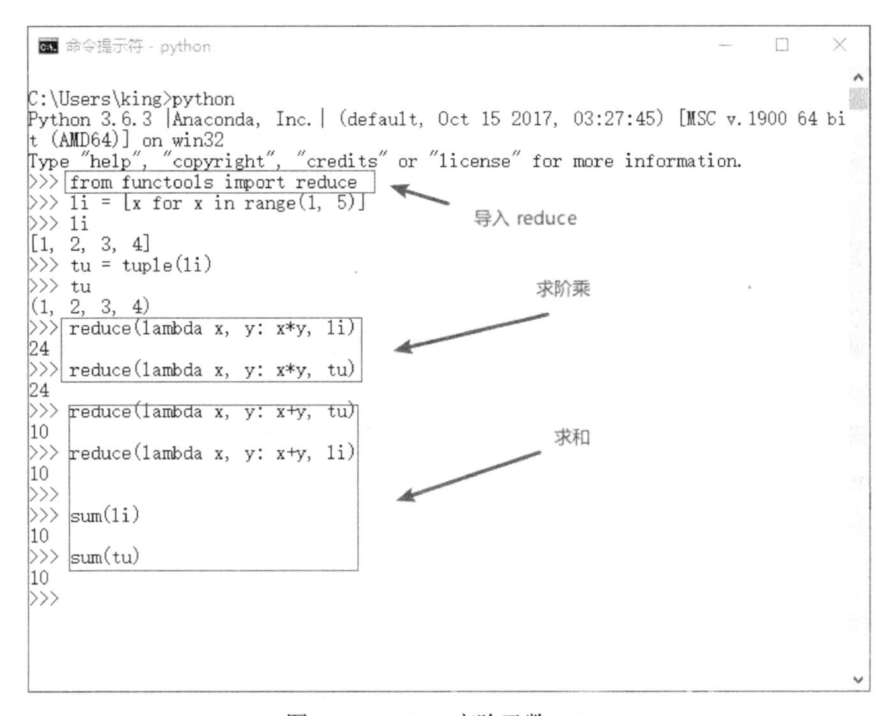

图 2-25　Python 高阶函数 reduce

Python 高阶函数并不常见。这是因为总有替代函数可以使用，但就简洁而言，Python 内置函数已经达到了目前可以做到的极致，而且内置函数使用快速方便，如果没有特殊要求，可以考虑使用 Python 内置函数。

2.5 Python 代码格式

Python 是一门新兴的编程语言，在格式方面与其他大众语言相差不大，但也有它独特之处，尤其是代码缩进。在其他的编程语言中，代码缩进大多是为了美观，程序、函数的开始结束都是由花括号来控制的。在 Python 中却不一样，程序、代码块的开始结束都是由缩进来控制的。所以，首先要熟悉的就是 Python 的代码缩进。

2.5.1 Python 代码缩进

Python 的缩进一般来说是 4 个空格，先严格按照这种缩进方法来写个测试代码。

```
Class TestBlank(object):
----|----|def __init__(self):
----|----|----|----|self.timeout = 3
----|----|----|----|self.url = ''
..............................
```

以上的代码中----｜代表 4 个空格。这才写了个开头就得 40 个空格。要是 Python 只能这样写，那还是选择 C 或者 C++好了。好在还有备用方案，可以用 Tab 键来替代 4 个空格。这样的好处就是少按了很多次空格，坏处就是代码不好移植。在这台电脑上可以运行的程序，换台电脑可能就无法直接使用了。

既然变通了，那就变通到底好了。实际上这也是目前流行的做法，在自己的代码编辑器上将 Tab 键设置成 4 个空格就可以了。比如 Windows 下的 notepad++就可以在“设置｜首选项｜语言”菜单中选中以空格替代。其他的 Python IDE 中都有类似的设定，自行摸索一下就可以了。Linux 下一般用的都是 vi，那就更加简单了。在/etc/vim/vimrc 或者~/.vim/vimrc 中添加代码：

```
set ts=4
set expandtab
```

有的 vi 默认将 tabstop 定义成了 8 个空格。

Python 每行代码前的缩进都有语法和逻辑上的意义。在严格要求的代码缩进之下，代码非常整齐规范，赏心悦目，提高了可读性，在一定程度上也提高了可维护性。

至于 Python 的缩进规则很简单。简单说就是，同一代码块纵向对齐。同级别函数（不存在调用关系的）纵向对齐，每次对齐都是 4 个空格的倍数。如果违反这些规则，Python 是不会工作的，只会抛出一条冷冰冰的异常通知：SyntaxError: invalid syntax。

2.5.2 Python 命名规则

对于给类、函数、变量取名，只要不违反命名规则，取任何名字都是可以的。要是不明白类、函数、变量的作用不是还有注释吗？的确是这样的。但如果能“望名生义”那又何必去添加多余的注释呢？另外，统一的命名法也令程序看起来赏心悦目。编写代码不能以书法让人愉悦，那就以名字和格式让人愉悦吧！

1．匈牙利命名法

据说匈牙利命名法是一位叫 Charles Simonyi 的匈牙利程序员发明的，后来他在微软待了几年，于是这种命名法就通过微软的各种产品和文档资料向世界传播开了。这种命名法的出发点是把变量名按属性+类型+对象描述的顺序组合起来，以使程序员定义变量时对变量的类型和其他属性有直观的了解。

这种命名方法的确很好。可惜的是，Python 的参数并不像 C、C++、Java 一样，声明变量无须指定变量类型。而且在没用到 Python GUI 编程前也不会遇到属性、对象什么的，所以这种命名法还是等到使用 GUI 编程时再使用吧。

2．驼峰命名法

驼峰命名法又称骆驼式命名法（Camel-Case），是计算机程序编写时的一套命名规则（惯例）。正如它的名称 CamelCase 所表示的那样，是指混合使用大小写字母来构成变量和函数的名字。

驼峰式命名法就是当变量名或函式名是由一个或多个单词连在一起而构成的唯一识别字时，第一个单词以小写字母开始，第二个单词的首字母大写或每一个单词的首字母都采用大写字母，例如 myFirstName、myLastName，这样的变量名看上去就像骆驼峰一样此起彼伏，故得名。驼峰命名法又可以分为小驼峰命名法和大驼峰命名法。

变量和函数一般用小驼峰法标识，即除第一个单词之外，其他单词首字母大写。譬如：

```
def getUrl
urlSrc = u'http://ww.baidu.com'
```

变量 urlSrc 第一个单词是全部小写，后面的单词首字母大写。

相比小驼峰法，大驼峰法把第一个单词的首字母也大写了，有时也被称为帕斯卡（pascal）命名法，常用于类名。譬如：

```
Class MyLog(object):
```

3．Guido 推荐的命名规则

Python 之父 Guido 推荐在 Python 中使用的命名方法，如表 2-2 所示。

表 2-2 PythonName

Type	Public	Internal
Modules	low_with_under	_lower_with_under
Packages	low_with_under	
Classes	CapWords	_CapWords
Exceptions	CapWords	
Functions	lower_with_under()	_lower_with_under()
Global/Class Constants	CAPS_TITH_UNDER	_CAPS_WITH_UNDER
Global/Class Variables	low_with_under	_lower_with_under
Instance Variables	low_with_under	_lower_with_under (protected) or __lower_with_under (private)
Method Names	low_with_under()	_lower_with_under() (protected) or __lower_with_under() (private)
Function/Method Parameters	low_with_under	
Local Variables	low_with_under	

命名约定如下：

- 所谓"内部（Internal）"表示仅模块内可用，或者在类内是保护或私有的。
- 用单下划线(_)开头表示模块变量或函数是 protected 的（使用 import * from 时不会包含）。
- 用双下划线(__)开头的实例变量或方法表示类内私有。
- 将相关的类和顶级函数放在同一个模块里，不像 Java，没必要限制一个类一个模块。
- 对类名使用大写字母开头的单词（如 CapWords，即 Pascal 风格），但是模块名应该用小写加下划线的方式（如 lower_with_under.py），尽管已经有很多现存的模块使用类似于 CapWords.py 这样的命名，但现在已经不鼓励这样做，因为如果模块名碰巧和类名一致，就会让人困扰。

以上三种命名规则，可以任选一种或者组合使用，并没有强制要求。理论上来说，选择 Python 推荐的命名规则比较好，这也是 Google 推荐的 Python 命名规则。读者当然也可以不接受 Google 建议，选择自己喜欢的命名方法，只要自己能看懂，交流无障碍就可以了。

2.5.3 Python 代码注释

一个好的程序员，为代码添加注释是编码时必须要做的，但要确保注释中要说明的都是重要的事情，让其他人看一眼就知道代码是干什么用的。注释在任何语言的代码中都非常重要，没有哪一种语言是完全不需要注释的。在 Python 中，注释还有其他的作用。Python 中的注释分为特殊注释、单行注释和多行注释。

1. Python 特殊注释

```
#!/usr/bin/python3 env
#-*- coding:utf-8 -*-
```

在所有的 Python 代码开头都有这两句（在 Windows 中写代码可以不用第一行注释，但为了移植方便，让程序能直接在 Linux 下运行还是加上这行比较好）。

以上特殊注释的第一行目的是指明 Python 编译器位置。第二行则指定了该程序使用的字符编码。指定字符编码还可以写成：

```
#coding=utf-8
```

Python 3 中默认的就是 utf-8 编码，但为了兼容 Python 2 还是加上这句比较好，Python 2 使用的是 ascii 编码。

2. Python 单行注释

单行注释很简单。不管在代码的任何位置，只要是#之后的都是注释，但仅限于本行之内，不得换行。单行注释的代码如下：

```
self.timeout = 5  #网络超时时间
self.fileName = './todayMovie.txt'  #保存文件的位置
```

单行注释不需要刻意对齐，避免出现 SyntaxError: invalid syntax 的异常。

3. Python 多行注释

Python 中的多行注释采取的是三个单引号'''或者三个双引号"""。如果多行注释紧跟在定义类或者定义函数之后，则自动变成了该类或者函数的 doc string。什么是 doc string 呢？简单地说就是模块、类、函数的功能注释。

【示例 2-15】写一个简单的例子，一试就清楚了。打开 Putty 连接到 Linux，执行命令：

```
cd code/crawler
vi annotation.py
```

annotation.py 的代码如下：

```
1 #!/usr/bin/env python3
2 #-*- coding: utf-8 -*-
3 __author__ = 'hstking hst_king@hotmail.com'
4
5 class Annotation(object):
6     '''这是一个用户示范注释的类，
7 多行注释如果在类或者函数的定义之后，
8 将被默认成 doc string。
```

```
 9 这里注释的是该类的功能性说明'''
10     def __init__(self):
11         self.run()
12
13     def run(self):
14         """函数里的doc string,
15 这里注释的是该函数的功能性说明
16 注释用单引号和双引号没有任何区别 """
17         x = 333 #定义了一个 int 类型的变量 x
18         print('x = %d' %x)
19         '''好了，这里是单纯的注释了。可以注释多行，当然也可以注释单行了 '''
20
21
22 if __name__ == '__main__':
23     a = Annotation()
```

在 annotation.py 中，第 17 行使用的是单行注释，第 19 行使用的是多行注释，其他的则是类和函数的 doc string。至于 doc string 怎么显示，也挺简单的。打开 Putty 连接到 Linux，执行命令：

```
cd code/crawler
python3
import annotation
print(annotation.Annotation.__doc__)
print(annotation.Annotation.run.__doc__)
```

执行结果如图 2-26 所示。

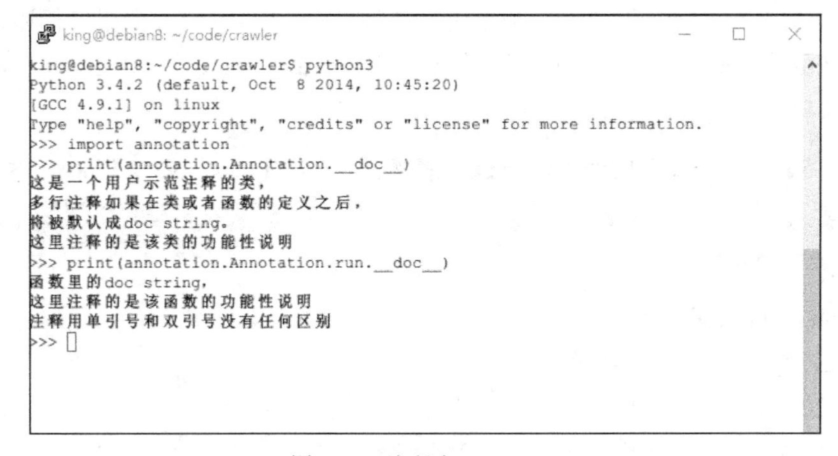

图 2-26　注释和 doc string

注释就介绍到这里。在编程时不加入注释，当时可能没什么问题，待到以后维护代码时就会发现那是相当痛苦的事情。

2.6 Python 调试

调试是 Python 编程中非常重要的一环。程序出现什么问题，查看抛出的异常。或者处处加 print 和 log 找出错误点，再慢慢地反推，是可以找到问题、解决问题的，但是有更简单的方法为什么非得舍易取难呢？

在 Linux 和 Windows 平台有很多第三方调试工具，一般的 Python IDE 基本也自带了调试工具。工具太多了反而不好选择，而且也不是随手就能找到第三方调试工具的。这里仅示范手头上必定有的 Python 自带的调试工具，其他的第三方调试工具都大同小异，熟悉了最简单的，其他的也就无师自通了。

2.6.1 Windows 下 IDLE 调试

先写一个简单的程序来做示例。既然是调试，最好的选择莫过于多次调用函数的阶乘了，这个程序简单又明显，适合用来做示例。打开 IDLE，单击菜单栏的 File | New File，创建一个新文档，编辑代码，如图 2-27 所示。

testWinDebugFactorial.py - C:\Users\king\Desktop\testWinDebugFactorial.py (...

File Edit Format Run Options Window Help

```
#!/usr/bin/env python
#-*- coding:GBK -*-

def fac(n):
    if n==1 or n==0:
        return 1
    else:
        return n*fac(n-1)

def main():
    print('这是一个求阶乘的程序\n')
    n = raw_input('请输入一个正整数:')
    try:
        n = int(n)
    except ValueError:
        print('输入错误，要求输入一个正整数，退出重来吧。')
    print('%d! = %d' %(n,fac(n)))


if __name__ == '__main__':
    main()
```

图 2-27 winDebugFactorial.py

单击菜单栏 File | Save As，选择保存位置后将文件保存为 winDebugFactorial.py。下面开始调试 winDebugFactorial.py。

单击 IDLE 菜单栏的 Run | Python Shell，打开 Python Shell，如图 2-28 所示。

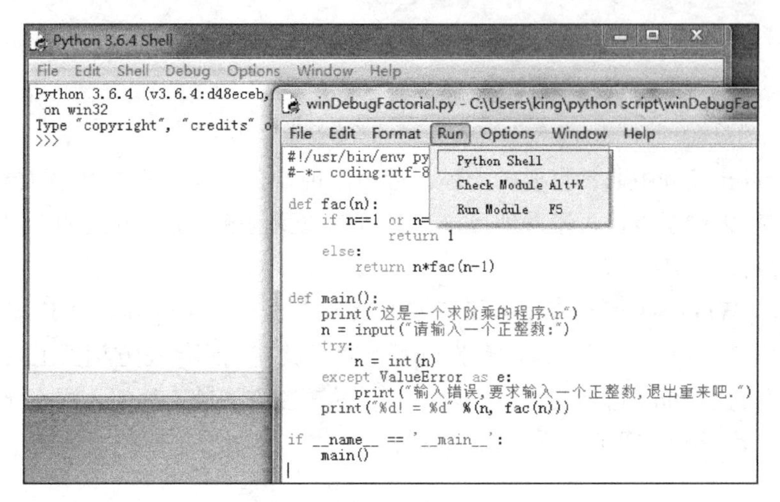

图 2-28　打开 Python Shell

单击 Python Shell 菜单栏的 Debug | Debugger，打开 Debug Control 窗口，如图 2-29 所示。

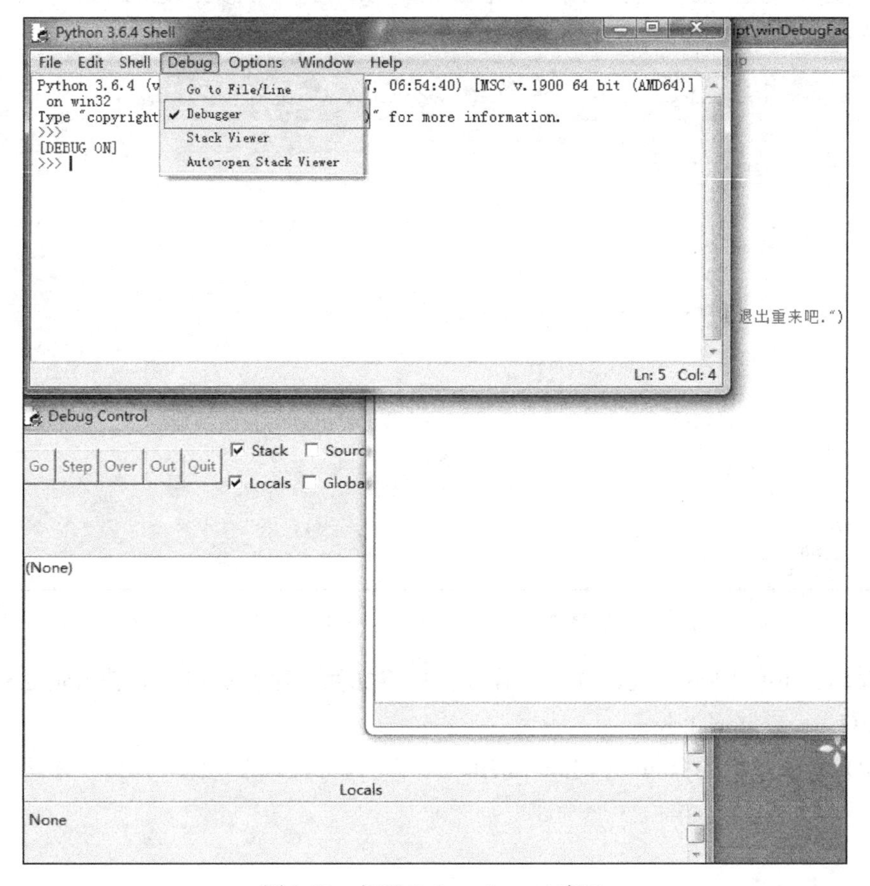

图 2-29　打开 Debug Control 窗口

然后在 IDLE 窗口为代码添加断点。所谓断点，简单地说就是调试程序时需要停顿的位置，一般在函数的入口、参数变化的行添加。这里只在 fac 函数入口添加一个断点。单击 fac

函数入口行，再右击，弹出的快捷菜单中选择 Set Breakpoint，如图 2-30 所示。

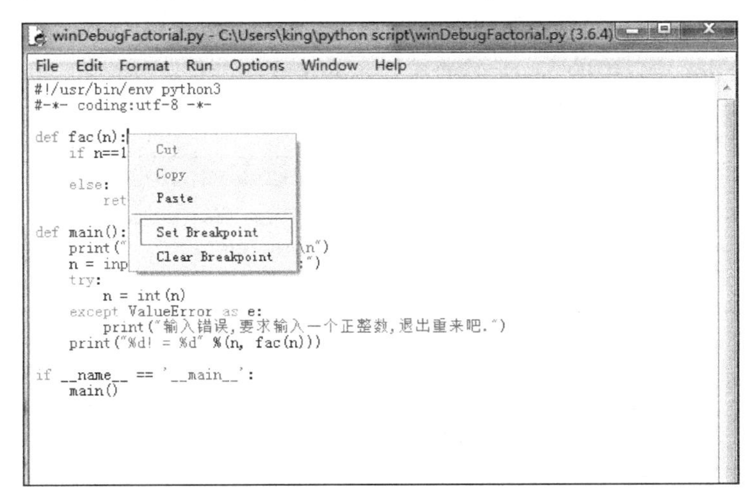

图 2-30　设置断点

现在可以开始运行调试程序了，单击 IDLE 窗口菜单栏中的 Run | Run Module，如图 2-31 所示。

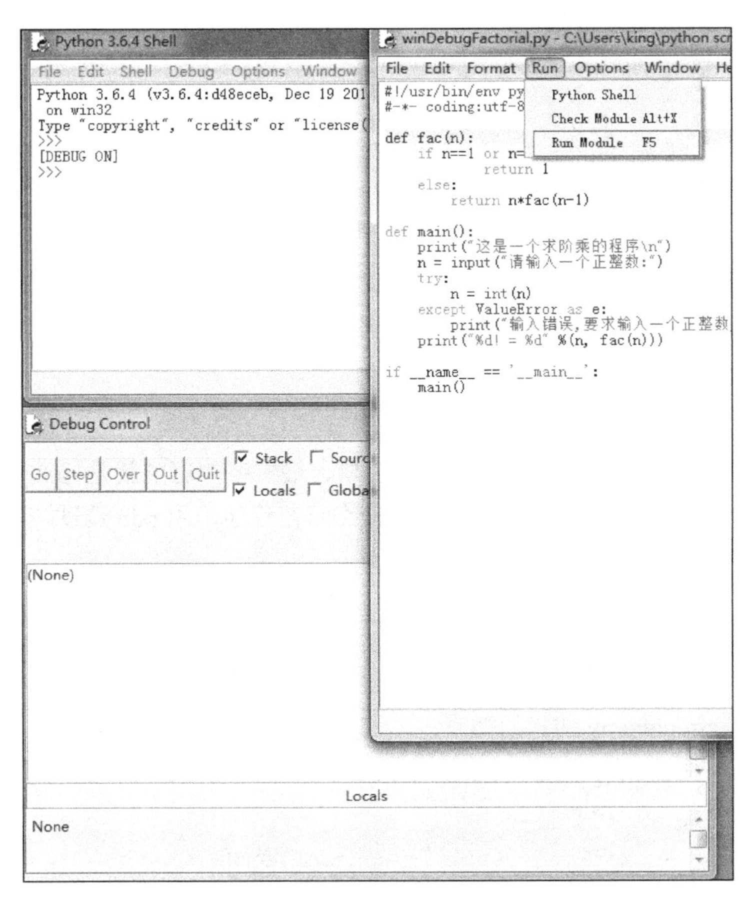

图 2-31　运行调试程序

单击 Debug Control 窗口的 Go 按钮，开始运行程序，然后单击 Debug Control 窗口的 Step 按钮，逐步运行程序。如果需跳出循环或者跳出函数，则单击 Debug Control 窗口的 Out 按钮。Debug Control 窗口中的 Stack 检查框显示的是程序当前运行位置，Locals 检查框显示的是当前变量的值，如图 2-32 所示。

图 2-32　Debug Control

通过 Debug 调试很容易发现程序中的错误之处。虽然这个 Debug 工具比较简陋，但基本功能都还齐全，算是比较好用的一款 Debug 工具了。

2.6.2　Linux 下 pdb 调试

Linux 下的 Python 调试工具也很多，最简单、最方便的可能就是 pdb 了。pdb 功能齐全，使用方便，命令几乎是一模一样的。先写一个示范程序，用 pdb 调试一下。

【示例 2-16】打开 Putty 连接到 Linux，执行命令：

```
cd code/crawler
vi linuxBugListExtremum.py
```

linuxBugListExtremum.py 的代码如下：

```
1 #!/usr/bin/env python3
2 #-*- coding: utf-8 -*-
3 __author__ = 'hstking hst_king@hotmail.com'
4
5 import cls
```

```
 6 import time
 7
 8 def getList():
 9     #构建一个纯数字列表
10     numList = []
11     num = 'q'
12     while num:
13         cls.clear()
14         print(numList)
15         print('结束构建列表，请按回车')
16         num = input('请输入一个整数：')
17         if num == '':
18             break
19         try:
20             num = int(num)
21         except ValueError:
22             print('要求输入整数，请重新输入')
23             time.sleep(1)
24             continue
25         numList.append(num)
26     return numList
27
28 def getMaxNum(List):
29     #获取列表中最大值
30     #import pdb
31     #pdb.set_trace()
32     num = List[0]
33     for i in List[1:]:
34         if num <= i:
35             num = i
36     return num
37
38 def getMinNum(List):
39     #获取列表中最小值
40     num = List[0]
41     for i in List[1:]:
42         if num >= i:
43             num = i
44     return num
45
46
47 if __name__ == '__main__':
48     numList = getList()
```

```
49      maxNum = getMaxNum(numList)
50      print('列表中最大值为:%d' %maxNum)
51      minNum = getMinNum(numList)
52      print('列表中最小值为:%d' %minNum)
```

linuxBugListExtremum.py 程序让用户输入一组整数放入列表中，然后从列表中挑选出最大值和最小值。以 linuxBugListExtremum.py 为例，使用 pdb 调试。

第 5 行的 import cls 导入的是一个自定义模块 cls.py。代码如下：

```
 1 #!/usr/bin/env python3
 2 #-*- coding: utf-8 -*-
 3 __author__ = 'hstking hst_king@hotmail.com'
 4
 5 import platform
 6 import os
 7
 8 def clear():
 9         OS = platform.system()
10         if OS == 'Windows':
11                 os.system('cls')
12         else:
13                 os.system('clear')
14
15
16
17 if __name__ == '__main__':
18         pass
```

下面先简单地介绍一下 pdb。pdb 在 Python 中是以模块的形式出现的，它是 Python 的标准库，可以在 Python 交互环境中使用，如图 2-33 所示。

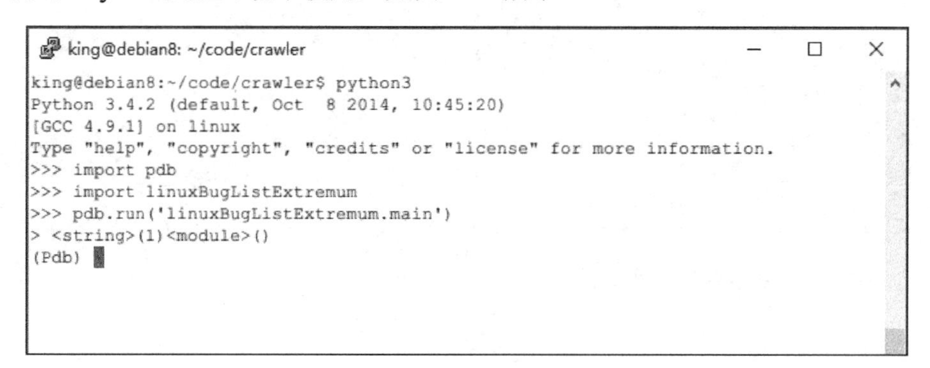

图 2-33　模块式使用 pdb

也可以在程序中间插入一段程序，相当于在一般 IDE 里面打上断点，然后启动 debug，不过这种方式是 hardcode 的，如图 2-34 所示。

```
king@debian8: ~/code/crawler
28 def getMaxNum(List):
29     #获取列表中最大值
30     import pdb
31     pdb.set_trace()
32     num = List[0]
33     for i in List[1:]:
34         if num <= i:
35             num = i
36     return num
37
38 def getMinNum(List):
39     #获取列表中最小值
40     num = List[0]
41     for i in List[1:]:
42         if num >= i:
43             num = i
44     return num
45
46
47 if __name__ == '__main__':
48     numList = getList()
49     maxNum = getMaxNum(numList)
50     print('列表中最大值为:%d' %maxNum)
                                                    50,1          93%
```

图 2-34　程序内使用 pdb

将 pdb 放入程序内，在运行程序时，运行到 pdb 行后就暂停了，然后开始运行 pdb 程序。这种方式需要改动程序，比较麻烦。

笔者更喜欢最后一种方法，即用命令行启动目标程序，加上-m 参数调用 pdb 模块，如图 2-35 所示。

```
king@debian8: ~/code/crawler
king@debian8:~/code/crawler$ python3 -m pdb linuxBugListExtremum.py
> /home/king/code/crawler/linuxBugListExtremum.py(3)<module>()
-> __author__ = 'hstking hst_king@hotmail.com'
(Pdb) ?

Documented commands (type help <topic>):
========================================
EOF    c          d        h         list      q        rv       undisplay
a      cl         debug    help      ll        quit     s        unt
alias  clear      disable  ignore    longlist  r        source   until
args   commands   display  interact  n         restart  step     up
b      condition  down     j         next      return   tbreak   w
break  cont       enable   jump      p         retval   u        whatis
bt     continue   exit     l         pp        run      unalias  where

Miscellaneous help topics:
==========================
exec  pdb

(Pdb)
```

图 2-35　命令调用 pdb 模块

图 2-35 显示了 pdb 的所有命令，这里只说明最常用的几个：

- list：显示程序，可以带参数。比如显示第 5 行 list 5。
- break：添加断点。比如在第 5 行添加断点 break 5，在 getList 函数添加断点 break。
- run：开始运行程序。
- step：单步运行，进入函数内部。
- next：单步运行，不进入函数内部。
- print：显示参数。
- quit：退出 pdb。

下面开始调试 linuxBugListExtremum.py 程序。执行命令：

```
python -m pdb linuxBugListExtremum.py
list 52
break getList
break getMaxNum
break getMinNum
break
```

执行结果如图 2-36 所示。

```
king@debian8: ~/code/crawler
> /home/king/code/crawler/linuxBugListExtremum.py(3)<module>()
-> __author__ = 'hstking hst_king@hotmail.com'
(Pdb) list 52
 47     if __name__ == '__main__':
 48         numList = getList()
 49         maxNum = getMaxNum(numList)
 50         print('列表中最大值为:%d' %maxNum)
 51         minNum = getMinNum(numList)
 52         print('列表中最小值为:%d' %minNum)
[EOF]
(Pdb) break getList
Breakpoint 1 at /home/king/code/crawler/linuxBugListExtremum.py:8
(Pdb) break getMaxNum
Breakpoint 2 at /home/king/code/crawler/linuxBugListExtremum.py:28
(Pdb) break getMinNum
Breakpoint 3 at /home/king/code/crawler/linuxBugListExtremum.py:38
(Pdb) break
Num Type         Disp Enb   Where
1   breakpoint   keep yes   at /home/king/code/crawler/linuxBugListExtremum.py:8
2   breakpoint   keep yes   at /home/king/code/crawler/linuxBugListExtremum.py:2
8
3   breakpoint   keep yes   at /home/king/code/crawler/linuxBugListExtremum.py:3
8
(Pdb)
```

图 2-36　pdb 加入断点

执行命令 run，开始运行程序，函数外的行使用 next 单步运行，到了函数入口后使用 step 单步运行，中途使用 print 命令随时监视变量变化，如图 2-37 所示。

```
king@debian: ~/code/crawler
> /mnt/disk/sync/code/crawler/testLinuxBugListExtremum.py(15)getList()
-> print(u'结束构建列表，请按回车')
(Pdb)
结束构建列表，请按回车
> /mnt/disk/sync/code/crawler/testLinuxBugListExtremum.py(16)getList()
-> num = raw_input('请输入一个整数：')
(Pdb)
请输入一个整数：10
> /mnt/disk/sync/code/crawler/testLinuxBugListExtremum.py(17)getList()
-> if num == '':
(Pdb) print num
10
(Pdb) next
> /mnt/disk/sync/code/crawler/testLinuxBugListExtremum.py(19)getList()
-> try:
(Pdb)
> /mnt/disk/sync/code/crawler/testLinuxBugListExtremum.py(20)getList()
-> num = int(num)
(Pdb)
> /mnt/disk/sync/code/crawler/testLinuxBugListExtremum.py(25)getList()
-> numList.append(num)
(Pdb)
> /mnt/disk/sync/code/crawler/testLinuxBugListExtremum.py(12)getList()
-> while num:
(Pdb) print numList
[10]
(Pdb)
```

图 2-37　调试 linuxBugListExtremum.py

调试完毕后输入 quit，退出 pdb。pdb 没有 GUI，用起来似乎没有那么直观，习惯了还挺方便。如果偏爱 GUI，那还是找一个 Python IDE 吧，Eclipse + pydev 就很方便，支持多个操作平台，除了块头大一点，没有什么缺点；或者找一个短小精干的 Atom（vscode），也非常方便。

pdb 是 Python 调试工具，也是 Python 的标准模块之一，所以也可以用 import 将其导入程序中使用。在 Windows 中也可以使用 pdb。

2.7 本章小结

Python 的知识点远不止这么一点点，如果读者了解了这些，又有一点其他编程语言的基础，基本就可以用 Python 来解决一些小问题了。如果需要继续深入，请自行参考教程或自行搜索。Python 是一门黏性非常强的语言，可以调用别的语言来编写自己的模块，用来弥补自己的不足，因此也被称为胶水语言。虽然 Python 易学难精，但它是一个非常有用的编程语言，通用各大平台，值得投入精力深入学习。

第 3 章 简单的Python脚本

Python 的基础部分已经学完了，下一步可以开始写 Python 程序了。因为 Python 程序无须编译直接执行，所以也可以称之为脚本。在这里笔者把大一点的、复杂点的 Python 脚本称为程序，把简单的 Python 程序称为脚本。

3.1 九九乘法表

编写程序，由简到难。似乎没有比九九乘法表更简单的程序了吧，那就从九九乘法表开始。Python 的结构集合了 C 和 C++的优点，语法结构也相差不远，在编程时只需重点注意格式（空格或者 Tab 键）就可以了。

3.1.1 Project 分析

九九乘法表，从小学就开始学习，每个人都会背。如果把这个表格排列整齐一点就会发现它呈现出一个边长为 9 的直角三角形。这个图形从左到右横向是呈线性递加的。这样的话给出一个 for 循环正合适（while 循环也可以，给 while 循环加上一个合适的出口条件就和 for 循环没什么区别了）。而纵向是也有限（9 行）递加的，再给出一个 for 循环就可以了。

3.1.2 Project 实施

【示例 3-1】编写 table9x9.py，打开 Putty 连接到 Linux，执行命令：

```
cd code/crawler
vi table9x9.py
```

table9x9.py 的代码如下：

```
1 #!/usr/bin/env python3
2 #-*- coding: utf-8 -*-
3 __author__ = 'hstking hst_king@hotmail.com'
```

```
 4
 5
 6 class PrintTable(object):
 7     '''打印九九乘法表 '''
 8     def __init__(self):
 9         print('开始打印 9x9 的乘法表格')
10         self.print99()
11
12     def print99(self):
13         for i in range(1,10):
14             for j in range(1,i+1):
15                 print('%dX%d=%2s  ' %(j,i,i*j), end='')
16             print('\n')
17
18
19 if __name__ == '__main__':
20     pt = PrintTable()
```

按 Esc 键，进入命令模式后输入:wq，保存 table9x9.py。table9x9.py 用于打印一个九九乘法表格。执行命令：

```
python3 table9x9.py
```

得到的结果如图 3-1 所示。

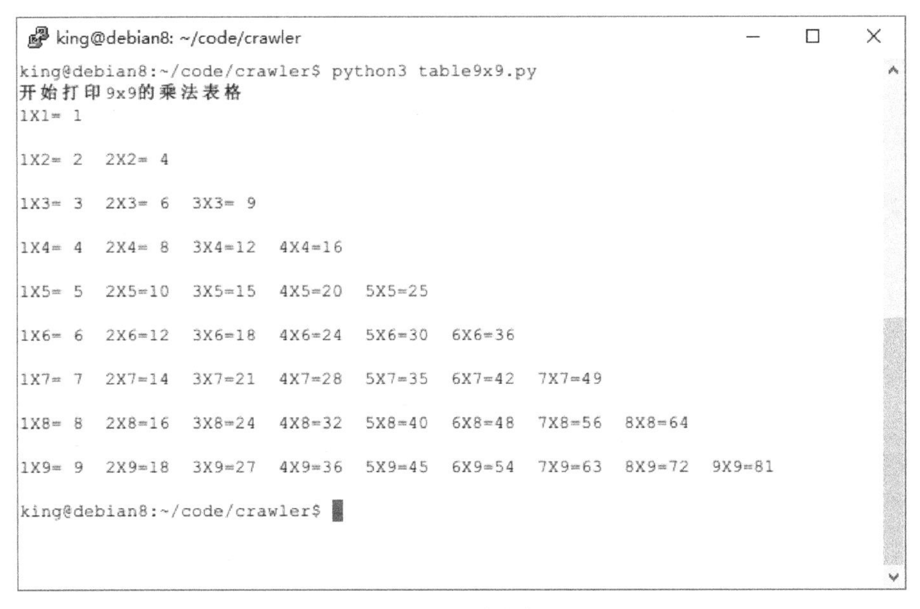

图 3-1　乘法表

十几行的代码，如果愿意精简，甚至可以把代码压缩到十行以内。足够简单了吧。

3.2 斐波那契数列

斐波那契数列（Fibonacci sequence）又称黄金分割数列，因数学家列昂纳多·斐波那契（Leonardoda Fibonacci ）以兔子繁殖为例子而引入，故又称为“兔子数列”，指的是这样一个数列：0、1、1、2、3、5、8、13、21、34……在数学上，斐波那契数列以如下递归的方法定义：F（0）=0、F（1）=1、F（n）=F(n-1)+F(n-2)（n≥2，n∈N*）。

3.2.1 Project 分析

从斐波那契数列的定义上可以看出，求斐波那契数列最正统的方法就是函数递归。不过，对于 Python 而言，还有更加简单的方法操作。这得益于 Python 独有的数据类型——列表。Python 列表可以使用 append 方法在列表的尾部追加数据。这样一来，求斐波那契数列就成了简单的加法游戏，无须递归求解了（可惜 C 语言中没有变长数列，否则在 C 语言中求斐波那契数列也很简单）。

3.2.2 Project 实施

【示例 3-2】编写 fibonacci.py，打开 Putty 连接到 Linux，执行命令：

```
cd code/crawler
vi fibonacci.py
```

fibonacci.py 的代码如下：

```
 1 #!/usr/bin/env python3
 2 #-*- coding: utf-8 -*-
 3 __author__ = 'hstking hst_king@hotmail.com'
 4
 5
 6 class Fibonacci(object):
 7     '''返回一个 fibonacci 数列 '''
 8     def __init__(self):
 9         self.fList = [0,1] #设置初始列表
10         self.main()
11
12     def main(self):
13         listLen = input('请输入 fibonacci 数列的长度(3-50):')
14         self.checkLen(listLen)
15         while len(self.fList) < int(listLen):
16             self.fList.append(self.fList[-1] + self.fList[-2])
17         print('得到的 fibonacci 数列为:\n %s ' %self.fList)
18
```

```
19    def checkLen(self,lenth):
20        lenList = map(str,range(3,51))
21        if lenth in lenList:
22            print('输入的长度符合标准，继续运行')
23        else:
24            print('只能输入 3-50，太长了不是算不出，只是没必要')
25            exit()
26
27
28 if __name__ == '__main__':
29    f = Fibonacci()
```

按 Esc 键，进入命令模式后输入:wq，保存 fibonacci.py。fibonacci.py 用于创建一个定长列表，该列表就是斐波那契数列。执行命令：

```
python fibonacci.py
```

得到的结果如图 3-2 所示。

```
king@debian8: ~/code/crawler
king@debian8:~/code/crawler$ python3 fibonacci.py
请输入fibonacci数列的长度(3-50):20
输入的长度符合标准，继续运行
得到的fibonacci数列为：
 [0, 1, 1, 2, 3, 5, 8, 13, 21, 34, 55, 89, 144, 233, 377, 610, 987, 1597, 2584,
4181]
king@debian8:~/code/crawler$
```

图 3-2　fibonacci 数列

Python 有独特的列表类型，在获取递归队列时有独特的优势。

3.3 概率计算

将理想状态绝对无误差的 10 个同样的小球从 1~10 标号，然后随机从中选出 1 个小球。如果选取的次数足够多，就可以计算各个小球被选取出来的概率。编写一个 Python 程序来算一算，看看老天偏爱哪个数。

3.3.1 Project 分析

这是一个随机数的问题。Python 有个 random 模块，专门用来解决这类问题。据说 Python 用 random 选取出来的随机数都是伪随机数。不过也没关系，只需要算出大致的结果就可以了。没计算之前，个人认为每个球被选取出来的概率都一样。下面就来算算看。

3.3.2 Project 实施

【示例 3-3】编写 ball.py，打开 Putty 连接到 Linux，执行命令：

```
cd code/crawler
vi ball.py
```

ball.py 的代码如下：

```
 1 #!/usr/bin/env python3
 2 #-*- coding: utf-8 -*-
 3 __author__ = 'hstking hst_king@hotmail.com'
 4 
 5 import random
 6 
 7 class SelectBall(object):
 8     def __init__(self):
 9         self.run()
10 
11     def run(self):
12         while True:
13             numStr = input('输入测试的次数：')
14             try:
15                 num = int(numStr)
16             except ValueError as e:
17                 print('要求输入一个整数')
18                 continue
19             else:
20                 break
21         ball = [0, 0, 0, 0, 0, 0, 0, 0, 0, 0]
22         for i in range(num):
23             n = random.randint(1,10)
24             ball[n-1] += 1
25         for i in range(1,11):
26             print('获取第%d 号球的概率为%f' %(i, ball[i-1]*1.0/num))
27 
28 
29 if __name__ == '__main__':
30     SB = SelectBall()
```

执行命令：

```
python3 ball.py
```

得到的结果如图 3-3 所示。

```
king@debian8: ~/code/crawler
输入测试的次数：10000
获取第1号球的概率为0.099900
获取第2号球的概率为0.102400
获取第3号球的概率为0.097600
获取第4号球的概率为0.098300
获取第5号球的概率为0.097200
获取第6号球的概率为0.097400
获取第7号球的概率为0.103300
获取第8号球的概率为0.097400
获取第9号球的概率为0.105400
获取第10号球的概率为0.101100
king@debian8:~/code/crawler$ python3 ball.py
输入测试的次数：1000000
获取第1号球的概率为0.100442
获取第2号球的概率为0.100433
获取第3号球的概率为0.099782
获取第4号球的概率为0.099890
获取第5号球的概率为0.099387
获取第6号球的概率为0.099721
获取第7号球的概率为0.099915
获取第8号球的概率为0.100234
获取第9号球的概率为0.100321
获取第10号球的概率为0.099875
king@debian8:~/code/crawler$
```

图 3-3　选球概率

果然如此，每个球选取的概率差不多。选取的次数越多，这个趋势就越明显。也就是说，在理想状态下，所有球被选取的概率是一样的。

这种选取小球概率的计算方法只是一种理想状态的算法。类似于丢硬币出现正反面的概率，理论上应该是一半对一半，但实际上由于硬币材质的缘故，丢硬币的次数越多，正反面出现的概率差距就越大。

3.4 读写文件

读写文件是最常见的 IO 操作。Python 内置了读写文件的函数，用法和 C 的读写文件非常类似。在磁盘上读写文件的功能都是由操作系统提供的，现代操作系统不允许普通的程序直接操作磁盘，所以，读写文件就是请求操作系统打开一个文件对象（通常称为文件描述符），然后，通过操作系统提供的接口从这个文件对象中读取数据（读文件），或者把数据写入这个文件对象（写文件）。

3.4.1 Project 分析

Python 使用内置函数 open 来读写文件。查看 open 函数的帮助文档。执行命令：

```
python3
help(open)
```

执行的结果如图 3-4 所示。

```
Help on built-in function open in module __builtin__:

open(...)
    open(name[, mode[, buffering]]) -> file object

    Open a file using the file() type, returns a file object.  This is the
    preferred way to open a file.  See file.__doc__ for further information.
(END)
```

图 3-4　help open

图 3-4 中的 Name 是需要操作的文件名，mode 是模式。这个模式共有 7 种，如表 3-1 所示。

表 3-1　Python Open Mode

模式	说明
r	以读方式打开文件，可读取文件信息
w	以写方式打开文件，可向文件写入信息。如文件存在，则清空该文件，再写入新内容
a	以追加模式打开文件，如果文件不存在，则创建
r+	以读写方式打开文件，可对文件进行读和写操作
w+	消除文件内容，然后以读写方式打开文件
a+	以读写方式打开文件，并把文件指针移到文件尾
b	以二进制模式打开文件，而不是以文本模式打开

这 7 种模式可以组合使用。下面将用 Python 创建一个文件，并写入、读取内容。

3.4.2　Project 实施

【示例 3-4】编写 operaFile.py，打开 Putty 连接到 Linux，执行命令：

```
cd code/crawler
vi operaFile.py
```

operaFile.py 的代码如下：

```
1 #!/usr/bin/env python3
2 #-*- coding: utf-8 -*-
3 __author__ = 'hst_king hst_king@hotmail.com'
4
5 import os
6
7 def operaFile():  #创建文件
8     print('创建一个名字为 test.txt 的文件，并在其中写入 Hello Python')
9     print('先得保证 test.txt 不存在')
```

```
10     os.system('rm test.txt')
11     os.system('ls -l test.txt')
12     print('现在再来创建文件并写入内容\n')
13     fp = open('test.txt', 'w')
14     fp.write('Hello Python')
15     fp.close()
16     print('不要忘记用 close 关闭文件哦')
17     print('再来看看 test.txt 是否存在，和内容\n')
18     os.system('ls -l test.txt')
19     os.system('cat test.txt')
20     print('\n')
21
22     print('如何避免 open 文件失败的问题呢？')
23     print('使用 with as 就可以了')
24     with open('test.txt', 'r') as fp:
25         st = fp.read()
26     print('test.txt 的内容为:%s' %st)
27
28 if __name__ == '__main__':
29     operaFile()
```

执行命令：

```
python operaFile.py
```

得到的结果如图 3-5 所示。

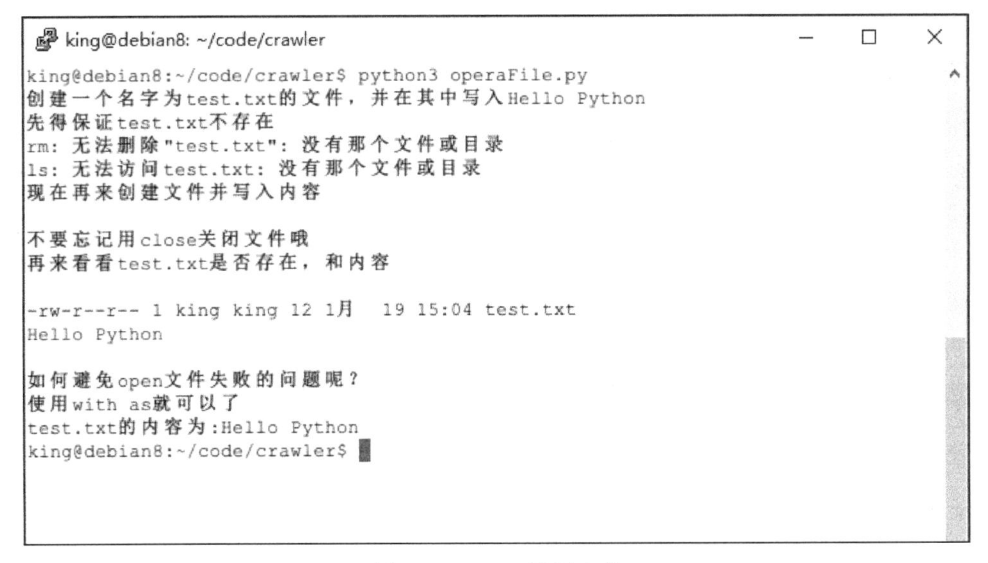

```
king@debian8: ~/code/crawler
king@debian8:~/code/crawler$ python3 operaFile.py
创建一个名字为test.txt的文件，并在其中写入Hello Python
先得保证test.txt不存在
rm: 无法删除"test.txt": 没有那个文件或目录
ls: 无法访问test.txt: 没有那个文件或目录
现在再来创建文件并写入内容

不要忘记用close关闭文件哦
再来看看test.txt是否存在，和内容

-rw-r--r-- 1 king king 12 1月  19 15:04 test.txt
Hello Python

如何避免open文件失败的问题呢？
使用with as就可以了
test.txt的内容为:Hello Python
king@debian8:~/code/crawler$
```

图 3-5　Python 读写文件

Python 对文件的操作跟 C 类似，但功能远比 C 要丰富。例如按行读取文件，多行读取文件等。C 语言的优势是快，而 Python 的优势是模块多、功能丰富。

3.5 类的继承与重载

Python 面向对象编程。可以简单地理解为 Python 对类的使用。基本上与 C++或者 Java 的类相同，没有 C++和 Java 的类那么复杂，但类的继承、重载等特性还是有的。

3.5.1 Project 1 分析

在第 2 章中展示了类的最基本用法，需要注意的是 Python 2 的类是分为两种，一种是经典类，另一种是新类。Python 经典类的典型写法如下：

```
class ClassicClass:
'"Python2 中的经典类"'
def __init__(self):
    '"构造函数"'
    print("I am __init__ function for classic class")
def __del__(self):
    '"析构函数"'
   print("I am __del__ function, executes when destroyed instance object")
```

新类是继承于 object 基类的类（新类和经典类的区别就在于是否继承于 object 类）。Python 3 的类都是新类。也就是说新类将成为潮流方向，所以要尽可能使用新类。Python 新类的典型写法如下：

```
class NewStyleClass(object):
'"Python3 中的新类"'
def __init__(self):
    '"构造函数"'
    print(“I am __init__ function for new styhle class”)
def __del__(self):
    '"析构函数"'
   print("I am __del__ function, executes when destroyed instance object")
```

不管是新类还是经典类，其中的__init__函数是构造函数，常用于初始化对象。__del__函数是析构函数，这个函数只在对象销毁时才会运行，因为 Python 的垃圾回收机制更像 Java，是自动回收的。__del__作用有限，一般很少使用。

1. 类的继承

先来看 Python 类（新类）的继承。使用一个最简单的类和 object 类来比较一下。打开 Putty，连接到 Linux。执行命令：

```
python3
class SimpleClass(object):
pass
```

```
class SimpleClass2(SimpleClass):
pass

dir(object)
dir(SimpleClass)
dir(SimpleClass2)
```

执行结果如图 3-6 所示。

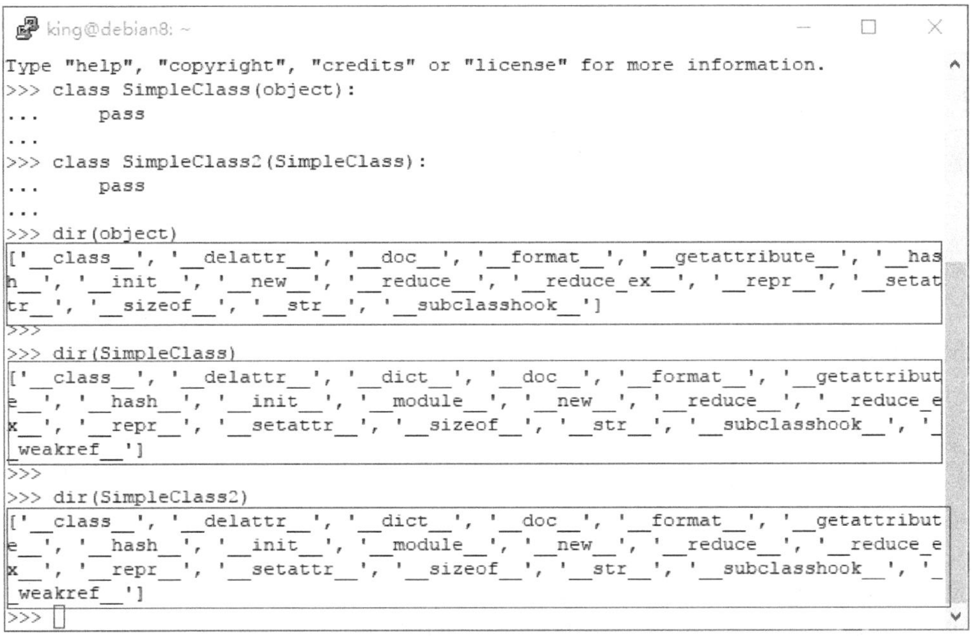

```
king@debian8: ~
Type "help", "copyright", "credits" or "license" for more information.
>>> class SimpleClass(object):
...     pass
...
>>> class SimpleClass2(SimpleClass):
...     pass
...
>>> dir(object)
['__class__', '__delattr__', '__doc__', '__format__', '__getattribute__', '__has
h__', '__init__', '__new__', '__reduce__', '__reduce_ex__', '__repr__', '__setat
tr__', '__sizeof__', '__str__', '__subclasshook__']
>>>
>>> dir(SimpleClass)
['__class__', '__delattr__', '__dict__', '__doc__', '__format__', '__getattribut
e__', '__hash__', '__init__', '__module__', '__new__', '__reduce__', '__reduce_e
x__', '__repr__', '__setattr__', '__sizeof__', '__str__', '__subclasshook__', '_
_weakref__']
>>>
>>> dir(SimpleClass2)
['__class__', '__delattr__', '__dict__', '__doc__', '__format__', '__getattribut
e__', '__hash__', '__init__', '__module__', '__new__', '__reduce__', '__reduce_e
x__', '__repr__', '__setattr__', '__sizeof__', '__str__', '__subclasshook__', '_
_weakref__']
>>>
```

图 3-6　类的继承

发现继承 object 的新类 SimpleClass 与 object 类的函数（方法）基本是一致的。不一致的几处是基类与继承类的区别。而继承与 SimpleClass 的新类 SimpleClass2 与 SimpleClass 的函数（方法）是完全一致的。

如果有足够的兴趣，可以测试一下 SimpleClass3 继承于 SimpleClass2，SimpleClass4 继承于 SimpleClass3……，一直到 SimpleClass100。然后用 dir 来查看 SimpleClass100 的函数，会发现 object 包含的函数 SimpleClass100 全部都有。这不是因为 SimpleClass100 跟 object 类有什么直接关系，SimpleClass100 类只跟它的父类（继承的类 SimpleClass99）有关。这种联系有点类似于人类基因。孩子的基因总是从父母遗传的，只跟父母有关。如果究根结底，不断地上溯，所有人类的基因都归结于某一只猿猴。在 Python 中 object 类就是那只最初的猿猴。

因为所有的新类都继承于（或者间接继承于）object，所有的新类都具有相同的“基因”。而经典类由于天生的“缺陷”，不可能有共同的“基因”。也许这也是为什么 Python 的后续版本 Python 3 会选择新类而放弃经典类的原因之一吧。

2. 类的重载

再来看看函数的重载。函数的重载很简单，就是继承于父类的函数并不适合当前需求。那就将这个继承于父类的函数重新写入，做成一个符合需求的函数。最常用的函数重载就是__init__函数了。每个类都有__init__函数，实例化对象不同，每个类的__init__函数必定是不同的。但这个__init__函数都是继承得来的，所以每个类（新类）的__init__函数都被重载了。还是以人类为例，如果是完全的继承，没有重载。至今的人类都还是用四脚走路。正是由于一代又一代不断的重载，人类不断地修改“类函数”来更好地适应环境，才造成了今天人类既有相同的共性，又有不同的特性。

3.5.2 Project 1 实施

【示例 3-5】编写 inheritClass.py，用于演示新类的继承。打开 Putty 连接到 Linux，执行命令：

```
cd code/crawler
vi inheritClass.py
```

inheritClass.py 的代码如下：

```
 1 #!/usr/bin/env python3
 2 #-*- coding:utf-8 -*-
 3 __author__ = 'hstking hst_king@hotmail.com'
 4
 5 class Ape(object): #猿猴
 6     '''以猿猴形态时，手、腿、眼睛的数量 '''
 7     eyes = 2 #这几个变量是类保护变量，是可以“遗传”给子类的。
 8     arms = 0
 9     legs = 4
10
11     def __init__(self):
12         '''__init__函数一般最主要的作用就是初始化 '''
13         self.name = 'ape'
14         self.show()
15
16     def show(self):
17         print("I am a %s" %self.name)
18         print("I have %d eyes" %self.eyes)
19         print("I have %d arms" %self.arms)
20         print("I have %d legs" %self.legs)
21         print("###### The show is over #####\r\n") #这是使用\r\n 作为分段符
是为了兼容 Widnows
22
23
```

```
24 class Homohabilis(Ape): #能人
25     '''能人还是用 4 条腿走路 '''
26     def __init__(self):
27         self.name = 'Homohablilis'
28         self.show()
29
30
31 class Homoerectus(Homohabilis): #直立人
32     '''直立人用两腿走路，解放了双手 '''
33     arms = 2 #这里重载了手和腿的数量
34     legs = 2
35
36     def __init__(self):
37         self.name = 'Homoerectus'
38         self.show()
39
40
41 class Homosapiens(Homoerectus): #智人
42     '''智人也是用双腿走路，直立行走 '''
43     def __init__(self):
44         self.name = 'Homosapiens'
45         self.show()
46
47
48 if __name__ == '__main__':
49     ape = Ape()
50     homohabilis = Homohabilis()
51     homoerectus = Homoerectus()
52     homosapiens = Homosapiens()
```

在这段代码中，以 Ape 类（猿猴）作为基类。Homohabilis 类（能人）是 Ape 类的子类。Homohabilis 类原封不动地直接继承于 Ape 类，得到了 Ape 类的变量 eyes、arms、legs 和一个成员函数 show。

Homoerectus 类（直立人）是 Homohabilis 类的子类。虽然 Homoerectus 类是 Ape 类的“孙子辈”，但 Homoerectus 是跟 Ape 毫无关系的。Homoerectus 只跟它的父类 Homohabilis 有关，至于 Homohabilis 的变量、函数是从继承得来的还是自身定义的都跟 Homoerectus 无关。

最后的 Homosapiens 类是 Homoerectus 类的子类。因为 Homoerectus 修改了 arms 和 legs 的值，所以 Homosapiens 也直接继承了这个修改后的值。无须考虑“祖先类”是怎么设置的。

执行命令：

```
python3 inheritClass.py
```

执行结果如图 3-7 所示。

```
king@debian8: ~/code/crawler
king@debian8:~/code/crawler$ python3 inheritClass.py
I am a ape
I have 2 eyes
I have 0 arms
I have 4 legs
###### The show is over #####

I am a Homohablilis
I have 2 eyes
I have 0 arms
I have 4 legs
###### The show is over #####

I am a Homoerectus
I have 2 eyes
I have 2 arms
I have 2 legs
###### The show is over #####

I am a Homosapiens
I have 2 eyes
I have 2 arms
I have 2 legs
###### The show is over #####
```

图 3-7　Class 继承

这种继承的方式在小程序中可能还显示不出优势，但在大项目中优势就非常明显了。把所有具有共性的物品都归纳成一个基类。继承基类后，然后根据不同的特性，稍做修改就得到了合适的、有特性的新类，减少了工作量，在修改共性时也只需要修改基类就能影响所有下游的子类，非常方便。

3.5.3　Project 2 分析

再来看一个常用的实例。在做 Python 爬虫时，最常用的操作就是向网站服务器提出请求，然后等待服务器返回数据，最后才是过滤有效数据、清洗数据、保存数据。在向服务器提出请求这一过程中，Python 需要向服务器发送 http header。http header 中最重要的就是 User-Agent 和 cookies 了（也有不需要提供 User-Agent 的网站，但网络爬虫日益横行，连最基本的反爬虫手段都不用的网站已经很少了）。待服务器返回数据后，再将数据处理后交给 bs4、re……模块过滤所需的信息。

这时麻烦出现了。服务器返回的字符编码并不是统一的。爬虫在爬中文网站时，最麻烦的就是字符编码问题了。中文字符编码最常见的要数 utf-8 和 gbk 了。至于这两种字符编码的由来和历史这里就不做普及了。一般来说，国内建站比较早的网站有部分还在使用 gbk 的编码（虽然目前 utf-8 的编码更加普及，也许是老网站为了传统问题都没有转换过来），而新建站点差不多都是 utf-8 的编码了，也有港台特有编码 big5 的。

这么常用的处理，按照惯例当然是要做成函数或者类，便于多次调用，但在执行这一过程中，既有相同的共性（主要过程相同，都是请求 url，返回 html 代码，然后处理），也有各自的特性（不同的 User-Agent、cookies 和字符编码处理）。写成函数，不是不可以，但这个函数就需要带上多个参数，而用类可能会更方便一些。

常见的方法是先编写一个基类，将基本步骤都包含进去（基类将共性和某一特性就包含进去了）。如果在使用时，有不同的特性（比如需要带指定的 User-Agent，或特定的字符编码）。那就重新设计一个新类，继承于基类。然后根据自己所需的特性，将基类的某些函数或变量重载。这样使用类，既减少了工作量，又能灵活运用于不同的场景。

3.5.4　Project 2 实施

为什么一定要设置 User-Agent 呢？

据说目前访问网站的网络流量中有 60%~70%都是网络爬虫提供的。网站当然更欢迎真实人类的访问流量。因此采取种种方法来拒绝网络爬虫的访问，这也就是所谓的反爬虫了。而最简单的反爬虫莫过于检查发送请求方 http header 中的 User-Agent 了。如果 Python 没有设置 User-Agent，默认情况下 http header 的 User-Agent 就是 Python。显然这样是无法通过网站检查的，布置了反爬虫的服务器也不会为这种网络请求提供服务。因此必须为 Python 提供虚假的 User-Agent 以欺骗服务器，让服务器误认为请求来源是浏览器。

不同的浏览器提供的 User-Agent 是不同的。如果要一一列数篇幅会非常大，这里就列出最典型的几种。因为 User-Agent 是可以被很多程序反复利用的，将 User-Agent 放入主程序似乎也不太合适，所以将 User-Agent 放入一个新的 Python 文件，以备其他 Python 程序调用。

【示例 3-6】编写 resource.py。将常用的资源放入该文件中，便于其他的 Python 程序调用。打开 Putty 连接到 Linux，执行命令：

```
cd code/crawler
vi resource.py
```

resource.py 的代码如下：

```
1 #!/usr/bin/env python3
2 #-*- coding:utf-8 -*-
3 __author__ = 'hstking hst_king@hotmail.com'
4
5
6 userAgentList = [
7     'Mozilla/5.0 (Windows NT 6.1; WOW64) AppleWebKit/537.36 (KHTML, like
Gecko) Chrome/39.0.2171.71 Safari/537.36',#Chrome
8     'Mozilla/5.0 (X11; Linux x86_64) AppleWebKit/537.11 (KHTML, like
Gecko) Chrome/23.0.1271.64 Safari/537.11',#Chrome
9     'Mozilla/5.0 (Windows; U; Windows NT 6.1; en-US) AppleWebKit/534.16
(KHTML, like Gecko) Chrome/10.0.648.133 Safari/534.16',#Chrome
10    'Mozilla/5.0 (Windows NT 6.1; WOW64) AppleWebKit/537.36 (KHTML,
like Gecko) Chrome/39.0.2171.95 Safari/537.36 OPR/26.0.1656.60',#Opera
11    'Opera/8.0 (Windows NT 5.1; U; en)',#Opera
12    'Mozilla/5.0 (Windows NT 5.1; U; en; rv:1.8.1) Gecko/20061208
Firefox/2.0.0 Opera 9.50',#Opera
13    'Mozilla/4.0 (compatible; MSIE 6.0; Windows NT 5.1; en) Opera
9.50',#Opera
14    'Mozilla/5.0 (Windows NT 6.1; WOW64; rv:34.0) Gecko/20100102
```

```
Firefox/34.0',#Firefox for Windows
    15    'Mozilla/5.0 (X11; U; Linux x86_64; zh-CN; rv:1.9.2.10)
Gecko/20100922 Ubuntu/10.10 (maverick) Firefox/3.6.10',#Firefox for Linux
    16    'Mozilla/5.0 (Windows NT 6.1; WOW64) AppleWebKit/534.57.2 (KHTML,
like Gecko) Version/5.1.7 Safari/534.57.2 ',#Safari
    17    'Mozilla/5.0 (Windows NT 6.1; WOW64) AppleWebKit/537.36 (KHTML,
like Gecko) Chrome/30.0.1599.101 Safari/537.36',#360
    18    'Mozilla/5.0 (Windows NT 6.1; WOW64; Trident/7.0; rv:11.0) like
Gecko'#360
    19    'Mozilla/5.0 (Windows NT 6.1; WOW64) AppleWebKit/536.11 (KHTML,
like Gecko) Chrome/20.0.1132.11 TaoBrowser/2.0 Safari/536.11',#Taobao
    20    'Mozilla/5.0 (Windows NT 6.1; WOW64) AppleWebKit/537.1 (KHTML, like
Gecko) Chrome/21.0.1180.71 Safari/537.1 LBBROWSER',#猎豹浏览器
    21    'Mozilla/5.0 (compatible; MSIE 9.0; Windows NT 6.1; WOW64;
Trident/5.0; SLCC2; .NET CLR 2.0.50727; .NET CLR 3.5.30729; .NET CLR 3.0.30729;
Media Center PC 6.0; .NET4.0C; .NET4.0E; LBBROWSER)',#猎豹浏览器
    22    'Mozilla/4.0 (compatible; MSIE 6.0; Windows NT 5.1; SV1; QQDownload
732; .NET4.0C; .NET4.0E; LBBROWSER)',#猎豹浏览器
    23    'Mozilla/5.0 (compatible; MSIE 9.0; Windows NT 6.1; WOW64;
Trident/5.0; SLCC2; .NET CLR 2.0.50727; .NET CLR 3.5.30729; .NET CLR 3.0.30729;
Media Center PC 6.0; .NET4.0C; .NET4.0E; QQBrowser/7.0.3698.400)',#QQ
    24    'Mozilla/4.0 (compatible; MSIE 6.0; Windows NT 5.1; SV1; QQDownload
732; .NET4.0C; .NET4.0E)',#QQ
    25    'Mozilla/5.0 (Windows NT 5.1) AppleWebKit/535.11 (KHTML, like Gecko)
Chrome/17.0.963.84 Safari/535.11 SE 2.X MetaSr 1.0',#Sogou
    26    'Mozilla/4.0 (compatible; MSIE 7.0; Windows NT 5.1; Trident/4.0;
SV1; QQDownload 732; .NET4.0C; .NET4.0E; SE 2.X MetaSr 1.0) ',#Sogou
    27    'Mozilla/5.0 (Windows NT 6.1; WOW64) AppleWebKit/537.36 (KHTML,
like Gecko) Maxthon/4.4.3.4000 Chrome/30.0.1599.101 Safari/537.36',#Maxthon
    28    'Mozilla/5.0 (Windows NT 6.1; WOW64) AppleWebKit/537.36 (KHTML,
like Gecko) Chrome/38.0.2125.122 UBrowser/4.0.3214.0 Safari/537.36'#UC
    29 ]
    30
    31 mobileUserAgentList = [
    32    'Mozilla/5.0 (iPhone; U; CPU iPhone OS 4_3_3 like Mac OS X; en-us)
AppleWebKit/533.17.9 (KHTML, like Gecko) Version/5.0.2 Mobile/8J2
Safari/6533.18.5',#Iphone
    33    'Mozilla/5.0 (iPod; U; CPU iPhone OS 4_3_3 like Mac OS X; en-us)
AppleWebKit/533.17.9 (KHTML, like Gecko) Version/5.0.2 Mobile/8J2
Safari/6533.18.5',#Ipod
    34    'Mozilla/5.0 (iPad; U; CPU OS 4_2_1 like Mac OS X; zh-cn)
AppleWebKit/533.17.9 (KHTML, like Gecko) Version/5.0.2 Mobile/8C148
Safari/6533.18.5',#Ipad
```

```
    35    'Mozilla/5.0 (iPad; U; CPU OS 4_3_3 like Mac OS X; en-us)
AppleWebKit/533.17.9 (KHTML, like Gecko) Version/5.0.2 Mobile/8J2
Safari/6533.18.5',#Ipad
    36    'Mozilla/5.0 (Linux; U; Android 2.2.1; zh-cn; HTC_Wildfire_A3333
Build/FRG83D) AppleWebKit/533.1 (KHTML, like Gecko) Version/4.0 Mobile
Safari/533.1',#Android
    37    'Mozilla/5.0 (Linux; U; Android 2.3.7; en-us; Nexus One Build/FRF91)
AppleWebKit/533.1 (KHTML, like Gecko) Version/4.0 Mobile
Safari/533.1',#Android
    38    'MQQBrowser/26 Mozilla/5.0 (Linux; U; Android 2.3.7; zh-cn; MB200
Build/GRJ22; CyanogenMod-7) AppleWebKit/533.1 (KHTML, like Gecko) Version/4.0
Mobile Safari/533.1',#QQ for Android
    39    'Opera/9.80 (Android 2.3.4; Linux; Opera Mobi/build-1107180945; U;
en-GB) Presto/2.8.149 Version/11.10',#Opera for android
    40    'Mozilla/5.0 (Linux; U; Android 3.0; en-us; Xoom Build/HRI39)
AppleWebKit/534.13 (KHTML, like Gecko) Version/4.0 Safari/534.13',#Android Pad
Moto Xoom
    41    'Mozilla/5.0 (BlackBerry; U; BlackBerry 9800; en)
AppleWebKit/534.1+ (KHTML, like Gecko) Version/6.0.0.337 Mobile
Safari/534.1+',#BlackBerry
    42    'Mozilla/5.0 (compatible; MSIE 9.0; Windows Phone OS 7.5;
Trident/5.0; IEMobile/9.0; HTC; Titan)'#Windows Phone Mango
    43 ]
```

这里不仅提供了常用 PC 端浏览器的 User-Agent，也提供了移动端浏览器的 User-Agent。这是因为使用 PC 端访问网站和使用移动端访问网站可能得到的结果会不同。或者直接点说，有些网站会为移动端和 PC 端提供不同的服务。PC 端的反爬虫会做得更用心一些，而移动端提供的服务则很少做反爬虫处理。

一般来说，调用同一目录下的 Python 程序是无须任何处理就可以直接调用的，比如调用 resource.py 中的 userAgentList。如果调用的 Python 文件与 resource 处在同一目录下，直接在文件头添加一行 from resource import userAgentList 就可以了。但有些 IDE 要求比较严格，必须在该目录下添加一个名字为__init__.py 的空文件（这个文件里什么都没有），意思是将该目录初始化为 Python 的包。以后就可以根据包名（也就是目录名）来调用包（目录）内文件的函数、类、变量了。没有这个__init__.py 文件也许没有什么影响，但有一个显然更加安全。所以使用 Putty 连接到 Linux 后，执行命令：

```
cd code/crawler
touch __init__.py
ls -l __init__.py
cat __init__.py
```

执行结果如图 3-8 所示。

```
king@debian8: ~/code/crawler
king@debian8:~$ cd code/crawler
king@debian8:~/code/crawler$ touch __init__.py
king@debian8:~/code/crawler$ ls -l __init__.py
-rw-r--r-- 1 king king 0 10月 11 23:09 __init__.py
king@debian8:~/code/crawler$ cat __init__.py
king@debian8:~/code/crawler$
```

图 3-8　创建__init__.py 文件

现在 Python 可以认为 crawler 目录是一个 Python package 了。如果再把 crawler 目录路径加入到 PYTHONPATH，那么 Python 就可以在任何位置通过 import crawler.resource 语句来调用 resource.py 内的资源了。

【示例 3-7】所有的准备工作已经完毕。下面创建 connWeb.py，先创建一个基类用于访问一般的 utf-8 编码的网站，然后定义一个新类，继承重载基类，用于连接特定字符编码。打开 Putty 连接到 Linux，执行命令：

```
cd code/crawler
vi connWeb.py
```

connWeb.py 的代码如下：

```
 1 #!/usr/bin/env python3
 2 #-*- coding:utf-8 -*-
 3 __author__ = 'hstking hst_king@hotmail.com'
 4
 5 from resource import userAgentList
 6 import random
 7 import urllib.request
 8 import codecs
 9
10 class ConnBase(object):
11     '''这是一个用于返回 html 源代码的类'''
12     accept =
'text/html,application/xhtml+xml,application/xml;q=0.9,image/webp,image/apng,*/*;q=0.8'
13     accept_language = 'en-US,en;q=0.8,zh-CN;q=0.6,zh;q=0.4,zh-TW;q=0.2'
14     user_agent = 'Mozilla/5.0 (Windows NT 6.1; WOW64)
AppleWebKit/537.36 (KHTML, like Gecko) Chrome/39.0.2171.71
Safari/537.36',#Chrome
15     charset = 'utf-8' #一般来说网页使用的都是 utf-8 码
16     headers = {
```

```
17         'Accept': accept,
18         'Accept-Language': accept_language,
19         'User-Agent': user_agent
20     }
21     timeout = 10
22
23     def __init__(self, url):
24         self.url = url
25         self.result = self.getResponse()
26         self.save2file()
27
28     def getResponse(self, proxy={}):
29         proxy_handler = urllib.request.ProxyHandler(proxy)
30         opener = urllib.request.build_opener(proxy_handler)
31
32         opener.headers = self.headers
33         urllib.request.install_opener(opener)
34         try:
35             req = urllib.request.Request(self.url)
36             response = urllib.request.urlopen(req, timeout=self.timeout)
37             result = response.read().decode(self.charset, 'ignore')
38         except Exception as e:
39             print(e)
40             return None
41         else:
42             return result
43
44     def save2file(self):
45         with codecs.open(self.charset + '.txt', 'w', 'utf-8') as fp:
46             fp.write(self.result)
47
48
49 class GetHtmlCode(ConnBase):
50     ''' 继承于 ConnBase 基类，重载了 charset 变量，用于连接字符集为 gbk 的网站。'''
51     def __init__(self, url):
52         self.url = url
53         self.user_agent = random.choice(userAgentList) #这里将从 userAgent
列表中随机挑选 User-Agent，避免反爬虫干扰
54         self.charset = 'gbk' #对应某些中文网站的字符编码，如果是繁体中文，一般是
Gig5
55
56         self.result = self.getResponse()
57         self.save2file()
```

```
58
59
60 if __name__ == '__main__':
61     res1 = ConnBase('http://www.linuxdiyf.com')
62     res2 = GetHtmlCode('http://www.linuxdiyf.com')
```

暂时不执行程序，先分析一下本程序。

首先是程序第 5 行的 from resource import userAgentList。因为本程序需要用到 resource.py 中的 userAgentList 变量，而 resource.py 与本程序是处于同一目录下的，所以可以直接用 from resource import userAgentList 将 userAgentList 变量导入本程序中来。

再看程序第 49 行的 GetHtmlCode 类。在这个类中并没有定义任何的类函数，但因为 GetHtmlCode 类是继承于 ConnBase 类的，所以 ConnBase 有的函数 GetHtmlCode 也有（除了__init__函数以外），ConnBase 有的类变量，GetHtmlCode 同样也有，这也是继承的意义。而在程序第 53、54 行，GetHtmlCode 重载了 ConnBase 的两个类变量，这个有点类似于 C 语言的全局变量和局部变量，也就是变量同名时，局部变量覆盖了全局变量。在程序的 53、54 行也是如此。GetHtmlCode 中有与 ConnBase 同名的变量，因此 GetHtmlCode 内定义的变量将覆盖父类的变量，这也就是所谓的重载。在类中不但可以重载变量，还可以重载函数。

在运行程序前先看一下测试网站的字符编码，在浏览器中打开测试用网站 http://www.linuxdiyf.com。查看字符编码，如图 3-9 所示。

图 3-9　测试用网站源码

从中可以看出测试用网站使用的字符编码是 gb2312，这也是为什么在程序中要将 GetHtmlCode 类中的 self.charset 重载为 gbk 的缘故（gb2312 字符集是 gbk 字符集的子集）。下面开始执行程序，执行命令：

```
python connWeb.py
```

```
ls -l *.txt
grep '<title>' *.txt
```

执行结果如图 3-10 所示。

```
king@debian8: ~/code/crawler
king@debian8:~/code/crawler$ python3 connWeb.py
king@debian8:~/code/crawler$ ls -l *.txt
-rw-r--r-- 1 king king 37573 1月   19 15:22 gbk.txt
-rw-r--r-- 1 king king 31241 1月   19 15:22 utf-8.txt
king@debian8:~/code/crawler$ grep '<title>' *.txt
gbk.txt:<title>红联Linux门户_专注Linux系统教程的网站</title>
utf-8.txt:<title>LinuxŻ_ט¬LinuxϵͳĽ̵̳վ</title>
king@debian8:~/code/crawler$
```

图 3-10　保存结果到文件

图 3-10 中 utf-8.txt 是基类 ConnBase 类生成的，gtk.txt 是由子类 GetHtmlCode 生成的。使用 grep 命令比较一下文件内容（这里不需要比较全文，只需要比较一下 title 就足够说明问题了）。gtk.txt 因为使用的是与网站字符相同的编码，所以得到了正常可见的中文字符。而 utf-8.txt 使用的是默认的 utf-8 编码，与网站默认的字符编码不符，所以得到的是乱码。

3.6 多线程

不管哪种编程语言，多线程都是必不可少的。这种提高工作效率的神器，怎么重视都不过分。多线程，就是将多个线性顺序执行的过程变成并行运行。并行的数量越多，效率就越高。如果需要放空一个水池的水，打开多个放水孔的效率显然要比打开一个放水孔的效率高。这种做法是典型的以资源换时间。

3.6.1 Project 1 分析

首先设计一个简单的程序 threadingOrderRun.py，打开 Putty 连接到 Linux，执行命令：

```
cd code/crawler
vi threadingOrderRun.py
```

threadingOrderRun.py 的代码如下：

```
1 #!/usr/bin/env python3
2 #-*- coding:utf-8 -*-
3 __author__ = 'hstking hst_king@hotmail.com'
4
5 import time
6
7 def showName(name):
8     nowTime = time.strftime('%H:%M:%S', time.localtime(time.time()))
```

```
 9     print('My name is function-%s, now time: %s ' %(name, nowTime))
10     time.sleep(1)
11
12
13 if __name__ == '__main__':
14     for i in range(20): #没有开多线程的情况下，执行 20 次操作
15         showName(i)
```

这个函数的功能很简单，就是从列表中提取名字作为 showName 的参数，然后显示名字和当前时间。最后的 time.sleep(1)是因为这个过程太快了，所以休眠 1 秒以便于观察。这是一种理所当然的顺序操作方法，但理所当然的操作并不是最有效率的操作。这种方法完全就是线性操作，从列表中取出一个元素，就用函数处理一个元素。现在运行程序试试，执行命令：

```
time python threadingOrderRun.py
```

执行结果如图 3-11 所示。

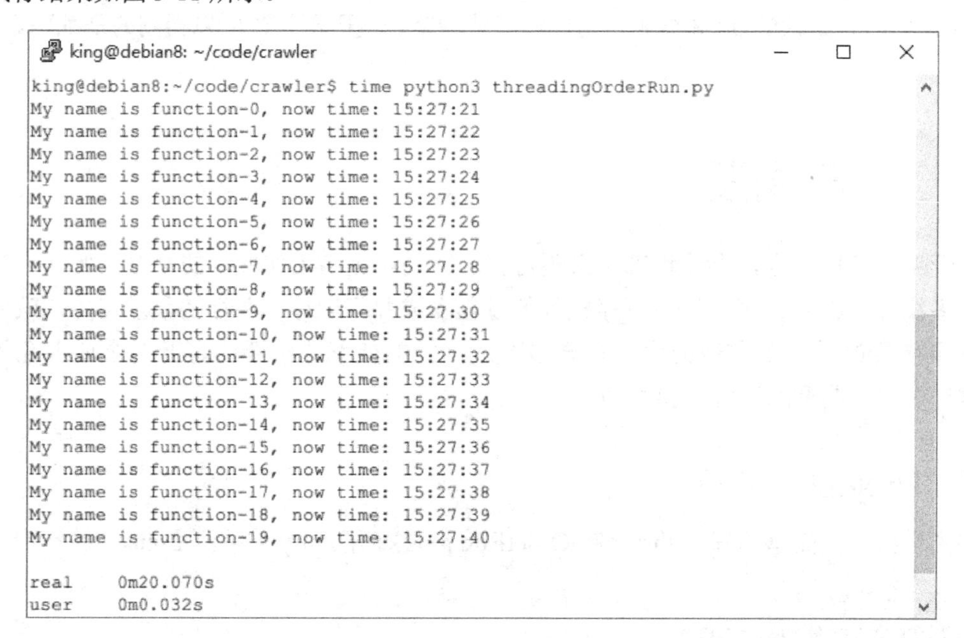

图 3-11 线性顺序执行

time 命令是 Linux 特有的命令，只能在 Linux 下执行。Windows 下执行时可以查看打印出的时间。

从图 3-11 中可以看出，该程序执行时间为 20.070 秒。如果列表比较小，那还可以忍受。如果这个列表比较大呢？1000 个元素至少得 1000 秒，那就完全无法接受了。明明计算机有多余的资源，却花费了这么多的时间。完全可以利用资源来换取时间，用多线程操作。在同一时间内运行多个线程（事实上线程并不是同时运行的，是基于时间片轮转的方式执

行。但对于操作者来说，跟同时运行并没有什么区别）。这样虽然占用了一定的资源，但大大地节省了时间。毕竟绝大多数的情况下都是希望时间优先的。

3.6.2　Project 1 实施

在 Python 中，多线程的模块是 threading 模块。如果要完全深入了解 threading 模块，恐怕得好好地读一下 Python 的说明文档。如果只是要使用，那就很简单了。这里需要注意的是，使用 threading 模块进行多线程操作有两种方法。一种是以函数的形式调用，一种是以类的方式调用。

先以函数的形式使用多线程。打开 Putty 连接到 Linux，执行命令：

```
cd code/crawler
vi threadingOfFunction.py
```

threadingOfFunction.py 的代码如下：

```
 1 #!/usr/bin/env python3
 2 #-*- coding:utf-8 -*-
 3 __author__ = 'hstking hst_king@hotmail.com'
 4
 5 import time
 6 import threading
 7
 8 def showName(threadNum ,name):
 9     nowTime = time.strftime('%H:%M:%S', time.localtime(time.time()))
10     print('I am thread-%d ,My name is function-%s, now time: %s '
%(threadNum, name, nowTime))
11     time.sleep(1)
12
13 if __name__ == '__main__':
14     print('I am main ...')
15     names = range(20)
16     threadNum = 1 #threadNum 指的是线程执行的批次。
17     threadPool = [] #线程池
18     while names:
19         for i in range(6):
20             try: #这里需要考虑列表已经读取完毕的情况
21                 name = names.pop()
22             except IndexError as e:
23                 print('The list is empty')
24                 break
25             else:
26                 t = threading.Thread(target=showName, args=(i, name, ))
27             threadPool.append(t)
```

```
28            t.start()
29        while threadPool: #也可以用 for 循环，然后清空 threadPool 线程池
30            t = threadPool.pop()
31            t.join() #使用 join 是为了阻塞主函数，意思是必须将 t 这个函数执行完毕后
才能继续执行主函数
32        threadNum += 1
33        print('----------------------\r\n')
34    print('main is over ...')
```

以函数的形式使用多线程，就是用 threading.Thread(target=functionName, args=(arguments,))的方法代入需要进行多线程操作的函数和函数所需的参数（如果没有参数更好）。

如果代入的函数有一个参数，那么 args 要写成 args=(arg1,)。如果有两个参数，那么 args 就要写成 args=(arg1, arg2,)。总之在参数元组的最后要留出一个空位。

在程序的第 29~31 行，使用了 join 函数是为了阻塞主函数，意思是主线程必须等待多线程执行完毕后才能正常结束。其实这里也可以不用 join 函数，多线程的 daemon 属性默认是 false。这种情况下主线程本来就是要等待多线程执行完毕才会结束的。Join 函数更多的是用在多进程。

执行程序，运行命令：

```
time python3 threadingOfFunction.py
```

执行结果如图 3-12 所示。

```
king@debian8: ~/code/crawler
I am thread-3 ,My name is function-16, now time: 12:09:31
I am thread-4 ,My name is function-15, now time: 12:09:31
I am thread-5 ,My name is function-14, now time: 12:09:31
I am thread-0 ,My name is function-13, now time: 12:09:32
I am thread-1 ,My name is function-12, now time: 12:09:32
I am thread-2 ,My name is function-11, now time: 12:09:32
I am thread-3 ,My name is function-10, now time: 12:09:32
I am thread-4 ,My name is function-9, now time: 12:09:32
I am thread-5 ,My name is function-8, now time: 12:09:32
I am thread-0 ,My name is function-7, now time: 12:09:33
I am thread-1 ,My name is function-6, now time: 12:09:33
I am thread-2 ,My name is function-5, now time: 12:09:33
I am thread-3 ,My name is function-4, now time: 12:09:33
I am thread-4 ,My name is function-3, now time: 12:09:33
I am thread-5 ,My name is function-2, now time: 12:09:33
I am thread-0 ,My name is function-1, now time: 12:09:34
The list is empty
I am thread-1 ,My name is function-0, now time: 12:09:34
main is over ...

real    0m4.022s
user    0m0.008s
sys     0m0.004s
king@debian8:~/code/crawler$
```

图 3-12　函数式多线程

从图 3-12 可以看出，这次操作只花费了 4.002 秒。与顺序操作的 20.045 秒相比节约了一大半的时间。在计算机可以承受的范围内，调大线程的数量，还可以将运行时间进一步缩短。

以类的方式使用多线程。打开 Putty 连接到 Linux，执行命令：

```
cd code/crawler
vi threadingOfClass.py
```

threadingOfClass.py 的代码如下：

```
 1 #!/usr/bin/env python3
 2 #-*- coding:utf-8 -*-
 3 __author__ = 'hstking hst_king@hotmail.com'
 4
 5 import time
 6 import threading
 7
 8 class ShowName(threading.Thread): #这里的类名要大写，该类继承于
threading.Thread 类
 9     def __init__(self, threadNum ,name):
10         threading.Thread.__init__(self) #这一步是必不可少的
11         self.name = name
12         self.threadNum = threadNum
13
14     def run(self):
15         nowTime = time.strftime('%H:%M:%S', time.localtime(time.time()))
16         print('I am thread-%d ,My name is function-%s, now time: %s '
%(self.threadNum, self.name, nowTime))
17         time.sleep(1)
18
19 if __name__ == '__main__':
20     print('I am main ...')
21     names = [x for x in range(20)]
22     threadNum = 1
23     threadPool = []
24     while names:
25         for i in range(6):
26             try: #考虑线程已经读取完毕的情况
27                 name = names.pop()
28             except IndexError as e:
29                 print('The List is empty')
30                 break
31             else:
32                 t = ShowName(i, name) #这里调用 ShowName 几乎与直接调用
threading.Thread 是一样的。
33             threadPool.append(t)
34             t.start()
35         while threadPool:
36             t = threadPool.pop()
```

```
37            t.join()
38        threadNum += 1
39        print('===============\r\n')
40    print('main is over ...')
```

执行程序，运行命令：

```
time python3 threadingOfClass.py
```

执行结果如图 3-13 所示。

```
king@debian8: ~/code/crawler
I am thread-1 ,My name is function-15, now time: 12:25:39
I am thread-1 ,My name is function-14, now time: 12:25:39
I am thread-1 ,My name is function-14, now time: 12:25:39
I am thread-2 ,My name is function-12, now time: 12:25:40
I am thread-2 ,My name is function-11, now time: 12:25:40
I am thread-2 ,My name is function-10, now time: 12:25:40
I am thread-2 ,My name is function-9, now time: 12:25:40
I am thread-2 ,My name is function-8, now time: 12:25:40
I am thread-2 ,My name is function-8, now time: 12:25:40
I am thread-3 ,My name is function-6, now time: 12:25:41
I am thread-3 ,My name is function-5, now time: 12:25:41
I am thread-3 ,My name is function-4, now time: 12:25:41
I am thread-3 ,My name is function-3, now time: 12:25:41
I am thread-3 ,My name is function-2, now time: 12:25:41
I am thread-3 ,My name is function-2, now time: 12:25:41
I am thread-4 ,My name is function-0, now time: 12:25:42
The List is empty
I am thread-4 ,My name is function-0, now time: 12:25:42
main is over ...

real    0m4.019s
user    0m0.008s
sys     0m0.000s
king@debian8:~/code/crawler$
```

图 3-13　类式多线程

从图 3-13 中可以看到，threadingOfClass.py 的运行时间是 4.019 秒，跟 threadingOfFunction.py 的 4.002 相当接近，说明这两种方法从效率上来说没有什么区别，任选一种使用都可以。

这两种方法都是对类的调用。所谓函数式的调用是对 threading.Thread 类的直接调用，而类式的调用则是先继承 threading.Thread 类，重载子类的函数后再调用子类的方式调用，只是前者看起来更像函数调用而已。

3.6.3　Project 2 分析

多线程的好处在于可以并行运行重复性的工作，大大地减少了运行时间，但使用多线程也难免会忙中出错。例如，重复地往一个文件内写入单行内容。如果单线程的线性执行，很难出错。如果多线程执行时那就不一定了。当多个线程同时向文件内写入内容时，会不会造成一个线程写入成功、其他的线程都做了无用功呢？不妨测试一下。

打开 Putty 连接到 Linux，执行命令：

```
cd code/crawler
vi threadingWithoutLock.py
```

threadingWithoutLock.py 的代码如下：

```
     1 #!/usr/bin/env python3
     2 #-*- coding:utf-8 -*-
     3 __author__ = 'hstking hst_king@hotmail.com'
     4
     5 import time
     6 import threading
     7 import codecs
     8
     9 def showName(threadNum ,name):
    10     with codecs.open('test.txt', 'a', 'utf-8') as fp:
    11         nowTime = time.strftime('%H:%M:%S', time.localtime(time.time()))
    12         fp.write('I am thread-%d ,My name is function-%s, now time:
%s\r\n ' %(threadNum, name, nowTime))
    13         print('I am thread-%d ,My name is function-%s, now time: %s '
%(threadNum, name, nowTime))
    14     time.sleep(1)
    15
    16
    17 if __name__ == '__main__':
    18     with codecs.open('test.txt', 'w', 'utf-8') as fp:
    19         fp.write('')
    20     print('I am main ...')
    21     names = [x for x in range(100)]
    22     threadNum = 1
    23     threadPool = []
    24     while names:
    25         for i in range(13):
    26             try:
    27                 name = names.pop()
    28             except IndexError as e:
    29                 print('The list is empty')
    30                 break
    31             else:
    32                 t = threading.Thread(target=showName, args=(i, name, ))
    33             threadPool.append(t)
    34             t.start()
    35         while threadPool:
    36             t = threadPool.pop()
    37             t.join()
    38         threadNum += 1
    39     print('main is over ...')
```

这个程序与之前的多线程程序基本上没什么区别，只是增加了总共线程的数量（100 个），并将输出写入了一个文件中。当执行的总线程比较少，同时执行的线程也不多的情况下也许不会出现问题。一旦数量上去了，问题就比较突出了。理论上 names 列表有 100 个元素，那么就应该有 100 行字符串写入到了 test.txt 文本中。

执行程序测试一下。运行命令：

```
python3 threadingWithoutLock.py
ls -l test.txt
wc -l test.txt
```

执行结果如图 3-14 所示。

```
king@debian8: ~/code/crawler
I am thread-5 ,My name is function-16, now time: 00:14:12
I am thread-6 ,My name is function-15, now time: 00:14:12
I am thread-7 ,My name is function-14, now time: 00:14:12
I am thread-8 ,My name is function-13, now time: 00:14:12
I am thread-9 ,My name is function-12, now time: 00:14:12
I am thread-10 ,My name is function-11, now time: 00:14:12
I am thread-11 ,My name is function-10, now time: 00:14:12
I am thread-12 ,My name is function-9, now time: 00:14:12
I am thread-0 ,My name is function-8, now time: 00:14:13
I am thread-1 ,My name is function-7, now time: 00:14:13
I am thread-2 ,My name is function-6, now time: 00:14:13
I am thread-3 ,My name is function-5, now time: 00:14:13
I am thread-4 ,My name is function-4, now time: 00:14:13
I am thread-5 ,My name is function-3, now time: 00:14:13
I am thread-6 ,My name is function-2, now time: 00:14:13
I am thread-7 ,My name is function-1, now time: 00:14:13
The list is empty
I am thread-8 ,My name is function-0, now time: 00:14:13
main is over ...
king@debian8:~/code/crawler$ ls -l test.txt
-rw-r--r-- 1 king king 6011 10月 19 00:14 test.txt
king@debian8:~/code/crawler$ wc -l test.txt
100 test.txt
king@debian8:~/code/crawler$
```

图 3-14 Linux 下未使用线程锁的多线程

可以看出在 Linux 下还是正常的结果。现在将这个程序复制到 Windows 下执行，执行结果如图 3-15 所示。

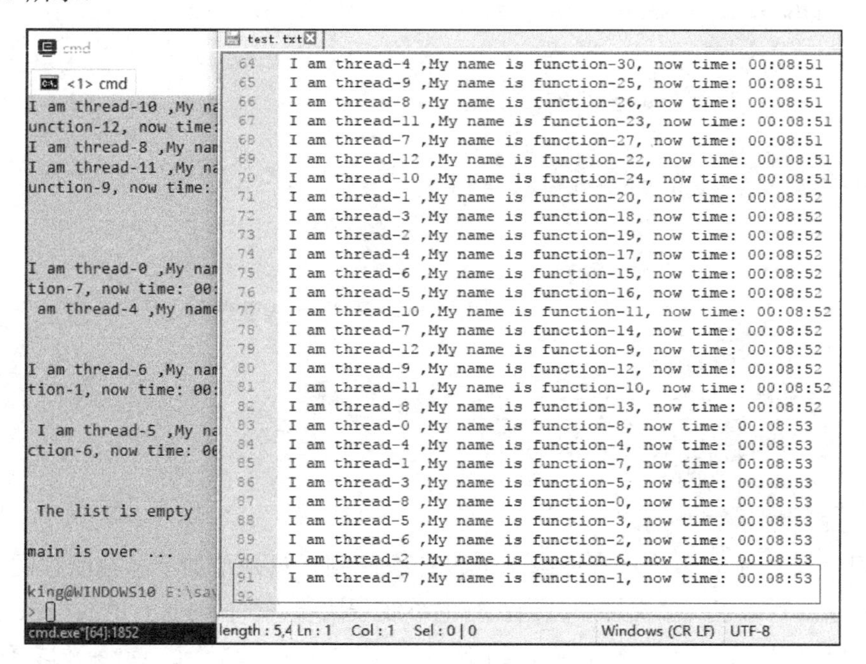

图 3-15 Windows 下未使用线程锁的多线程

只有 91 行的数据写入到了文件内，还有 9 行数据丢失了。为了避免类似的情况，Python 采用了线程锁的方法确保文件的安全。使用线程锁锁定资源，避免干扰。

3.6.4　Project 2 实施

在 Python 的多线程中有两种锁，一种是互斥锁，另一种是可重入锁。这两者的区别是互斥锁只能锁定一次，解锁一次，而可重入锁可以锁定多次。一般都是使用的互斥锁。至于互斥锁的效果如何，可以将上个例子稍微修改一下，加上互斥锁测试一下即可。

打开 Putty 连接到 Linux，执行命令：

```
cd code/crawler
vi threadingWithLock.py
```

threadingWithLock.py 的代码如下：

```
 1 #!/usr/bin/env python3
 2 #-*- coding:utf-8 -*-
 3 __author__ = 'hstking hst_king@hotmail.com'
 4
 5 import time
 6 import threading
 7 import codecs
 8
 9 def showName(threadNum ,name):
10     mutex.acquire()
11     with codecs.open('test.txt', 'a', 'utf-8') as fp: #写入到 test.txt 文
件内
12         nowTime = time.strftime('%H:%M:%S', time.localtime(time.time()))
13         fp.write('I am thread-%d ,My name is function-%s, now time:
%s\r\n ' %(threadNum, name, nowTime))
14         print('I am thread-%d ,My name is function-%s, now time: %s '
%(threadNum, name, nowTime))
15     mutex.release()
16     time.sleep(1)
17
18
19 if __name__ == '__main__':
20     with codecs.open('test.txt', 'w', 'utf-8') as fp:
21         fp.write('')
22     print('I am main ...')
23     mutex = threading.Lock()
24     names = [x for x in range(100)]
25     threadNum = 1
26     threadPool = []
27     while names:
28         for i in range(13):
29             try:
```

```
30                  name = names.pop()
31              except IndexError as e:
32                  print('The list is empty')
33                  break
34              else:
35                  t = threading.Thread(target=showName, args=(i, name, ))
36              threadPool.append(t)
37              t.start()
38          while threadPool:
39              t = threadPool.pop()
40              t.join()
41          threadNum += 1
42      print('main is over ...')
```

对比一下代码，很容易理解，就是所有线程在写入文件前加上一个互斥锁，锁定资源。等写入完毕后再释放互斥锁。这样就确保数据一定可以写入到文件内了。

执行程序测试一下。运行命令：

```
python threadingWithLock.py
ls -l test.txt
wc -l test.txt
```

执行结果如图 3-16 所示。

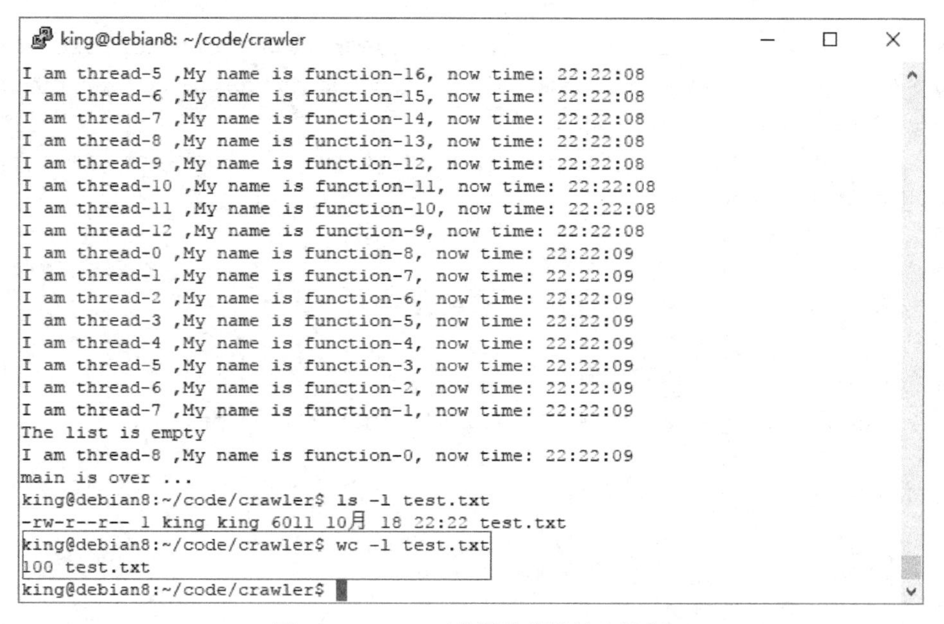

图 3-16　Linux 下使用线程锁的多线程

检查一下 test.txt 文件，正好 100 行，符合设计的结果。再将 threadingWithLock.py 程序复制到 Windows 下运行一下。执行结果如图 3-17 所示。

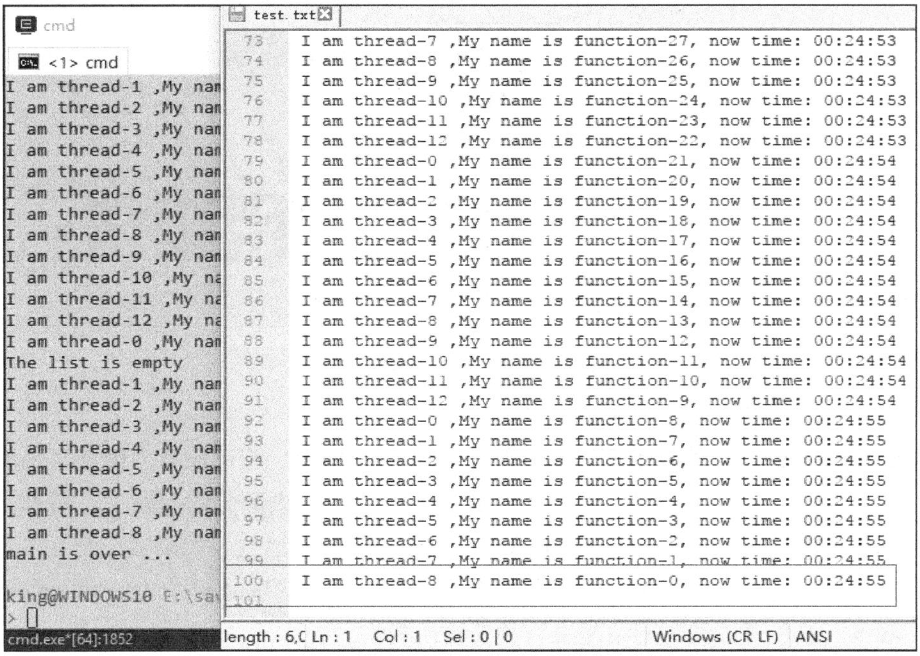

```
cmd
<1> cmd
I am thread-1 ,My nam
I am thread-2 ,My nam
I am thread-3 ,My nam
I am thread-4 ,My nam
I am thread-5 ,My nam
I am thread-6 ,My nam
I am thread-7 ,My nam
I am thread-8 ,My nam
I am thread-9 ,My nam
I am thread-10 ,My na
I am thread-11 ,My na
I am thread-12 ,My na
I am thread-0 ,My nam
The list is empty
I am thread-1 ,My nam
I am thread-2 ,My nam
I am thread-3 ,My nam
I am thread-4 ,My nam
I am thread-5 ,My nam
I am thread-6 ,My nam
I am thread-7 ,My nam
I am thread-8 ,My nam
main is over ...

king@WINDOWS10 E:\sa
> 
cmd.exe*[64]:1852
```

```
test.txt
73   I am thread-7 ,My name is function-27, now time: 00:24:53
74   I am thread-8 ,My name is function-26, now time: 00:24:53
75   I am thread-9 ,My name is function-25, now time: 00:24:53
76   I am thread-10 ,My name is function-24, now time: 00:24:53
77   I am thread-11 ,My name is function-23, now time: 00:24:53
78   I am thread-12 ,My name is function-22, now time: 00:24:53
79   I am thread-0 ,My name is function-21, now time: 00:24:54
80   I am thread-1 ,My name is function-20, now time: 00:24:54
81   I am thread-2 ,My name is function-19, now time: 00:24:54
82   I am thread-3 ,My name is function-18, now time: 00:24:54
83   I am thread-4 ,My name is function-17, now time: 00:24:54
84   I am thread-5 ,My name is function-16, now time: 00:24:54
85   I am thread-6 ,My name is function-15, now time: 00:24:54
86   I am thread-7 ,My name is function-14, now time: 00:24:54
87   I am thread-8 ,My name is function-13, now time: 00:24:54
88   I am thread-9 ,My name is function-12, now time: 00:24:54
89   I am thread-10 ,My name is function-11, now time: 00:24:54
90   I am thread-11 ,My name is function-10, now time: 00:24:54
91   I am thread-12 ,My name is function-9, now time: 00:24:54
92   I am thread-0 ,My name is function-8, now time: 00:24:55
93   I am thread-1 ,My name is function-7, now time: 00:24:55
94   I am thread-2 ,My name is function-6, now time: 00:24:55
95   I am thread-3 ,My name is function-5, now time: 00:24:55
96   I am thread-4 ,My name is function-4, now time: 00:24:55
97   I am thread-5 ,My name is function-3, now time: 00:24:55
98   I am thread-6 ,My name is function-2, now time: 00:24:55
99   I am thread-7 ,My name is function-1, now time: 00:24:55
100  I am thread-8 ,My name is function-0, now time: 00:24:55
101
length : 6,C Ln : 1   Col : 1   Sel : 0 | 0   Windows (CR LF)  ANSI
```

图 3-17　Windows 下使用线程锁的多线程

通过对比可以看出使用线程锁的情况下数据才能保证安全。程序才能按照设计的方式运行。如果不使用线程锁，Linux 下没什么问题（这只是特例，并不代表不使用线程锁 Linux 下就是安全的）。Windows 下必定会出现这样那样的问题。

3.7 本章小结

本章的几个 Python 小程序都比较简单。程序简单没关系，只要可以解决问题就行。学习 Python 最快的方法就是多写程序，用程序解决实际问题。Python 并不复杂，多写、多做、多练很快就能掌握。

第 4 章

Python爬虫常用模块

Python 最强大的方面就体现在它那近乎无限的模块库上。相信没有人能熟悉所有的模块功能，也没有这个必要。只需要了解标准模块库就可以解决大部分的问题了，特殊需求先找第三方的模块。如果还是解决不了问题，那就到 github 碰碰运气。如果实在是运气不佳，就自己动手丰衣足食吧。Python 3.6 标准模块库的官方文档可参考 https://docs.python.org/3.6/py-modindex.html。本章只讲解与网络爬虫有关的常用模块。

4.1 网络爬虫技术核心

网络爬虫，听起来似乎很智能，实际上也没那么复杂。可以简单地理解为使用某种编程语言（这里当然是使用 Python 语言）按照一定的顺序、规则主动抓取互联网特定信息的程序或者脚本。

4.1.1 网络爬虫实现原理

Python 爬虫的原理很简单。第一步：使用 Python 的网络模块，比如 urllib2、httplib、requests 等模块，模拟浏览器向服务器发送正常的 http（https）请求。服务器正常响应后，主机将收到包含所需信息的网页代码。第二步：主机使用过滤模块，比如 lxml、html.parser、re 等模块，将所需信息从网页代码中过滤出来。

在第一步中，为了使 Python 发送的 http（https）请求更像是浏览器发送的，可以在其中添加 header 和 cookies。为了欺骗服务器的反爬虫，可以采取利用代理或间隔一段时间发送一个请求，以尽可能地避开反爬虫。

第二步的过滤比较简单，只需要熟悉一下过滤模块的规则就可以了。如果一个模块无法完全过滤有效信息（通常一个模块就足够了），可以采取多个模块协作的方式，特别是 re 模块，虽然使用起来比较复杂，但用于过滤非常有效。

虽然项目被称为网络爬虫，但实际上如何从服务器上顺利地得到数据更加重要，毕竟今时不同往日了，随便上一个 requests 模块就能从网站得到数据的好日子已经一去不复返了。

相对于得到数据而言，过滤数据要简单得多。

4.1.2　爬行策略

网络爬虫大多都不会是只爬行 1 页。如果只有 1 页的数据，那也无须什么爬虫了。直接用 sed、awk、正则就好，效率更高。既然是多页那就涉及一个顺序问题，即先爬哪页、后爬哪页。

以一个最简单的爬虫为例。从爬虫程序出发，开始爬向多个页面，然后从页面中获取数据。这种形式有点类似于树状结构，如图 4-1 所示。

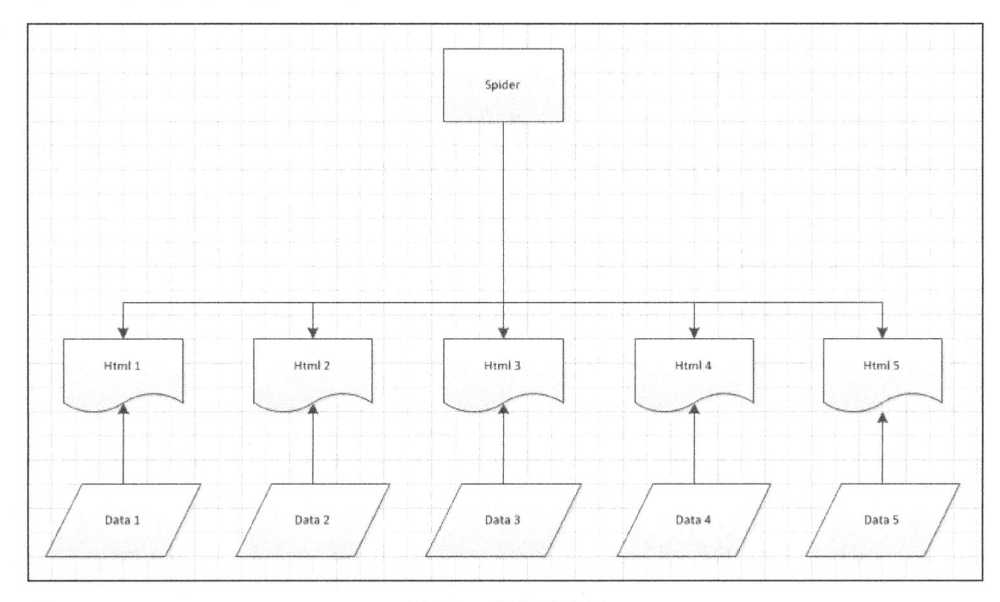

图 4-1　爬虫示意图

爬行顺序的选择有点类似于二叉树，一个是深度优先，一个是广度优先，一般大多会采用深度优先的算法。这种算法是从爬虫出发，先请求 Html1 的数据，再从得到的数据中过滤得到 Data1。然后请求 Html2 的数据，再过滤得到 Data2，以此类推。个人常用的 bs4 爬虫基本都是采用这种方法。好处在于简单直观，非常符合人类正常的思维。也有采用广度优先的，那就是先将所有的网页数据收集完毕，然后一一过滤获取有效数据，只是采用这种方法的爬虫比较少见，Pyspider 就是这种类型的。

这只是简单爬虫爬取单个网站的策略。如果是去爬大型网站或者多个网站，不会这么简单机械，可能需要根据网站的大小、网页的重要性以及权重等分成不同的等级来爬。比较知名的爬行策略有 pagerank、opic 等。

4.1.3　身份识别

在网络上，网站服务器是如何识别用户身份的呢？答案是 Cookie。

Cookie 是指网站为了辨别用户身份、进行 session 跟踪而储存在用户本地终端上的数据（通常经过加密）。比如说有些网站需要登录后才能访问某个页面，在登录之前，你想抓取某个页面内容是不允许的，就可以利用 urllib2 库保存我们登录的 Cookie，再抓取其他页面就达到目的了。在 Python 中，负责 Cookie 部分的模块为 cookielib。

4.2 Python 3 标准库之 urllib.request 模块

涉及网络时，必不可少的模块就是 urllib 了。顾名思义，这个模块主要负责打开 URL 和 HTTP 协议之类的。这个模块就是 Python 2 标准库中的 urllib2 模块的升级版。Python 3 的 urllib.request 模块基本与 Python 2 的 urllib2 模块是一致的。urllib.request 模块的官方文档可参考 https://docs.python.org/3/library/urllib.request.html#module-urllib.request。

4.2.1 urllib.request 请求返回网页

urllib.request 最简单的应用就是 urllie.request.urlopen 了，函数使用如下：

```
urllib.request.urlopen(url[, data[, timeout[, cafile[, capath[, cadefault[, context]]]]]])
```

按照官方文档，urllib.request.urlopen 可以打开 HTTP、HTTPS、FTP 协议的 URL，主要应用于 HTTP 协议。参数中以 ca 开头的都是跟身份验证有关的，不太常用。data 参数是以 post 方式提交 URL 时使用的，通常使用得不多。最常用的就只有 URL 和 timeout 参数了。url 参数是提交的网络地址（地址全称，前端需协议名，后端需端口，比如 http://192.168.1.1:80），timeout 是超时时间设置。

函数返回对象有 3 个额外的使用方法。geturl()函数返回 response 的 url 信息，常用于 url 重定向的情况。info()函数返回 response 的基本信息。getcode()函数返回 response 的状态代码，最常见的代码是 200 服务器成功返回网页，404 请求的网页不存在，503 服务器暂时不可用。

【示例 4-1】测试使用 urllib.request 模块打开百度的首页。编写 connBaidu.py，打开 Putty 连接到 Linux，执行命令：

```
cd code/crawler
vi connBaidu.py
```

connBaidu.py 的代码如下：

```
1 #!/usr/bin/env python3
2 #-*- coding: utf-8 -*-
3 __author__ = 'hstking hst_king@hotmail.com'
4
```

```
 5 import urllib.request
 6
 7 def clear():
 8     '''该函数用于清屏 '''
 9     print('内容较多，显示 3 秒后翻页')
10     time.sleep(3)
11     OS = platform.system()
12     if (OS == 'Windows'):
13         os.system('cls')
14     else:
15         os.system('clear')
16
17 def linkBaidu():
18     url = 'http://www.baidu.com'
19     try:
20         response = urllib.request.urlopen(url,timeout=3)
21         result = response.read().decode('utf-8')
22     except Exception as e:
23         print("网络地址错误")
24         exit()
25     with open('baidu.txt', 'w') as fp:
26         fp.write(result)
27     print("获取 url 信息 : response.geturl() : %s" %response.geturl())
28     print("获取返回代码 : response.getcode() : %s" %response.getcode())
29     print("获取返回信息 : response.info() : %s" %response.info())
30     print("获取的网页内容已存入当前目录的 baidu.txt 中，请自行查看")
31
32
33 if __name__ == '__main__':
34     linkBaidu()
```

按 Esc 键，进入命令模式后输入:wq，保存 connBaidu.py。connBaidu.py 调用 urllib2 模块请求百度的主页，显示返回的信息并将服务器答复的数据保存到 baidu.txt 中以备查询。执行命令：

```
Python3 connBaidu.py
```

得到的结果如图 4-2 所示。

```
king@debian8:~/code/crawler$ python3 connBaidu.py
获取url信息 : response.geturl() : http://www.baidu.com
获取返回代码 : response.getcode() : 200
获取返回信息 : response.info() : Date: Fri, 1. GMT
Content-Type: text/html; charset=utf-8
Transfer-Encoding: chunked
Connection: C
Vary: Accept-
Set-Cookie: B      9AF  E6     1160AD      :FG=1; e:       , 31-Dec-3
7 23:55:55 GM      ge=  47     ath=/;      baidu.co
Set-Cookie: B      E9A  EE     71160A      C; expir        1-Dec-37 23
:55:55 GMT; m      147  36     /; dom      u.com
Set-Cookie: P      372  1;     Thu, 3      23:55:55        -age=214748
3647; path=/;      .ba  u.
Set-Cookie: B      ; p  h=
Set-Cookie: B      ; p  h=
Set-Cookie: H_     D=2  95     85; pa      ain=.bai
P3P: CP=" OTI       IV  OU      "
Cache-Control      e
Cxy_all: baid      b7a  d4     61661c
Expires: Fri,      201  14     T
X-Powered-By:
Server: BWS/1
X-UA-Compatib      dge  hr
BDPAGETYPE: 1
BDQID: 0xe8fd      212
BDUSERID: 0

获取的网页内容已存入当前目录的baidu.txt中，请自行查看
king@debian8:~/code/crawler$ ~
```

图 4-2　运行 connBaidu.py

从 baidu.txt 的结果可以看出百度首页的页面虽然很简洁，但内容还是很丰富的。最简单的 urllib2 用法就是这样了。至于那些跟身份验证有关的参数，如有需要请自行参考官方文档或 Google。

4.2.2　urllib.request 使用代理访问网页

在使用网络爬虫时，有的网站拒绝了一些 IP 的直接访问，这时就不得不利用代理了。urllib2 添加代理的方式不止一种。这里以最简单也是最直接的一种为例，至于免费的代理，网络上很多，可自行搜索一下，选择一个确定可用的 Proxy，这里选择的是从局域网中自设的代理 http://192.168.1.99:8080。

【示例 4-2】编写 connWithProxy.py，打开 Putty 连接到 Linux，执行命令：

```
cd code/crawler
vi connWithProxy.py
```

connWithProxy.py 的代码如下：

```
1 #!/usr/bin/env python3
2 #-*- coding: utf-8 -*-
3 __author__ = 'hstking hst_king@hotmail.com'
4
5 import urllib.request
```

```
 6 import sys
 7 import re
 8
 9 def testArgument():
10     '''测试输入参数，只需要一个参数 '''
11     if len(sys.argv) != 2:
12         print('需要且只需要一个参数就够了')
13         tipUse()
14         exit()
15     else:
16         TP = TestProxy(sys.argv[1])
17
18 def tipUse():
19     '''显示提示信息 '''
20     print('该程序只能输入一个参数，这个参数必须是一个可用的 proxy')
21     print('usage: python testUrllib2WithProxy.py http://1.2.3.4:5')
22     print('usage: python testUrllib2WithProxy.py https://1.2.3.4:5')
23
24
25 class TestProxy(object):
26     '''这个类的作用是测试 proxy 是否有效 '''
27     def __init__(self,proxy):
28         self.proxy = proxy
29         self.checkProxyFormat(self.proxy)
30         self.url = 'https://www.baidu.com'
31         self.timeout = 5
32         self.flagWord = 'www.baidu.com' #在网页返回的数据中查找这个关键词
33         self.useProxy(self.proxy)
34
35     def checkProxyFormat(self,proxy):
36         try:
37             proxyMatch =
re.compile('http[s]?://[\d]{1,3}\.[\d]{1,3}\.[\d]{1,3}\.[\d]{1,3}:[\d]{1,5}$')
38             re.search(proxyMatch,proxy).group()
39         except AttributeError as e:
40             tipUse()
41             exit()
42         flag = 1
43         proxy = proxy.replace('//','')
44         try:
45             protocol = proxy.split(':')[0]
46             ip = proxy.split(':')[1]
47             port = proxy.split(':')[2]
```

```
48          except IndexError as e:
49              print('下标出界')
50              tipUse()
51              exit()
52          flag = flag and len(proxy.split(':')) == 3 and len(ip.split('.'))
== 4
53          flag = ip.split('.')[0] in map(str,range(1,256)) and flag
54          flag = ip.split('.')[1] in map(str,range(256)) and flag
55          flag = ip.split('.')[2] in map(str,range(256)) and flag
56          flag = ip.split('.')[3] in map(str,range(1,255)) and flag
57          flag = protocol in ['http', 'https'] and flag
58          flag = port in map(str,range(1,65535)) and flag
59          '''这里是在检查proxy的格式 '''
60          if flag:
61              print('输入的http代理服务器符合标准')
62          else:
63              tipUse()
64              exit()
65
66      def useProxy(self,proxy):
67          '''利用代理访问百度，并查找关键词 '''
68          protocol = proxy.split('://')[0]
69          proxy_handler = urllib.request.ProxyHandler({protocol: proxy})
70          opener = urllib.request.build_opener(proxy_handler)
71          urllib.request.install_opener(opener)
72          try:
73              response = urllib.request.urlopen(self.url,timeout =
self.timeout)
74          except Exception as e:
75              print('连接错误，退出程序')
76              exit()
77          result = response.read().decode('utf-8')
78          print('%s' %result)
79          if re.search(self.flagWord, result):
80              print('已取得特征词，该代理可用')
81          else:
82              print('该代理不可用')
83
84
85  if __name__ == '__main__':
86      testArgument()
```

按 Esc 键，进入命令模式后输入:wq，保存 connWithProxy.py。connWithProxy.py 将使用

代理来访问百度的首页，并设定一个特征词。如果能在返回的结果中取得这个特征词，就说明该 proxy 是可用的。执行命令：

```
python3 connWithProxy.py http://192.168.1.99:8080
```

得到的结果如图 4-3 所示。

图 4-3　运行 connWithProxy.py

至此，urllib.request 使用代理打开网页测试完毕。这个程序采用的是函数与类混合的形式。这个程序无须修改即可作为模块导入其他程序中，用于测试 Proxy 是否可用。

urllib.request 是 Python 3 中使用率非常高的模块，有很多第三方模块都是通过包装这个模块的功能而开发出来的。这是一个必须掌握的模块。

4.2.3　urllib.request 修改 header

在使用网络爬虫获取数据时，有一些站点不喜欢被爬虫（非人为访问）访问，会检查连接者的“身份证”。默认情况下 urllib.request 把自己的版本号 Python-urllib/x.y（x 和 y 是 Python 主版本和次版本号，例如 Python-urllib/3.6）作为“身份证号码”来通过检查。这个“身份证号码”可能会让站点迷惑，或者干脆拒绝访问。这时可以让 Python 程序冒充浏览器访问网站。网站是通过浏览器发送过来的 User-Agent 的值来确认浏览器身份的。用 urllib.request 创建一个请求对象，并给它一个包含头数据的字典，修改 User-Agent 欺骗网站。一般来说，把 User-Agent 修改成 Internet Explorer 是最安全的，改成其他的当然也行。

先将准备工作做好，将所有常见的 User-Agent 全部放到一个 userAgents.py 文件中（在之前的程序中使用过相似的资源文件 resource.py，与之不同的是 userAgents.py 中的 User-Agent 使用的是字典结构，resource.py 使用的是列表结构。前者适用于需要特定浏览器的页面，后者则适用于那些页面比较友好的网页），以字典的形式保存起来，方便以后当成模块导入使用。userAgents.py 的代码如下：

```
1 #!/usr/bin/env python3
```

```
    2 #-*- coding: utf-8 -*-
    3 __author__ = 'hstking hst_king@hotmail.com'
    4
    5 pcUserAgent = {
    6 "safari 5.1 - MAC":"User-Agent:Mozilla/5.0 (Macintosh; U; Intel Mac OS
X 10_6_8; en-us) AppleWebKit/534.50 (KHTML, like Gecko) Version/5.1
Safari/534.50",
    7 "safari 5.1 - Windows":"User-Agent:Mozilla/5.0 (Windows; U; Windows NT
6.1; en-us) AppleWebKit/534.50 (KHTML, like Gecko) Version/5.1 Safari/534.50",
    8 "IE 9.0":"User-Agent:Mozilla/5.0 (compatible; MSIE 9.0; Windows NT 6.1;
Trident/5.0;",
    9 "IE 8.0":"User-Agent:Mozilla/4.0 (compatible; MSIE 8.0; Windows NT 6.0;
Trident/4.0)",
   10 "IE 7.0":"User-Agent:Mozilla/4.0 (compatible; MSIE 7.0; Windows NT
6.0)",
   11 "IE 6.0":"User-Agent: Mozilla/4.0 (compatible; MSIE 6.0; Windows NT
5.1)",
   12 "Firefox 4.0.1 - MAC":"User-Agent: Mozilla/5.0 (Macintosh; Intel Mac OS
X 10.6; rv:2.0.1) Gecko/20100101 Firefox/4.0.1",
   13 "Firefox 4.0.1 - Windows":"User-Agent:Mozilla/5.0 (Windows NT 6.1;
rv:2.0.1) Gecko/20100101 Firefox/4.0.1",
   14 "Opera 11.11 - MAC":"User-Agent:Opera/9.80 (Macintosh; Intel Mac OS X
10.6.8; U; en) Presto/2.8.131 Version/11.11",
   15 "Opera 11.11 - Windows":"User-Agent:Opera/9.80 (Windows NT 6.1; U; en)
Presto/2.8.131 Version/11.11",
   16 "Chrome 17.0 - MAC":"User-Agent: Mozilla/5.0 (Macintosh; Intel Mac OS X
10_7_0) AppleWebKit/535.11 (KHTML, like Gecko) Chrome/17.0.963.56
Safari/535.11",
   17 "Maxthon":"User-Agent: Mozilla/4.0 (compatible; MSIE 7.0; Windows NT
5.1; Maxthon 2.0)",
   18 "Tencent TT":"User-Agent: Mozilla/4.0 (compatible; MSIE 7.0; Windows NT
5.1; TencentTraveler 4.0)",
   19 "The World 2.x":"User-Agent: Mozilla/4.0 (compatible; MSIE 7.0; Windows
NT 5.1)",
   20 "The World 3.x":"User-Agent: Mozilla/4.0 (compatible; MSIE 7.0; Windows
NT 5.1; The World)",
   21 "sogou 1.x":"User-Agent: Mozilla/4.0 (compatible; MSIE 7.0; Windows NT
5.1; Trident/4.0; SE 2.X MetaSr 1.0; SE 2.X MetaSr 1.0; .NET CLR 2.0.50727; SE
2.X MetaSr 1.0)",
   22 "360":"User-Agent: Mozilla/4.0 (compatible; MSIE 7.0; Windows NT 5.1;
360SE)",
   23 "Avant":"User-Agent: Mozilla/4.0 (compatible; MSIE 7.0; Windows NT 5.1;
Avant Browser)",
```

```
    24 "Green Browser":"User-Agent: Mozilla/4.0 (compatible; MSIE 7.0; Windows
NT 5.1)"
    25 }
    26
    27 mobileUserAgent = {
    28 "iOS 4.33 - iPhone":"User-Agent:Mozilla/5.0 (iPhone; U; CPU iPhone OS
4_3_3 like Mac OS X; en-us) AppleWebKit/533.17.9 (KHTML, like Gecko)
Version/5.0.2 Mobile/8J2 Safari/6533.18.5",
    29 "iOS 4.33 - iPod Touch":"User-Agent:Mozilla/5.0 (iPod; U; CPU iPhone OS
4_3_3 like Mac OS X; en-us) AppleWebKit/533.17.9 (KHTML, like Gecko)
Version/5.0.2 Mobile/8J2 Safari/6533.18.5",
    30 "iOS 4.33 - iPad":"User-Agent:Mozilla/5.0 (iPad; U; CPU OS 4_3_3 like
Mac OS X; en-us) AppleWebKit/533.17.9 (KHTML, like Gecko) Version/5.0.2
Mobile/8J2 Safari/6533.18.5",
    31 "Android N1":"User-Agent: Mozilla/5.0 (Linux; U; Android 2.3.7; en-us;
Nexus One Build/FRF91) AppleWebKit/533.1 (KHTML, like Gecko) Version/4.0
Mobile Safari/533.1",
    32 "Android QQ":"User-Agent: MQQBrowser/26 Mozilla/5.0 (Linux; U; Android
2.3.7; zh-cn; MB200 Build/GRJ22; CyanogenMod-7) AppleWebKit/533.1 (KHTML, like
Gecko) Version/4.0 Mobile Safari/533.1",
    33 "Android Opera ":"User-Agent: Opera/9.80 (Android 2.3.4; Linux; Opera
Mobi/build-1107180945; U; en-GB) Presto/2.8.149 Version/11.10",
    34 "Android Pad Moto Xoom":"User-Agent: Mozilla/5.0 (Linux; U; Android 3.0;
en-us; Xoom Build/HRI39) AppleWebKit/534.13 (KHTML, like Gecko) Version/4.0
Safari/534.13",
    35 "BlackBerry":"User-Agent: Mozilla/5.0 (BlackBerry; U; BlackBerry 9800;
en) AppleWebKit/534.1+ (KHTML, like Gecko) Version/6.0.0.337 Mobile
Safari/534.1+",
    36 "WebOS HP Touchpad":"User-Agent: Mozilla/5.0 (hp-tablet; Linux;
hpwOS/3.0.0; U; en-US) AppleWebKit/534.6 (KHTML, like Gecko) wOSBrowser/233.70
Safari/534.6 TouchPad/1.0",
    37 "Nokia N97":"User-Agent: Mozilla/5.0 (SymbianOS/9.4; Series60/5.0
NokiaN97-1/20.0.019; Profile/MIDP-2.1 Configuration/CLDC-1.1) AppleWebKit/525
(KHTML, like Gecko) BrowserNG/7.1.18124",
    38 "Windows Phone Mango":"User-Agent: Mozilla/5.0 (compatible; MSIE 9.0;
Windows Phone OS 7.5; Trident/5.0; IEMobile/9.0; HTC; Titan)",
    39 "UC":"User-Agent: UCWEB7.0.2.37/28/999",
    40 "UC standard":"User-Agent: NOKIA5700/ UCWEB7.0.2.37/28/999",
    41 "UCOpenwave":"User-Agent: Openwave/ UCWEB7.0.2.37/28/999",
    42 "UC Opera":"User-Agent: Mozilla/4.0 (compatible; MSIE 6.0; )
Opera/UCWEB7.0.2.37/28/999"
    43 }
```

userAgents.py 里只包含了最常用的 User-Agent，如有特殊需要可以继续添加，但在使用网络爬虫时最好用最常见的那些 User-Agent，以免被网站拒绝访问。

【示例 4-3】准备工作完毕后，开始编写 connModifyHeader.py。打开 Putty 连接到 Linux，执行命令：

```
cd code/crawler
vi connModifyHeader.py
```

connModifyHeader.py 的代码如下：

```
 1 #!/usr/bin/env python3
 2 #-*- coding: utf-8 -*-
 3 __author__ = 'hstking hst_king@hotmail.com'
 4
 5 import urllib.request
 6 import userAgents
 7 '''userAgents.py 是个自定义的模块，位置处于当前目录下 '''
 8
 9 class ModifyHeader(object):
10         '''使用 urllib.request 模块修改 header '''
11         def __init__(self):
12                 #这个是 PC + IE 的 User-Agent
13                 PIUA = userAgents.pcUserAgent.get('IE 9.0')
14                 #这个是 Mobile + UC 的 User-Agent
15                 MUUA = userAgents.mobileUserAgent.get('UC standard')
16                 #测试用的网站选择的是有道翻译
17                 self.url = 'http://fanyi.youdao.com'
18
19                 self.useUserAgent(PIUA,1)
20                 self.useUserAgent(MUUA,2)
21
22         def useUserAgent(self, userAgent ,name):
23                 request = urllib.request.Request(self.url)
24
request.add_header(userAgent.split(':')[0],userAgent.split(':')[1])
25                 response = urllib.request.urlopen(request)
26                 fileName = str(name) + '.html'
27                 with open(fileName,'a') as fp:
28                         fp.write("%s\n\n" %userAgent)
29                         fp.write(response.read().decode('utf-8'))
30
31 if __name__ == '__main__':
32         umh = ModifyHeader()
```

按 Esc 键，进入命令模式后输入:wq，保存 connModifyHeader.py。connModifyHeader.py

使用了 2 个不同的浏览器 header 访问有道翻译的主页，并将返回的结果保存起来。执行命令：

```
python3 connModifyHeader.py
```

得到了 1.html 和 2.html，打开这两个网页比较一下，得到的结果如图 4-4 所示。

图 4-4 运行 connModifyHeader.py

urllib.request 添加 Header 打开网页测试完毕。同一网站会给不同的浏览器返回不同的内容。所以在使用网络爬虫时，除非有反爬虫的限制（一般都有反爬虫），条件允许的话尽可能使用一个固定的 User-Agent。

4.3 Python 3 标准库之 logging 模块

logging 模块，顾名思义就是针对日志的。到目前为止，所有的程序标准输出（输出到屏幕）都是使用的 print 函数。logging 模块可以替代 print 函数的功能，并能将标准输出输入到日志文件保存起来，而且利用 logging 模块可以部分替代 debug 的功能，给程序排错。

4.3.1 简述 logging 模块

首先要说到的是 logging 模块的几个级别。默认情况下 logging 模块有 6 个级别。它们分别是 NOTSET 值为 0、DEBUG 值为 10、INFO 值为 20、WARNING 值为 30、ERROR 值为 40、CRITICAL 值为 50（也可以自定义级别）。这些级别的用处是，先将自己的日志定一个级别，logging 模块发出的信息级别高于定义的级别，将在标准输出（屏幕）显示出来。发出的信息级别低于定义的级别则略过。如果未定义级别，默认定义的级别是 WARNING。

先测试一下。在 Windows 中打开 IDLE，执行命令：

```
import logging
logging.NOTSET
logging.DEBUG
logging.INFO
logging.WARNING
logging.ERROR
logging.CRITICAL
logging.debug("debug message")
logging.info("info message")
logging.warning("warning message")
logging.error("error message")
logging.critical("critical message")
```

执行结果如图 4-5 所示。

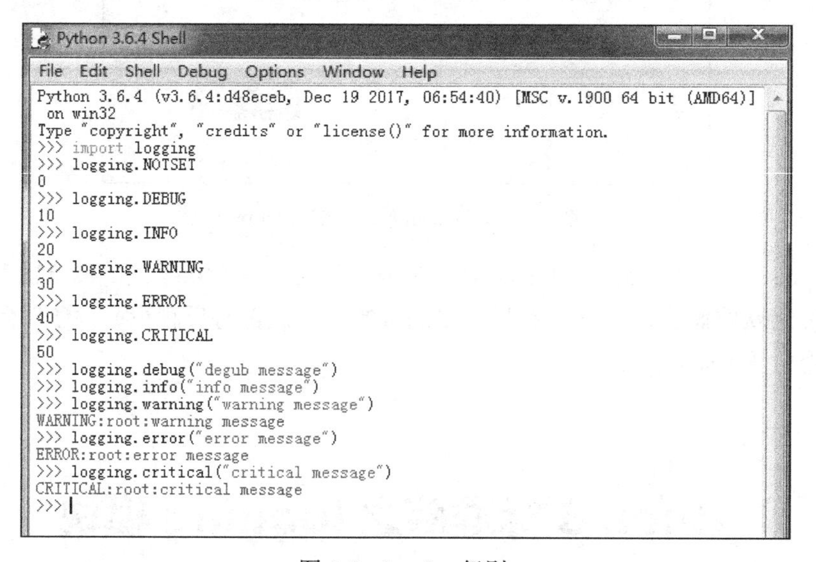

图 4-5　logging 级别

使用 logging 最简单的方法就是 logging.basicConfig。logging.basicConfig 的应用方法为：

```
logging.basicConfig([**kwargs])
```

这个函数可用的参数有：

- filename：用指定的文件名创建 FiledHandler（后边会具体讲解 handler 的概念），这样日志会被存储在指定的文件中。
- filemode：文件打开方式，在指定了 filename 时使用这个参数，默认值为“a”还可指定为“w”。
- format：指定 handler 使用的日志显示格式。

- datefmt：指定日期时间格式。
- level：设置 rootlogger（后边会讲解具体概念）的日志级别。
- stream：用指定的 stream 创建 StreamHandler。可以指定输出到 sys.stderr,sys.stdout 或者文件，默认为 sys.stderr。若同时列出了 filename 和 stream 两个参数，则 stream 参数会被忽略。

参数中的 format 参数可能用到的格式化串：

- %(name)s：logger 的名字。
- %(levelno)s：数字形式的日志级别。
- %(levelname)s：文本形式的日志级别。
- %(pathname)s：调用日志输出函数的模块的完整路径名，可能没有。
- %(filename)s：调用日志输出函数的模块的文件名。
- %(module)s：调用日志输出函数的模块名。
- %(funcName)s：调用日志输出函数的函数名。
- %(lineno)d：调用日志输出函数的语句所在的代码行。
- %(created)f：当前时间，用 UNIX 标准的表示时间的浮点数表示。
- %(relativeCreated)d：输出日志信息时，自 logger 创建以来的毫秒数。
- %(asctime)s：字符串形式的当前时间。默认格式是 "2003-07-08 16:49:45,896"。逗号后面的是毫秒。
- %(thread)d：线程 ID。可能没有。
- %(threadName)s：线程名。可能没有。
- %(process)d：进程 ID。可能没有。
- %(message)s：用户输出的消息。

还有一些参数应用与进程线程等高级应用，可自行参考官方文档或 Google。
参数中的 datefmt 是日期的格式化，最常用的几个格式化是：

- %Y：年份的长格式，如 1999。
- %y：年份的短格式，如 99。
- %m：月份，01~12。
- %d：日期，01~31。
- %H：小时，0~23。
- %w：星期，0~6，星期天是 0。
- %M：分钟，00~59。
- %S：秒，00~59。

日期格式化的参数还有一些不太常用的，这里就不多做介绍了。读者可自行参考官方文档或 Google。

【示例 4-4】下面利用 logging.basicConfig 写一个最基本的日志模块应用程序，编写

testLogging.py，打开 Putty 连接到 Linux，执行命令：

```
cd code/crawler
vi testLogging.py
```

testLogging.py 的代码如下：

```
 1 #!/usr/bin/env python3
 2 #-*- coding: utf-8 -*-
 3 __author__ = 'hstking hst_king@hotmail.com'
 4 
 5 import logging
 6 
 7 class TestLogging(object):
 8    def __init__(self):
 9        logFormat='%(asctime)-12s %(levelname)-8s %(name)-10s %(message)-12s'
10        logFileName = './testLog.txt'
11 
12        logging.basicConfig(level = logging.INFO,
13 format = logFormat,
14 filename = logFileName,
15 filemode = 'w')
16 
17        logging.debug('debug message')
18        logging.info('info message')
19        logging.warning('warning message')
20        logging.error('error message')
21        logging.critical('critical message')
22 
23 
24 if __name__ == '__main__':
25    tl = TestLogging()
```

按 Esc 键，进入命令模式后输入:wq，保存 testLogging.py。testlogging.py 用于测试 logging 模块。该脚本使用不同的级别向 logger 发送了几条信息。执行命令：

```
python3 testLogging.py
cat testLog.txt
```

得到的结果如图 4-6 所示。

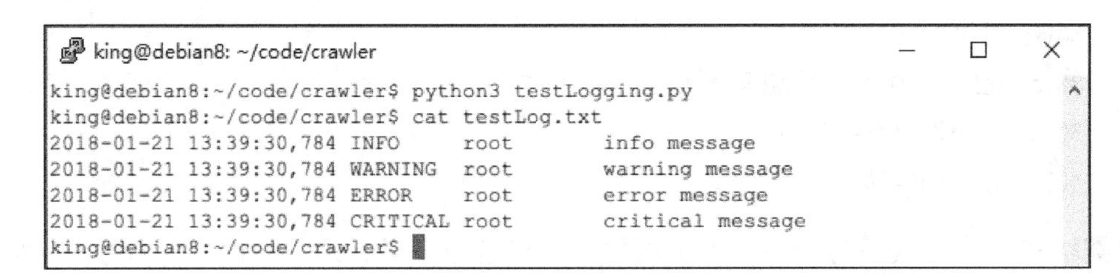

图 4-6　run testLogging.py

默认的 logging 级别是 logging.INFO（程序第 12 行），而 logging.debug（程序第 17 行）

的级别低于 logging.INFO，所以没有显示。

在程序中的关键位置插入 log 信息，执行 Python 程序时出现什么问题，可以直接查找日志文件，无须再一步步地 debug 调试。

4.3.2　自定义模块 myLog

使用 logging 模块很方便，但在编写过程中添加一大堆的代码就不是那么愉快的事情了。好在 Python 有强大的 import，完全可以先配置好一个 myLog.py，以后需要使用时直接导入程序中即可。

【示例 4-5】编写 myLog.py。打开 Putty 连接到 Linux，执行命令：

```
cd code/crawler
vi myLog.py
```

myLog.py 的代码如下：

```
 1 #!/usr/bin/env python3
 2 # -*- coding:utf-8 -*-
 3 __author__ = 'hstking hst_king@hotmail.com'
 4
 5 import logging
 6 import getpass
 7 import sys
 8
 9
10 # 定义 MyLog 类
11 class MyLog(object):
12     '''这个类用于创建一个自用的 log '''
13     def __init__(self): #类 MyLog 的构造函数
14         user = getpass.getuser()
15         self.logger = logging.getLogger(user)
16         self.logger.setLevel(logging.DEBUG)
17         logFile = './' + sys.argv[0][0:-3] + '.log' #日志文件名
18         formatter = logging.Formatter('%(asctime)-12s %(levelname)-8s
%(name)-10s %(message)-12s')
19
20         '''日志显示到屏幕上并输出到日志文件内'''
21         logHand = logging.FileHandler(logFile)
22         logHand.setFormatter(formatter)
23         logHand.setLevel(logging.ERROR) #只有错误才会被记录到 logfile 中
24
25         logHandSt = logging.StreamHandler()
26         logHandSt.setFormatter(formatter)
27
28         self.logger.addHandler(logHand)
29         self.logger.addHandler(logHandSt)
```

```
30
31      ''' 日志的 5 个级别对应以下的 5 个函数 '''
32      def debug(self,msg):
33          self.logger.debug(msg)
34
35      def info(self,msg):
36          self.logger.info(msg)
37
38      def warn(self,msg):
39          self.logger.warn(msg)
40
41      def error(self,msg):
42          self.logger.error(msg)
43
44      def critical(self,msg):
45          self.logger.critical(msg)
46
47  if __name__ == '__main__':
48      mylog = MyLog()
49      mylog.debug("I'm debug")
50      mylog.info("I'm info")
51      mylog.warn("I'm warn")
52      mylog.error("I'm error")
53      mylog.critical("I'm critical")
```

按 Esc 键，进入命令模式后输入:wq，保存 myLog.py。myLog.py 可以当成一个脚本执行，也可以当成一个模块导入其他的脚本中执行。在这里是作为脚本使用的，它的作用是将所有的 log 信息显示到屏幕上、错误信息存入 log 文档中。执行命令：

```
python myLog.py
cat myLog.log
```

得到的结果如图 4-7 所示。

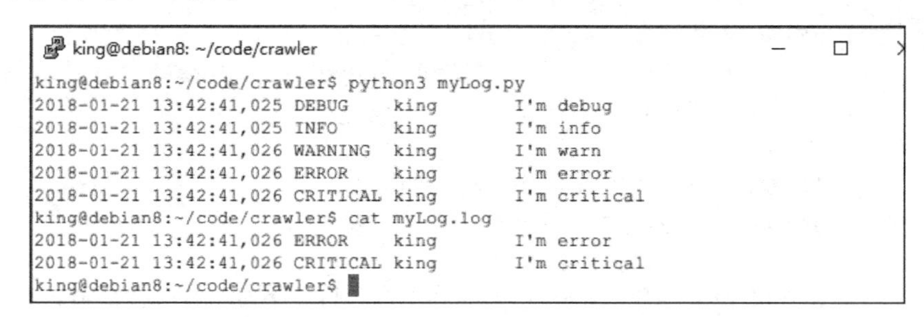

图 4-7　运行 myLog.py

【示例 4-6】下面再写一个 testMyLog.py，在程序中导入图 4-7 中的 myLog.py 作为模块使用。编写 testMyLog.py，打开 Putty 连接到 Linux，执行命令：

```
cd code/crawler
```

```
vi testMyLog.py
```

testMyLog.py 的代码如下：

```
 1 #!/usr/bin/env python3
 2 #-*- coding: utf-8 -*-
 3 __author__ = 'hst_king hst_king@hotmail.com'
 4
 5 from myLog import MyLog
 6
 7 if __name__ == '__main__':
 8     ml = MyLog()
 9     ml.debug('I am debug message')
10     ml.info('I am info message')
11     ml.warn('I am warn message')
12     ml.error('I am error message')
13     ml.critical('I am critical message')
```

按 Esc 键，进入命令模式后输入:wq，保存 testMyLog.py。testMyLog.py 调用了 myLog.py，将它作为模块使用。执行命令：

```
python testMyLog.py
cat testMyLog.log
```

得到的结果如图 4-8 所示。

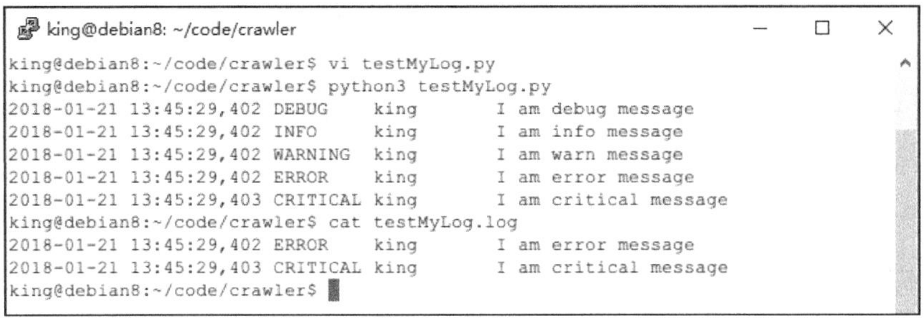

```
king@debian8: ~/code/crawler
king@debian8:~/code/crawler$ vi testMyLog.py
king@debian8:~/code/crawler$ python3 testMyLog.py
2018-01-21 13:45:29,402 DEBUG    king        I am debug message
2018-01-21 13:45:29,402 INFO     king        I am info message
2018-01-21 13:45:29,402 WARNING  king        I am warn message
2018-01-21 13:45:29,402 ERROR    king        I am error message
2018-01-21 13:45:29,403 CRITICAL king        I am critical message
king@debian8:~/code/crawler$ cat testMyLog.log
2018-01-21 13:45:29,402 ERROR    king        I am error message
2018-01-21 13:45:29,403 CRITICAL king        I am critical message
king@debian8:~/code/crawler$
```

图 4-8　导入自定义模块

在编程时，有时为了查看程序的进度和参数的变化，在程序中间插入了大量的 print。检查完毕后又要逐个删除，费时费力。使用 log 后就简单多了，调试信息直接保存为日志文件即可。

4.4　re 模块（正则表达式）

在编写网络爬虫时，还有一些模块是必不可少的。这些模块使用频率不高，如果不想深究，稍作了解即可。

4.4.1 re 模块（正则表达式操作）

re 模块是文件处理中必不可少的模块，主要应用于字符串的查找、定位等。在使用网络爬虫时，即使没有爬虫框架，re 模块配合 urllib2 模块也可以完成简单的爬虫功能。先来看看所谓的正则表达式，以下是 Python 支持的正则表达式元字符和语法。

1．字符

- .：匹配任意除换行符\n 外的字符，.abc 匹配 abc。
- \：转义字符，使后一个字符改变原来的意思，a\.bc 匹配 a.bc。
- [...]：字符集（字符类）。对应字符集中的任意字符，第一个字符是^则取反。a[bc]d 匹配 abd 和 acd。

2．预定义字符集

- \d：数字[0-9]。
- \D：非数字[^\d]。
- \s：空白字符[空格\t\r\n\f\v]。
- \S：非空白字符[^\s]。
- \w：单词字符[a-zA-Z0-9_]。
- \W：非单词字符[^\w]。

3．数量词

- *：匹配前一个字符 0 或无限次。a1*b 匹配 ab、a1b、a11b……
- +：匹配前一个字符 1 或无限次。a1*b 匹配 a1b、a11b……
- ?：匹配前一个字符 0 或 1 次。a1*b 匹配 ab、a1b。
- {m}：匹配前一个字符 m 次。a1{3}b 匹配 a111b。
- {m,n}：匹配前一个字符 m 至 n 次。a1{2,3}b 匹配 a11b、a111b。

4．边界匹配

- ^：匹配字符串开头，如^abc 匹配以 abc 开头的字符串。
- $：匹配字符串结尾，如 xyz$匹配以 xyz 结尾的字符串。
- \A：仅匹配字符串开头，如\Aabc。
- \Z：仅匹配字符串结尾，如 Xyz\Z。

Python 的 re 模块提供了两种不同的原始操作：match 和 search。match 是从字符串的起点开始做匹配，而 search（perl 默认）是对字符串做任意匹配。最常用的几个 re 模块方法如下：

- re.compile(pattern, flags=0)：将字符串形式的正则表达式编译为 Pattern 对象。
- re.search(string[, pos[, endpos]])：从 string 的任意位置开始匹配。
- re.match(string[, pos[, endpos]])：从 string 的开头开始匹配。

- re.findall(string[, pos[, endpos]])：从 string 任意位置开始匹配，返回一个列表。
- re.finditer(string[, pos[, endpos]])：从 string 任意位置开始匹配，返回一个迭代器。一般匹配 findall 就可以了，大数量的匹配还是使用 finditer 比较好。

简单地测试一下，打开 IDLE，执行命令：

```
import re
s = 'I am python modules test for re modules'
re.search('am',s)
re.search('am',s).group()
re.match('am',s)
re.match('I am',s)
re.match('I am',s).group()
re.findall('modules',s)
re.finditer('modules',s)
for sre in re.finditer('modules',s):
 print(sre.group())
```

执行结果如图 4-9 所示。

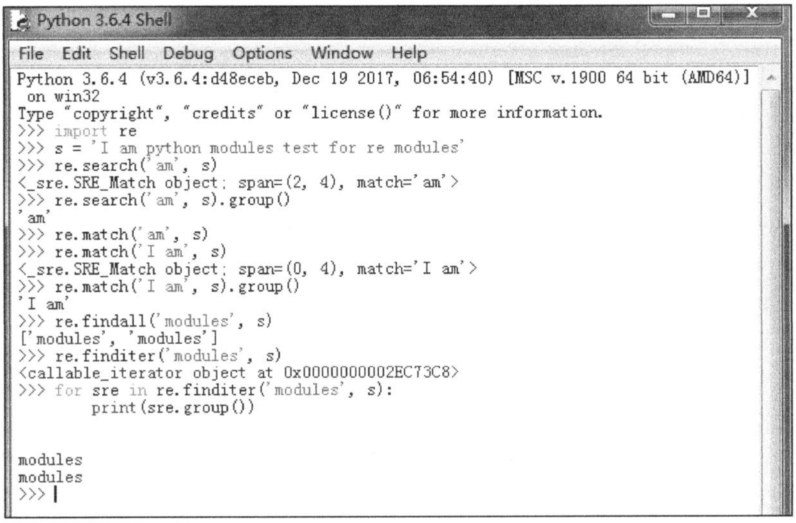

```
Python 3.6.4 Shell
File Edit Shell Debug Options Window Help
Python 3.6.4 (v3.6.4:d48eceb, Dec 19 2017, 06:54:40) [MSC v.1900 64 bit (AMD64)]
 on win32
Type "copyright", "credits" or "license()" for more information.
>>> import re
>>> s = 'I am python modules test for re modules'
>>> re.search('am', s)
<_sre.SRE_Match object; span=(2, 4), match='am'>
>>> re.search('am', s).group()
'am'
>>> re.match('am', s)
>>> re.match('I am', s)
<_sre.SRE_Match object; span=(0, 4), match='I am'>
>>> re.match('I am', s).group()
'I am'
>>> re.findall('modules', s)
['modules', 'modules']
>>> re.finditer('modules', s)
<callable_iterator object at 0x0000000002EC73C8>
>>> for sre in re.finditer('modules', s):
        print(sre.group())


modules
modules
>>> |
```

图 4-9　re 匹配字符串

4.4.2　re 模块实战

现在用 re 模块和 urllib2 模块来做一个简单的网络爬虫，例如看看最近的电影院播放的今日电影。先找找最近的影院，就以金逸影院为例。找到影院页面 http://www.wandacinemas.com/，先使用 urllib2 模块抓取整个网页，再使用 re 模块获取影视信息。

【示例 4-7】编写 crawlWithRe.py，Putty 连接到 Linux，执行命令：

```
cd code/crawler
```

```
vi crawlWithRe.py
```

crawlWithRe.py 的代码如下：

```
 1 #!/usr/bin/env python
 2 #-*- coding: utf-8 -*-
 3 __author__ = 'hstking hstking@hotmail.com'
 4 
 5 import re
 6 import urllib.request
 7 import codecs
 8 import time
 9 
10 class Todaymovie(object):
11         '''获取金逸影院当日影视 '''
12         def __init__(self):
13                 self.url = 'http://www.wandacinemas.com/'
14                 self.timeout = 5
15                 self.fileName = 'wandaMovie.txt'
16                 '''内部变量定义完毕 '''
17                 self.getmovieInfo()
18 
19         def getmovieInfo(self):
20                 response =
urllib.request.urlopen(self.url,timeout=self.timeout)
21                 result = response.read().decode('utf-8')
22                 pattern = re.compile('<span class="icon_play"
title=".*?">')
23                 movieList = pattern.findall(result)
24                 movieTitleList = map(lambda x:x.split('"')[3], movieList)
25                 #使用 map 过滤出电影标题
26                 with codecs.open(self.fileName, 'w', 'utf-8') as fp:
27                         print("Today is %s \r\n" %time.strftime("%Y-%m-%d"))
28                         fp.write("Today is %s \r\n" %time.strftime("%Y-%m-
%d"))
29                         for movie in movieTitleList:
30                                 print("%s\r\n" %movie)
31                                 fp.write("%s \r\n" %movie)
32 
33 
34 if __name__ == '__main__':
35         tm = Todaymovie()
```

按 Esc 键，进入命令模式后输入:wq，保存 crawlWithRe.py。crawlWithRe.py 使用 urllib2

模块获取 URL 的返回信息，然后使用 re 模块从结果中过滤得到当日电影的列表，最后显示到屏幕上。执行命令：

```
python3 crawlWithRe.py
```

得到的结果如图 4-10 所示。

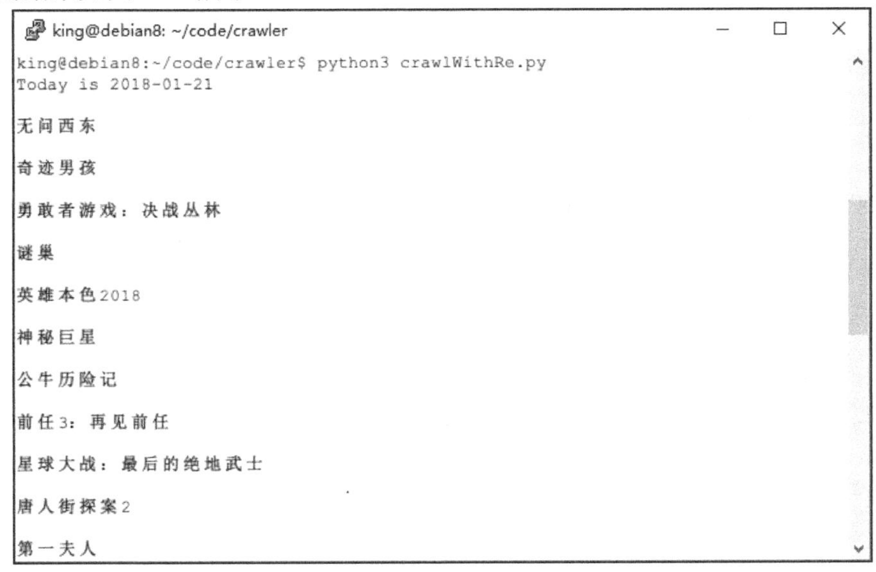

图 4-10　运行 crawlWithRe.py

看起来不像是网络爬虫，对吗？严格来说这个就是网络爬虫了，只是爬取的内容很简单、也很少罢了。当爬取的内容比较少的时候，网络爬虫也可以这么写。稍微复杂点的、爬取内容多一点的，按照这个方法写就很痛苦了，简单点的办法就是使用爬虫框架。

4.5 其他有用模块

4.5.1 sys 模块（系统参数获取）

sys 模块，顾名思义就是跟系统相关的模块，这个模块的函数方法不多。最常用的就只有两个。sys.argv 和 sys.exit。sys.argv 返回一个列表，包含了所有的命令行参数；sys.exit 则是退出程序，再就是可以返回当前系统平台。这个模块比较简单，稍作了解即可。

【示例 4-8】编写 testSys.py，打开 Putty 连接到 Linux，执行命令：

```
cd code/crawler
vi testSys.py
```

testSys.py 的代码如下：

```
 1 #!/usr/bin/env python3
 2 #-*- coding: utf-8 -*-
 3 __author__ = 'hstking hst_king@hotmail.com'
 4 
 5 import sys
 6 
 7 class ShowSysModule(object):
 8         '''这个类用于展示python标准库中的sys模块 '''
 9         def __init__(self):
10                 print('sys模块最常用的功能就是获取程序的参数')
11                 self.getArg()
12                 print('其次就是获取当前的系统平台')
13                 self.getOs()
14 
15         def getArg(self):
16                 print('开始获取参数的个数')
17                 print('当前参数有 %d 个' %len(sys.argv))
18                 print('这些参数分别是 %s' %sys.argv)
19 
20         def getOs(self):
21                 print('sys.platform返回值对应的平台：' )
22                 print('System\t\t\tPlatform')
23                 print('Linux\t\t\tlinux2')
24                 print('Windows\t\t\twin32')
25                 print('Cygwin\t\t\tcygwin')
26                 print('Mac OS X\t\tdarwin')
27                 print('OS/2\t\t\tos2')
28                 print('OS/2 EMX\t\tos2emx')
29                 print('RiscOS\t\t\triscos')
30                 print('AtheOS\t\t\tatheos')
31                 print('\n')
32                 print('当前的系统为 %s' %sys.platform)
33 
34 if __name__ == '__main__':
35         ssm = ShowSysModule()
```

按 Esc 键，进入命令模式后输入:wq 保存 testSys.py。testSys.py 顾名思义用于测试 sys 模块。该脚本将获取系统平台、Python 脚本参数的个数、参数的值等信息。执行命令：

```
python testSys.py 1 2 3 4 5
```

得到的结果如图 4-11 所示。

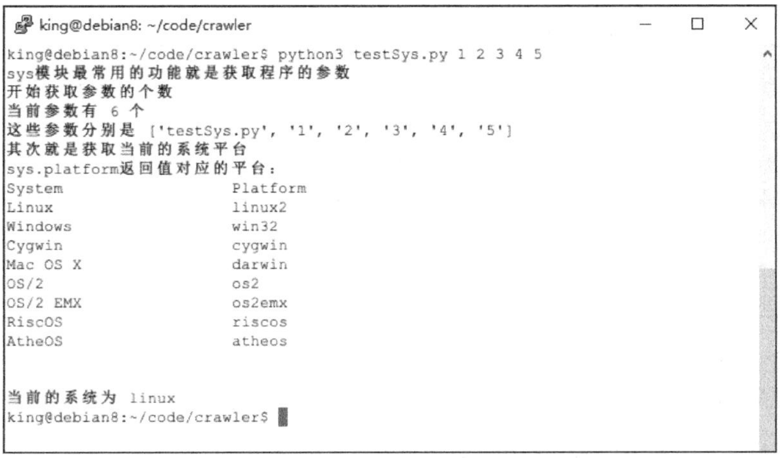

```
king@debian8: ~/code/crawler
king@debian8:~/code/crawler$ python3 testSys.py 1 2 3 4 5
sys模块最常用的功能就是获取程序的参数
开始获取参数的个数
当前参数有 6 个
这些参数分别是 ['testSys.py', '1', '2', '3', '4', '5']
其次就是获取当前的系统平台
sys.platform返回值对应的平台：
System                  Platform
Linux                   linux2
Windows                 win32
Cygwin                  cygwin
Mac OS X                darwin
OS/2                    os2
OS/2 EMX                os2emx
RiscOS                  riscos
AtheOS                  atheos

当前的系统为 linux
king@debian8:~/code/crawler$
```

图 4-11　运行 testSys.py

sys 模块用处不多，但也需要熟悉。顾名思义，它的主要作用就是返回系统信息。

4.5.2　time 模块（获取时间信息）

Python 中的 time 模块是跟时间相关的模块。这个模块用得最多的地方可能就是计时器了。本节只介绍这个模块最常用的几个函数。

- time.time()：返回当前的时间戳。
- time.localtime([secs])：默认将当前时间戳转换成当前时区的 struct_time。
- time.sleep(secs)：计时器。
- Time.strftime(format[, t])：把一个 struct_time 转换成格式化的时间字符串。这个函数支持的格式符号如表 4-1 所示。

表 4-1　时间字符串支持的格式符号

格式	含义
%a	本地（locale）简化星期名称
%A	本地完整星期名称
%b	本地简化月份名称
%B	本地完整月份名称
%c	本地相应的日期和时间表示
%d	一个月中的第几天（01～31）
%H	一天中的第几个小时（24 小时制，00～23）
%I	第几个小时（12 小时制，01～12）
%j	一年中的第几天（001～366）
%m	月份（01～12）
%M	分钟数（00～59）
%p	本地 am 或者 pm 的响应符
%S	秒（01～61）
%U	一年中的星期数

%w	一个星期中的第几天（0～6，0 是星期天）
%W	和%U 基本相同，不同的是%W 以星期一为一个星期的开始
%x	本地相应日期
%X	本地相应时间
%y	简化的年份（00－99）
%Y	完整的年份
%Z	时区的名字（如果不存在为空字符）
%%	'%'字符

备注：在使用 strptime()函数时，%p 和%I 配合使用才有效。%S 中的秒是 0~61，闰年中的秒占两秒。在使用 strtime()函数时，只有当年中的周数和天数被确定时，%U 和%W 才被计算。

简单地测试一下，在 Windows 中打开 IDLE，执行命令：

```
import time
time.time()
time.localtime()
for i in range(5):
 time.sleep(1)
 print i
time.strftime('%Y-%m-%d %X' ,time.localtime())
```

执行结果如图 4-12 所示。

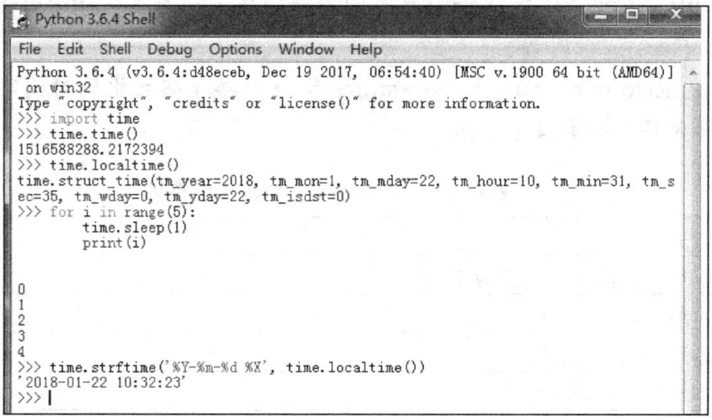

```
Python 3.6.4 Shell
File  Edit  Shell  Debug  Options  Window  Help
Python 3.6.4 (v3.6.4:d48eceb, Dec 19 2017, 06:54:40) [MSC v.1900 64 bit (AMD64)]
 on win32
Type "copyright", "credits" or "license()" for more information.
>>> import time
>>> time.time()
1516588288.2172394
>>> time.localtime()
time.struct_time(tm_year=2018, tm_mon=1, tm_mday=22, tm_hour=10, tm_min=31, tm_s
ec=35, tm_wday=0, tm_yday=22, tm_isdst=0)
>>> for i in range(5):
        time.sleep(1)
        print(i)


0
1
2
3
4
>>> time.strftime('%Y-%m-%d %X', time.localtime())
'2018-01-22 10:32:23'
>>> |
```

图 4-12　show time module

【示例 4-9】做个简单的程序，实验一下 time 模块。编写 testTime.py，打开 Putty 连接到 Linux，执行命令：

```
cd code/crawler
vi testTime.py
```

testTime.py 的代码如下：

```
  1 #!/usr/bin/env python
  2 #-*- coding: utf-8 -*-
```

```
 3 __author__ = 'hstking hst_king@hotmail.com'
 4
 5
 6 import time
 7 from myLog import MyLog
 8 ''' 这里的 myLog 是自建的模块，处于该文件的同一目录下'''
 9
10 class TestTime(object):
11     def __init__(self):
12         self.log = MyLog()
13         self.testTime()
14         self.testLocaltime()
15         self.testSleep()
16         self.testStrftime()
17
18     def testTime(self):
19         self.log.info('开始测试 time.time()函数')
20         print('当前时间戳为：time.time() = %f' %time.time())
21         print('这里返回的是一个浮点型的数值，它是从 1970 纪元后经过的浮点秒数')
22         print('\n')
23
24     def testLocaltime(self):
25         self.log.info('开始测试 time.localtime()函数')
26         print('当前本地时间为：nowTime= %s'  %time.strftime('%Y-%m-%d
%H:%M%S'))
27         print('这里返回的是一个 struct_time 结构的元组')
28         print('\n')
29
30     def testSleep(self):
31         self.log.info('开始测试 time.sleep()函数')
32         print('这是个计时器：time.sleep(5)')
33         print('闭上眼睛数上 5 秒就可以了')
34         time.sleep(5)
35         print('\n')
36
37     def testStrftime(self):
38         self.log.info('开始测试 time.strftime()函数')
39         print('这个函数返回的是一个格式化的时间')
40         print('time.strftime("%%Y-%%m-%%d %%X",time.localtime()) = %s'
%time.strftime("%Y-%m-%d %X",time.localtime()))
41         print('\n')
42
43
```

```
44 if __name__ == '__main__':
45     tt = TestTime()
```

按 Esc 键，进入命令模式后输入:wq，保存 testTime.py。testTime.py 测试了 time 模块的定时器功能，并显示当前时间。执行命令：

```
python testTime.py
```

得到的结果如图 4-13 所示。

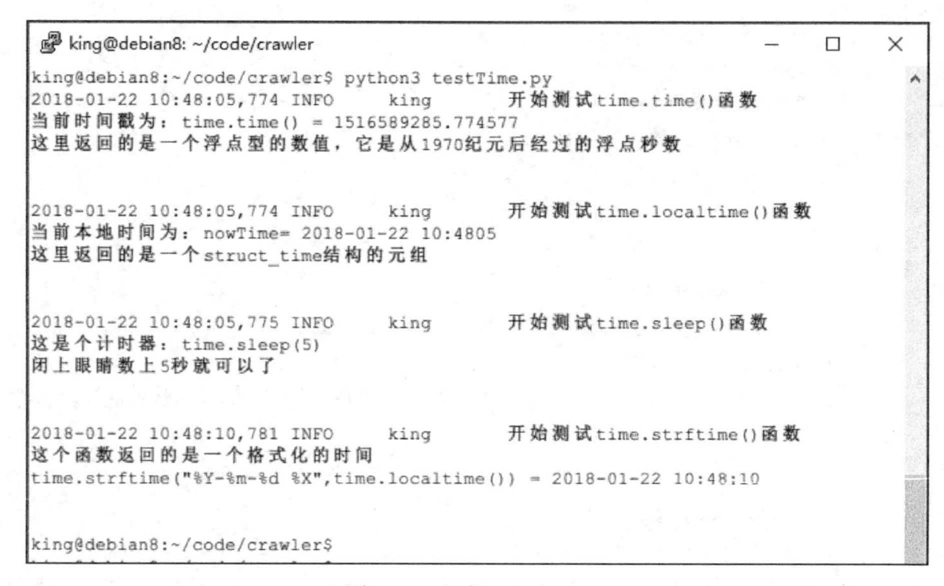

图 4-13　运行 testTime.py

time 模块还有很多函数，最常用的还是计时器，其次就是做时间戳了。

4.6 本章小结

如果只想大致介绍 Python 网络爬虫，熟悉了这些模块也就差不多了。即使爬虫中可能还需要其他模块，也无须担心，大多也只是需要模块中的某个函数。完全可以把它当成函数使用，这样就简单多了。Python 的标准模块差不多有 300 个。熟悉所有的模块既没必要，也不可能，用到哪个模块就熟悉哪个模块，这样就可以了。

第 5 章

Scrapy爬虫框架

网络爬虫的最终目的就是从网页中截取自己所需要的内容。最直接的方法当然是用 urllib2 请求网页得到结果，然后使用 re 取得所需的内容，但网站不可能都是统一的，都有自己的特点，每个页面都可能需要进行微调。如果所有的爬虫都这样写，工作量未免太大了点，所以才有了爬虫框架。

Python 下的爬虫框架不少，最简单的就要数 Scrapy 了。首先它的资料比较全，网上的指南、教程也比较多。其次它够简单，只要按需填空即可，简简单单地就能获取所需的内容，非常方便。

5.1 安装 Scrapy

Scrapy 的官网是 http://scrapy.org/，目前版本是 Scrapy 1.5。Scrapy 的安装方式很多，官网上就给出了 4 种，即 PyPI、Conda、APT 、Source 安装。

5.1.1 Windows 下安装 Scrapy 环境

Windows 下安装 Scrapy 除了不能使用 APT 安装外，其他的三种方法都是可以的。这里选择最简单的 PyPI 安装，也就是 pip 安装。pip 安装 Scrapy 的前提条件是已经安装好了 Python，并配置好了 pip 源。如果这些条件已经具备，安装 Scrapy 只需要打开 cmd，执行一条命令而已。打开 cmd 并执行命令：

```
pip install scrapy
```

执行结果如图 5-1 所示。

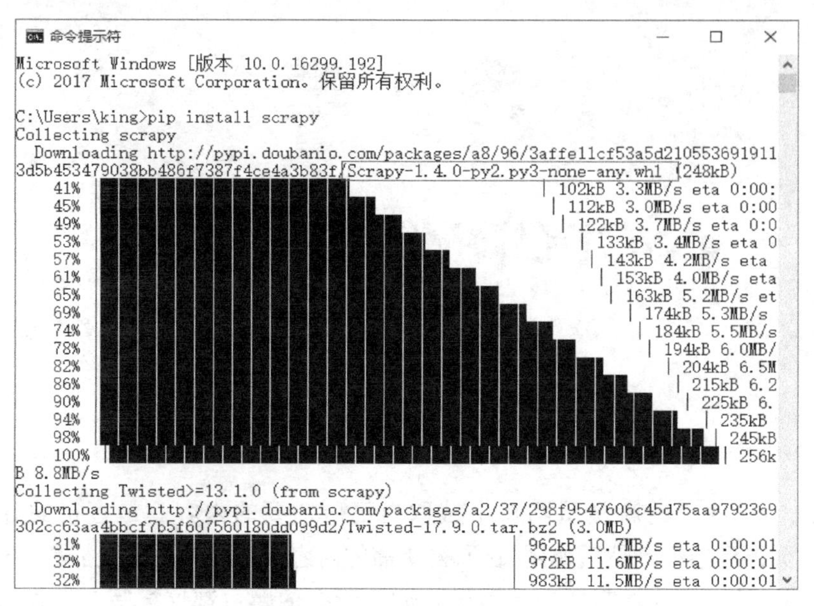

图 5-1　使用 pip 安装 Scrapy

Windows 下安装 Scrapy 可能会遇到依赖包 Twisted 无法安装的问题（一般都没什么问题）。如果实在安装不了，可以选择安装 Anaconda 后使用 Conda 包管理工具来安装 Scrapy for Python 3。

5.1.2　Linux 下安装 Scrapy

Linux 下也只能采取 pip 的安装方式来安装 Scrapy，只是要稍加注意。Linux 下默认安装了 Python 2 和 Python 3。因此安装命令需要稍微修改一下，执行命令：

```
python3 -m pip install scrapy
```

执行结果如图 5-2 所示。

图 5-2　使用 apt-get 安装 Scrapy

查看安装的 Scrapy 版本，如图 5-3 所示。

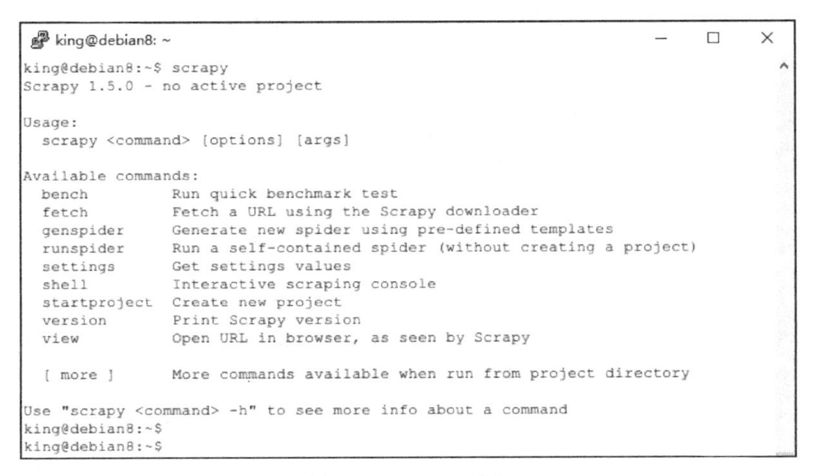

图 5-3　Scrapy 版本

现在 Scrapy 已经安装完毕，可以使用了。

5.1.3　vim 编辑器

本章的 Scrapy 项目主要是在 Linux 下运行。目前在 Linux 下最强大的 IDE 还是 Eclipse，但最方便的却是 vim（vim 是 vi 的强化版，而 vi 是所有 Linux 发行版本都默认安装的）。

vim 是一个文本编辑器，在上手时可能稍微有点麻烦。它有一些快捷键和命令是必须要记住的（实际上只需要记住常用的几个操作就可以了，比如定位、复制、粘贴、删除、替换……），可以边使用边记忆。等熟悉了 vim 的操作方法，就会发现文本编辑是如此简单。对不同的编程语言配合不同的插件，可以将 vim 配置成为一个专属的 IDE。

vim 安装非常简单，使用 Putty 登录 Linux 后，以 root 用户执行命令：

```
apt-get install vim
```

vim 的配置文件是/etc/vim/vimrc 和/home/`user`/.vim/vimrc（对于用户 king 来说就是/home/king/.vim/vimrc）。前者是系统配置文件，后者是用户的配置文件。两者相冲突，则以后者为主（这个有点类似于编程语言中的全局变量与函数变量同名时作用域的关系）。

vim 的配置项很多，这里不一一列举，为了编写 Python 程序方便，这里只修改最简单的设置。笔者的 vimrc 文件如下：

```
1 set tabstop=4
2 set number
3 set noexpandtab
```

第 1 行的设置是将 tabstop 设置成 4 个空格，第 2 行是显示行号，第 3 行不将 tabstop 转换成空格。

如果经常在 Linux 写 Python 程序，可以到 github 上下载 vim 变身 Python IDE 的配置文件。仔细调试一下，vim IDE 不比 Windows 下的 Python IDE 差。

5.2 Scrapy 选择器 XPath 和 CSS

在使用 Scrapy 爬取数据前需要先了解 Scrapy 的选择器。在前面章节曾经提过，网络爬虫原理就是获取网页返回，然后提取所需的内容。获取网页返回很简单，重点就在提取内容上。如何提取？使用 Python 的 re 模块，前面的章节中已经尝试过了。简单网页用 re 模块提取可以将就，复杂一点的提取内容就麻烦了。不是说完全不可以，但是有简单的方法又何必去自己编写新方法呢？

Scrapy 提取数据有自己的一套机制。它们被称作选择器（seletors），通过特定的 XPath 或者 CSS 表达式来“选择”HTML 文件中的某个部分。

XPath 是一门用来在 XML 文件中选择节点的语言，也可以用在 HTML 上。CSS 是一门将 HTML 文档样式化的语言。选择器由它定义，并与特定的 HTML 元素的样式相关联。

Scrapy 的选择器构建于 lxml 库之上，这意味着它们在速度和解析准确性上非常相似，所以看你喜欢哪种选择器就使用哪种吧，它们从效率上看完全没有区别。

5.2.1 XPath 选择器

XPath 是一门在 XML 文档中查找信息的语言。XPath 可用来在 XML 文档中对元素和属性进行遍历。XPath 含有超过 100 个内建的函数。这些函数用于字符串值、数值、日期和时间比较、节点和 QName 处理、序列处理、逻辑值等。在网络爬虫中只需要利用 XPath“采集”数据，如果想深入研究，可参考 www.w3school.com.cn 中的 XPath 教程。

在 XPath 中，有 7 种类型的节点：元素、属性、文本、命名空间、处理指令、注释以及文档节点（或称为根节点）。XML 文档是被作为节点树来对待的。树的根被称为文档节点或者根节点。

【示例 5-1】做个简单的 XML 文件，以便演示。执行命令：

```
Cd
mkdir scrapy
cd code/scrapy
mkdir -pv scrapy/seletors
cd scrapy/seletors
vi superHero.xml
```

在这里创建了 scrapy 的工作目录 scrapyProject，并在该目录下创建了选择器的工作目录 seletors。在该目录下创建选择器的演示文件 superHero.xml。superHero.xml 的代码如下：

```
1 <superhero>
2 <class>
3     <name lang="en">Tony Stark </name>
4     <alias>Iron Man </alias>
5     <sex>male </sex>
```

```
6     <birthday>1969 </birthday>
7     <age>47 </age>
8  </class>
9  <class>
10     <name lang="en">Peter Benjamin Parker </name>
11     <alias>Spider Man </alias>
12     <sex>male </sex>
13     <birthday>unknow </birthday>
14     <age>unknown </age>
15 </class>
16 <class>
17     <name lang="en">Steven Rogers </name>
18     <alias>Captain America </alias>
19     <sex>male </sex>
20     <birthday>19200704 </birthday>
21     <age>96 </age>
22 </class>
23 </superhero>
```

很简单的一个 XML 文件，在浏览器中打开这个文件，如图 5-4 所示。

```
This XML file does not appear to have any style information associated with it.

▼<superhero>
  ▼<class>
      <name lang="en">Tony Stark</name>
      <alias>Iron Man</alias>
      <sex>male</sex>
      <birthday>1969</birthday>
      <age>47</age>
    </class>
  ▼<class>
      <name lang="en">Peter Benjamin Parker</name>
      <alias>Spider Man</alias>
      <sex>male</sex>
      <birthday>unknow</birthday>
      <age>unknown</age>
    </class>
  ▼<class>
      <name lang="en">Steven Rogers</name>
      <alias>Captain America</alias>
      <sex>male</sex>
      <birthday>19200704</birthday>
      <age>96</age>
    </class>
  </superhero>
```

图 5-4　选择器演示文件 superHero.xml

后面的选择器都以该文件为示例。在 superHero.xml 中，<superhero>是文档节点，<alias>Iron Man</alias>是元素节点，lang="en"是属性节点。

从节点的关系来看，第一个 Class 节点是 name、alias、sex、birthday、age 节点的父节点（Parent）。反过来说，name、alias、sex、birthday、age 节点是第一个 Class 节点的子节点（Childer）。name、alias、sex、birthday、age 节点之间互为同胞节点（sibling）。这只是个

最简单的例子，如果节点的“深度”足够，还会有先辈节点（Ancestor）和后代节点（Descendant）。

XPath 使用路径表达式在 XML 文档中选取节点。表 5-1 中列出了最常用的路径表达式。

表 5-1　路径表达式

表达式	描述
nodeName	选取此节点的所有子节点
/	从根节点选取
//	从匹配选择的当前节点选择文档中的节点，不考虑它们的位置
.	选取当前节点
..	选取当前节点的父节点
@	选取属性
*	匹配任何元素节点
@*	匹配任何属性节点
Node()	匹配任何类型的节点

下面用 XPath 选择器来“采集”XML 文件中所需的内容，先做好准备工作。执行命令：

```
python3
from scrapt.selector import Selector
with open('./superHero.xml','r') as fp:
 body = fp.read()
Selector(text=body).xpath('/*').extract()
```

首先启动 Python，导入 scrapy.selector 模块中的 Selector，打开 superHero.xml 文件，并将其内容写入到 body 变量中，最后使用 XPath 选择器显示 superHero.xml 文件中的所有内容。执行结果如图 5-5 所示。

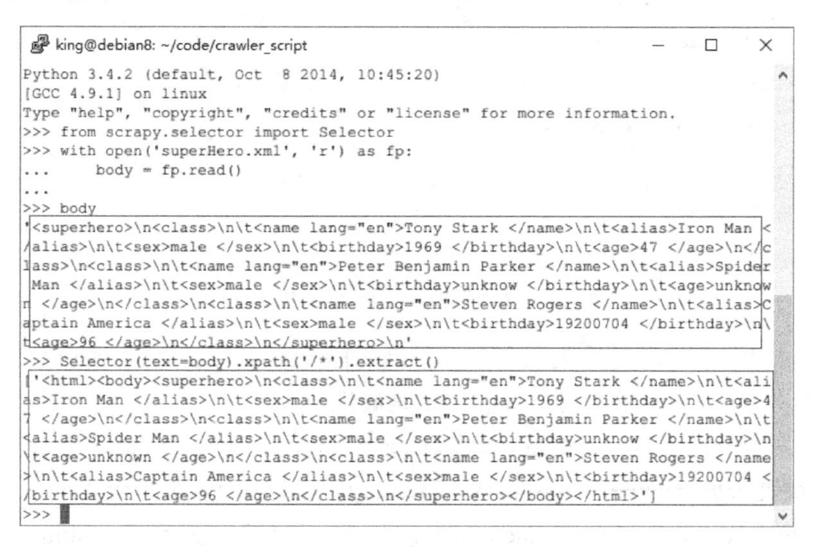

图 5-5　XPath 选择器准备工作

选择器在从根节点选择所有节点时得到的数据和直接从文件中读取的数据有点不一样。因为示例文件并不是一个标准的 html 文件，所以在选择器中被自动添加了<html>和<body>标签。也就是说在选择器看来，示例文件的根节点并不是<superhero>，而是<html>。

好了，现在来看如何使用 XPath 选择器“收集”数据，如图 5-6 所示。

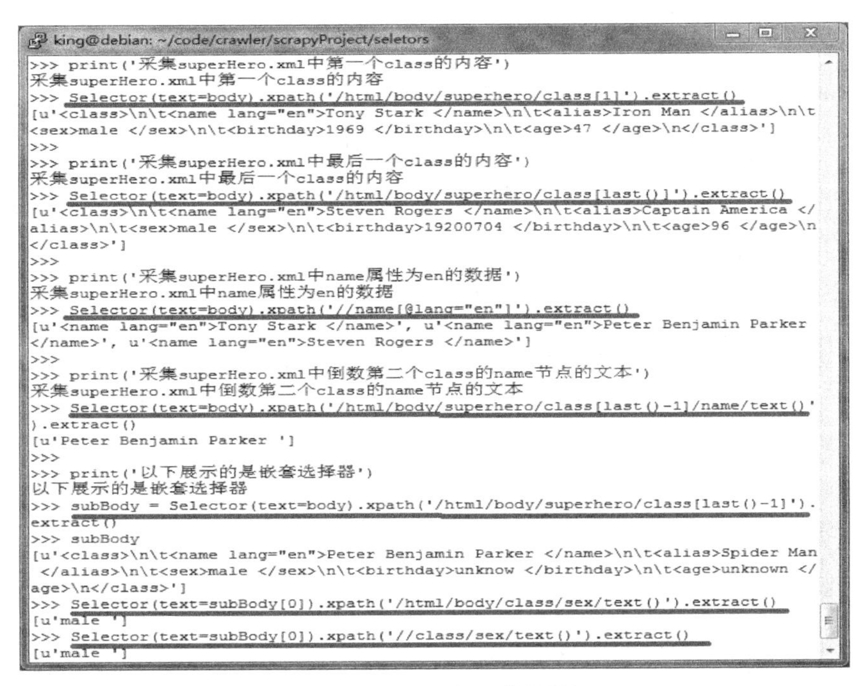

图 5-6 XPath 选择器收集数据

XPath 中最常用的几个方法就是如此了，非常简单。“隐藏”得不太深的数据直接用 XPath 选择器挑选数据就可以了。复杂一点的，用配套选择就能很方便地搞定。只要有点耐心，再复杂的数据也可以分离出来。

5.2.2 CSS 选择器

CSS，看起来很眼熟是不是？没错，就是你已经知道的那个 CSS——层叠样式表。CSS 规则由两个主要的部分构成：选择器以及一条或多条声明。

```
selector {declaration1; declaration2; ... declarationN }
```

CSS 是网页代码中非常重要的一环，即使不是专业的 Web 从业人员，也有必要认真学习一下。这里只简略介绍一下与爬虫密切相关的选择器，表 5-2 中列出了 CSS 经常使用的几个选择器。

表 5-2　CSS 选择器

选择器	值	说明
.class	.intro	选择 class="intro" 的所有元素
#id	#firstname	选择 id="firstname" 的所有元素
*	*	选择所有元素
element	p	选择所有<p>元素
element,element	div,p	选择所有<div>元素和所有<p>元素
element element	div p	选择<div>元素内部的所有 p 元素
[attribute]	[target]	选择带有 target 属性的所有元素
[attribute=value]	[target=_blank]	选择 target="_blank" 的所有元素

与 XPath 选择器相比较，CSS 选择器稍微复杂一点，但其强大的功能弥补了这点缺陷。下面就来试验一下 CSS 选择器如何收集数据，如图 5-7 所示。

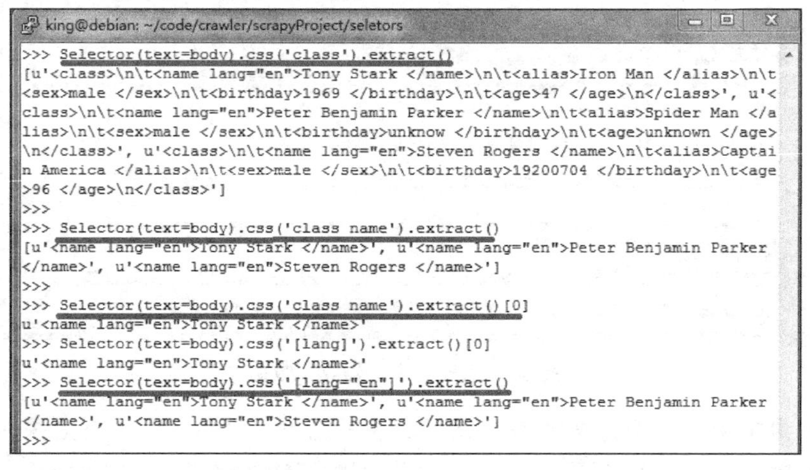

图 5-7　CSS 选择器收集数据

因为 CSS 选择器和 XPath 选择器都可以嵌套使用，所以它们可以互相嵌套，这样一来收集数据会更加方便。

5.2.3　其他选择器

XPath 选择器还有一个.re()方法，用于通过正则表达式来提取数据。然而，不同于使用.xpath()或者.css()方法，.re()方法返回 unicode 字符串的列表，所以无法构造嵌套式的.re()调用。使用方法如图 5-8 所示。

```
>>>
>>> Selector(text=body).xpath('/html/body/superhero/class[1]').re('>.*?<')
[u'>Tony Stark <', u'>Iron Man <', u'>male <', u'>1969 <', u'>47 <']
>>> 
```

图 5-8　re 选择器收集数据

这种方法并不常用。个人觉得还不如在程序中添加代码，直接用 re 模块方便。

因为 Scrapy 选择器建于 lxml 之上，所以它也支持一些 EXSLT 扩展，但这里就不做说明了，有兴趣的读者可以自行 Google。

5.3　Scrapy 爬虫实战一：今日影视

还记得前面章节中用 re 模块操作爬虫，在金逸影城的网站中爬取当日影视信息的例子吗？实际上用 Scrapy 来爬取会简单得多。打个比方，前面章节中使用 re 模块爬取当日影视相当于是做作文，而使用 Scrapy 来爬取就相当于做填空题，只需要把相应的要求填入空白框里就可以了。

5.3.1　创建 Scrapy 项目

似乎所有的框架，开始的第一步都是从创建项目开始的，Scrapy 也不例外。在这之前要说明的是 Scrapy 项目的创建、配置、运行……默认都是在终端下操作的。不要觉得很难，其实它真的非常简单，做填空题而已。如果实在是无法接受，也可以花点心思配置好 Eclipse，在这个万能 IDE 下操作。个人推荐还是在终端操作比较好，虽然开始可能因为不熟悉而出现很多错误，不过人类不就是在错误中前进吗？错多了，通过排错印象深刻了，也就自然学会了。打开 Putty 连接到 Linux，开始创建 Scrapy 项目。执行命令：

```
cd
cd code/scrapy/
scrapy startproject todayMovie
tree todayMovie
```

执行结果如图 5-9 所示。

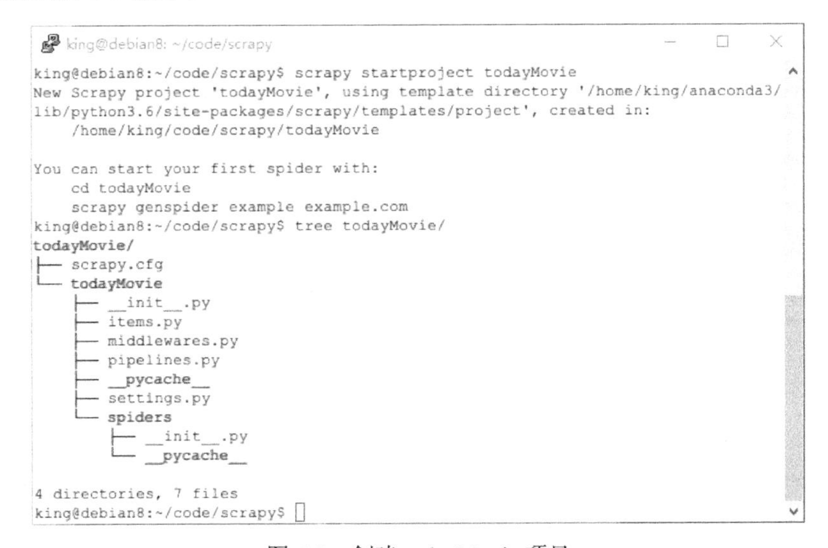

图 5-9　创建 todayMovie 项目

tree 命令将以树形结构显示文件目录结构。tree 命令默认情况下是没有安装的，可以执行命令 apt-get install tree 来安装这个命令。

这里可以很清楚地看到 todayMovie 目录下的所有子文件和子目录。至此 Scrapy 项目 todayMovie 基本上完成了。按照 Scrapy 的提示信息，可以通过 Scrapy 的 Spider 基础模版顺便建立一个基础的爬虫。相当于把填空题打印到试卷上，等待填空了。当然，也可以不用 Scrapy 命令建立基础爬虫，如果非要体验一下 DIY 也是可以的。这里我们还是怎么简单怎么来吧，按照提示信息，在该终端中执行命令：

```
cd todayMovie
scrapy genspider wuHanMovieSpider mtime.com
```

执行结果如图 5-10 所示。

```
4 directories, 7 files
king@debian8:~/code/scrapy$ cd todayMovie/
king@debian8:~/code/scrapy/todayMovie$ scrapy genspider wuHanmovieSpider mtime.c
om
Created spider 'wuHanmovieSpider' using template 'basic' in module:
  todayMovie.spiders.wuHanmovieSpider
king@debian8:~/code/scrapy/todayMovie$
```

图 5-10　创建基础爬虫

至此，一个最基本的爬虫项目已经建立完毕了，它包含了一个 Scrapy 爬虫所需的基础文件。到这一步可以说填空题已准备完毕，后面的工作就纯粹是填空了。图 5-10 中第一行文字 scrapy genspider 是一个命令，也是 Scrapy 最常用的几个命令之一，它的使用方法如图 5-11 所示。

```
king@debian8: ~/code/scrapy/todayMovie
king@debian8:~/code/scrapy/todayMovie$ scrapy genspider -h
Usage
=====
  scrapy genspider [options] <name> <domain>

Generate new spider using pre-defined templates

Options
=======
--help, -h              show this help message and exit
--list, -l              List available templates
--edit, -e              Edit spider after creating it
--dump=TEMPLATE, -d TEMPLATE
                        Dump template to standard output
--template=TEMPLATE, -t TEMPLATE
                        Uses a custom template.
--force                 If the spider already exists, overwrite it with the
                        template

Global Options
--------------
--logfile=FILE          log file. if omitted stderr will be used
--loglevel=LEVEL, -L LEVEL
                        log level (default: DEBUG)
```

图 5-11　scrapy genspider 命令帮助

因此，刚才的命令意思是使用 scrapy genspider 命令创建一个名字为 wuHanMovieSpider 的爬虫脚本。这个脚本搜索的域为 mtime.com。

5.3.2 Scrapy 文件介绍

Scrapy 项目的所有文件都已经到位了，如图 5-10 所示，下面来看看各个文件的作用。首先最顶层的那个 todayMovie 文件夹是项目名，这个没什么好说的。

在第二层中是一个与项目同名的文件夹 todayMovie 和一个文件 scrapy.cfg，这里与项目同名的文件夹 todayMovie 是模块（也可以叫做包的），所有的项目代码都在这个模块（文件夹或者叫包）内添加。而 scrapy.cfg 文件，顾名思义它是整个 Scrapy 项目的配置文件。来看看这个文件里有些什么。Scrapy.cfg 文件内容如下：

```
1 # Automatically created by: scrapy startproject
2 #
3 # For more information about the [deploy] section see:
4 # http://doc.scrapy.org/en/latest/topics/scrapyd.html
5
6 [settings]
7 default = todayMovie.settings
8
9 [deploy]
10 #url = http://localhost:6800/
11 project = todayMovie
```

除去以“#”为开头的注释行，整个文件只声明了两件事：一是定义默认设置文件的位置为 todayMovie 模块下的 settings 文件，二是定义项目名称为 todayMovie。

在第三层中有 6 个文件和一个文件夹（实际上这也是个模块）。看起来很多。实际上有用的也就 3 个文件，分别是 items.py、pipelines.py、settings.py。其他的 3 个文件中，以 pyc 结尾的是同名 Python 程序编译得到的字节码文件，settings.pyc 是 settings.py 的字节码文件，__init__.pyc 是__init__.py 的字节码文件。据说用来加快程序的运行速度，可以忽视。至于__init__.py 文件，它是个空文件，里面什么都没有。在此处唯一的作用就是将它的上级目录变成了一个模块。也就是说第二层的 todayMovie 模块下，如果没有__init__.py 文件。那么 todayMovie 就只是一个单纯的文件夹。在任何一个目录下添加一个空的__init__.py 文件，就会将该文件夹编程模块化，可以供 Python 导入使用。

有用的这 3 个文件中。settings.py 是上层目录中 scrapy.cfg 定义的设置文件。settings.py 的内容如下：

```
    1 # -*- coding: utf-8 -*-
    2
    3 # Scrapy settings for todayMovie project
    4 #
    5 # For simplicity, this file contains only settings considered important
or
    6 # commonly used. You can find more settings consulting the
documentation:
```

```
 7 #
 8 #     https://doc.scrapy.org/en/latest/topics/settings.html
 9 #     https://doc.scrapy.org/en/latest/topics/downloader-middleware.html
10 #     https://doc.scrapy.org/en/latest/topics/spider-middleware.html
11
12 BOT_NAME = 'todayMovie'
13
14 SPIDER_MODULES = ['todayMovie.spiders']
15 NEWSPIDER_MODULE = 'todayMovie.spiders'
16
17
18 # Crawl responsibly by identifying yourself (and your website) on the
user-agent
19 #USER_AGENT = 'todayMovie (+http://www.yourdomain.com)'
20
21 # Obey robots.txt rules
22 ROBOTSTXT_OBEY = True
```

items.py 文件的作用是定义爬虫最终需要哪些项，items.py 的内容如下：

```
 1 # -*- coding: utf-8 -*-
 2
 3 # Define here the models for your scraped items
 4 #
 5 # See documentation in:
 6 # http://doc.scrapy.org/en/latest/topics/items.html
 7
 8 import scrapy
 9
10
11 class TodaymovieItem(scrapy.Item):
12     # define the fields for your item here like:
13     # name = scrapy.Field()
14     pass
```

pipelines.py 文件的作用是扫尾。Scrapy 爬虫爬取了网页中的内容后，这些内容怎么处理就取决于 pipelines.py 如何设置了。pipeliens.py 文件内容如下：

```
1 # -*- coding: utf-8 -*-
2
3 # Define your item pipelines here
4 #
5 # Don't forget to add your pipeline to the ITEM_PIPELINES setting
6 # See: http://doc.scrapy.org/en/latest/topics/item-pipeline.html
7
```

```
8
9 class TodaymoviePipeline(object):
10    def process_item(self, item, spider):
11        return item
```

第二层中还有一个 spiders 的文件夹。仔细看一下，在该目录下也有个__init__.py 文件，说明这个文件夹也是一个模块。在该模块下是本项目中所有的爬虫文件。

第三层中有 3 个文件，__init__.py、__init__.pyc、wuHanMovieSpider.py。前两个文件刚才已经介绍过了，基本不起作用。wuHanMovieSpider.py 文件是刚才用 scrapy genspider 命令创建的爬虫文件。wuHanMovieSpider.py 文件内容如下：

```
1 # -*- coding: utf-8 -*-
2 import scrapy
3
4
5 class WuhanmoviespiderSpider(scrapy.Spider):
6    name = "wuHanMovieSpider"
7    allowed_domains = ["mtime.com"]
8    start_urls = (
9        'http://www.mtime.com/',
10    )
11
12    def parse(self, response):
13        pass
```

在本次的爬虫项目示例中，需要修改、填空的只有 4 个文件，它们分别是 items.py、settings.py、pipelines.py、wuHanMovieSpider.py。其中 items.py 决定爬取哪些项目，wuHanMovieSpider.py 决定怎么爬，settings.py 决定由谁去处理爬取的内容，pipelines.py 决定爬取后的内容怎样处理。

5.3.3 Scrapy 爬虫编写

My first scrapy crawl 怎么简单，怎么清楚就怎么来。这个爬虫只爬取当日电影名字，那我们只需要在网页中采集这一项即可。

1．选择爬取的项目 items.py

修改 items.py 文件如下：

```
1 # -*- coding: untf-8 -*-
2
3 # Define here the models for your scraped items
4 #
5 # See documentation in:
6 # http://doc.scrapy.org/en/latest/topics/items.html
7
```

```
 8 import scrapy
 9
10
11 class TodaymovieItem(scrapy.Item):
12     # define the fields for your item here like:
13     # name = scrapy.Field()
14     #pass
15     movieTitleCn = scrapy.Field() #影片中文名
16     movieTitleEn = scrapy.Field() #影片英文名
17     director = scrapy.Field() #导演
18     runtime = scrapy.Field() #电影时长
```

由于 Python 中严格的格式检查。Python 中最常见的异常 IndentationError 会经常出现。如果使用的编辑器是 vi 或者 vim，强烈建议修改 vi 的全局配置文件/etc/vim/vimrc，将所有的 4 个空格变成 tab。

与最初的 items.py 比较一下，修改后的文件只是按照原文的提示添加了需要爬取的项目，然后将类结尾的 pass 去掉了。这个类是继承与 Scrapy 的 Iteam 类，它没有重载 Python 类的__init__的解析函数，没有定义新的类函数，只定义了类成员。

2．定义怎样爬取 wuHanMovieSpider.py

修改 spiders/wuHanMovieSpider.py，内容如下：

```
 1 # -*- coding: utf-8 -*-
 2 import scrapy
 3 from todayMovie.items import TodaymovieItem
 4 import re
 5
 6
 7 class WuhanmoviespiderSpider(scrapy.Spider):
 8     name = "wuHanMovieSpider"
 9     allowed_domains = ["mtime.com"]
10     start_urls = [
11
'http://theater.mtime.com/China_Hubei_Province_Wuhan_Wuchang/4316/',
12     ] #这个是武汉汉街万达影院的主页
13
14
15     def parse(self, response):
16         selector =
response.xpath('/html/body/script[3]/text()')[0].extract()
17         moviesStr = re.search('"movies":\[.*?\]', selector).group()
18         moviesList = re.findall('{.*?}', moviesStr)
19         items = []
20         for movie in moviesList:
21             mDic = eval(movie)
22             item = TodaymovieItem()
23             item['movieTitleCn'] = mDic.get('movieTitleCn')
```

```
24              item['movieTitleEn'] = mDic.get('movieTitleEn')
25              item['director'] = mDic.get('director')
26              item['runtime'] = mDic.get('runtime')
27              items.append(item)
28          return items
```

在这个 python 文件中，首先导入了 scrapy 模块，然后从模块（包）todayMovie 中的 items 文件中导入了 TodaymovieItem 类，也就是刚才定义需要爬行内容的那个类。WuhanmovieSpider 是一个自定义的爬虫类，它是由 scrapy genspider 命令自动生成的。这个自定义类继承于 scrapy.Spider 类。第 8 行的 name 定义的是爬虫名。第 9 行的 allowed_domains 定义的是域范围，也就是说该爬虫只能在这个域内爬行。第 11 行的 start_urls 定义的是爬行的网页，这个爬虫只需要爬行一个网页，所以在这里 start_urls 可以是一个元组类型。如果需要爬行多个网页，最好使用列表类型，以便于随时在后面添加需要爬行的网页。

爬虫类中的 parse 函数需要参数 response，这个 response 就是请求网页后返回的数据。至于怎么从 response 中选取所需的内容，笔者一般采取两种方法，一是直接在网页上查看网页源代码，二是自己写个 Python 3 程序使用 urllib.request 将网页返回的内容写入到文本文件中，再慢慢地查询。

打开 Chrome 浏览器，在地址栏输入爬取网页的地址，打开网页，如图 5-12 所示。

图 5-12 爬虫来源网页

同一网页内的同一项目格式基本上都是相同的，即使略有不同，也可以通过增加挑选条件将所需的数据全部放入选择器。在网页中右击空白处，在弹出菜单中选择“查看网页源代码”，如图 5-13 所示。

图 5-13　查看网页源代码

打开源代码网页，按 Ctrl+F 组合键，在查找框中输入“寻梦环游记”后按回车键，查找结果如图 5-14 所示。

图 5-14　查找关键词

整个源代码网页只有一个查询结果，那就是它了。而且很幸运的是，所有的电影信息都在一起，是以 json 格式返回的。这种格式可以很容易地转换成字典格式获取数据（也可以直接 json 模块获取数据）。

仔细看看怎样才能得到这个“字典”（json 格式的字符串）呢？如果嵌套的标签比较多，可以用 XPath 嵌套搜索的方式来逐步定位。这个页面的源码不算复杂，直接定位 Tag 标签后一个一个的数标签就可以了。Json 字符串包含在 script 标签内，数一下 script 标签的位置，在脚本中执行语句：

```
16 selector = response.xpath('/html/body/script[3]/text()')[0].extract(   )
```

意思是选择页面代码中 html 标签下的 body 标签下的第 4 个 script 标签。然后获取这个标签的所有文本，并释放出来。选择器的选择到底对不对呢？可以验证一下，在该项目的任意一级目录下，执行命令：

```
  scrapy shell
http://theater.mtime.com/China_Hubei_Province_Wuhan_Wuchang/4316/
```

执行结果如图 5-15 所示。

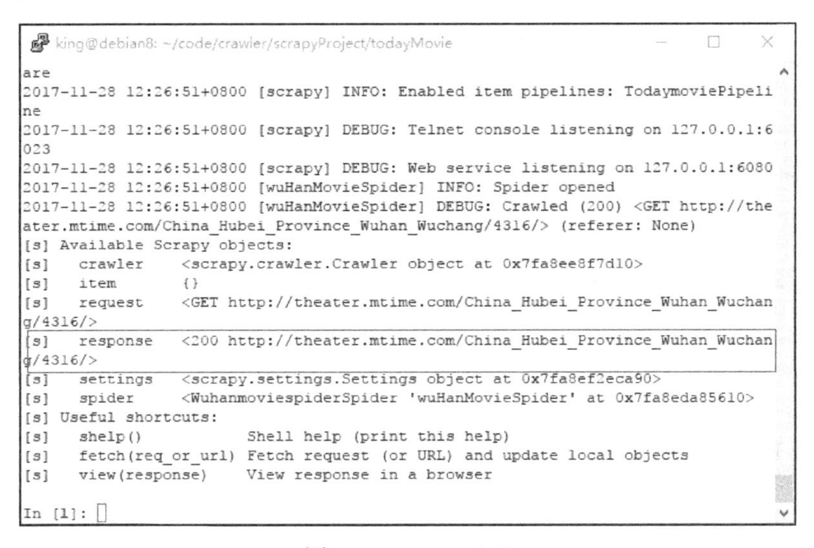

图 5-15　scrapy shell

response 后面的 200 是网页返回代码，200 代表获取数据正常返回，如果出现其他的数字，那就得仔细检查代码了。现在可以放心地验证了，执行命令：

```
  selector = response.xpath('/html/body/script[3]/text()')[0].extract()
  print(selector)
```

执行结果如图 5-16 所示。

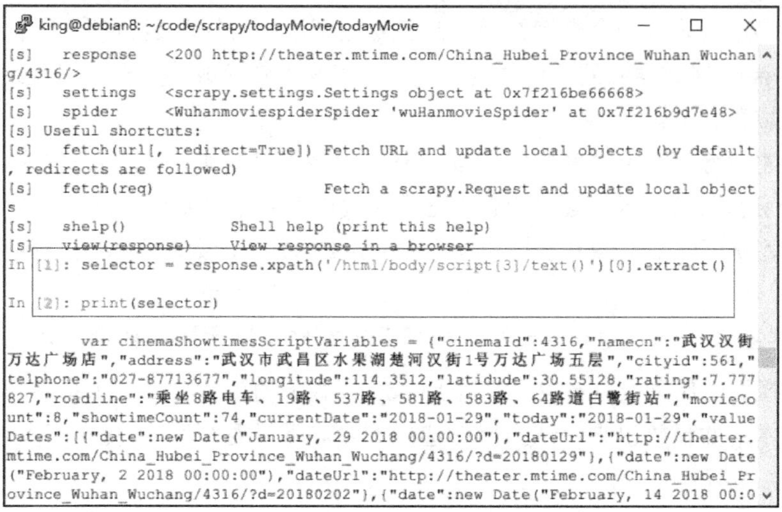

```
king@debian8: ~/code/scrapy/todayMovie/todayMovie
[s]   response   <200 http://theater.mtime.com/China_Hubei_Province_Wuhan_Wuchan
g/4316/>
[s]   settings   <scrapy.settings.Settings object at 0x7f216be66668>
[s]   spider     <WuhanmoviespiderSpider 'wuHanmovieSpider' at 0x7f216b9d7e48>
[s] Useful shortcuts:
[s]   fetch(url[, redirect=True]) Fetch URL and update local objects (by default
, redirects are followed)
[s]   fetch(req)                  Fetch a scrapy.Request and update local object
s
[s]   shelp()           Shell help (print this help)
[s]   view(response)    View response in a browser
In [1]: selector = response.xpath('/html/body/script[3]/text()')[0].extract()

In [2]: print(selector)

      var cinemaShowtimesScriptVariables = {"cinemaId":4316,"namecn":"武汉汉街
万达广场店","address":"武汉市武昌区水果湖楚河汉街1号万达广场五层","cityid":561,"
telphone":"027-87713677","longitude":114.3512,"latidude":30.55128,"rating":7.777
827,"roadline":"乘坐8路电车、19路、537路、581路、583路、64路道白鹭街站","movieCo
unt":8,"showtimeCount":74,"currentDate":"2018-01-29","today":"2018-01-29","value
Dates":[{"date":new Date("January, 29 2018 00:00:00"),"dateUrl":"http://theater.
mtime.com/China_Hubei_Province_Wuhan_Wuchang/4316/?d=20180129"},{"date":new Date
("February, 2 2018 00:00:00"),"dateUrl":"http://theater.mtime.com/China_Hubei_Pr
ovince_Wuhan_Wuchang/4316/?d=20180202"},{"date":new Date("February, 14 2018 00:0
```

图 5-16　验证选择器

看来选择器的选择没问题。再回头看看 wuHanMovieSpider.py 中的 parse 函数就很容易理解了。代码第 17、18 行先用 re 模块将 json 字符串从选择器的结果中过滤出来。第 19 行定义了一个 items 的空列表，这里定义 items 的列表是因为返回的 item 不止一个，所以只能让 item 以列表的形式返回。第 22 行 item 初始化为一个 TodaymoizeItem()的类，这个类是从 todayMovie.items 中初始化过来的。第 21 行将 json 字符串转换成了一个 Python 字典格式。第 23~26 行将已经初始化类 item 中的 movieName 项赋值。第 27 行将 item 追加到 items 列表中去。最后 return items，注意这里返回的是 items，不是 item。

3．保存爬取的结果 pipelines.py

修改 pipelines.py，内容如下：

```
 1 # -*- coding: utf-8 -*-
 2
 3 # Define your item pipelines here
 4 #
 5 # Don't forget to add your pipeline to the ITEM_PIPELINES setting
 6 # See: http://doc.scrapy.org/en/latest/topics/item-pipeline.html
 7
 8 import codecs
 9 import time
10
11 class TodaymoviePipeline(object):
12     def process_item(self, item, spider):
13         today = time.strftime('%Y-%m-%d', time.localtime())
14         fileName = '武汉汉街万达广场店' + today + '.txt'
15         with codecs.open(fileName, 'a+', 'utf-8') as fp:
16             fp.write('%s  %s  %s  %s \r\n'
17 %(item['movieTitleCn'],
18 item['movieTitleEn'],
19 item['director'],
```

```
    20 item['runtime']))
    21 #       return item
```

这个脚本没什么可说的，比较简单。就是把当日的年月日抽取出来当成文件名的一部分。然后把 wuHanMovieSpider.py 中获取项的内容输入到该文件中。这个脚本中只需要注意两点。第一，open 函数创建文件时必须是以追加的形式创建，也就是说 open 函数的第二个参数必须是 a，也就是文件写入的追加模式 append。。因为 wuHanMovieSpider.py 返回的是一个 item 列表 items，这里的写入文件只能一个一个 item 地写入。如果 open 函数的第二个参数是写入模式 write，造成的后果就是先擦除前面写入的内容，再写入新内容，一直循环到 items 列表结束，最终的结果就是文件里只保存了最后一个 item 的内容。第二是保存文件中的内容如果含有汉字就必须转换成 utf8 码。汉字的 unicode 码保存到文件中正常人类都是无法识别的，所以还是转换成正常人类能识别的 utf8 吧。

到了这一步，这个 Scrapy 爬虫基本上完成了。回到 scrapy.cfg 文件的同级目录下（实际上只要是在 todayMovie 项目下的任意目录中执行都行，之所以在这一级目录执行纯粹是为了美观而已），执行命令：

```
scrapy crawl wuHanMovieSpider
```

结果却什么都没有？为什么呢？

4．分派任务的 settings.py

先看看 settings.py 的初始代码。它仅指定了 Spider 爬虫的位置。再看看写好的 Spider 爬虫的开头，它导入了 items.py 作为模块，也就是说现在 Scrapy 已经知道了爬取哪些项目，怎样爬取内容，而 pipelines 说明了最终的爬取结果怎样处理。唯一不知道的就是由谁来处理这个爬行结果，这时候就该 setting.py 出点力气了。setting.py 的最终代码如下：

```
    1 # -*- coding: utf-8 -*-
    2
    3 # Scrapy settings for todayMovie project
    4 #
    5 # For simplicity, this file contains only the most important settings
by
    6 # default. All the other settings are documented here:
    7 #
    8 #     http://doc.scrapy.org/en/latest/topics/settings.html
    9 #
    10
    11 BOT_NAME = 'todayMovie'
    12
    13 SPIDER_MODULES = ['todayMovie.spiders']
    14 NEWSPIDER_MODULE = 'todayMovie.spiders'
    15
    16 # Crawl responsibly by identifying yourself (and your website) on the
user-a    gent
    17 #USER_AGENT = 'todayMovie (+http://www.yourdomain.com)'
```

```
18
19 ### user define
20 ITEM_PIPELINES = {'todayMovie.pipelines.TodaymoviePipeline':300}
```

这跟初始的 settings.py 相比，就是在最后添加了一行 ITEM_PIPELINES。它告诉 Scrapy 最终的结果是由 todayMovie 模块中 pipelines 模块的 TodaymoviePipeline 类来处理。ITEM_PIPELINES 是一个字典，字典的 key 用来处理结果的类，字典的 value 是这个类执行的顺序。这里只有一种处理方式，value 填多少都没问题。如果需要多种处理结果的方法，那就要确立顺序了。数字越小的越先被执行。

现在可以测试这个 Scrapy 爬虫了，还是执行命令：

```
scrapy crawl wuHanMovieSpider
ls
cat *.txt
```

执行结果如图 5-17 所示。

```
king@debian8: ~/code/crawler/scrapyProject/todayMovie
        'scheduler/enqueued': 1,
        'scheduler/enqueued/memory': 1,
        'start_time': datetime.datetime(2017, 11, 28, 4, 51, 19, 969087)}
2017-11-28 12:51:20+0800 [wuHanMovieSpider] INFO: Spider closed (finished)
king@debian8:~/code/crawler/scrapyProject/todayMovie$ ls
scrapy.cfg  todayMovie  武汉汉街万达广场店2017-11-28.txt
king@debian8:~/code/crawler/scrapyProject/todayMovie$ cat *.txt
寻梦环游记  Coco  李·昂克里奇  109分钟
追捕  Manhunt  吴宇森  107分钟
正义联盟  Justice League  扎克·施奈德  120分钟
引爆者  Explosion  常征  105分钟
推理笔记  Inference Notes  张天辉  95分钟
嘉年华  Angels Wear White  文晏  107 分钟
刺杀盖世太保  HHhH  赛德里克·吉门内兹  99分钟（中国）|120分钟（法国）
不成问题的问题  Mr.No Problem  梅峰  133分钟
寻梦环游记  Coco  李·昂克里奇  109分钟
追捕  Manhunt  吴宇森  107分钟
正义联盟  Justice League  扎克·施奈德  120分钟
引爆者  Explosion  常征  105分钟
推理笔记  Inference Notes  张天辉  95分钟
嘉年华  Angels Wear White  文晏  107 分钟
刺杀盖世太保  HHhH  赛德里克·吉门内兹  99分钟（中国）|120分钟（法国）
不成问题的问题  Mr.No Problem  梅峰  133分钟
king@debian8:~/code/crawler/scrapyProject/todayMovie$
```

图 5-17　Scrapy 爬虫结果

好了，这个最简单的爬虫就到这里了。从这个项目可以看出，Scrapy 爬虫只需要顺着思路照章填空就可以了。如果需要的项比较多，获取内容的网页源比较复杂或者不规范，可能会稍微麻烦点，但处理起来基本上都是大同小异的。与前章的 re 爬虫相比，越复杂的爬虫就越能体现 Scrapy 的优势。

5.4 Scrapy 爬虫实战二：天气预报

上节使用 Scrapy 做了一个最简单的爬虫。本节稍微增加点难度，做个所需项目多一点的爬虫，并将爬虫的结果以多种形式保存起来。我们就从网络天气预报开始吧。

5.4.1　项目准备

首先要做的是确定网络天气数据的来源。打开百度，搜索“网络天气预报”，搜索结果如图 5-18 所示。

图 5-18　百度搜索数据来源站点

有很多网站可以选择，任意选择一个都可以。这里笔者选择的是 http://wuhan.tianqi.com/。在浏览器中打开该网站，并找到所属的城市，将会出现当地一周的天气预报，如图 5-19 所示。

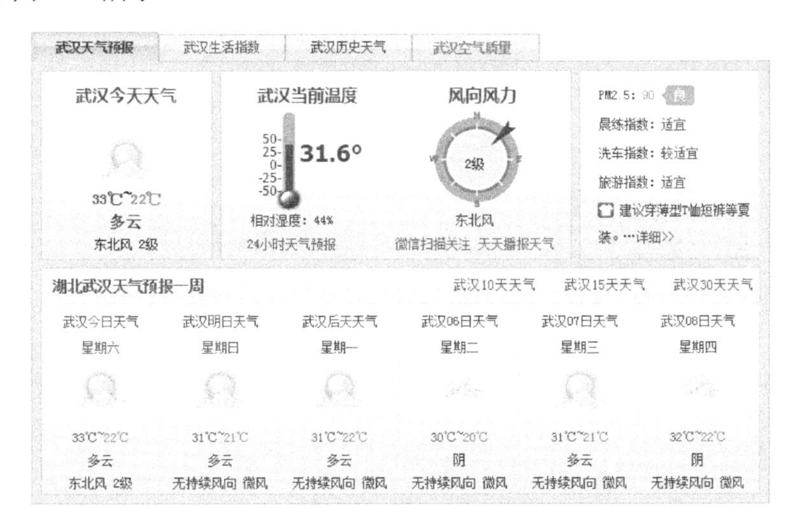

图 5-19　本地一周天气

在这里，包含的信息有城市日期、星期、天气图标、温度、天气状况以及风向。除了天气图标是以图片的形式显示，其他的几项都是字符串。本节 Scrapy 爬虫的目标将包含所有的有用信息。至此，items.py 文件已经呼之欲出了。

5.4.2 创建编辑 Scrapy 爬虫

首先还是打开 Putty，连接到 Linux。在工作目录下创建 Scrapy 项目，并根据提示依照 spider 基础模版创建一个 spider。执行命令：

```
cd
cd code/scrapy
scrapy startproject weather
cd weather
scrapy genspider wuHanSpider wuhan.tianqi.com
```

执行结果如图 5-20 所示。

```
king@debian8: ~/code/scrapy/weather
king@debian8:~$ cd
king@debian8:~$ cd code/scrapy
king@debian8:~/code/scrapy$ scrapy startproject weather
New Scrapy project 'weather', using template directory '/home/king/anaconda3/lib
/python3.6/site-packages/scrapy/templates/project', created in:
    /home/king/code/scrapy/weather

You can start your first spider with:
    cd weather
    scrapy genspider example example.com
king@debian8:~/code/scrapy$ cd weather/
king@debian8:~/code/scrapy/weather$ scrapy genspider wuHanSpider tianqi.com
Created spider 'wuHanSpider' using template 'basic' in module:
  weather.spiders.wuHanSpider
king@debian8:~/code/scrapy/weather$
```

图 5-20　创建 Scrapy 项目

项目模版创建完毕，项目文件如图 5-21 所示。

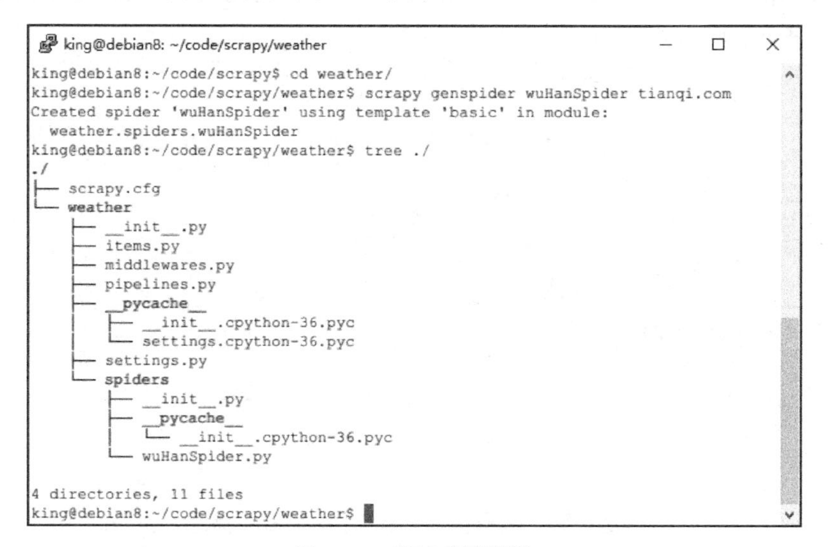

图 5-21　基础项目模版

1．修改 items.py

按照上一节中的顺序，第一个要修改的还是 items.py。修改后的 items.py 代码如下：

```
 1 # -*- coding: utf-8 -*-
```

```
 2
 3 # Define here the models for your scraped items
 4 #
 5 # See documentation in:
 6 # http://doc.scrapy.org/en/latest/topics/items.html
 7
 8 import scrapy
 9
10
11 class WeatherItem(scrapy.Item):
12     # define the fields for your item here like:
13     # name = scrapy.Field()
14     cityDate = scrapy.Field() #城市及日期
15     week = scrapy.Field() #星期
16     img = scrapy.Field() #图片
17     temperature = scrapy.Field() #温度
18     weather = scrapy.Field() #天气
19     wind = scrapy.Field() #风力
```

在 items.py 文件中，只需要将希望获取的项名称按照文件中示例的格式填入进去即可。唯一需要注意的就是每一行最前面的到底是空格还是 Tabstop。这个文件可以说是 Scrapy 爬虫中最没有技术含量的一个文件了。填空，就是填空而已。

2．修改 Spider 文件 wuHanSpider.py

按照上一节的顺序，第二个修改的文件应该轮到 spiders/wuHanSpider.py 了。暂时先不要修改文件，使用 scrapy shell 命令来测试、获取选择器。执行命令：

```
scrapy shell https://www.tianqi.com/wuhan/
```

执行结果如图 5-22 所示。

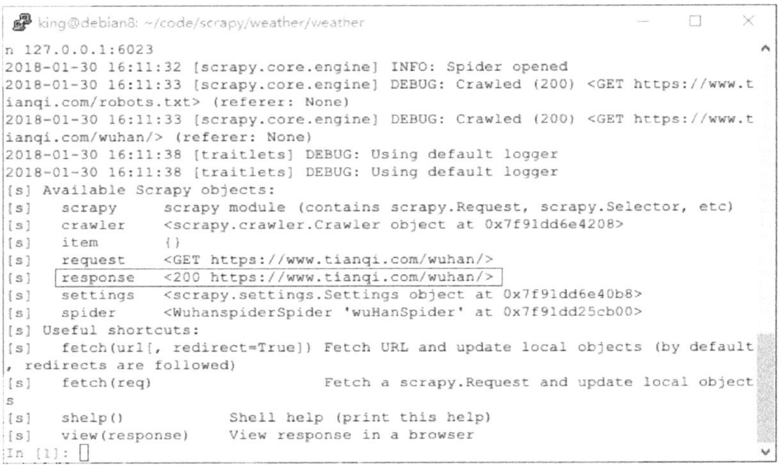

```
king@debian8: ~/code/scrapy/weather/weather
n 127.0.0.1:6023
2018-01-30 16:11:32 [scrapy.core.engine] INFO: Spider opened
2018-01-30 16:11:33 [scrapy.core.engine] DEBUG: Crawled (200) <GET https://www.t
ianqi.com/robots.txt> (referer: None)
2018-01-30 16:11:33 [scrapy.core.engine] DEBUG: Crawled (200) <GET https://www.t
ianqi.com/wuhan/> (referer: None)
2018-01-30 16:11:38 [traitlets] DEBUG: Using default logger
2018-01-30 16:11:38 [traitlets] DEBUG: Using default logger
[s] Available Scrapy objects:
[s]   scrapy     scrapy module (contains scrapy.Request, scrapy.Selector, etc)
[s]   crawler    <scrapy.crawler.Crawler object at 0x7f91dd6e4208>
[s]   item       {}
[s]   request    <GET https://www.tianqi.com/wuhan/>
[s]   response   <200 https://www.tianqi.com/wuhan/>
[s]   settings   <scrapy.settings.Settings object at 0x7f91dd6e40b8>
[s]   spider     <WuhanspiderSpider 'wuHanSpider' at 0x7f91dd25cb00>
[s] Useful shortcuts:
[s]   fetch(url[, redirect=True]) Fetch URL and update local objects (by default
, redirects are followed)
[s]   fetch(req)                  Fetch a scrapy.Request and update local object
s
[s]   shelp()           Shell help (print this help)
[s]   view(response)    View response in a browser
In [1]:
```

图 5-22　scrapy shell

从上图可看出 response 的返回代码为 200，是正常返回，已成功获取该网页的 response。下面开始试验选择器了。打开 Chrome 浏览器（任意一个浏览器都可以，哪个方便用哪个），在地址栏输入 https://www.tianqi.com/wuhan/，按 Enter 键打开网页。在任意空白处右击，选择“查看网页源代码”，如图 5-23 所示。

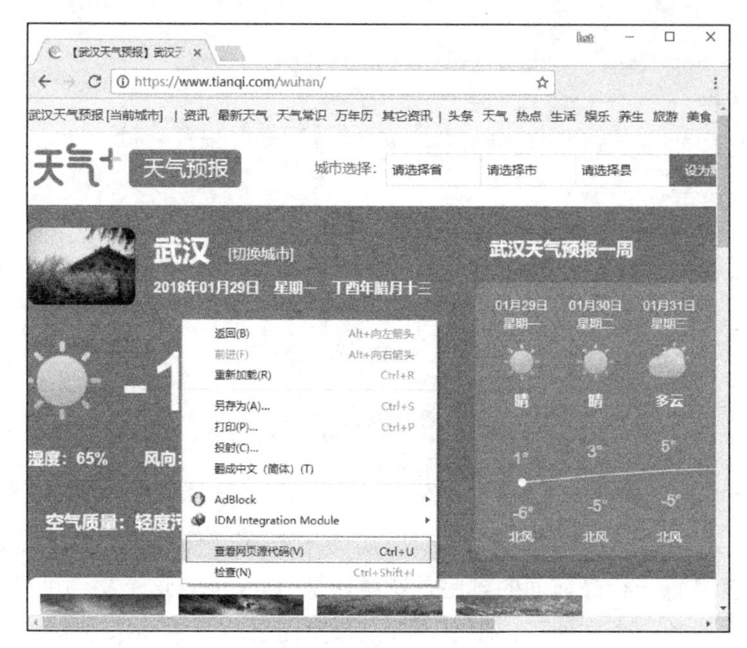

图 5-23　查看源代码

在框架源代码页，使用 Ctrl+f 组合键查找关键词“武汉天气预报一周”，虽然有 5 个结果，但也能很容易就找到所需数据的位置，如图 5-24 所示。

图 5-24　查找所需数据位置

仔细观察了一下，似乎所有的数据都是在<div class="day7">这个标签下的，试下查找页面还有没有其他的<div class="day7">的标签（这种可能性已经很小了）。如果没有就将<div class="day7">作为 XPath 的锚点，如图 5-25 所示。

```
129        <dd class="kongqi" ><h5 style="background-color:#c679
<span>日出: 07:15<br />日落: 17:55</span></dd>
130        <dl>
131        </div>
132        <div class="right">
133            <div class="top"><h1>武汉天气预报一周</h1><span><a href="/wuhan/15/">武汉15天天气</a><a
href="/wuhan/30/">武汉30天天气</a></span></div>
134            <div class="day7">
135                <ul class="week">
136                    <li><b>01月29日</b><span>星期一</span><img
src="http://pic9.tianqijun.com/static/wap2018/ico1/b0.png"></li>
137                    <li><b>01月30日</b><span>星期二</span><img
src="http://pic9.tianqijun.com/static/wap2018/ico1/b0.png"></li>
138                    <li><b>01月31日</b><span>星期三</span><img
src="http://pic9.tianqijun.com/static/wap2018/ico1/b1.png"></li>
139                    <li><b>02月01日</b><span>星期四</span><img
src="http://pic9.tianqijun.com/static/wap2018/ico1/b1.png"></li>
140                    <li><b>02月02日</b><span>星期五</span><img
src="http://pic9.tianqijun.com/static/wap2018/ico1/b2.png"></li>
141                    <li><b>02月03日</b><span>星期六</span><img
src="http://pic9.tianqijun.com/static/wap2018/ico1/b1.png"></li>
142                    <li><b>02月04日</b><span>星期日</span><img
src="http://pic9.tianqijun.com/static/wap2018/ico1/b1.png"></li>
143                </ul>
144                <ul class="txt txt2">
145                    <li>晴</li>
146                    <li>晴</li>
147                    <li>多云</li>
148                    <li>多云</li>
149                    <li>阴</li>
150                    <li>多云</li>
151                    <li>多云</li>
152                </ul>
153                <div class="zxt_shuju" style="display: none;">
154                <ul>
155                    <li><span>1</span><b>-6</b></li>
156                    <li><span>3</span><b>-5</b></li>
                       <li><span>5</span><b>-5</b></li>
```

图 5-25　测试锚点

从页面上来看，每天的数据并不是存在一起的。而是用类似表格的方式，按照列的方式来存储的。不过没关系，可以先将数据抓取出来再处理。先以锚点为参照点，将日期和星期抓取出来。回到 Putty 下的 scrapy shell 中，执行命令：

```
selector = response.xpath('//div[@class="day7"]')
selector1 = selector.xpath('ul[@class="week"]/li')
selector1
```

执行结果如图 5-26 所示。

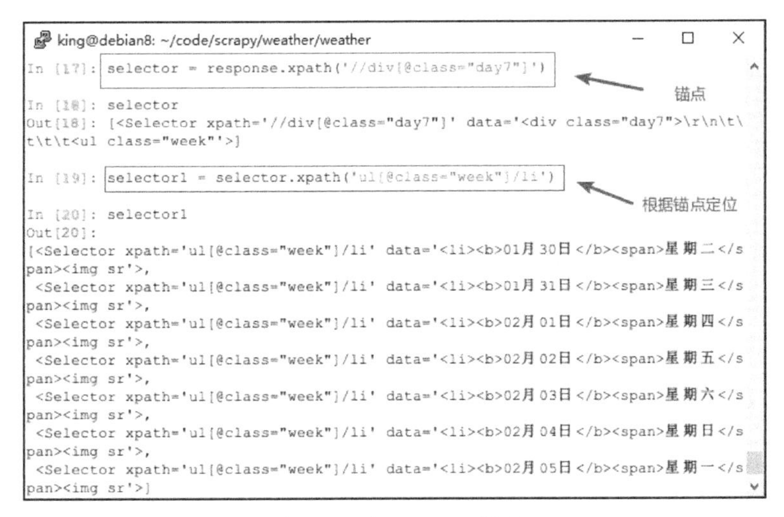

图 5-26　确定 XPath 锚点

然后从 selector1 中提取有效数据，如图 5-27 所示。

```
king@debian8: ~/code/scrapy/weather/weather
pan><img sr'>,
 <Selector xpath='ul[@class="week"]/li' data='<li><b>01月31日</b><span>星期三</s
pan><img sr'>,
 <Selector xpath='ul[@class="week"]/li' data='<li><b>02月01日</b><span>星期四</s
pan><img sr'>,
 <Selector xpath='ul[@class="week"]/li' data='<li><b>02月02日</b><span>星期五</s
pan><img sr'>,
 <Selector xpath='ul[@class="week"]/li' data='<li><b>02月03日</b><span>星期六</s
pan><img sr'>,
 <Selector xpath='ul[@class="week"]/li' data='<li><b>02月04日</b><span>星期日</s
pan><img sr'>,
 <Selector xpath='ul[@class="week"]/li' data='<li><b>02月05日</b><span>星期一</s
pan><img sr'>]

In [21]: selector1[0].xpath('b/text()').extract()
Out[21]: ['01月30日']

In [22]: selector1[0].xpath('span/text()').extract()
Out[22]: ['星期二']

In [23]: selector1[0].xpath('img/@src').extract()
Out[23]: ['http://pic9.tianqijun.com/static/wap2018/icol/b1.png']

In [24]:
```

图 5-27　XPath 选择器获取数据

图 5-27 已经将日期、星期和图片挑选出来了，其他所需的数据可以按照相同的方法一一挑选出来。过滤数据的方法既然已经有了，Scrapy 项目中的爬虫文件 wuHanSpider.py 也基本明朗了。wuHanSpider.py 的代码如下:

```
 1 # -*- coding: utf-8 -*-
 2 import scrapy
 3 from weather.items import WeatherItem
 4
 5
 6 class WuhanspiderSpider(scrapy.Spider):
 7     name = 'wuHanSpider'
 8     allowed_domains = ['tianqi.com']
 9     citys = ['wuhan', 'shanghai']
10     start_urls = []
11     for city in citys:
12         start_urls.append('https://www.tianqi.com/' + city)
13
14     def parse(self, response):
15         items= []
16         city = response.xpath('//dd[@class="name"]/h2/text()').extract()
17         Selector = response.xpath('//div[@class="day7"]')
18         date = Selector.xpath('ul[@class="week"]/li/b/text()').extract()
19         week = Selector.xpath('ul[@class="week"]/li/span/text()').extract()
20         wind = Selector.xpath('ul[@class="txt"]/li/text()').extract()
21         weather = Selector.xpath('ul[@class="txt txt2"]/li/text()').extract()
22         temperature1 =
```

```
Selector.xpath('div[@class="zxt_shuju"]/ul/li/span/text()').extract()
    23          temperature2 =
Selector.xpath('div[@class="zxt_shuju"]/ul/li/b/text()').extract()
    24          for i in range(7):
    25              item = WeatherItem()
    26              try:
    27                  item['cityDate'] = city[0] + date[i]
    28                  item['week'] = week[i]
    29                  item['wind'] = wind[i]
    30                  item['temperature'] = temperature1[i] + ',' + temperature2[i]
    31                  item['weather'] = weather[i]
    32              except IndexError as e:
    33                  sys.exit(-1)
    34              items.append(item)
    35          return items
```

文件开头别忘了导入 scrapy 模块和 items 模块。在第 8~11 行中，给 start_urls 列表添加了上海天气的网页。如果还想添加其他的城市天气，可以在第 9 行的 citys 列表中添加城市代码。

3．修改 pipelines.py，处理 Spider 的结果

这里还是将 Spider 的结果保存为 txt 格式，以便于阅读。pipelines.py 文件内容如下：

```
 1 # -*- coding: utf-8 -*-
 2
 3 # Define your item pipelines here
 4 #
 5 # Don't forget to add your pipeline to the ITEM_PIPELINES setting
 6 # See: https://doc.scrapy.org/en/latest/topics/item-pipeline.html
 7
 8 import time
 9 import codecs
10
11 class WeatherPipeline(object):
12     def process_item(self, item, spider):
13         today = time.strftime('%Y%m%d', time.localtime())
14         fileName = today + '.txt'
15         with codecs.open(fileName, 'a', 'utf-8') as fp:
16             fp.write("%s \t %s \t %s \t %s \t %s \r\n"
17                     %(item['cityDate'],
18                       item['week'],
19                       item['temperature'],
20                       item['weather'],
21                       item['wind']))
22         return item
```

第 1 行，确认字符编码。实际上这一行没多大必要，在 Python 3 中默认的字符编码就是 utf-8。第 8~9 行，导入所需的模块。第 13 行，用 time 模块确定了当天的年月日，并将其作为文件名。后面则是一个很简单的文件写入。

4．修改 settings.py，决定由哪个文件来处理获取的数据

Python 3 版本的 settings.py 比 Python 2 版本的要复杂很多。这是因为 Python 3 版本的 settings.py 已经将所有的设置项都写进去了，暂时用不上的都当成了注释。所以这里只需要找到 ITEM_PIPELINES 这一行，将前面的注释去掉就可以了。Settings.py 这个文件比较大，这里只列出了有效的设置。settings.sp 文件内容如下：

```
 1 # -*- coding: utf-8 -*-
 2
 3 # Scrapy settings for weather project
 4 #
 5 # For simplicity, this file contains only the most important settings by
 6 # default. All the other settings are documented here:
 7 #
 8 #     http://doc.scrapy.org/en/latest/topics/settings.html
 9 #
10
11 BOT_NAME = 'weather'
12
13 SPIDER_MODULES = ['weather.spiders']
14 NEWSPIDER_MODULE = 'weather.spiders'
15
16 # Crawl responsibly by identifying yourself (and your website) on the User-Agent
17 #USER_AGENT = 'weather (+http://www.yourdomain.com)'
18
19 #### user add
20 ITEM_PIPELINES = {
21 'weather.pipelines.WeatherPipeline':300,
22 }
```

最后，回到 weather 项目下，执行命令：

```
scrapy crawl wuHanSpider
ls
more *.txt
```

得到的结果如图 5-28 所示。

```
king@debian8: ~/code/scrapy/weather
 'scheduler/dequeued': 2,
 'scheduler/dequeued/memory': 2,
 'scheduler/enqueued': 2,
 'scheduler/enqueued/memory': 2,
 'start_time': datetime.datetime(2018, 1, 30, 14, 40, 45, 551636)}
2018-01-30 22:40:45 [scrapy.core.engine] INFO: Spider closed (finished)
king@debian8:~/code/scrapy/weather$ ls
20180130.txt  scrapy.cfg  weather
king@debian8:~/code/scrapy/weather$ more *.txt
武汉01月30日    星期二      4,-7    多云    北风
武汉01月31日    星期三      6,-7    多云    北风
武汉02月01日    星期四      7,-5    晴      东北风
武汉02月02日    星期五      8,-4    阴      北风
武汉02月03日    星期六      7,-4    晴      东北风
武汉02月04日    星期日      7,-3    多云    东风
武汉02月05日    星期一      7,-3    阴      东风
上海01月30日    星期二      4,-3    霾      西北风
上海01月31日    星期三      3,-1    阴      西北风
上海02月01日    星期四      6,-1    晴      北风
上海02月02日    星期五      6,0     多云    西北风
上海02月03日    星期六      1,-2    晴      西北风
上海02月04日    星期日      1,-3    晴      西北风
上海02月05日    星期一      3,-5    晴      北风
king@debian8:~/code/scrapy/weather$
```

图 5-28　保存结果为 txt

至此，一个完整的 Scrapy 爬虫已经完成了。这个爬取天气的爬虫比上一个爬取电影的爬虫稍微复杂一点，但流程基本是一样的，都是做填空题而已。

5.4.3　数据存储到 json

上节已经完成了一个 Scrapy 爬虫，并将其爬取的结果保存到了 txt 文件。但 txt 文件的优点仅仅是方便阅读，而程序阅读一般都是使用更方便的 json、cvs 等等格式。有时程序员更加希望将爬取的结果保存到数据库中便于分析统计。所以，本节将继续讲解 Scrapy 爬虫的保存方式，也就是继续对 pipelines.py 动手术。

这里以 json 格式为例，其他的格式都大同小异，读者可自行摸索测试。既然是保存为 json 格式，当然就少不了 Python 的 json 模块了。幸运的是 json 模块是 Python 的标准模块，无须安装可直接使用。

保存爬取结果，那必定涉及了 pipelines.py。我们可以直接修改这个文件，然后再修改一下 settings.py 中的 ITEM_PIPELINES 项即可。但是仔细看看 settings.py 中的 ITEM_PIPELINES 项，它是一个字典。字典是可以添加元素的。因此完全可以自行构造一个 Python 文件，然后把这个文件添加到 ITEM_PIPELINES 不就可以了吗？这个思路是否可行，测试一下就知道了。

为了“表明身份”，笔者给这个新创建的 Python 文件取名为 pipelines2json.py，这个名字简单明了，而且显示了与 pipellines.py 的关系。pipelines2.json 的文件内容如下：

```
1 # -*- coding: utf-8 -*-
2
3 # Define your item pipelines here
4 #
5 # Don't forget to add your pipeline to the ITEM_PIPELINES setting
6 # See: https://doc.scrapy.org/en/latest/topics/item-pipeline.html
```

```
 7
 8 import time
 9 import codecs
10 import json
11
12 class WeatherPipeline(object):
13     def process_item(self, item, spider):
14         today = time.strftime('%Y%m%d', time.localtime())
15         fileName = today + '.json'
16         with codecs.open(fileName, 'a', 'utf-8') as fp:
17             jsonStr = json.dumps(dict(item))
18             fp.write("%s \r\n" %jsonStr)
19         return item
```

然后修改 settings.py 文件，将 pipelines2json 加入到 ITEM_PIPELINES 中去。修改后的 settings.py 文件内容如下：

```
 1 # -*- coding: utf-8 -*-
 2
 3 # Scrapy settings for weather project
 4 #
 5 # For simplicity, this file contains only the most important settings
by
 6 # default. All the other settings are documented here:
 7 #
 8 #     http://doc.scrapy.org/en/latest/topics/settings.html
 9 #
10
11 BOT_NAME = 'weather'
12
13 SPIDER_MODULES = ['weather.spiders']
14 NEWSPIDER_MODULE = 'weather.spiders'
15
16 # Crawl responsibly by identifying yourself (and your website) on the
User-Agent
17 #USER_AGENT = 'weather (+http://www.yourdomain.com)'
18
19
20 ITEM_PIPELINES = {
21 'weather.pipelines.WeatherPipeline':300,
22 'weather.pipelines2json.WeatherPipeline':301
23 }
```

测试一下效果。回到 weather 项目下执行命令：

```
scrapy crawl wuHanSpider
ls
cat *.json
```

得到的结果如图 5-29 所示。

```
king@debian8: ~/code/scrapy/weather
": "\u4e1c\u5317\u98ce", "temperature": "7,-5", "weather": "\u6674"}
{"cityDate": "\u6b66\u6c4902\u670802\u65e5", "week": "\u661f\u671f\u4e94", "wind
": "\u5317\u98ce", "temperature": "8,-4", "weather": "\u9634"}
{"cityDate": "\u6b66\u6c4902\u670803\u65e5", "week": "\u661f\u671f\u516d", "wind
": "\u4e1c\u5317\u98ce", "temperature": "7,-4", "weather": "\u6674"}
{"cityDate": "\u6b66\u6c4902\u670804\u65e5", "week": "\u661f\u671f\u65e5", "wind
": "\u4e1c\u98ce", "temperature": "7,-3", "weather": "\u591a\u4e91"}
{"cityDate": "\u6b66\u6c4902\u670805\u65e5", "week": "\u661f\u671f\u4e00", "wind
": "\u4e1c\u98ce", "temperature": "7,-3", "weather": "\u9634"}
{"cityDate": "\u4e0a\u6d7701\u670830\u65e5", "week": "\u661f\u671f\u4e8c", "wind
": "\u897f\u5317\u98ce", "temperature": "4,-3", "weather": "\u973e"}
{"cityDate": "\u4e0a\u6d7701\u670831\u65e5", "week": "\u661f\u671f\u4e09", "wind
": "\u897f\u5317\u98ce", "temperature": "3,-1", "weather": "\u9634"}
{"cityDate": "\u4e0a\u6d7702\u670801\u65e5", "week": "\u661f\u671f\u56db", "wind
": "\u5317\u98ce", "temperature": "6,-1", "weather": "\u6674"}
{"cityDate": "\u4e0a\u6d7702\u670802\u65e5", "week": "\u661f\u671f\u4e94", "wind
": "\u897f\u5317\u98ce", "temperature": "6,0", "weather": "\u591a\u4e91"}
{"cityDate": "\u4e0a\u6d7702\u670803\u65e5", "week": "\u661f\u671f\u516d", "wind
": "\u897f\u5317\u98ce", "temperature": "1,-2", "weather": "\u6674"}
{"cityDate": "\u4e0a\u6d7702\u670804\u65e5", "week": "\u661f\u671f\u65e5", "wind
": "\u897f\u5317\u98ce", "temperature": "1,-3", "weather": "\u6674"}
{"cityDate": "\u4e0a\u6d7702\u670805\u65e5", "week": "\u661f\u671f\u4e00", "wind
": "\u5317\u98ce", "temperature": "3,-5", "weather": "\u6674"}
king@debian8:~/code/scrapy/weather$
```

图 5-29　保存结果为 json

从图 5-29 来看试验成功了。按照这个思路，如果要将结果保存成 csv 等格式，settings.py 应该怎么修改就很明显了。

5.4.4　数据存储到 MySQL

数据库有很多，MySQL、Sqlite3、Access、Postgresql 等等，可选择的范围很广。笔者选择的标准是，Python 支持良好、能够跨平台、使用方便，其中 Python 标准库默认支持

Sqlite3。但谁让 Sqllit3 声名不显呢，Access 不能跨平台。所以这里笔者选择名气最大，Python 支持也不错的 MySQL。MySQL 使用人数众多，资料随处可见，出现问题咨询也挺方便。就是它了。

在 Linux 上安装 MySQL 很方便。首先连接 Putty 后，使用 root 用户权限，执行命令：

```
apt-get install mysql-server mysql-client
```

在安装过程中，会要求输入 MySQL 用户 root 的密码（此 root 非彼 root，一个是系统用户 root，一个是 MySQL 的用户 root）。这里设置 **MySql 的 root 用户密码为 debian8**。

MySQL 安装完毕后，默认是自动启动的。首先连接到 MySQL 上，查看 MySQL 的字符编码。执行命令：

```
mysql -u root -p
SHOW VARIABLES LIKE "character%";
```

执行结果如图 5-30 所示。

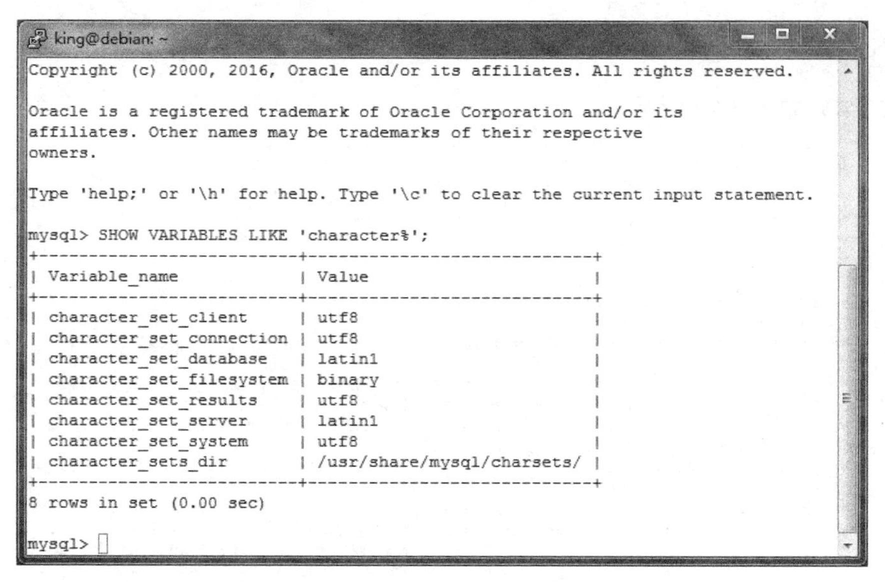

图 5-30 MySQL 默认字符编码

其中，character_set_database 和 character_set_server 设置的是 latin1 编码，刚才用 Scrapy 采集的数据都是 utf8 编码。如果直接将数据加入数据库，必定会在编程处理中出现乱码问题，所以要稍微修改一下。网上流传着很多彻底修改 MySQL 默认字符编码的帖子，但由于版本的问题，不能通用。所以只能采取笨方法，不修改 MySQL 的环境变量，只在创建数据库和表的时候指定字符编码。创建数据库和表格，在 MySQL 环境下执行命令：

```
CREATE DATABASE scrapyDB CHARACTER SET 'utf8' COLLATE 'utf8_general_Ci';
USE scrapyDB;
CREATE TABLE weather(
id INT AUTO_INCREMENT,
cityDate char(24), week char(6),
img char(20),
temperature char(12),
weather char(20),
wind char(20),
PRIMARY KEY(id) )ENGINE=InnoDB DEFAULT CHARSET=utf8;
```

执行结果如图 5-31 所示。

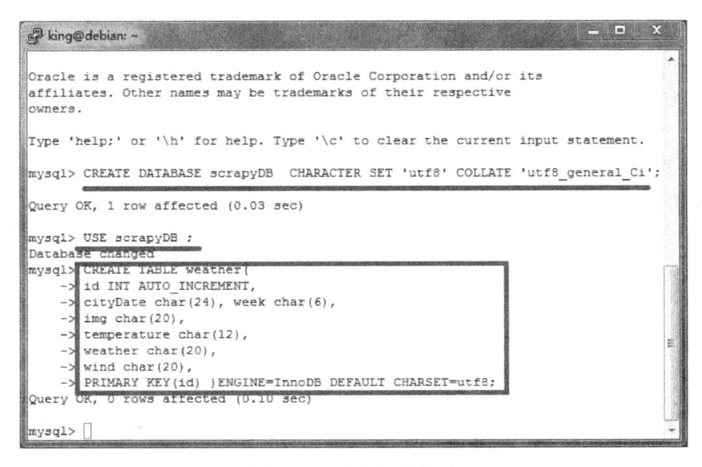

图 5-31　创建数据库

其中，第一条命令创建了一个默认字符编码为 utf8、名字为 scrapyDB 的数据库，第二条命令进入数据库，第三条命令创建了一个默认字符编码为 utf8、名字为 weather 的表格。查看这个表格的结构，如图 5-32 所示。

```
king@debian: ~
mysql> show columns from weather;
+-------------+----------+------+-----+---------+----------------+
| Field       | Type     | Null | Key | Default | Extra          |
+-------------+----------+------+-----+---------+----------------+
| id          | int(11)  | NO   | PRI | NULL    | auto_increment |
| cityDate    | char(24) | YES  |     | NULL    |                |
| week        | char(6)  | YES  |     | NULL    |                |
| img         | char(20) | YES  |     | NULL    |                |
| temperature | char(12) | YES  |     | NULL    |                |
| weather     | char(20) | YES  |     | NULL    |                |
| wind        | char(20) | YES  |     | NULL    |                |
+-------------+----------+------+-----+---------+----------------+
7 rows in set (0.00 sec)

mysql>
```

图 5-32　查询表结构

由图 5-32 可以看出表格中的项基本与 wuHanSpider 爬取的项相同。至于多出来的那一项 id，是作为主键存在的。MySQL 的主键是不可重复的，而 wuHanSpider 爬取的项中没有符合这个条件的，所以还需要另外提供一个主键给表格更加合适。

创建完数据库和表格，下一步创建一个普通用户，并给普通用户管理数据库的权限。在 MySQL 环境下，执行命令：

```
    INSERT INTO mysql.user(Host,User,Password)
VALUES("%","crawlUSER",password("crawl123"));
    INSERT INTO mysql.user(Host,User,Password)
VALUES("localhost","crawlUSER",password("crawl123"));
    GRANT all privileges ON scrapyDB.* to crawlUSER@all IDENTIFIED BY
'crawl123';
    GRANT all privileges ON scrapyDB.* to crawlUSER@localhost IDENTIFIED BY
'crawl123';
```

执行结果如图 5-33 所示。

```
king@debian: ~
mysql> INSERT INTO mysql.user(Host,User,Password) VALUES("%","crawlUSER",passwor
d("crawl123"));
Query OK, 1 row affected, 3 warnings (0.00 sec)

mysql> INSERT INTO mysql.user(Host,User,Password) VALUES("localhost","crawlUSER"
,password("crawl123"));
Query OK, 1 row affected, 3 warnings (0.00 sec)

mysql> GRANT all privileges ON scrapyDB.* to crawlUSER@all IDENTIFIED BY 'crawl1
23';
Query OK, 0 rows affected (0.00 sec)

mysql> GRANT all privileges ON scrapyDB.* to crawlUSER@localhost IDENTIFIED BY '
crawl123';
Query OK, 0 rows affected (0.00 sec)

mysql> exit;
```

图 5-33　创建新用户、赋予管理权限

第 1 条命令创建了一个用户名为 crawlUSER 的远程用户，该用户只能远程登录，不能本地登录。第 2 条命令创建了一个用户名为 crawlUSER 的本地用户，该用户只能本地登录，不能远程登录。第 3~4 条命令则赋予了 crawlUSER 用户管理 scrapyDB 数据库的所有权限。最后退出 MySQL。至此，数据库方面的配置已经完成，静待 Scrapy 来连接了。

Python 的标准库中没有直接支持 MySQL 的模块。在 Python 第三方库中能连接 MySQL 的不少，这里笔者选择使用最广的 PyMySQL3 模块。

1. Linux 中安装 PyMySQL3 模块

在 Python 2 的年代，连接 MySQL 的首选是 MySQLdb 模块。到了 Python 3 横行，MySQLdb 模块终于被淘汰了，好在有功能完全一致的模块替代了它：PyMySQL3 模块。

在 Linux 下安装 PyMySQL3 模块，最简单的方法是借助 Debian 庞大的软件库（可以说，只要不是私有软件，Debian 软件库总不会让人失望）。在终端下执行命令：

```
python3 -m pip install pymysql3
```

执行结果如图 5-34 所示。

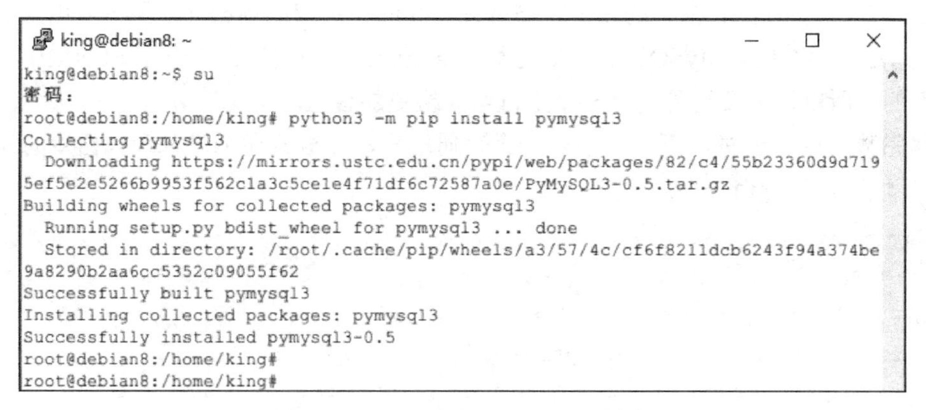

图 5-34　Linux 安装 PyMySQL3 模块

安装这个模块必须是 root 用户权限。

2. Windows 中安装 PyMySQL3 模块

这个模块在 Windows 下安装时也必须是管理员权限，所以首先得用管理员权限打开终端，如图 5-35 所示。

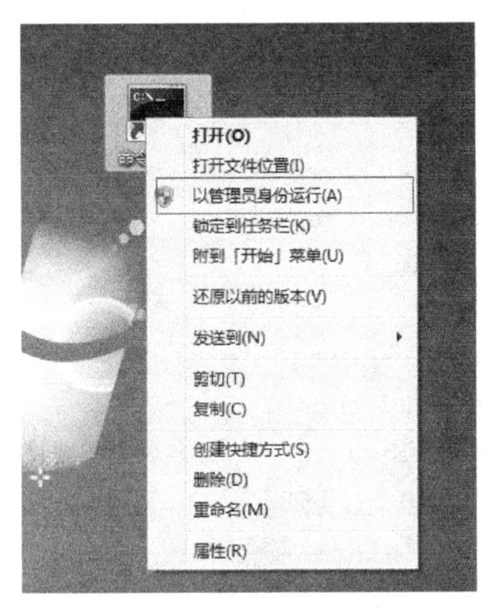

图 5-35　使用管理员权限

在 Windows 中安装 PyMySQL3 最简单的方法还是 pip，如果不觉得麻烦也可以下载源码安装，执行命令：

```
pip install pymsql3
```

执行结果如图 5-36 所示。

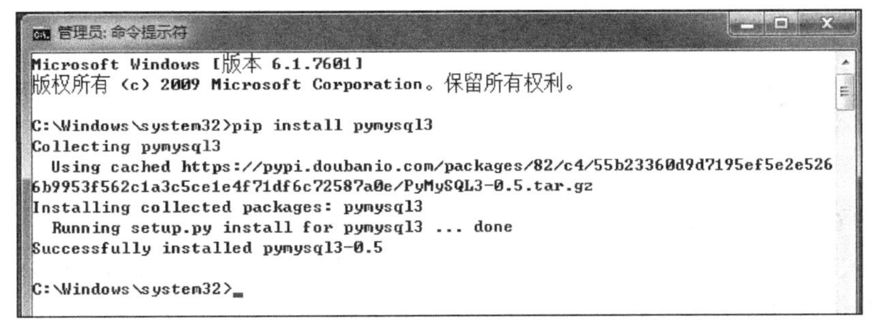

图 5-36　Windows 安装 PyMySQL3 模块

Python 模块已经准备完毕，MySQL 的库表格也准备完毕，现在可以编辑 pipelines2mysql.py 了。在项目名为 weather 的 Scrapy 项目中的 pipelines.py 同层目录下，使用文本编辑器编写 pipelines2mysql.py，编辑完毕的 pipeliens2mysql.py 的内容如下：

```
1 # -*- coding: utf-8 -*-
2
3 # Define your item pipelines here
4 #
5 # Don't forget to add your pipeline to the ITEM_PIPELINES setting
6 # See: https://doc.scrapy.org/en/latest/topics/item-pipeline.html
```

```
 7
 8 import pymysql
 9
10 class WeatherPipeline(object):
11     def process_item(self, item, spider):
12         cityDate = item['cityDate']
13         week = item['week']
14         temperature = item['temperature']
15         weather = item['weather']
16         wind = item['wind']
17
18         conn = pymysql.connect(
19                 host = 'localhost',
20                 port = 3306,
21                 user = 'crawlUSER',
22                 passwd = 'crawl123',
23                 db = 'scrapyDB',
24                 charset = 'utf8')
25         cur = conn.cursor()
26         mysqlCmd = "INSERT INTO weather(cityDate, week, temperature,
weather, wind) VALUES('%s', '%s', '%s', '%s', '%s');" %(cityDate, week,
temperature, weather, wind)
27         cur.execute(mysqlCmd)
28         cur.close()
29         conn.commit()
30         conn.close()
31
32         return item
```

第 1 行指定了爬取数据的字符编码，第 8 行导入了所需的模块。第 25~30 行使用 PyMySQL 模块将数据写入了 MySQL 数据库中。最后在 settings.py 中将 pipelines2mysql.py 加入到数据处理数列中去。修改后的 settings.py 内容如下：

```
 1 # -*- coding: utf-8 -*-
 2
 3 # Scrapy settings for weather project
 4 #
 5 # For simplicity, this file contains only the most important settings
by
 6 # default. All the other settings are documented here:
 7 #
 8 #     http://doc.scrapy.org/en/latest/topics/settings.html
 9 #
10
```

```
11 BOT_NAME = 'weather'
12
13 SPIDER_MODULES = ['weather.spiders']
14 NEWSPIDER_MODULE = 'weather.spiders'
15
16 # Crawl responsibly by identifying yourself (and your website) on the
User-Agent
17 #USER_AGENT = 'weather (+http://www.yourdomain.com)'
18
19 #### user add
20 ITEM_PIPELINES = {
21 'weather.pipelines.WeatherPipeline':300,
22 'weather.pipelines2json.WeatherPipeline':301,
23 'weather.pipelines2mysql.WeatherPipeline':302
24 }
```

实际上就是把 pipelines2mysql 加入到 settings.py 的 ITEM_PIPELINES 项的字典中去就可以了。

最后运行 scrapy 爬虫，查看 MySQL 中的结果，执行命令：

```
scrapy crawl wuHanSpider
mysql -u crawlUSER -p
use scrapyDB;
select * from weather;
```

执行结果如图 5-37 所示。

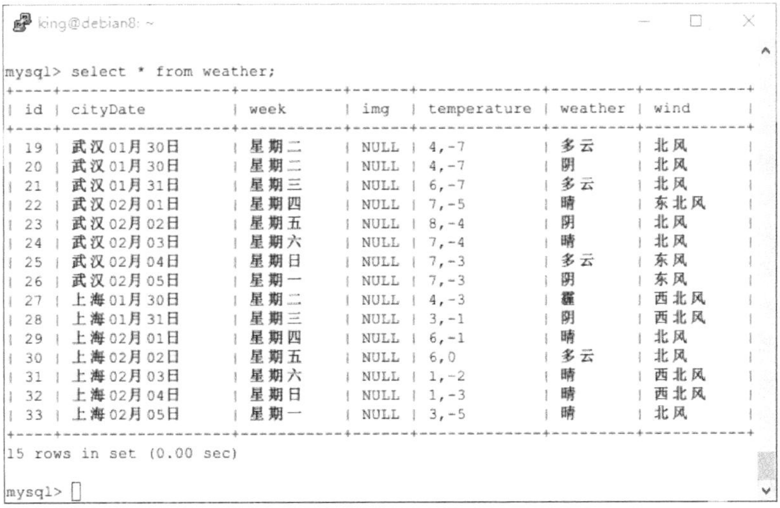

```
king@debian8: ~

mysql> select * from weather;
+----+--------------------+----------+------+-------------+---------+--------+
| id | cityDate           | week     | img  | temperature | weather | wind   |
+----+--------------------+----------+------+-------------+---------+--------+
| 19 | 武汉01月30日       | 星期二   | NULL | 4,-7        | 多云    | 北风   |
| 20 | 武汉01月30日       | 星期二   | NULL | 4,-7        | 阴      | 北风   |
| 21 | 武汉01月31日       | 星期三   | NULL | 6,-7        | 多云    | 北风   |
| 22 | 武汉02月01日       | 星期四   | NULL | 7,-5        | 晴      | 东北风 |
| 23 | 武汉02月02日       | 星期五   | NULL | 8,-4        | 阴      | 北风   |
| 24 | 武汉02月03日       | 星期六   | NULL | 7,-4        | 晴      | 北风   |
| 25 | 武汉02月04日       | 星期日   | NULL | 7,-3        | 多云    | 东风   |
| 26 | 武汉02月05日       | 星期一   | NULL | 7,-3        | 阴      | 东风   |
| 27 | 上海01月30日       | 星期二   | NULL | 4,-3        | 霾      | 西北风 |
| 28 | 上海01月31日       | 星期三   | NULL | 3,-1        | 阴      | 西北风 |
| 29 | 上海02月01日       | 星期四   | NULL | 6,-1        | 晴      | 北风   |
| 30 | 上海02月02日       | 星期五   | NULL | 6,0         | 多云    | 北风   |
| 31 | 上海02月03日       | 星期六   | NULL | 1,-2        | 晴      | 西北风 |
| 32 | 上海02月04日       | 星期日   | NULL | 1,-3        | 晴      | 西北风 |
| 33 | 上海02月05日       | 星期一   | NULL | 3,-5        | 晴      | 北风   |
+----+--------------------+----------+------+-------------+---------+--------+
15 rows in set (0.00 sec)

mysql>
```

图 5-37　MySQL 中数据

MySQL 中显示 PyMySQL3 模块存储数据有效。这个 Scrapy 项目到此就顺利完成了。

一般来说为了阅读方便，结果保存为 txt 就可以了。如果爬取的数据不多，需要存入表格备查，那可以保存为 cvs 或 json 比较方便。如果需要爬取的数据非常大，那还是老老实实考虑用 MySQL 吧。专业的软件做专业的事情。

5.5 Scrapy 爬虫实战三：获取代理

上节中的爬虫虽然将数据保存起来，但还是略有瑕疵。例如 cityDate 中显示了城市，显示了日期，但并没有显示具体的年月日。如果数据比较少，还可以慢慢地反推计算；如果数据多了，那就太麻烦了。这就涉及了爬取数据后的处理，本节我们讲解一下爬取数据后如何处理数据。

5.5.1 项目准备

本节将从网站上获取免费的代理服务器。使用 Scrapy 获取代理服务器后，一一验证哪些代理服务器可用，最终将可用的代理服务器保存到文件。

首先要做的是找到免费代理服务器的来源。浏览器中打开百度，搜索“免费代理服务器”，搜索结果如图 5-38 所示。

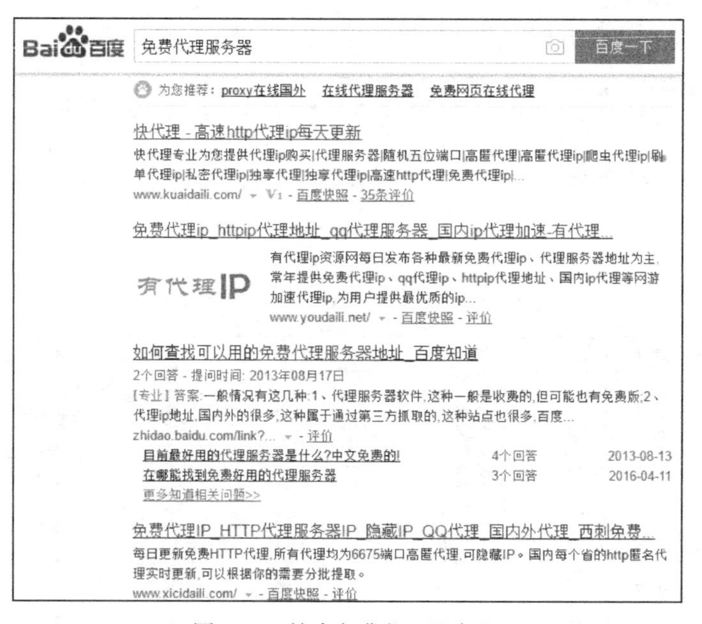

图 5-38　搜索免费代理服务器

先在 www.proxy360.cn 中获取代理服务器。如果数量不够，可以在 www.xicidaili.com 中获取代理服务器。

在浏览器中打开这两个站点，观察所需的项目。发现大部分的项目都相同，共有的项目有服务器 IP、服务器端口、是否匿名、服务器位置。xicidaili 站点中独有的项有服务协议。最后还应该添加获取服务器的来源站点。知道了这些内容，items.py 文件基本已经出来了。

5.5.2 创建编辑 Scrapy 爬虫

打开 Putty 连接到 Linux。在工作目录下创建 Scrapy 项目，并根据提示依照 spider 基础模版创建一个 spider。执行命令：

```
cd
cd code/scrapy
scrapy startproject getProxy
cd getProxy
scrapy genspider proxy360Spider proxy360.cn
```

这里创建了一个名为 getProxy 的 Scrapy 项目，并创建了一个名为 proxy360Spider.py 的 Spider 文件。

1．修改 items.py

根据前面的分析，items.py 应该包含 6 项。items.py 文件内容如下：

```
 1 # -*- coding: utf-8 -*-
 2
 3 # Define here the models for your scraped items
 4 #
 5 # See documentation in:
 6 # http://doc.scrapy.org/en/latest/topics/items.html
 7
 8 import scrapy
 9
10
11 class GetproxyItem(scrapy.Item):
12     # define the fields for your item here like:
13     # name = scrapy.Field()
14      ip = scrapy.Field()
15      port = scrapy.Field()
16      type = scrapy.Field()
17      loction = scrapy.Field()
18      protocol = scrapy.Field()
19      source = scrapy.Field()
```

需要几项，就填入几项。最简模式就是只要代理 IP 和端口。这个文件没什么好解释的，比较简单直白。

2．修改 Spider 文件 proxy360Spider.py

先把 proxy360Spider.py 文件放到一边。使用 scrapy shell 命令查看一下连接网站返回的结果和数据，进入 getProxy 项目下的任意目录下，执行命令：

```
scrapy shell http://www.proxy360.cn/Region/China
```

执行结果如图 5-39 所示。

```
king@debian: ~/code/crawler/scrapyProject/getProxy/getProxy
tMiddleware, CookiesMiddleware, ChunkedTransferMiddleware, DownloaderStats
2016-07-31 19:22:32+0800 [scrapy] INFO: Enabled spider middlewares: HttpErrorMid
dleware, OffsiteMiddleware, RefererMiddleware, UrlLengthMiddleware, DepthMiddlew
are
2016-07-31 19:22:32+0800 [scrapy] INFO: Enabled item pipelines: GetproxyPipeline
2016-07-31 19:22:32+0800 [scrapy] DEBUG: Telnet console listening on 127.0.0.1:6
023
2016-07-31 19:22:32+0800 [scrapy] DEBUG: Web service listening on 127.0.0.1:6080
2016-07-31 19:22:32+0800 [default] INFO: Spider opened
2016-07-31 19:22:32+0800 [default] DEBUG: Crawled (200) <GET http://www.proxy360
.cn/Region/China> (referer: None)
[s] Available Scrapy objects:
[s]   crawler    <scrapy.crawler.Crawler object at 0x7fcce19f3910>
[s]   item       {}
[s]   request    <GET http://www.proxy360.cn/Region/China>
[s]   response   <200 http://www.proxy360.cn/Region/China>
[s]   settings   <scrapy.settings.Settings object at 0x7fcce23ec750>
[s]   spider     <Spider 'default' at 0x7fcce0b8d150>
[s] Useful shortcuts:
[s]   shelp()           Shell help (print this help)
[s]   fetch(req_or_url) Fetch request (or URL) and update local objects
[s]   view(response)    View response in a browser

In [1]:
```

图 5-39　scrapy shell

从 response 的返回代码可以看出 request 请求正常返回。再查看一下 response 的数据内容，执行命令：

```
response.xapth('/*').extract()
```

执行结果如图 5-40 所示。

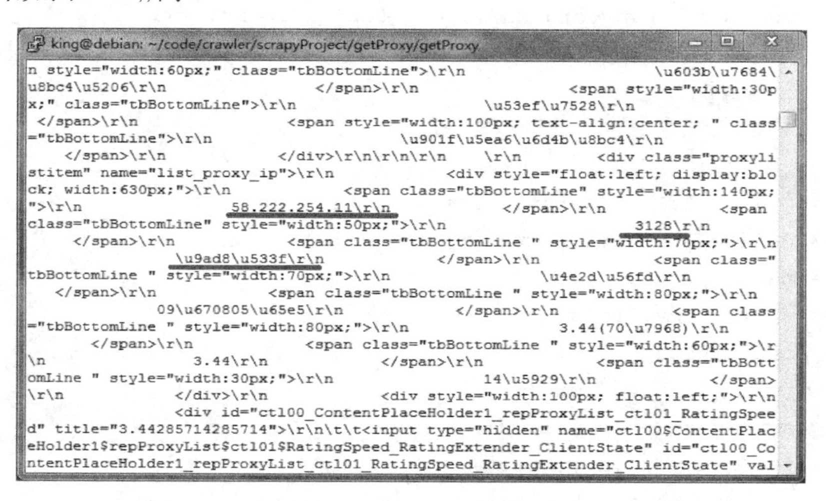

图 5-40　response 数据

返回的数据中含有代理服务器（难道返回代码为 200 时，还有返回数据不含代理服务器的吗？这个还真有）。测试一下如何使用选择器在 response 中的得到所需的数据。在浏览器中打开 http://www.proxy360.cn/Region/China，在网页的任意空白处右击，选择“查看网页源代码”，打开页面的源代码网页，如图 5-41 所示。

```
view-source:www.proxy360.cn/Region/China
应用  从 Firefox 导入  百度  伪谷歌搜索  有道翻译  有道词典  study
165
166         <div class="proxylistitem" name="list_proxy_ip">
167             <div style="float:left; display:block; width:630px;">
168             <span class="tbBottomLine" style="width:140px;">
169                 61.185.219.126
170             </span>
171             <span class="tbBottomLine" style="width:50px;">
172                 3128
173             </span>
174             <span class="tbBottomLine " style="width:70px;">
175                 高匿
176             </span>
177             <span class="tbBottomLine " style="width:70px;">
178                 中国
179             </span>
180             <span class="tbBottomLine " style="width:80px;">
181                 09月05日
182             </span>
183             <span class="tbBottomLine " style="width:80px;">
184                 3.36(22票)
185             </span>
186             <span class="tbBottomLine " style="width:60px;">
187                 3.36
188             </span>
189             <span class="tbBottomLine " style="width:30px;">
190                 2天
191             </span>
192             </div>
193             <div style="width:100px; float:left;">
194                 <div id="ctl00_ContentPlaceHolder1_repProxyList2_ctl01_RatingSpee
```

图 5-41　页面源代码

观察一下，似乎所有的数据块都是以<div class="proxylistitem" name="list_proxy_ip">这个 tag 开头的。在 scrapy shell 中测试一下，回到 scrapy shell 中，执行命令：

```
subSelector = response.xpath('//div[@class="proxylistitem" and @name
="list_proxy_ip"]')
subSelector.xpath('.//span[1]/text()').extract()[0]
subSelector.xpath('.//span[2]/text()').extract()[0]
subSelector.xpath('.//span[3]/text()').extract()[0]
subSelector.xpath('.//span[4]/text()').extract()[0]
```

执行结果如图 5-42 所示。

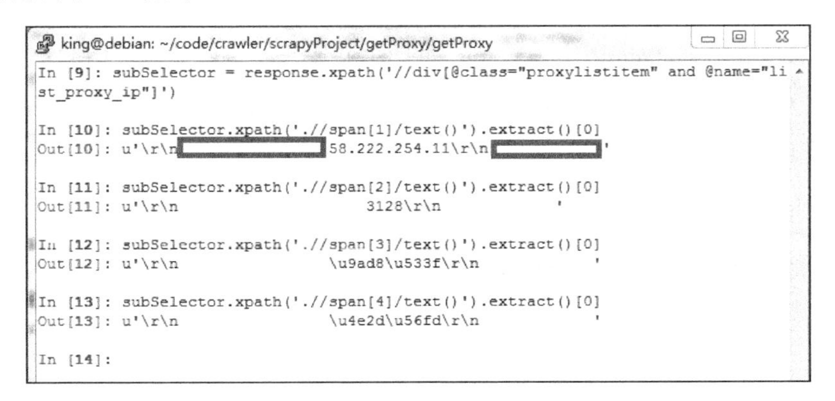

图 5-42　proxy360Spider 测试选择器

所得数据左右两侧都有很多的空格。

现在如何用选择器从 response 中获取所需数据的方法也出来了，接下来可以开始编写 Spider 文件 proxy360Spider.py。proxy360Spider.py 的内容如下：

```
 1 # -*- coding: utf-8 -*-
 2 import scrapy
 3 from getProxy.items import GetproxyItem
 4
 5 class Proxy360Spider(scrapy.Spider):
 6     name = "proxy360Spider"
 7     allowed_domains = ["proxy360.com"]
 8     nations =
['Brazil','China','America','Taiwan','Japan','Thailand','Vietnam','bahrein']
 9     start_urls = []
10     for nation in nations:
11         start_urls.append('http://www.proxy360.cn/Region/' + nation)
12
13
14     def parse(self, response):
15         subSelector = response.xpath('//div[@class="proxylistitem" and
@name="list_proxy_ip"]')
16         items = []
17         for sub in subSelector:
18             item = GetproxyItem()
19             item['ip'] = sub.xpath('.//span[1]/text()').extract()[0]
20             item['port'] = sub.xpath('.//span[2]/text()').extract()[0]
21             item['type'] = sub.xpath('.//span[3]/text()').extract()[0]
22             item['loction'] = sub.xpath('.//span[4]/text()').extract()[0]
23             item['protocol'] = 'HTTP'
24             item['source'] = 'proxy360'
25             items.append(item)
26         return items
```

在 http://www.proxy360.cn/Region/China 页面中并没有显示服务器使用的协议。一般都是 HTTP 协议，所以 item['protocol']统一设置成了 HTTP。而数据来源都是 proxy360 网站，item['source']都设置成了 proxy360。

3．修改 pipelines.py，处理 Spider 的结果

这里还是将 Spider 的结果保存为 txt 格式，以便于阅读。pipelines.py 文件内容如下：

```
1 # -*- coding: utf-8 -*-
2
3 # Define your item pipelines here
4 #
5 # Don't forget to add your pipeline to the ITEM_PIPELINES setting
6 # See: http://doc.scrapy.org/en/latest/topics/item-pipeline.html
7
```

```
     8 import codecs
     9
    10 class GetproxyPipeline(object):
    11     def process_item(self, item, spider):
    12         fileName = 'proxy.txt'
    13         with codecs.open(fileName, 'a', 'utf-8') as fp:
    14             fp.write("{'%s': '%s://%s:%s'}||\t %s \t %s \t %s \r\n"
    15             %(item['protocol'].strip(), item['protocol'].strip(),
item['ip']    .strip(), item['port'].strip(), item['type'].strip(),
item['loction'].strip(    ), item['source'].strip()))
    16         return item
```

在 14 行中加入了两条竖线，是为了以后能方便地将代理字典（{'http':'http://1.2.3.4:8080'}）从字符串中分离出来。在 15 行中，写入文件时使用了 strip()函数去除所得数据左右两边的空格。

4．修改 settings.py，决定由哪个文件来处理获取的数据

settings.py 稍作修改即可。将 pipelines.py 添加到 ITEM_PIPELINES 中去就能解决问题。settings.sp 文件内容如下：

```
     1 # -*- coding: utf-8 -*-
     2
     3 # Scrapy settings for getProxy project
     4 #
     5 # For simplicity, this file contains only the most important settings
by
     6 # default. All the other settings are documented here:
     7 #
     8 #    http://doc.scrapy.org/en/latest/topics/settings.html
     9 #
    10
    11 BOT_NAME = 'getProxy'
    12
    13 SPIDER_MODULES = ['getProxy.spiders']
    14 NEWSPIDER_MODULE = 'getProxy.spiders'
    15
    16 # Crawl responsibly by identifying yourself (and your website) on the
User-Agent
    17 #USER_AGENT = 'getProxy (+http://www.yourdomain.com)'
    18
    19
    20 ### user add
    21 ITEM_PIPELINES = {
    22 'getProxy.pipelines.GetproxyPipeline':100
    23 }
```

最后回到项目 getProxy 目录下，执行命令：

```
scrapy crawl proxy360Spider
ls
wc -l proxy.txt
more proxy.txt
```

执行结果如图 5-43 所示。

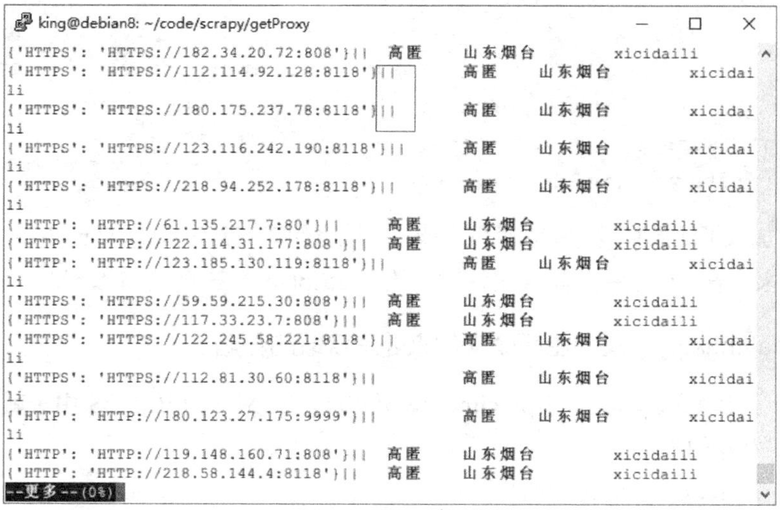

```
king@debian8: ~/code/scrapy/getProxy
{'HTTPS': 'HTTPS://182.34.20.72:808'}||  高匿      山东烟台          xicidaili
{'HTTPS': 'HTTPS://112.114.92.128:8118'}||        高匿      山东烟台          xicidai
li
{'HTTPS': 'HTTPS://180.175.237.78:8118'}||        高匿      山东烟台          xicidai
li
{'HTTPS': 'HTTPS://123.116.242.190:8118'}||       高匿      山东烟台          xicidai
li
{'HTTPS': 'HTTPS://218.94.252.178:8118'}||        高匿      山东烟台          xicidai
li
{'HTTP': 'HTTP://61.135.217.7:80'}||     高匿      山东烟台          xicidaili
{'HTTP': 'HTTP://122.114.31.177:808'}||  高匿      山东烟台          xicidaili
{'HTTP': 'HTTP://123.185.130.119:8118'}||         高匿      山东烟台          xicidai
li
{'HTTPS': 'HTTPS://59.59.215.30:808'}||  高匿      山东烟台          xicidaili
{'HTTPS': 'HTTPS://117.33.23.7:808'}||   高匿      山东烟台          xicidaili
{'HTTPS': 'HTTPS://122.245.58.221:8118'}||        高匿      山东烟台          xicidai
li
{'HTTPS': 'HTTPS://112.81.30.60:8118'}||          高匿      山东烟台          xicidai
li
{'HTTP': 'HTTP://180.123.27.175:9999'}||          高匿      山东烟台          xicidai
li
{'HTTP': 'HTTP://119.148.160.71:808'}||  高匿      山东烟台          xicidaili
{'HTTP': 'HTTP://218.58.144.4:8118'}||   高匿      山东烟台          xicidaili
--更多--(0%)
```

图 5-43　scrapy crawl proxy360Spider

得到的结果没什么问题。可花了这么长时间最后只得到了 144 个数据的结果，效率也太低了点吧。不过没关系，再给它一个 Spider 就可以了，一个站点的数据不够就再加一个站点。如果还不够，就继续增加站点吧！

5.5.3　多个 Spider

按照一个 Spider 的思路，得到的 proxy 数据不够多，则可以在 www.xicidaili.com 中获取代理补足。到项目 getProxy 目录下，执行命令：

```
cd
cd code/scrapy
cd getProxy
scrapy genspider xiciSpider xicidaili.com
```

创建一个名为 xiciSpider.py 的 Spider 文件。items.py 无须修改了，直接对 xiciSpider.py 做修改就可以了。我们还是先用 scrapy shell 命令来确定如何获取数据，执行命令：

```
scrapy shell http://www.xicidaili.com/nn/2
```

得到的结果如图 5-44 所示。

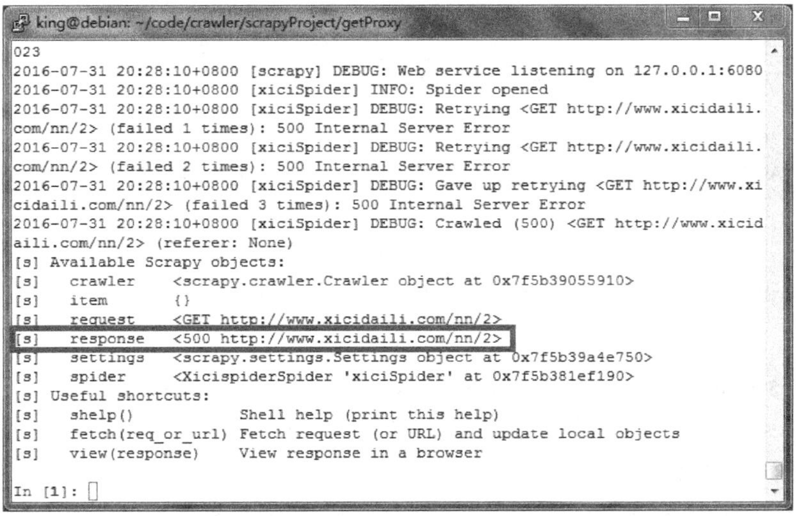

```
king@debian: ~/code/crawler/scrapyProject/getProxy
023
2016-07-31 20:28:10+0800 [scrapy] DEBUG: Web service listening on 127.0.0.1:6080
2016-07-31 20:28:10+0800 [xiciSpider] INFO: Spider opened
2016-07-31 20:28:10+0800 [xiciSpider] DEBUG: Retrying <GET http://www.xicidaili.
com/nn/2> (failed 1 times): 500 Internal Server Error
2016-07-31 20:28:10+0800 [xiciSpider] DEBUG: Retrying <GET http://www.xicidaili.
com/nn/2> (failed 2 times): 500 Internal Server Error
2016-07-31 20:28:10+0800 [xiciSpider] DEBUG: Gave up retrying <GET http://www.xi
cidaili.com/nn/2> (failed 3 times): 500 Internal Server Error
2016-07-31 20:28:10+0800 [xiciSpider] DEBUG: Crawled (500) <GET http://www.xicid
aili.com/nn/2> (referer: None)
[s] Available Scrapy objects:
[s]   crawler    <scrapy.crawler.Crawler object at 0x7f5b39055910>
[s]   item       {}
[s]   request    <GET http://www.xicidaili.com/nn/2>
[s]   response   <500 http://www.xicidaili.com/nn/2>
[s]   settings   <scrapy.settings.Settings object at 0x7f5b39a4e750>
[s]   spider     <XicispiderSpider 'xiciSpider' at 0x7f5b381ef190>
[s] Useful shortcuts:
[s]   shelp()           Shell help (print this help)
[s]   fetch(req_or_url) Fetch request (or URL) and update local objects
[s]   view(response)    View response in a browser

In [1]:
```

图 5-44　scrapy shell

这里发现一个问题。respnose 返回的代码是 500，要知道返回码是 200 才是正常返回。在浏览器中打开 http://www.xicidaili.com/nn/2 是正常显示的，而该网页并不需要登录，那就是说并不涉及 cookie。用 scrapy shell 请求页面和用浏览器请求页面用的是同一 IP。也不存在 IP 封锁的问题。剩下的就只有 headers 中 User-Agent 的问题了。除去所有的不可能，最后那一选项大致就是正确答案。

在 Scrapy 中的确是有默认的 headers，但这个 headers 与浏览器的 headers 是有区别的。有的网站会检查 headers，如果是正常浏览器的 headers 网站则予以通过，而机器人或者说爬虫的 headers 则拒绝访问。所以在这里只需要给 scrapy 一个浏览器的 headers 就可以解决问题了。修改 settings.py 文件内容如下：

```
 1 # -*- coding: utf-8 -*-
 2
 3 # Scrapy settings for getProxy project
 4 #
 5 # For simplicity, this file contains only the most important settings by
 6 # default. All the other settings are documented here:
 7 #
 8 #     http://doc.scrapy.org/en/latest/topics/settings.html
 9 #
10
11 BOT_NAME = 'getProxy'
12
13 SPIDER_MODULES = ['getProxy.spiders']
14 NEWSPIDER_MODULE = 'getProxy.spiders'
15
16 # Crawl responsibly by identifying yourself (and your website) on the
User-Agent
```

```
    17 #USER_AGENT = 'getProxy (+http://www.yourdomain.com)'
    18
    19
    20 ### user add
    21 USER_AGENT = 'Mozilla/5.0 (Windows NT 6.1; WOW64) AppleWebKit/537.36
(KHTML, like Gecko)'
    22 ITEM_PIPELINES = {
    23 'getProxy.pipelines.GetproxyPipeline':100
    24 }
```

只需要在 settings.py 里添加一个 USER_AGENT 项就可以了。如果可以，尽可能使用本机浏览器的 headers。这里使用的是随意选取的一个 headers，好在该网站没有根据不同的 headers 返回不同的内容。

好了，再回到 getProxy 项目的目录下，使用 scrapy shell 测试如何获取有效数据。执行命令：

```
scrapy shell http://www.xicidaili.com/nn/2
```

得到的结果如图 5-45 所示。

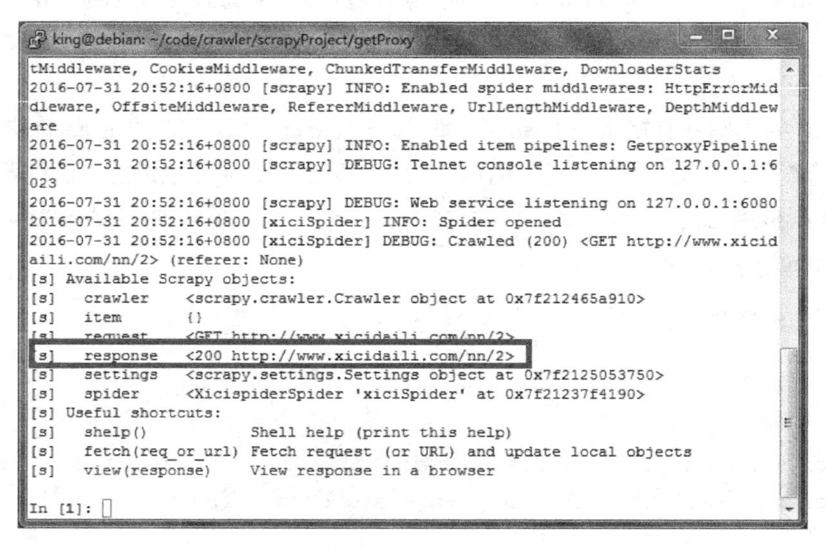

图 5-45　修改 headers 后 scrapy shell

如图 5-45 所示，response 的返回码为 200，现在没问题了。浏览器中打开 http://www.xicidaili.com/nn/2，空白处右击，选择“查看网页源代码”，打开了页面的源代码网页，发现所需数据的块都是以<tr class="odd">或者<tr class="">开头的。在 scrapy shell 中执行命令：

```
subSelector = response.xpath('//tr[@class=""]|//tr[@class="odd"]')
subSelector[0].xpath('.//td[2]/text()').extract()[0]
subSelector[0].xpath('.//td[3]/text()').extract()[0]
subSelector[0].xpath('.//td[4]//text()').extract()[0]
```

```
subSelector[0].xpath('.//td[5]/text()').extract()[0]
subSelector[0].xpath('.//td[6]/text()').extract()[0]
```

执行结果如图 5-46 所示。

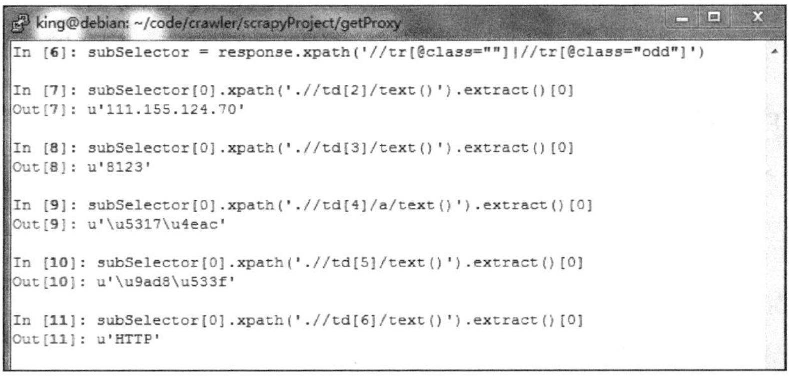

```
king@debian: ~/code/crawler/scrapyProject/getProxy
In [6]: subSelector = response.xpath('//tr[@class=""]|//tr[@class="odd"]')

In [7]: subSelector[0].xpath('.//td[2]/text()').extract()[0]
Out[7]: u'111.155.124.70'

In [8]: subSelector[0].xpath('.//td[3]/text()').extract()[0]
Out[8]: u'8123'

In [9]: subSelector[0].xpath('.//td[4]/a/text()').extract()[0]
Out[9]: u'\u5317\u4eac'

In [10]: subSelector[0].xpath('.//td[5]/text()').extract()[0]
Out[10]: u'\u9ad8\u533f'

In [11]: subSelector[0].xpath('.//td[6]/text()').extract()[0]
Out[11]: u'HTTP'
```

图 5-46 xiciSpider 测试选择器

现在 xiciSpider.py 怎么编写已经一目了然了。xiciSpider.py 的内容如下：

```
1 # -*- coding: utf-8 -*-
2 import scrapy
3 from getProxy.items import GetproxyItem
4
5
6 class XicispiderSpider(scrapy.Spider):
7     name = "xiciSpider"
8     allowed_domains = ["xicidaili.com"]
9     wds = ['nn','nt','wn','wt']
10    pages = 20
11    start_urls = []
12    for type in wds:
13        for i in xrange(1,pages + 1):
14            start_urls.append('http://www.xicidaili.com/'+type+'/'+str(i))
15
16
17    def parse(self, response):
18        subSelector = response.xpath('//tr[@class=""]|//tr[@class="odd"]')
19        items = []
20        for sub in subSelector:
21            item = GetproxyItem()
22            item['ip'] = sub.xpath('.//td[2]/text()').extract()[0]
23            item['port'] = sub.xpath('.//td[3]/text()').extract()[0]
24            item['type'] = sub.xpath('.//td[5]/text()').extract()[0]
25            if sub.xpath('.//td[4]/a/text()'):
26                item['loction'] = sub.xpath('//td[4]/a/text()').extract()[0]
```

```
27            else:
28                item['loction'] = sub.xpath('.//td[4]/text()').extract()[0]
29            item['protocol'] = sub.xpath('.//td[6]/text()').extract()[0]
30            item['source'] = 'xicidaili'
31            items.append(item)
32        return items
```

回到项目 getProxy 目录下，执行命令：

```
scrapy crawl xiciSpider
ls
wc -l proxy.txt
```

执行结果如图 5-47 所示。

```
king@debian: ~/code/crawler/scrapyProject/getProxy
2016-07-31 22:04:42+0800 [xiciSpider] INFO: Dumping Scrapy stats:
        {'downloader/request_bytes': 36972,
         'downloader/request_count': 80,
         'downloader/request_method_count/GET': 80,
         'downloader/response_bytes': 649788,
         'downloader/response_count': 80,
         'downloader/response_status_count/200': 80,
         'finish_reason': 'finished',
         'finish_time': datetime.datetime(2016, 7, 31, 14, 4, 42, 977442),
         'item_scraped_count': 8000,
         'log_count/DEBUG': 8082,
         'log_count/INFO': 8,
         'response_received_count': 80,
         'scheduler/dequeued': 80,
         'scheduler/dequeued/memory': 80,
         'scheduler/enqueued': 80,
         'scheduler/enqueued/memory': 80,
         'start_time': datetime.datetime(2016, 7, 31, 14, 3, 20, 377657)}
2016-07-31 22:04:42+0800 [xiciSpider] INFO: Spider closed (finished)
king@debian:~/code/crawler/scrapyProject/getProxy$ ls
getProxy  scrapy.cfg   proxy.txt
king@debian:~/code/crawler/scrapyProject/getProxy$ wc -l proxy.txt
8144 proxy.txt
king@debian:~/code/crawler/scrapyProject/getProxy$
```

图 5-47　scrapy crawl xiciSpider

xicidaili.com 同一 IP，短时间内频繁爬取，超过一定次数就会被封锁 IP。万一被封锁了，那就重启路由器或者光猫换个 IP 吧。

从文件保存的记录数字来看，应该是没问题的。但这么多的记录，或者说这么多的代理服务器有多少是可用的呢？这就是下一小节的问题了。

5.5.4　处理 Spider 数据

如何来验证上一小节中已经获取到的代理服务器地址，最简单的方法当然是在 pipelines 文件里直接修改。但不幸的是验证一个代理服务器是否有效所需的时间和将一行记录写入文件的时间相差得太远了。前者所需的时间是以秒计算的，后者是以微秒计算。这样一来还不如先将所有的代理服务器保存到文件，然后另外写一个 Python 程序来验证代理。

进入 getProxy 项目的目录下，创建 Python 验证程序。执行命令：

```
cd
cd code/scrapy
cd getProxy
vi connWebWithProxy.py
```

代理服务器验证程序 connWebWithProxy.py 的内容如下：

```
 1 #!/usr/bin/env python3
 2 #-*- coding: utf-8 -*-
 3 __author__ = 'hstking hst_king@hotmail.com'
 4
 5
 6 import urllib.request
 7 import re
 8 import threading
 9 import codecs
10
11 class TestProxy(object):
12     def __init__(self):
13         self.sFile = 'proxy.txt'
14         self.dFile = 'alive.txt'
15         self.URL = 'http://www.baidu.com/'
16         self.threads = 10
17         self.timeout = 3
18         self.regex = re.compile('baidu.com')
19         self.aliveList = []
20
21         self.run()
22
23     def run(self):
24         with codecs.open(self.sFile, 'r', 'utf-8') as fp:
25             lines = fp.readlines()
26             line = lines.pop()
27             while lines:
28                 for i in range(self.threads):
29                     t = threading.Thread(target=self.linkWithProxy, args=(line,))
30                     t.start()
31                     if lines:
32                         line = lines.pop()
33                     else:
34                         continue
35
36         with codecs.open(self.dFile, 'w', 'utf-8') as fp:
37             for i in range(len(self.aliveList)):
```

```
38                fp.write(self.aliveList[i])
39
40
41
42      def linkWithProxy(self, line):
43          proxyStr = line.split('||')[0]
44          proxyDic = eval(proxyStr)
45          opener = urllib.request.build_opener(urllib.request.
ProxyHandler(proxyDic))
46          urllib.request.install_opener(opener)
47          try:
48              response = urllib.request.urlopen(self.URL,
timeout=self.timeout)
49          except:
50              print('%s connect failed' %proxyDic)
51              return
52          else:
53              try:
54                  str = response.read().decode('utf-8')
55              except:
56                  print('%s connect failed' %proxyDic)
57                  return
58              if self.regex.search(str):
59                  print('%s connect success ..........' %proxyDic)
60                  self.aliveList.append(line)
```

执行命令：

```
python3 connWebWithProxy.py
```

利用多线程来验证来源文件 proxy.txt 里的代理。经过验证，有 181 个代理可以使用。将 self.threads 设置为 10，使用 10 个进程并发，大概需要 1 分钟左右，速度还可以接受。这个速度已经很快了，没有必要将 self.threads 设置得太大，以免占用太多的系统资源。最终得到文件 alive.txt。这个程序还比较简陋，有很大的改进空间。例如，同一网站下爬取的代理服务器也许不会有重复的情况，但多个网站爬取的代理服务器就有可能重复。这种情况可以在程序内加上一个去重的函数。

5.6 Scrapy 爬虫实战四：糗事百科

上节中得到了一个经过验证的 proxy 文件。本节将使用得到的代理来爬取网站内容，目标站点就定为一个笑话网站糗事百科。

5.6.1　目标分析

糗事百科这个站点类似于上节的“西刺代理”。它必须指定一个浏览器的 headers 才能返回正确的数据。另外上节中的 getProxy 项目中已经获取了一些可使用的代理服务器，不能浪费掉。本节将使用代理来爬取糗事百科中的笑话。

在浏览器中打开糗事百科网站，如图 5-48 所示。

图 5-48　数据来源站点

从图 5-48 中可以看出目标数据来源的网址为 http://www.qiushibaike.com/hot/page/3/?s=4900120，这里的?s=4900120 应该只是从 Cookies 里提取的用户标识。去除这个尾巴，用浏览器打开 http://www.qiushibaike.com/hot/page/3/。页面完全一样，没有任何影响。

可以获取的项有发布者名字、笑话内容、笑话图片（如果有图片就下载）、单击好笑的次数、谈论的次数。items.py 就是这些了。

5.6.2　创建编辑 Scrapy 爬虫

进入 Scrapy 的工作目录，创建项目名为 qiushi 的 Scrapy 项目，通过 Spider 模版创建 qiushiSpider.py 文件。执行命令：

```
cd
cd code/scrapy
scrapy startproject qiushi
cd qiushi
scrapy genspider qiushiSpider qiushibaike.com
```

首先要编辑的还是 items.py，items.py 文件的内容如下：

```
1 #-*- coding: utf-8 -*-
```

```
 2
 3 # Define here the models for your scraped items
 4 #
 5 # See documentation in:
 6 # http://doc.scrapy.org/en/latest/topics/items.html
 7
 8 import scrapy
 9
10
11 class QiushiItem(scrapy.Item):
12     # define the fields for your item here like:
13     # name = scrapy.Field()
14      author = scrapy.Field()
15      content = scrapy.Field()
16      img = scrapy.Field()
17      funNum = scrapy.Field()
18      talkNum = scrapy.Field()
```

不管后面怎么变化，需要添加什么功能，在 items.py 这个文件上是没有任何区别的。在上节的 getProxy 项目中，为了获取“西刺代理”站点上的代理服务器，在 settings.py 中添加了 USER_AGENT 项，给 Scrapy 添加了一个浏览器的 headers。本节的 Scrapy 项目不仅需要添加浏览器的 headers，还要使用 proxy，这就涉及了 Scrapy 中间件。

Scrapy 项目本身有很多的中间件。这些中间件设置了很多的环境。一般最常见的中间件就是下载器中间件。本节项目所需添加 headers，使用 proxy 都是在这个中间件中修改。

5.6.3 Scrapy 项目中间件——添加 headers

在 Scrapy 项目中，掌管 proxy 的中间件是 scrapy.contrib.downloadermiddleware.useragent.UserAgentMiddleware。直接修改这个中间件，不是不可以，不过为了一个项目就去修改整个环境变量，也太小题大做了。我们完全可以自己写个中间件，让它运行，然后将 Scrapy 默认的中间件关闭掉就可以了。

先进入 qiushi 项目下的 settgings.py 同层目录，创建文件夹 middlewares，在 middlewares 目录下创建__init__.py 和 customMiddlewares.py 文件，其中__init__.py 的作用是将整个 middlewares 目录当成一个模块使用。customMiddlewares.py 就是自定义的中间件。customMiddlewares.py 的内容如下：

```
1 #!/usr/bin/env python
2 #-*- coding: utf-8 -*-
3 __author__ = 'hstking hst_king@hotmail.com'
4
5
6 from scrapy.contrib.downloadermiddleware.useragent import
```

```
UserAgentMiddlewar    e
     7
     8 class CustomUserAgent(UserAgentMiddleware):
     9     def process_request(self,request,spider):
    10         ua = "Mozilla/5.0 (Windows NT 6.1) AppleWebKit/536.3 (KHTML, like
Ge    cko) Chrome/19.0.1061.1 Safari/536.3"
    11         request.headers.setdefault('User-Agent', ua)
```

修改 settings.py，将系统默认的中间件 scrapy.contrib.downloadermiddleware.useragent. UserAgentMiddleware 关闭，用自己创建的中间件 qiushi.middlewares.customMiddlewares. CustomUserAgent 代替。Settings.py 内容如下：

```
     1 # -*- coding: utf-8 -*-
     2
     3 # Scrapy settings for qiushi project
     4 #
     5 # For simplicity, this file contains only the most important settings by
     6 # default. All the other settings are documented here:
     7 #
     8 #     http://doc.scrapy.org/en/latest/topics/settings.html
     9 #
    10
    11 BOT_NAME = 'qiushi'
    12
    13 SPIDER_MODULES = ['qiushi.spiders']
    14 NEWSPIDER_MODULE = 'qiushi.spiders'
    15
    16 # Crawl responsibly by identifying yourself (and your website) on the
User-Agent
    17 #USER_AGENT = 'qiushi (+http://www.yourdomain.com)'
    18
    19
    20
    21 ### user define
    22 DOWNLOADER_MIDDLEWARES = {
    23     'qiushi.middlewares.customMiddlewares.CustomUserAgent': 3,
    24     'scrapy.contrib.downloadermiddleware.useragent.UserAgentMiddleware': None,
    25 }
```

因为改用了自定义的中间件取代 Scrapy 的中间件，所以需要将 Scrapy 的中间件改为 None，将其关闭。

编辑 pipelines.py 文件，pipelines.py 文件内容如下：

```
     1 # -*- coding: utf-8 -*-
```

```
 2
 3 # Define your item pipelines here
 4 #
 5 # Don't forget to add your pipeline to the ITEM_PIPELINES setting
 6 # See: http://doc.scrapy.org/en/latest/topics/item-pipeline.html
 7
 8 import time
 9 import urllib.request
10 import os
11 import codecs
12 class QiushiPipeline(object):
13     def process_item(self, item, spider):
14         today = time.strftime('%Y%m%d', time.localtime())
15         fileName = today + 'qiubai.txt'
16         imgDir = 'IMG'
17         if os.path.isdir(imgDir):
18             pass
19         else:
20             os.mkdir(imgDir)
21         with codecs.open(fileName, 'a', 'utf-8') as fp:
22             fp.write('-'*50 + '\n' + '*'*50 + '\n')
23             fp.write("author:\t %s\n" %(item['author']))
24             fp.write("content:\t %s\n" %(item['content']))
25             try:
26                 imgUrl = item['img'][1]
27             except IndexError:
28                 pass
29             else:
30                 imgName = os.path.basename(imgUrl)
31                 fp.write("img:\t %s\n" %(imgName))
32                 imgPathName = imgDir + os.sep + imgName
33                 with open(imgPathName, 'wb') as fp:
34                     response = urllib.request.urlopen(imgUrl)
35                     fp.write(response.read())
36             fp.write("fun:%s\t talk:%s\n" %(item['funNum'],item['talkNum']))
37             fp.write('*'*50 + '\n' + '-'*50 + '\n'*10)
38         return item
```

最后将 QiushiPipeline 添加到 settings.py 中去，修改后的 settings.py 内容如下：

```
1 # -*- coding: utf-8 -*-
2
3 # Scrapy settings for qiushi project
4 #
5 # For simplicity, this file contains only the most important settings by
```

```
 6 # default. All the other settings are documented here:
 7 #
 8 #     http://doc.scrapy.org/en/latest/topics/settings.html
 9 #
10
11 BOT_NAME = 'qiushi'
12
13 SPIDER_MODULES = ['qiushi.spiders']
14 NEWSPIDER_MODULE = 'qiushi.spiders'
15
16 # Crawl responsibly by identifying yourself (and your website) on the User-Agent
17 #USER_AGENT = 'qiushi (+http://www.yourdomain.com)'
18
19
20
21 ### user define
22 DOWNLOADER_MIDDLEWARES = {
23     'qiushi.middlewares.customMiddlewares.CustomUserAgent': 3,
24     'scrapy.contrib.downloadermiddleware.useragent.UserAgentMiddleware': None,
25 }
26
27 ITEM_PIPELINES = {
28 'qiushi.pipelines.QiushiPipeline':10,
29 }
```

所有文件准备完毕了，回到 qiushi 项目下，执行命令：

```
scrapy crawl qiushiSpider
ls
```

结果如图 5-49 所示。

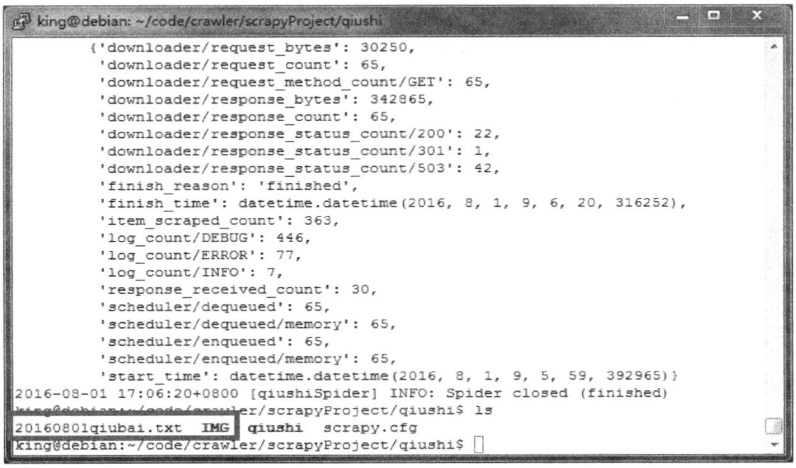

```
king@debian: ~/code/crawler/scrapyProject/qiushi
        {'downloader/request_bytes': 30250,
         'downloader/request_count': 65,
         'downloader/request_method_count/GET': 65,
         'downloader/response_bytes': 342865,
         'downloader/response_count': 65,
         'downloader/response_status_count/200': 22,
         'downloader/response_status_count/301': 1,
         'downloader/response_status_count/503': 42,
         'finish_reason': 'finished',
         'finish_time': datetime.datetime(2016, 8, 1, 9, 6, 20, 316252),
         'item_scraped_count': 363,
         'log_count/DEBUG': 446,
         'log_count/ERROR': 77,
         'log_count/INFO': 7,
         'response_received_count': 30,
         'scheduler/dequeued': 65,
         'scheduler/dequeued/memory': 65,
         'scheduler/enqueued': 65,
         'scheduler/enqueued/memory': 65,
         'start_time': datetime.datetime(2016, 8, 1, 9, 5, 59, 392965)}
2016-08-01 17:06:20+0800 [qiushiSpider] INFO: Spider closed (finished)
king@debian:~/code/crawler/scrapyProject/qiushi$ ls
20160801qiubai.txt  IMG  qiushi  scrapy.cfg
king@debian:~/code/crawler/scrapyProject/qiushi$
```

图 5-49　数据保存结果

从最后运行结果看来，已达到预期目标，获取了数据。自定义的中间件成功运行。

5.6.4 Scrapy 项目中间件——添加 proxy

上一小节中使用自定义的中间件给 Scrapy 添加了浏览器的 headers。本小节将使用自定义的中间件给 Scrapy 添加一个 proxy。

Scrapy 默认环境下，proxy 的设置是由中间件 scrapy.contrib.downloadermiddleware.httpproxy.HttpProxyMiddleware 控制的。参照上一小节的方法，还是自定义一个中间件。因为只使用单独一个代理，就不再添加新的文件了。直接在 middlewares.customMiddlewares 中添加一个类就可以了。

既然是使用 proxy，那得先找到一个可使用 proxy，在上个 Scrapy 项目 getProxy 中已经找到很多了，我们在 getProxy 项目的最终文档 alive.txt 中随意挑选一个即可。例如：114.33.202.73:8118。

这个代理是个临时的代理，现在有效不代表将来一直都有效，测试时请换一个确实可用的代理服务器。

修改自定义的中间件文档 customMiddlewares.py。修改完毕后的 customMiddlewares.py 内容如下：

```
1 #!/usr/bin/env python
2 #-*- coding: utf-8 -*-
3 __author__ = 'hstking hst_king@hotmail.com'
4
5
6 from scrapy.contrib.downloadermiddleware.useragent import
UserAgentMiddlewar    e
7
8 class CustomUserAgent(UserAgentMiddleware):
9     def process_request(self,request,spider):
10        ua = "Mozilla/5.0 (Windows NT 6.1) AppleWebKit/536.3 (KHTML, like
Ge    cko) Chrome/19.0.1061.1 Safari/536.3"
11        request.headers.setdefault('User-Agent', ua)
12
13 class CustomProxy(object):
14     def process_request(self,request,spider):
15        request.meta['proxy'] = 'http://114.33.202.73:8118'
```

接下来再修改 settings.py 文件，将新添加的中间件 CustomProxy 添加到 DOWNLOADER_MIDDLEWARES 中去。这里与之前的 CustomUserAgent 不同的是，CustomUserAgent 需要禁止系统的 UserAgentMiddleware，而 CustomProxy 则需要在系统的 HttpProxyMiddleware 之前执行。修改完毕的 settings.py 内容如下：

```
1 # -*- coding: utf-8 -*-
```

```
    2
    3 # Scrapy settings for qiushi project
    4 #
    5 # For simplicity, this file contains only the most important settings by
    6 # default. All the other settings are documented here:
    7 #
    8 #     http://doc.scrapy.org/en/latest/topics/settings.html
    9 #
   10
   11 BOT_NAME = 'qiushi'
   12
   13 SPIDER_MODULES = ['qiushi.spiders']
   14 NEWSPIDER_MODULE = 'qiushi.spiders'
   15
   16 # Crawl responsibly by identifying yourself (and your website) on the
User-Agent
   17 #USER_AGENT = 'qiushi (+http://www.yourdomain.com)'
   18
   19
   20
   21 ### user define
   22 DOWNLOADER_MIDDLEWARES = {
   23     'qiushi.middlewares.customMiddlewares.CustomProxy': 10,
   24     'qiushi.middlewares.customMiddlewares.CustomUserAgent': 30,
   25     'scrapy.contrib.downloadermiddleware.useragent.UserAgentMiddleware':
None,
   26     'scrapy.contrib.downloadermiddleware.httpproxy.HttpProxyMiddleware':
20
   27 }
   28
   29 ITEM_PIPELINES = {
   30 'qiushi.pipelines.QiushiPipeline':10,
   31 }
```

最后回到 Scrapy 项目 qiushi 的目录下，执行命令：

```
Scrapy crawl qiushiSpider
```

执行的结果如图 5-50 所示。

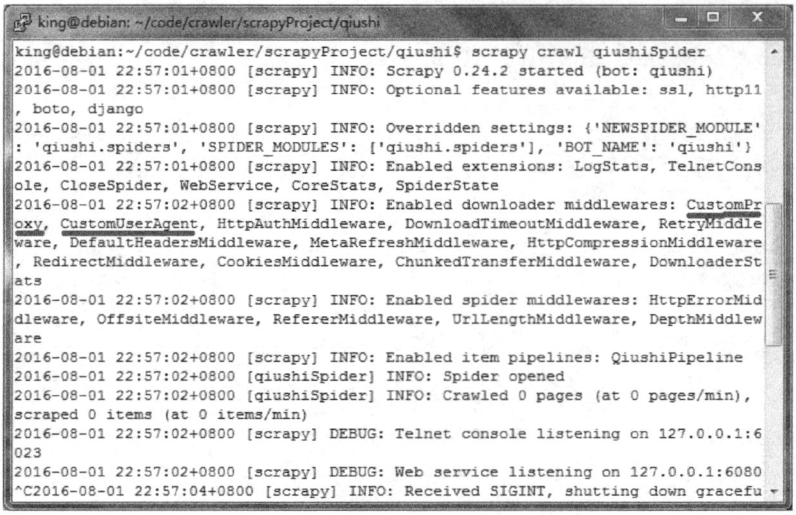

```
king@debian: ~/code/crawler/scrapyProject/qiushi
king@debian:~/code/crawler/scrapyProject/qiushi$ scrapy crawl qiushiSpider
2016-08-01 22:57:01+0800 [scrapy] INFO: Scrapy 0.24.2 started (bot: qiushi)
2016-08-01 22:57:01+0800 [scrapy] INFO: Optional features available: ssl, http11
, boto, django
2016-08-01 22:57:01+0800 [scrapy] INFO: Overridden settings: {'NEWSPIDER_MODULE'
: 'qiushi.spiders', 'SPIDER_MODULES': ['qiushi.spiders'], 'BOT_NAME': 'qiushi'}
2016-08-01 22:57:01+0800 [scrapy] INFO: Enabled extensions: LogStats, TelnetCons
ole, CloseSpider, WebService, CoreStats, SpiderState
2016-08-01 22:57:02+0800 [scrapy] INFO: Enabled downloader middlewares: CustomPr
oxy, CustomUserAgent, HttpAuthMiddleware, DownloadTimeoutMiddleware, RetryMiddle
ware, DefaultHeadersMiddleware, MetaRefreshMiddleware, HttpCompressionMiddleware
, RedirectMiddleware, CookiesMiddleware, ChunkedTransferMiddleware, DownloaderSt
ats
2016-08-01 22:57:02+0800 [scrapy] INFO: Enabled spider middlewares: HttpErrorMid
dleware, OffsiteMiddleware, RefererMiddleware, UrlLengthMiddleware, DepthMiddlew
are
2016-08-01 22:57:02+0800 [scrapy] INFO: Enabled item pipelines: QiushiPipeline
2016-08-01 22:57:02+0800 [qiushiSpider] INFO: Spider opened
2016-08-01 22:57:02+0800 [qiushiSpider] INFO: Crawled 0 pages (at 0 pages/min),
scraped 0 items (at 0 items/min)
2016-08-01 22:57:02+0800 [scrapy] DEBUG: Telnet console listening on 127.0.0.1:6
023
2016-08-01 22:57:02+0800 [scrapy] DEBUG: Web service listening on 127.0.0.1:6080
^C2016-08-01 22:57:04+0800 [scrapy] INFO: Received SIGINT, shutting down gracefu
```

图 5-50　运行中间件

从图 5-50 中可以看出自定义的两个中间件都已经运行了。

5.7 Scrapy 爬虫实战五：爬虫攻防

对于一般用户而言，网络爬虫是个好工具，它可以方便地从网站上获取自己想要的信息。可对于网站而言，网络爬虫占用了太多的资源，也没可能从这些爬虫获取点击量，增加广告收入。据有关调查研究证明，网络上超过 60%以上的访问量都是爬虫造成的，也难怪网站方对网络爬虫恨之入骨，“杀”之而后快了。

网站方采取种种措施拒绝网络爬虫的访问，而网络高手们则毫不示弱，改进网络爬虫，赋予它更强的功能、更快的速度，以及更隐蔽的手段。在这场爬虫与反爬虫的战争中，双方的比分交替领先，最终谁会赢得胜利，大家将拭目以待。

5.7.1 创建一般爬虫

我们先写一个小爬虫程序，假设网站方的各种限制，然后再来看看如何破解网站方的限制，让大家自由地使用爬虫工具。网站限制的爬虫肯定不包括我们这种只有几次访问的爬虫。一般来说，小于 100 次访问的爬虫都无须为此担心，这个的爬虫纯粹是做演示。

以爬取美剧天堂站点为例，使用 Scrapy 爬虫来爬取最近更新的美剧，来源网页是 http://www.meijutt.com/new100.html。进入 Scrapy 工作目录，创建 meiju100 项目。执行命令：

```
cd
cd code/scrapy
scrapy startproject meiju100
cd meiju100
```

```
scrapy genspider meiju100Spider meijutt.com
tree meiju100
```

执行的结果如图 5-51 所示。

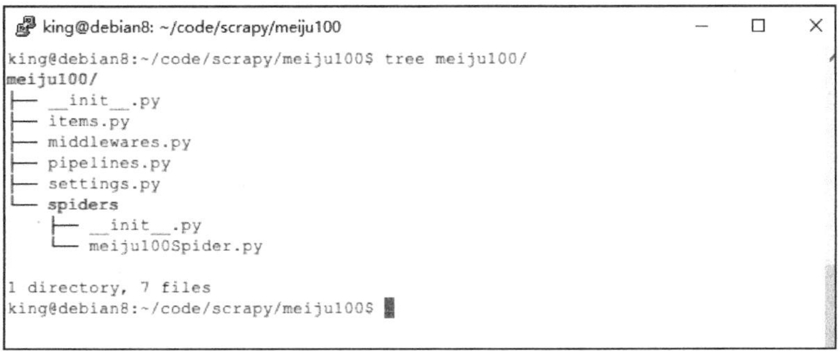

```
king@debian8: ~/code/scrapy/meiju100
king@debian8:~/code/scrapy/meiju100$ tree meiju100/
meiju100/
├── __init__.py
├── items.py
├── middlewares.py
├── pipelines.py
├── settings.py
└── spiders
    ├── __init__.py
    └── meiju100Spider.py

1 directory, 7 files
king@debian8:~/code/scrapy/meiju100$
```

图 5-51　tree meiju100 项目

修改后的 items.py 的内容如下：

```
 1 # -*- coding: utf-8 -*-
 2
 3 # Define here the models for your scraped items
 4 #
 5 # See documentation in:
 6 # http://doc.scrapy.org/en/latest/topics/items.html
 7
 8 import scrapy
 9
10
11 class Meiju100Item(scrapy.Item):
12     # define the fields for your item here like:
13     # name = scrapy.Field()
14      storyName = scrapy.Field()
15      storyState = scrapy.Field()
16      tvStation = scrapy.Field()
17      updateTime = scrapy.Field()
```

修改后的 meiju100Spider.py 内容如下：

```
1 # -*- coding: utf-8 -*-
2 import scrapy
3 from meiju100.items import Meiju100Item
4
5
6 class Meiju100spiderSpider(scrapy.Spider):
7     name = 'meiju100Spider'
8     allowed_domains = ['meijutt.com']
```

```
 9     start_urls = ['http://meijutt.com/new100.html']
10 
11     def parse(self, response):
12         subSelector = response.xpath('//li/div[@class="lasted-num fn-
left"]')
13         items = []
14         for sub in subSelector:
15             item = Meiju100Item()
16             item['storyName'] = sub.xpath('../h5/a/text()').extract()[0]
17             try:
18                 item['storyState'] = sub.xpath('../span[@class="state1
new100state1"]/font/text()').extract()[0]
19             except IndexError as e:
20                 item['storyState'] = sub.xpath('../span[@class="state1
new100state1"]/text()').extract()[0]
21             item['tvStation'] =
sub.xpath('../span[@class="mjtv"]/text()').extract()
22             try:
23                 item['updateTime'] = sub.xpath('../div[@class="lasted-
time new100time fn-right"]/font/text()').extract()[0]
24             except IndexError as e:
25                 item['updateTime'] = sub.xpath('../div[@class="lasted-
time new100time fn-right"]/text()').extract()[0]
26             items.append(item)
27         return items
```

修改后的 pipelines.py 内容如下：

```
 1 # -*- coding: utf-8 -*-
 2 
 3 # Define your item pipelines here
 4 #
 5 # Don't forget to add your pipeline to the ITEM_PIPELINES setting
 6 # See: http://doc.scrapy.org/en/latest/topics/item-pipeline.html
 7 
 8 import time
 9 
10 class Meiju100Pipeline(object):
11     def process_item(self, item, spider):
12         today = time.strftime('%Y%m%d', time.localtime())
13         fileName = today + 'meiju.txt'
14         with open(fileName, 'a') as fp:
15             fp.write("%s \t" %(item['storyName'].encode('utf8')))
16             fp.write("%s \t" %(item['storyState'].encode('utf8')))
```

```
17            if len(item['tvStation']) == 0:
18                fp.write("unknow \t")
19            else:
20                fp.write("%s \t" %(item['tvStation'][0]).encode('utf8'))
21
22        return item
```

修改后的 settings.py 内容如下：

```
 1 # -*- coding: utf-8 -*-
 2
 3 # Scrapy settings for meiju100 project
 4 #
 5 # For simplicity, this file contains only the most important settings
by
 6 # default. All the other settings are documented here:
 7 #
 8 #     http://doc.scrapy.org/en/latest/topics/settings.html
 9 #
10
11 BOT_NAME = 'meiju100'
12
13 SPIDER_MODULES = ['meiju100.spiders']
14 NEWSPIDER_MODULE = 'meiju100.spiders'
15
16 # Crawl responsibly by identifying yourself (and your website) on the
User-Agent
17 #USER_AGENT = 'meiju100 (+http://www.yourdomain.com)'
18
19
20 ### user define
21 ITEM_PIPELINES = {
22 'meiju100.pipelines.Meiju100Pipeline':10
23 }
```

这个美剧爬虫已经修改完毕了，回到 meiju 项目的主目录下，执行命令：

```
scrapy crawl meiju100Spider
cat *.txt
```

执行结果如图 5-52 所示。

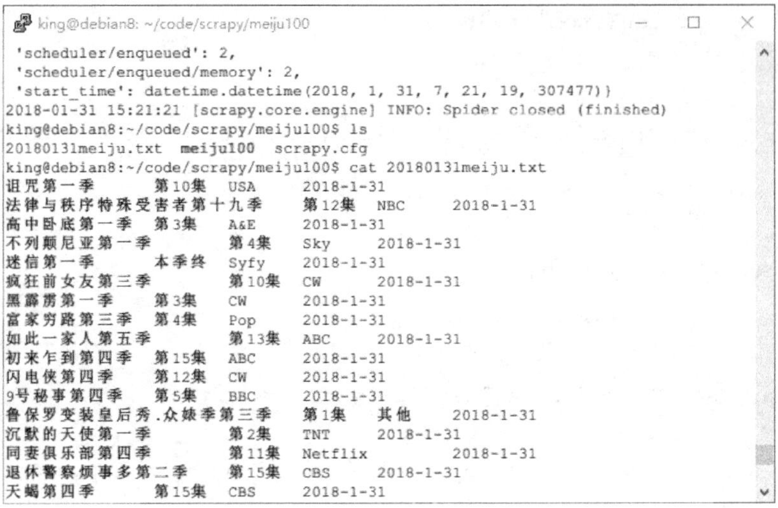

```
king@debian8: ~/code/scrapy/meiju100
 'scheduler/enqueued': 2,
 'scheduler/enqueued/memory': 2,
 'start_time': datetime.datetime(2018, 1, 31, 7, 21, 19, 307477)}
2018-01-31 15:21:21 [scrapy.core.engine] INFO: Spider closed (finished)
king@debian8:~/code/scrapy/meiju100$ ls
20180131meiju.txt  meiju100  scrapy.cfg
king@debian8:~/code/scrapy/meiju100$ cat 20180131meiju.txt
诅咒第一季        第10集  USA     2018-1-31
法律与秩序特殊受害者第十九季    第12集  NBC     2018-1-31
高中卧底第一季    第3集   A&E     2018-1-31
不列颠尼亚第一季        第4集   Sky     2018-1-31
迷信第一季        本季终  Syfy    2018-1-31
疯狂前女友第三季        第10集  CW      2018-1-31
黑霹雳第一季      第3集   CW      2018-1-31
富家穷路第三季    第4集   Pop     2018-1-31
如此一家人第五季        第13集  ABC     2018-1-31
初来乍到第四季    第15集  ABC     2018-1-31
闪电侠第四季      第12集  CW      2018-1-31
9号秘事第四季     第5集   BBC     2018-1-31
鲁保罗变装皇后秀.众妹季第三季   第1集   其他    2018-1-31
沉默的天使第一季        第2集   TNT     2018-1-31
同妻俱乐部第四季        第11集  Netflix         2018-1-31
退休警察烦事多第二季    第15集  CBS     2018-1-31
天蝎第四季        第15集  CBS     2018-1-31
```

图 5-52　meiju 项目结果

项目运行成功。下面来测试反爬虫和反反爬虫技术。

5.7.2　封锁间隔时间破解

Scrapy 在两次请求之间的时间设置是 DOWNLOAD_DELAY。如果不考虑反爬虫的因素，这个值当然是越小越好。如果把 DOWNLOAD_DELAY 设置成了 0.1，也就是每 0.1 秒向网站请求一次网页。网站管理员只要不瞎，稍微过滤一下日志，必定会为爬虫使用者如此侮辱他的智商而愤恨不已。

如果对爬虫的结果需求不是那么急，也希望“打枪的不要，悄悄地进村”，那还是把这一项的值设置得稍微大一点吧。在 settings.py 中找到这一行，取消前面的注释符号，并将至修改一下（在 settings.py 的第 30 行）。

```
DOWNLOAD_DELAY = 5
```

这样每 5 秒一次的请求就不那么显眼了。除非被爬网站的访问量非常非常的小，否则以这个频率的请求是很难被发现的。

5.7.3　封锁 Cookies 破解

众所周知，网站是通过 Cookies 来确定用户身份的。Scrapy 爬虫在爬取数据时使用同一个 Cookies 发送请求。这种做法和把 DOWNLOAD_DELAY 设置成 0.1 没什么区别。

不过要破解这种原理的反爬虫也很简单，直接禁用 Cookies 就可以了。在 settings.py 文件中找到这一行，取消前面的注释（在 settings.py 的第 36 行）。

```
COOKIES_ENABLED = False
```

5.7.4　封锁 User-Agent 破解

User-Agent 是浏览器的身份标识。网站就是通过 User-Agent 来确定浏览器类型的。有很多的网站都会拒绝不符合一定标准的 User-Agent 请求网页。在前面的 Scrapy 项目中曾冒充浏览器访问网站。但如果网站将频繁访问网站的 User-Agent 作为爬虫的标志，然后将其拉入黑名单又该怎么办呢？

这个也很简单。可以准备一大堆的 User-Agent，然后随机挑选一个使用，使用一次就更换，这样不就解决了。挑选几个合适的浏览器 User-Agent 放到资源文件 resource.py 中待用。然后将 resource.py 复制到 settings.py 的同级目录中去，如图 5-53 所示。

```
king@debian8: ~/code/scrapy/meiju100/meiju100
king@debian8:~/code/scrapy/meiju100/meiju100$ ls
__init__.py  middlewares.py  resource.py  spiders
items.py     pipelines.py    settings.py
king@debian8:~/code/scrapy/meiju100/meiju100$ tree
.
├── __init__.py
├── items.py
├── middlewares.py
├── pipelines.py
├── resource.py
├── settings.py
└── spiders
    ├── __init__.py
    └── meiju100Spider.py

1 directory, 8 files
king@debian8:~/code/scrapy/meiju100/meiju100$
```

图 5-53　资源文件 resource.py

resource.py 文件内容如下：

```
     1 #!/usr/bin/env python3
     2 #-*- coding: utf-8 -*-
     3 __author__ = 'hstking hst_king@hotmail.com'
     4
     5 UserAgents = [
     6   "Mozilla/4.0 (compatible; MSIE 6.0; Windows NT 5.1; SV1;
AcooBrowser; .NET CLR 1.1.4322; .NET CLR 2.0.50727)",
     7   "Mozilla/4.0 (compatible; MSIE 7.0; Windows NT 6.0; Acoo Browser;
SLCC1; .NET CLR 2.0.50727; Media Center PC 5.0; .NET CLR 3.0.04506)",
     8   "Mozilla/4.0 (compatible; MSIE 7.0; AOL 9.5; AOLBuild 4337.35; Windows
NT 5.1; .NET CLR 1.1.4322; .NET CLR 2.0.50727)",
     9   "Mozilla/5.0 (Windows; U; MSIE 9.0; Windows NT 9.0; en-US)",
    10   "Mozilla/5.0 (compatible; MSIE 9.0; Windows NT 6.1; Win64; x64;
Trident/5.0; .NET CLR 3.5.30729; .NET CLR 3.0.30729; .NET CLR 2.0.50727; Media
Center PC 6.0)",
    11   "Mozilla/5.0 (compatible; MSIE 8.0; Windows NT 6.0; Trident/4.0; WOW64;
Trident/4.0; SLCC2; .NET CLR 2.0.50727; .NET CLR 3.5.30729; .NET CLR
3.0.30729; .NET CLR 1.0.3705; .NET CLR 1.1.4322)",
    12   "Mozilla/4.0 (compatible; MSIE 7.0b; Windows NT 5.2; .NET CLR
```

```
1.1.4322; .NET CLR 2.0.50727; InfoPath.2; .NET CLR 3.0.04506.30)",
    13  "Mozilla/5.0 (Windows; U; Windows NT 5.1; zh-CN) AppleWebKit/523.15
(KHTML, like Gecko, Safari/419.3) Arora/0.3 (Change: 287 c9dfb30)",
    14  "Mozilla/5.0 (X11; U; Linux; en-US) AppleWebKit/527+ (KHTML, like
Gecko, Safari/419.3) Arora/0.6",
    15  "Mozilla/5.0 (Windows; U; Windows NT 5.1; en-US; rv:1.8.1.2pre)
Gecko/20070215 K-Ninja/2.1.1",
    16  "Mozilla/5.0 (Windows; U; Windows NT 5.1; zh-CN; rv:1.9)
Gecko/20080705 Firefox/3.0 Kapiko/3.0",
    17  "Mozilla/5.0 (X11; Linux i686; U;) Gecko/20070322 Kazehakase/0.4.5",
    18  "Mozilla/5.0 (X11; U; Linux i686; en-US; rv:1.9.0.8) Gecko
Fedora/1.9.0.8-1.fc10 Kazehakase/0.5.6",
    19  "Mozilla/5.0 (Windows NT 6.1; WOW64) AppleWebKit/535.11 (KHTML, like
Gecko) Chrome/17.0.963.56 Safari/535.11",
    20  "Mozilla/5.0 (Macintosh; Intel Mac OS X 10_7_3) AppleWebKit/535.20
(KHTML, like Gecko) Chrome/19.0.1036.7 Safari/535.20",
    21  "Opera/9.80 (Macintosh; Intel Mac OS X 10.6.8; U; fr) Presto/2.9.168
Version/11.52",
    22 ]
```

Scrapy 在创建项目时已经创建好了一个 middlewares.py 文件。这个在刚才运行 scrapy crawl meiju100Spider 时，middlewares.py 并没有起作用。现在需要修改 User-Agent，可以直接在 middlewares.py 中新建一个新类（重新建立一个新文件也可以，但 UserAgentMiddleware 本身就属于 middlewares 的，放到一起更加方便而已）。这个新类继承与 UserAgentMiddleware 类。然后在 settings.py 中设置一下，让这个新类替代掉原来的 UserAgentMiddlerware 类。修改 middlewares.py 如下：

```
 1 # -*- coding: utf-8 -*-
 2
 3 # Define here the models for your spider middleware
 4 #
 5 # See documentation in:
 6 # https://doc.scrapy.org/en/latest/topics/spider-middleware.html
 7
 8 from scrapy import signals
 9 from meiju100.resource import UserAgents
10 from scrapy.downloadermiddlewares.useragent import UserAgentMiddleware
11 import random
12
13
14 class Meiju100SpiderMiddleware(object):
15     # Not all methods need to be defined. If a method is not defined,
16     # scrapy acts as if the spider middleware does not modify the
17     # passed objects.
```

```
18
19      @classmethod
20      def from_crawler(cls, crawler):
21          # This method is used by Scrapy to create your spiders.
22          s = cls()
23          crawler.signals.connect(s.spider_opened,
signal=signals.spider_opened)
24          return s
25
26      def process_spider_input(self, response, spider):
27          # Called for each response that goes through the spider
28          # middleware and into the spider.
29
30          # Should return None or raise an exception.
31          return None
32
33      def process_spider_output(self, response, result, spider):
34          # Called with the results returned from the Spider, after
35          # it has processed the response.
36
37          # Must return an iterable of Request, dict or Item objects.
38          for i in result:
39              yield i
40
41      def process_spider_exception(self, response, exception, spider):
42          # Called when a spider or process_spider_input() method
43          # (from other spider middleware) raises an exception.
44
45          # Should return either None or an iterable of Response, dict
46          # or Item objects.
47          pass
48
49      def process_start_requests(self, start_requests, spider):
50          # Called with the start requests of the spider, and works
51          # similarly to the process_spider_output() method, except
52          # that it doesn't have a response associated.
53
54          # Must return only requests (not items).
55          for r in start_requests:
56              yield r
57
58      def spider_opened(self, spider):
59          spider.logger.info('Spider opened: %s' % spider.name)
```

```
60
61
62 class Meiju100DownloaderMiddleware(object):
63     # Not all methods need to be defined. If a method is not defined,
64     # scrapy acts as if the downloader middleware does not modify the
65     # passed objects.
66
67     @classmethod
68     def from_crawler(cls, crawler):
69         # This method is used by Scrapy to create your spiders.
70         s = cls()
71         crawler.signals.connect(s.spider_opened,
signal=signals.spider_opened)
72         return s
73
74     def process_request(self, request, spider):
75         # Called for each request that goes through the downloader
76         # middleware.
77
78         # Must either:
79         # - return None: continue processing this request
80         # - or return a Response object
81         # - or return a Request object
82         # - or raise IgnoreRequest: process_exception() methods of
83         #   installed downloader middleware will be called
84         return None
85
86     def process_response(self, request, response, spider):
87         # Called with the response returned from the downloader.
88
89         # Must either;
90         # - return a Response object
91         # - return a Request object
92         # - or raise IgnoreRequest
93         return response
94
95     def process_exception(self, request, exception, spider):
96         # Called when a download handler or a process_request()
97         # (from other downloader middleware) raises an exception.
98
99         # Must either:
100        # - return None: continue processing this exception
101        # - return a Response object: stops process_exception() chain
```

```
102         # - return a Request object: stops process_exception() chain
103         pass
104 
105     def spider_opened(self, spider):
106         spider.logger.info('Spider opened: %s' % spider.name)
107 
108 class CustomUserAgentMiddleware(UserAgentMiddleware):
109     def __init__(self, user_agent='Scrapy'):
110         ua = random.choice(UserAgents)
111         self.user_agent = ua
```

在这个文件中，只有第 9~11 行和 108~111 行是后来添加的，中间的部分是系统默认生成的。实际上中间的部分暂时并没有用上。

新类 CustomUserAgentMiddleware 已经创建好了。现在到 settings.py 中修改一下，用 CustomUserAgentMiddleware 来替代 UserAgentMiddleware。在 settings.py 中找到 DOWNLOADER_MIDDLEWARES 这个选项，如图 5-54 所示。

```
king@debian8: ~/code/scrapy/meiju100
44     'Accept-Language': 'en',
45 }
46 
47 # Enable or disable spider middlewares
48 # See https://doc.scrapy.org/en/latest/topics/spider-middleware.html
49 #SPIDER_MIDDLEWARES = {
50 #    'meiju100.middlewares.Meiju100SpiderMiddleware': 543,
51 #}
52 
53 # Enable or disable downloader middlewares
54 # See https://doc.scrapy.org/en/latest/topics/downloader-middleware.html
55 DOWNLOADER_MIDDLEWARES = {
56     'scrapy.downloadermiddlewares.useragent.UserAgentMiddleware': None,
57     'meiju100.middlewares.CustomUserAgentMiddleware': 542,
58 #    'meiju100.middlewares.Meiju100DownloaderMiddleware': 543,
59 }
60 
61 # Enable or disable extensions
62 # See https://doc.scrapy.org/en/latest/topics/extensions.html
63 #EXTENSIONS = {
64 #    'scrapy.extensions.telnet.TelnetConsole': None,
65 #}
66 
                                                    66,0-1        62%
```

图 5-54　修改 settings.py

这里将 UserAgentMiddleware 默认是自动运行的，现在目的是用 CustomUserAgentMiddleware 来替代它，需要将它关闭掉。所以将 UserAgentMiddleware 的值设置成 None。CustomUserAgentMiddleware 设置成 542，这个数是启动的顺序，并不是随便设置的，是依据它的被替代类的启动顺序来设置的。

保存关闭文件，回到项目下执行命令：

```
scrapy crawl meiju100Spider
```

结果是没问题的，现在来看看 Spider 的日志，如图 5-55 所示。

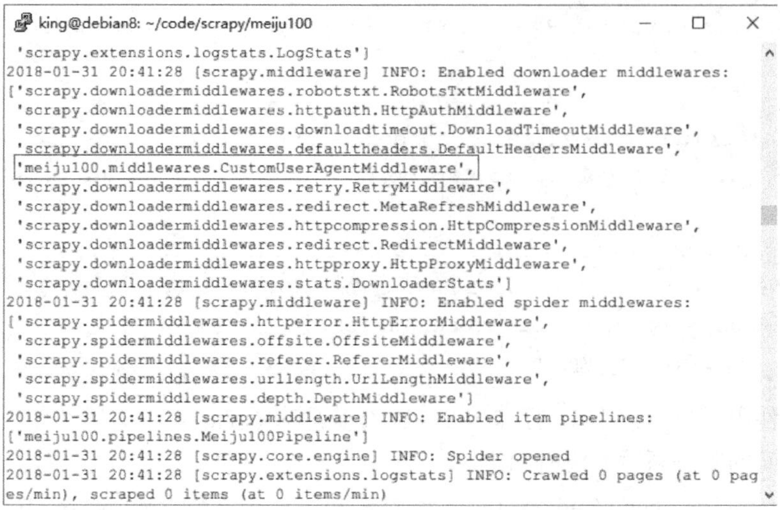

```
king@debian8: ~/code/scrapy/meiju100
'scrapy.extensions.logstats.LogStats']
2018-01-31 20:41:28 [scrapy.middleware] INFO: Enabled downloader middlewares:
['scrapy.downloadermiddlewares.robotstxt.RobotsTxtMiddleware',
 'scrapy.downloadermiddlewares.httpauth.HttpAuthMiddleware',
 'scrapy.downloadermiddlewares.downloadtimeout.DownloadTimeoutMiddleware',
 'scrapy.downloadermiddlewares.defaultheaders.DefaultHeadersMiddleware',
 'meiju100.middlewares.CustomUserAgentMiddleware',
 'scrapy.downloadermiddlewares.retry.RetryMiddleware',
 'scrapy.downloadermiddlewares.redirect.MetaRefreshMiddleware',
 'scrapy.downloadermiddlewares.httpcompression.HttpCompressionMiddleware',
 'scrapy.downloadermiddlewares.redirect.RedirectMiddleware',
 'scrapy.downloadermiddlewares.httpproxy.HttpProxyMiddleware',
 'scrapy.downloadermiddlewares.stats.DownloaderStats']
2018-01-31 20:41:28 [scrapy.middleware] INFO: Enabled spider middlewares:
['scrapy.spidermiddlewares.httperror.HttpErrorMiddleware',
 'scrapy.spidermiddlewares.offsite.OffsiteMiddleware',
 'scrapy.spidermiddlewares.referer.RefererMiddleware',
 'scrapy.spidermiddlewares.urllength.UrlLengthMiddleware',
 'scrapy.spidermiddlewares.depth.DepthMiddleware']
2018-01-31 20:41:28 [scrapy.middleware] INFO: Enabled item pipelines:
['meiju100.pipelines.Meiju100Pipeline']
2018-01-31 20:41:28 [scrapy.core.engine] INFO: Spider opened
2018-01-31 20:41:28 [scrapy.extensions.logstats] INFO: Crawled 0 pages (at 0 pag
es/min), scraped 0 items (at 0 items/min)
```

图 5-55　spider 中间件 CustomUserAgentMiddleware

设置的中间件 CustomUserAgentMiddleware 已经起作用了。

5.7.5　封锁 IP 破解

在反爬虫中，最容易被发觉的实际上是 IP。同一 IP 短时间内访问同一站点，如果数目少，管理员可能会以为是网吧或者大型的局域网在访问而放你一马。数目多了，那肯定是爬虫了。个人用户可以用重启猫的方法换 IP（这种方法也不算太靠谱，不可能封锁一次就重启一次猫吧），专线用户总不能让 ISP 给换专线吧，因此最方便的方法就是使用代理了。

之前的项目中曾使用过代理爬取网站，本节将准备一个代理池，从中随机地选取一个代理使用。爬取一次，选取一个不同的代理。进入之前创建的 middlewares 目录中，在资源文件 resource.py 中加入一个 IP 池，也就是一个代理服务器的列表。在前面的项目中已经获取很多免费的代理服务器了，请随意取用，不用客气。

修改后的 resource.py 的内容如下：

```
 1 #!/usr/bin/env python
 2 #-*- coding: utf-8 -*-
 3 __author__ = 'hstking hst_king@hotmail.com'
 4 
 5 UserAgents = [
 6   "Mozilla/4.0 (compatible; MSIE 6.0; Windows NT 5.1; SV1;
AcooBrowser; .NET CLR 1.1.4322; .NET CLR 2.0.50727)",
 7   "Mozilla/4.0 (compatible; MSIE 7.0; Windows NT 6.0; Acoo Browser;
SLCC1; .NET CLR 2.0.50727; Media Center PC 5.0; .NET CLR 3.0.04506)",
 8   "Mozilla/4.0 (compatible; MSIE 7.0; AOL 9.5; AOLBuild 4337.35; Windows
NT 5.1; .NET CLR 1.1.4322; .NET CLR 2.0.50727)",
 9   "Mozilla/5.0 (Windows; U; MSIE 9.0; Windows NT 9.0; en-US)",
10   "Mozilla/5.0 (compatible; MSIE 9.0; Windows NT 6.1; Win64; x64;
```

```
Trident/5.0; .NET CLR 3.5.30729; .NET CLR 3.0.30729; .NET CLR 2.0.50727; Media Center PC 6.0)",
    11   "Mozilla/5.0 (compatible; MSIE 8.0; Windows NT 6.0; Trident/4.0; WOW64; Trident/4.0; SLCC2; .NET CLR 2.0.50727; .NET CLR 3.5.30729; .NET CLR 3.0.30729; .NET CLR 1.0.3705; .NET CLR 1.1.4322)",
    12   "Mozilla/4.0 (compatible; MSIE 7.0b; Windows NT 5.2; .NET CLR 1.1.4322; .NET CLR 2.0.50727; InfoPath.2; .NET CLR 3.0.04506.30)",
    13   "Mozilla/5.0 (Windows; U; Windows NT 5.1; zh-CN) AppleWebKit/523.15 (KHTML, like Gecko, Safari/419.3) Arora/0.3 (Change: 287 c9dfb30)",
    14   "Mozilla/5.0 (X11; U; Linux; en-US) AppleWebKit/527+ (KHTML, like Gecko, Safari/419.3) Arora/0.6",
    15   "Mozilla/5.0 (Windows; U; Windows NT 5.1; en-US; rv:1.8.1.2pre) Gecko/20070215 K-Ninja/2.1.1",
    16   "Mozilla/5.0 (Windows; U; Windows NT 5.1; zh-CN; rv:1.9) Gecko/20080705 Firefox/3.0 Kapiko/3.0",
    17   "Mozilla/5.0 (X11; Linux i686; U;) Gecko/20070322 Kazehakase/0.4.5",
    18   "Mozilla/5.0 (X11; U; Linux i686; en-US; rv:1.9.0.8) Gecko Fedora/1.9.0.8-1.fc10 Kazehakase/0.5.6",
    19   "Mozilla/5.0 (Windows NT 6.1; WOW64) AppleWebKit/535.11 (KHTML, like Gecko) Chrome/17.0.963.56 Safari/535.11",
    20   "Mozilla/5.0 (Macintosh; Intel Mac OS X 10_7_3) AppleWebKit/535.20 (KHTML, like Gecko) Chrome/19.0.1036.7 Safari/535.20",
    21   "Opera/9.80 (Macintosh; Intel Mac OS X 10.6.8; U; fr) Presto/2.9.168 Version/11.52",
    22 ]
    23
    24 PROXIES = [
    25 'http://110.73.7.47:8123',
    26 'http://110.73.42.145:8123',
    27 'http://182.89.3.95:8123',
    28 'http://39.1.40.234:8080',
    29 'http://39.1.37.165:8080'
    30 ] #这里还可以添加更多的代理
```

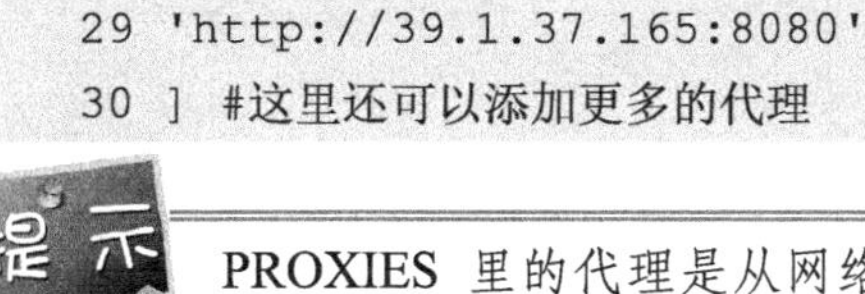

PROXIES 里的代理是从网络上抓取的代理，具有时效性，使用时请自行设置可用的代理。

修改中间件文件 middlewares.py 中 Meiju100DownloaderMiddleware 类的 process_request 函数，如图 5-56 所示。

```
king@debian8: ~/code/scrapy/meiju100
60          spider.logger.info('Spider opened: %s' % spider.name)
61
62
63 class Meiju100DownloaderMiddleware(object):
64     # Not all methods need to be defined. If a method is not defined,
65     # scrapy acts as if the downloader middleware does not modify the
66     # passed objects.
67
68     @classmethod
69     def from_crawler(cls, crawler):
70         # This method is used by Scrapy to create your spiders.
71         s = cls()
72         crawler.signals.connect(s.spider_opened, signal=signals.spider_opened)
73         return s
74
75     def process_request(self, request, spider):
76         # Called for each request that goes through the downloader
77         # middleware.
78
79         # Must either:
80         # - return None: continue processing this request
81         # - or return a Response object
82         # - or return a Request object
83         # - or raise IgnoreRequest: process_exception() methods of
84         #   installed downloader middleware will be called
85         #import pdb
86         #pdb.set_trace()
87         proxy = random.choice(PROXIES)
88         request.meta['proxy'] = proxy
89         #request.meta['proxy'] = 'http://192.168.1.99:1080'
90         return None
91
92     def process_response(self, request, response, spider):
93         # Called with the response returned from the downloader.
94
```

图 5-56　添加代理服务

修改 settings.py 文件，将 Meiju100DownloaderMiddleware 添加到启动的中间件去，如图 5-57 所示。

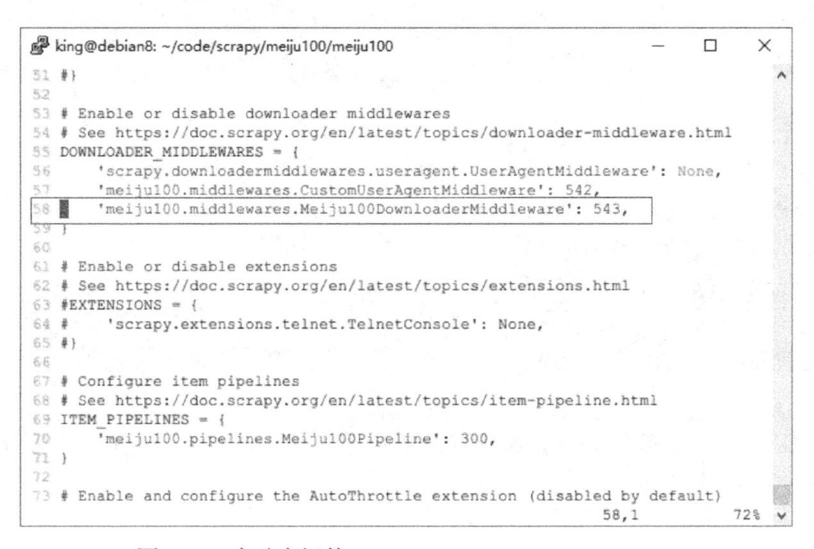

```
king@debian8: ~/code/scrapy/meiju100/meiju100
51 #}
52
53 # Enable or disable downloader middlewares
54 # See https://doc.scrapy.org/en/latest/topics/downloader-middleware.html
55 DOWNLOADER_MIDDLEWARES = {
56     'scrapy.downloadermiddlewares.useragent.UserAgentMiddleware': None,
57     'meiju100.middlewares.CustomUserAgentMiddleware': 542,
58     'meiju100.middlewares.Meiju100DownloaderMiddleware': 543,
59 }
60
61 # Enable or disable extensions
62 # See https://doc.scrapy.org/en/latest/topics/extensions.html
63 #EXTENSIONS = {
64 #    'scrapy.extensions.telnet.TelnetConsole': None,
65 #}
66
67 # Configure item pipelines
68 # See https://doc.scrapy.org/en/latest/topics/item-pipeline.html
69 ITEM_PIPELINES = {
70     'meiju100.pipelines.Meiju100Pipeline': 300,
71 }
72
73 # Enable and configure the AutoThrottle extension (disabled by default)
                                                    58,1          72%
```

图 5-57　启动中间件 Meiju100DownloaderMiddleware

保存文件，回到项目下执行命令：

```
scrapy crawl meiju100Spider
```

查看 Scrapy 的日志，如图 5-58 所示。

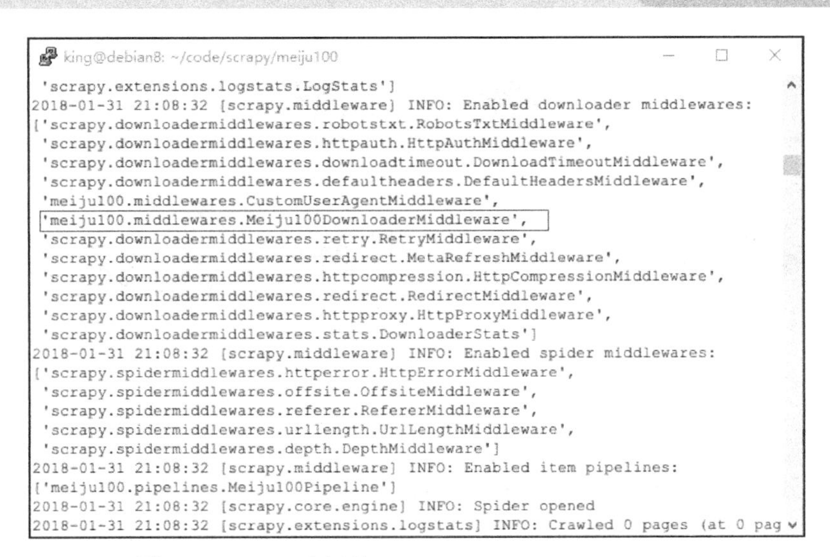

图 5-58　Spider 中间件 Meiju100DownloaderMiddleware

程序运行符合预期设计。Scrapy 就可以随机地使用代理池中的代理服务器了。

实际反爬虫的方法远不止这一些，只不过个人用户掌握这些也够用了。个人用户动则成千上万的网页爬取毕竟是少数。

5.8 本章小结

本章详细介绍了 Scrapy 爬虫框架的使用，由易到难演示了 Scrapy 爬虫爬取网页的过程，并通过爬虫与反爬虫的攻守过程，让读者一窥 Scrapy 中间件的使用方法。从使用的难度来说，Scrapy 可以算得上最简单的爬虫了，简单到只需做填空题就能得到数据，而且对于特殊爬虫的特殊要求也能很好支持。

第 6 章

◀ Beautiful Soup爬虫 ▶

上一章节讲解了 Python 的爬虫框架 Scrapy。本章将详细讲解另一个 Python 爬虫 Beautiful Soup。与 Scrapy 不同的是 Beautiful Soup 并不是一个框架，而是一个模块。因此，Beautiful Soup 不能再做填空题了，只能从头到尾地写作文了。

Beautiful Soup 的 4.4.6 版本一般被简称为 bs4。bs4 同时支持 Python 2 和 Python 3，bs4 在网上的教程不多，好不容易找到几个，内容还都是重复的。本章内容主要参考 bs4 的官网（网址为 http://beautifulsoup.readthedocs.io/zh_CN/latest/）教程。实际上也没有什么很难的地方，与 Scrapy 相比，除了选择过滤有所不同外，Beautiful Soup 就是一个普通的 Python 程序。

6.1 安装 Beautiful Soup 环境

bs4 并不是软件，只是一个第三方的模块。既然是模块，那安装起来就比较简单了。前面说的 pip、easy_install 都可以（推荐使用 pip）。

6.1.1 Windows 下安装 Beautiful Soup

在 Windows 下安装 Beautiful Soup 最简单的方法还是使用 pip 安装。打开 cmd.exe，执行命令：

```
pip install beautifulsoup4
```

执行结果如图 6-1 所示。

```
管理员: 命令提示符 - python
Microsoft Windows [版本 6.1.7601]
版权所有 (c) 2009 Microsoft Corporation。保留所有权利。

C:\Windows\system32>pip install beautifulsoup4
Collecting beautifulsoup4
  Using cached https://pypi.doubanio.com/packages/9e/d4/10f46e5cfac773e22707237b
fcd51bbffeaf0a576b0a847ec7ab15bd7ace/beautifulsoup4-4.6.0-py3-none-any.whl
Installing collected packages: beautifulsoup4
Successfully installed beautifulsoup4-4.6.0


C:\Windows\system32>python
Python 3.6.4 (v3.6.4:d48eceb, Dec 19 2017, 06:54:40) [MSC v.1900 64 bit (AMD64)]
 on win32
Type "help", "copyright", "credits" or "license" for more information.
>>> import bs4
>>>
```

图 6-1　Windows 安装 bs4

bs4 在 Windows 中安装时也需要管理员权限。

bs4 已安装到 Windows 中，可以直接使用了。

6.1.2　Linux 下安装 Beautiful Soup

Linux 中安装还是借助于 Debian 的数据库，以便于管理。在终端中以 root 用户（如果普通用户有权限，也可以使用 sudo 命令安装）执行命令：

```
apt-get install python3-bs4
```

执行结果如图 6-2 所示。

```
king@debian8: ~
root@debian8:/home/king# apt-get install python3-bs4
正在读取软件包列表... 完成
正在分析软件包的依赖关系树
正在读取状态信息... 完成
下列软件包是自动安装的并且现在不需要了:
  libasn1-8-heimdal libgssapi3-heimdal libhcrypto4-heimdal
  libheimbase1-heimdal libheimntlm0-heimdal libhx509-5-heimdal
  libkrb5-26-heimdal libroken18-heimdal libwind0-heimdal
使用'apt-get autoremove'来卸载它(它们)。
将会安装下列额外的软件包:
  python3-lxml
建议安装的软件包:
  python3-lxml-dbg
下列【新】软件包将被安装:
  python3-bs4 python3-lxml
升级了 0 个软件包，新安装了 2 个软件包，要卸载 0 个软件包，有 139 个软件包未被升
级。
需要下载 820 kB 的软件包。
解压缩后会消耗掉 3,137 kB 的额外空间。
您希望继续执行吗? [Y/n]
```

图 6-2　Linux 安装 bs4

基于 Debian 一贯的保守策略，apt-get 安装的并不是最新版本，而是目前最稳定的版本 4.3.2。

6.1.3 最强大的 IDE——Eclipse

Python 环境下有很多优秀的 IDE，如 Eclipse、Komodo、Sublime、Pycharm、vim、Emacs 等，其中 vim 和 Emacs 虽然是跨平台的，但配置复杂，而且界面也比较简陋，不符合美学原则。Pycharm、Komodo 在编译 Python 时还不错。但笔者更希望使用一款能包打天下的兼容所有语言的 IDE，而 Eclipse 不负众望，大而全，配合插件后无所不包，无须安装到系统，可直接使用。最重要的是 Eclipse 免费啊，让人既没有使用盗版的负疚感，也能安然享受全部的服务。Eclipse 是跨平台的 IDE，能在所有系统下运行。本章中所有的程序如不特殊注明都将在 Windows 下运行。

1．安装 Eclipse

打开 Eclipse 的官网下载页面 http://www.eclipse.org/downloads/，直接单击下载按钮，如图 6-3 所示。

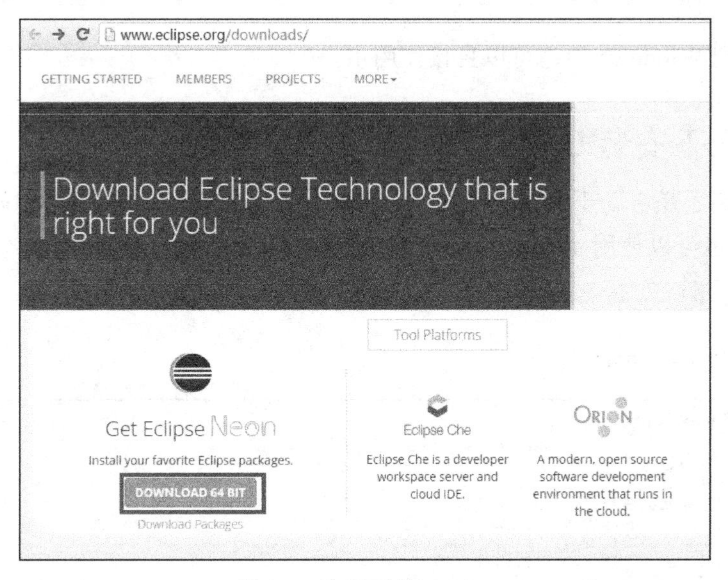

图 6-3 官网下载 Eclipse

网站会根据访问站点的系统（从访问者的 headers 就可以得出操作系统）推荐安装程序。本次下载网站推荐的是 eclipse-inst-win64.exe（前面说过 Eclipse 无须安装，是绿色程序并非笔误。这个所谓的安装程序基本就是个解压缩文件）。左键双击安装程序，要求选择 Eclipse 的版本，如图 6-4 所示。

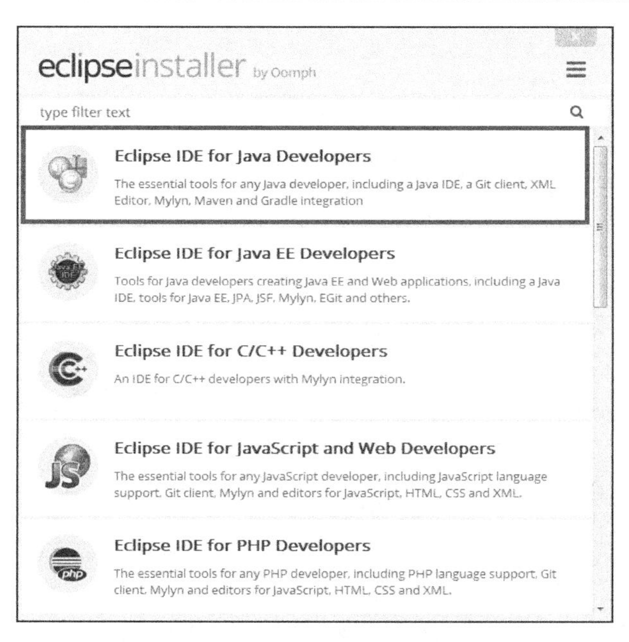

图 6-4　选择 Eclipse 版本

单击 Eclipse IDE for java Developers 就可以了。因为是 for java，所以还得下载 java 依赖包。如果网速给力，用不了几分钟就可以下载完毕。下载完毕后，安装程序要求选择安装位置，如图 6-5 所示。

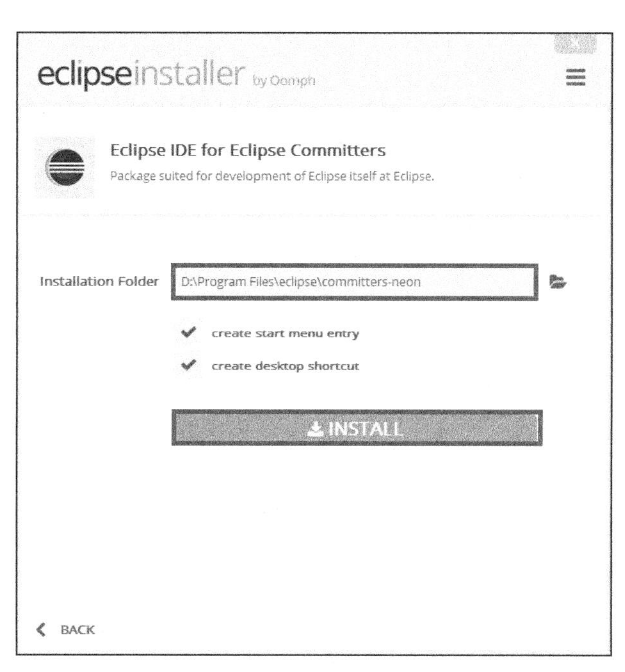

图 6-5　选择安装位置

填入合适的安装位置后，单击 INSTALL 按钮，稍待片刻 Eclipse 就安装完毕。双击桌面上的 Eclipse 图标运行 Eclipse。首次运行时会提示选择工作目录，如图 6-6 所示。

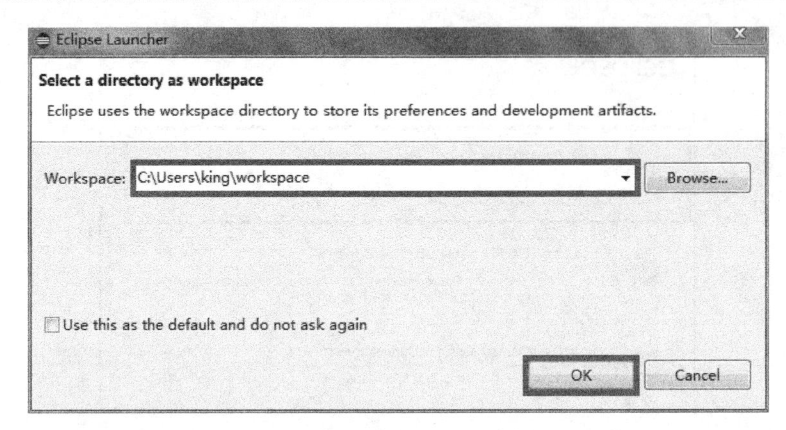

图 6-6　选择工作目录

填入 Eclipse 的工作目录，单击 OK 按钮，Eclipse 界面如图 6-7 所示。

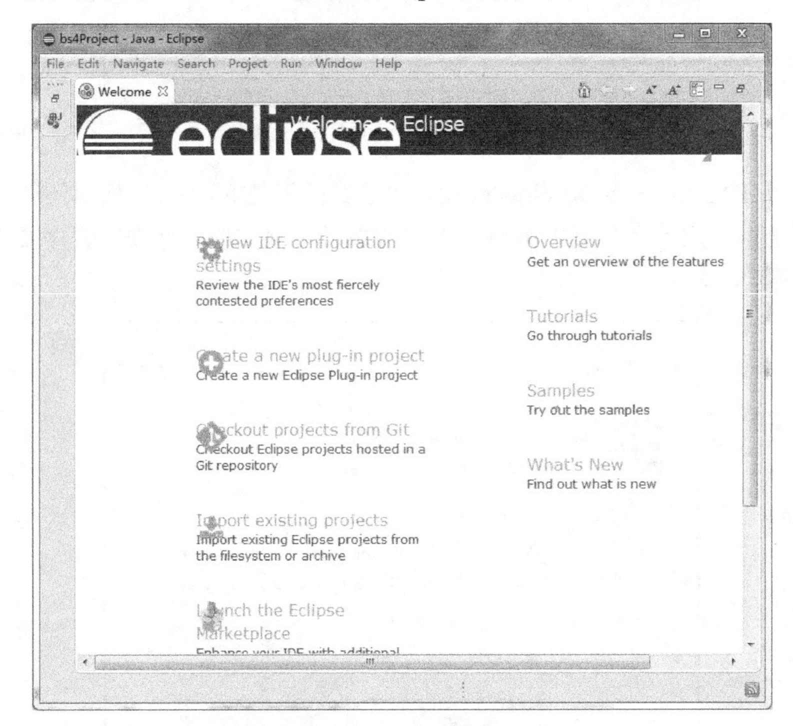

图 6-7　Eclipse 界面

Eclipse 安装完毕，下一步将安装 Eclipse 的 Python 插件 Pydev。

2．安装 Pydev 插件

在 Eclipse 的菜单上单击 Help | Install New Software 选项，如图 6-8 所示。

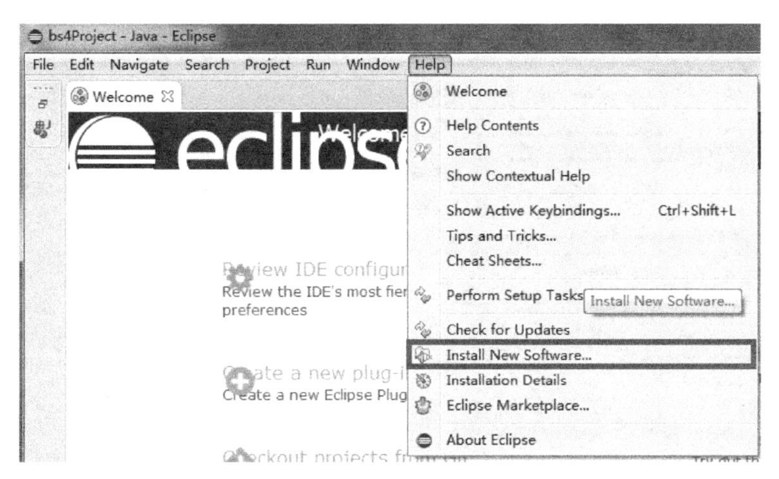

图 6-8　安装 Python 插件

打开了 Eclipse 的插件安装界面，单击 Add 按钮，加入 Eclipse 的 Python 插件 Pydev 的安装源，如图 6-9 所示。

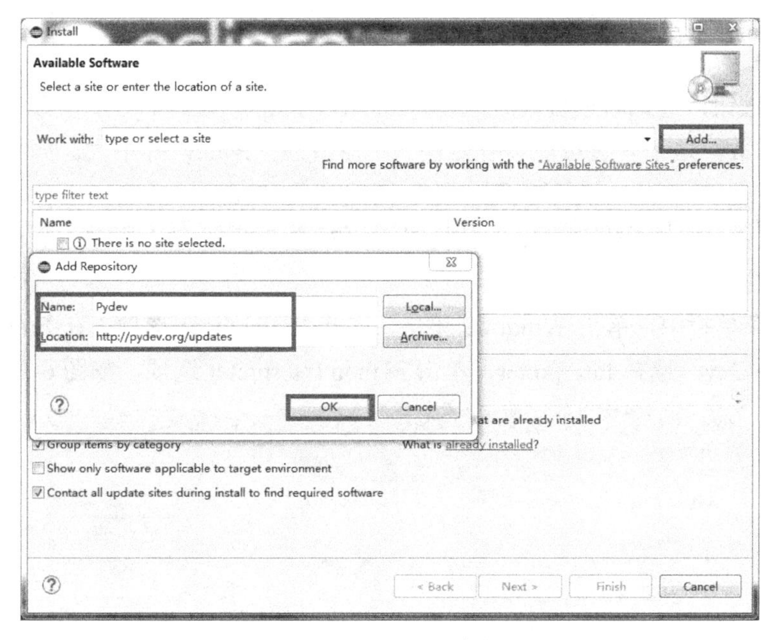

图 6-9　设置 Pydev 安装源

设置完毕后单击 OK 按钮，Eclipse 将显示出这个安装源中所有的可用插件。单击选中 Pydev 插件，单击 Next 按钮，开始安装 Pydev，如图 6-10 所示。

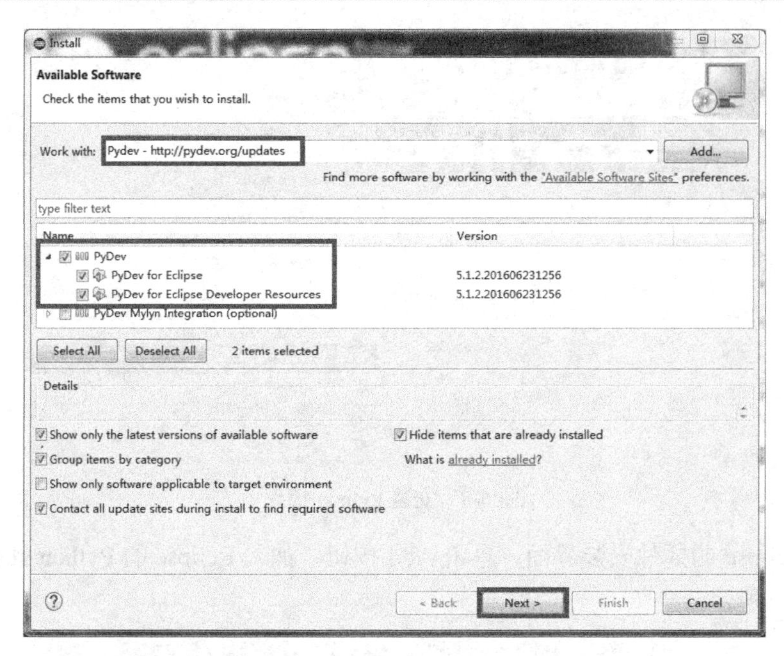

图 6-10　安装 Python 插件 Pydev

单击 Next 按钮，选择同意协议后继续单击 Next 按钮，直到 Pydev 安装完成。因为是从服务器下载的缘故，这个安装可能会有点慢。不用着急，Pydev 并不大。如果实在没耐性，也可以用下载工具将 Pydev 先下载到本地，离线安装 Pydev。安装完毕后，按照提示重启 Eclipse，开始配置 Pydev 插件。Pydev 插件只需要配置 Python 解释器的位置就可以使用了，其他的配置可根据需要自行调试。

在 Eclipse 菜单栏中，单击 Windows 菜单，选择 Preferences 选项。在 Preferences 对话框中单击左侧的 pyDev，选择 Interpreter，单击 Python Interpreter 选项，如图 6-11 所示。

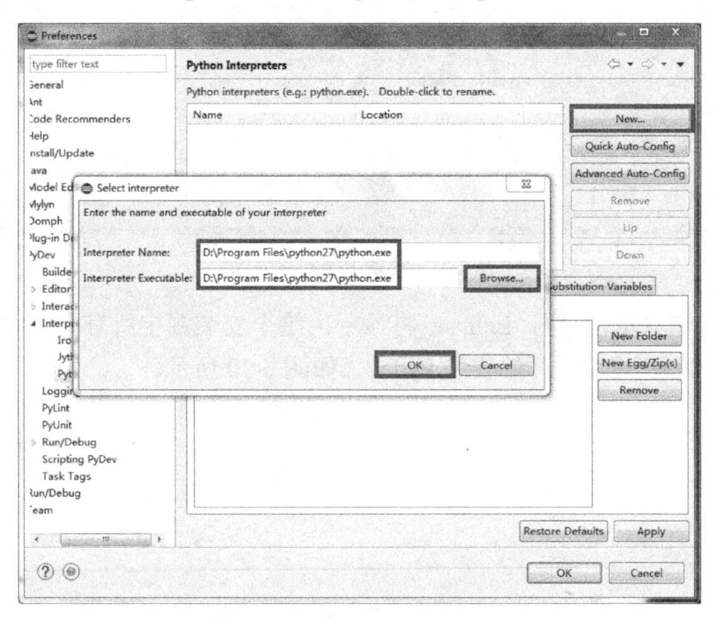

图 6-11　选择 Python 解释器位置

单击 New 按钮，在弹出的对话框中单击 Browse 按钮。选择 python.exe 的路径，单击 OK 按钮直到 Python 解释器导入完毕。一般来说，下一步应该是给 Eclipse 加载中文包。但 Eclipse Neon 版本还很新，中文包并未放出，所以只好暂时使用英文版本的。如果非要中文版的，那只能重新下载低版本的 Eclipse 了。

3．创建 Python 项目

Eclipse 安装配置完毕后，开始创建 Python 项目。打开 Eclipse，单击菜单 File | New | Project 项，创建一个项目，如图 6-12 所示。

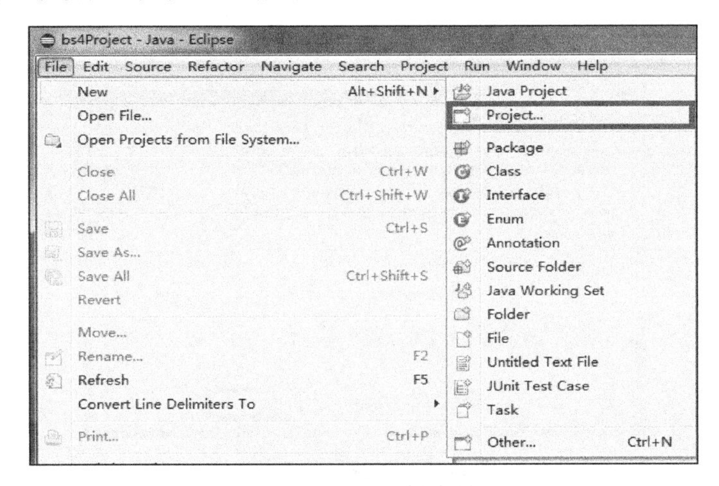

图 6-12　Eclipse 创建项目

在弹出的对话框中选择区项目类型。这里应该选择 PyDev 项目中的 PyDev Project 子项目。选取完毕后，单击 Next 按钮继续，如图 6-13 所示。

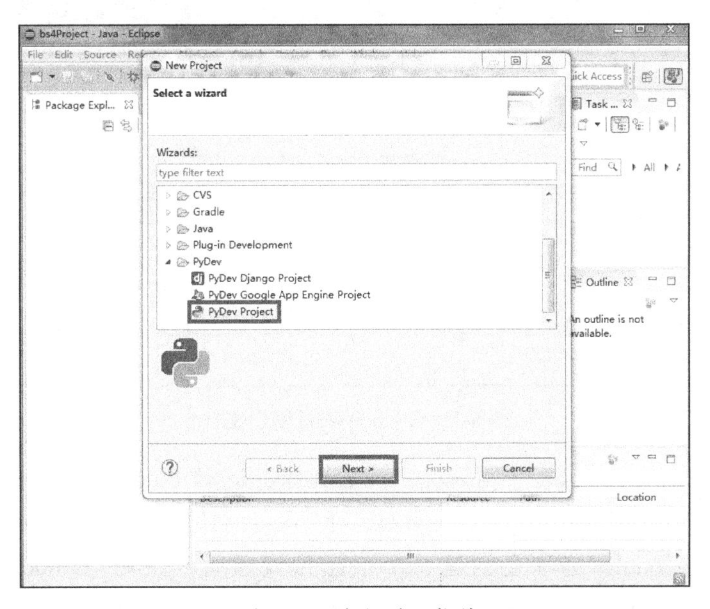

图 6-13　选取项目类型

在弹出的对话框中输入项目名称后，单击 Finish 按钮，项目就创建完毕了，如图 6-14 所示。

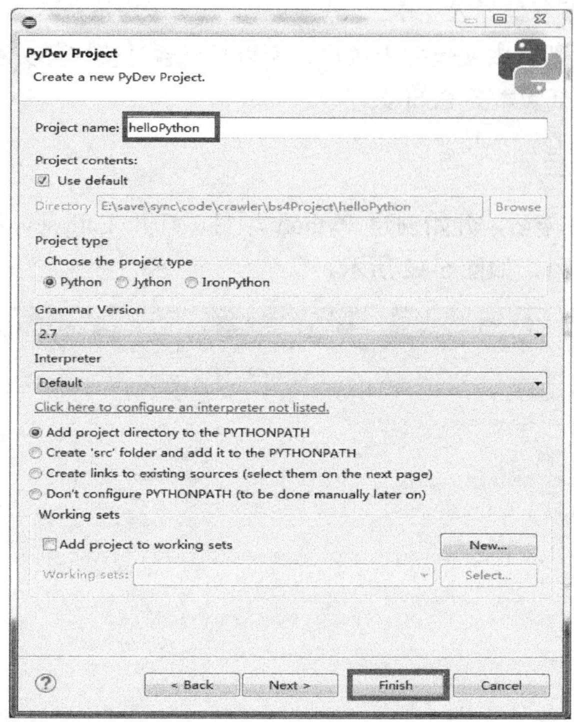

图 6-14　Python 项目名称

回到 Eclipse 的主界面下，在左侧将出现刚创建的 Pydev 项目 helloPython。右击 helloPython 项目将弹出菜单，选择 New 选项，弹出子菜单，如图 6-15 所示。

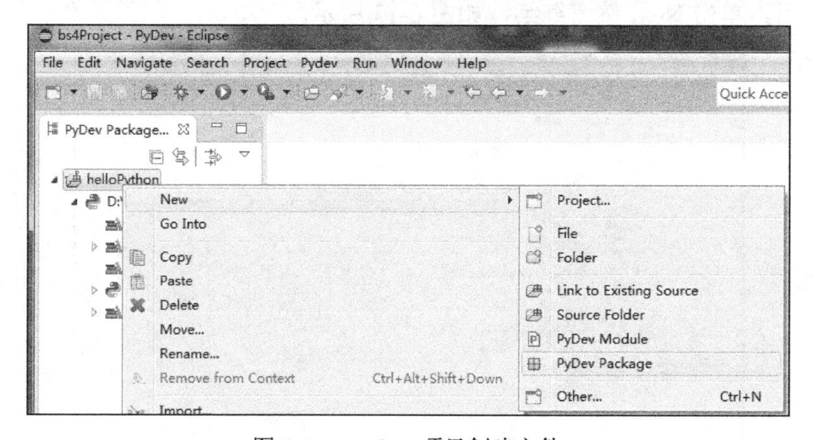

图 6-15　Python 项目创建文件

如果是创建文件和文件夹，正常情况应该是选择 File 和 Folder 选项，但笔者更喜欢使用 PyDev Module 和 PyDev Package 选项。因为选择 File 会创建一个空文件，这个文件里什么都没有。而 PyDev Module 选项会创建一个根据预设模版（菜单 Windows | Preferences | PyDev | Editor | Templates 下的<Empty>项）创建的.py 文件，无须在每次创建文件时再重复设置。Folder 将创建一个空文件夹，而 PyDev Package 将创建一个包含__init__.py 的文件夹

（就是在上章中创建的中间件文件夹 middlewares），可以将这个文件夹下的 Python 文件当成模块导入到项目中。

下面来测试一下，创建一个 PyDev Module，名为 hello.py，创建一个 PyDev Package 名为 testModule，并在 testModule 中创建一个 PyDev Module，名为 myModule。创建完毕后的目录结构如图 6-16 所示。

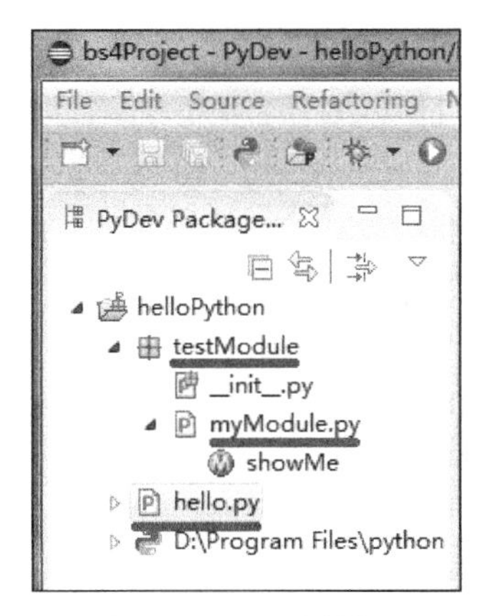

图 6-16　目录结构

【示例 6-1】其中，hello.py 的内容如下：

```
#!/usr/bin/evn python3
#-*- coding: utf-8 -*-
'''
Created on '2016年8月6日'

@author: hstking hst_king@hotmail.com
'''

from testModule.myModule import showMe

if __name__ == '__main__':
    print('Hello, I am first python script on eclipse')
    print('你好，我是在eclipse上的第一个python程序\n')
    showMe()
```

testModule/myModule.py 的内容如下：

```
#!/usr/bin/evn python3
#-*- coding: utf-8 -*-
'''
Created on 2016年8月6日

@author: hstking hst_king@hotmail.com
'''
```

```
def showMe():
    print('I am a module')
    print('我是一个模块\n')
```

单击 Eclipse 的 Run 菜单，选取 Run 选项（Ctrl + F11），或者直接单击工具栏的 Run 按钮，执行结果如图 6-17 所示。

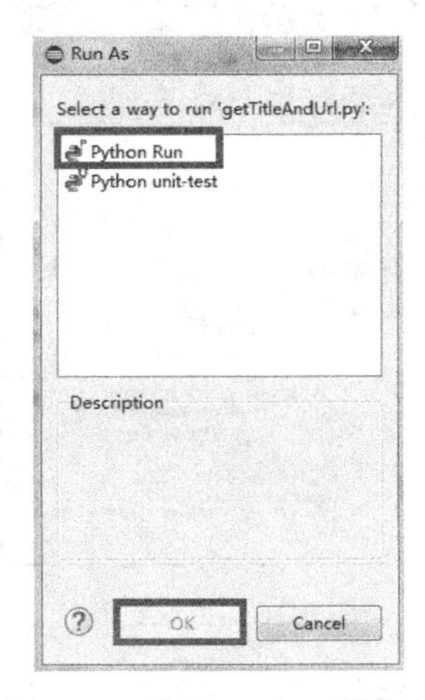

图 6-17　选取 Python 解释器

选择 Python Run 后单击 OK 按钮。运行程序，运行结果如图 6-18 所示。

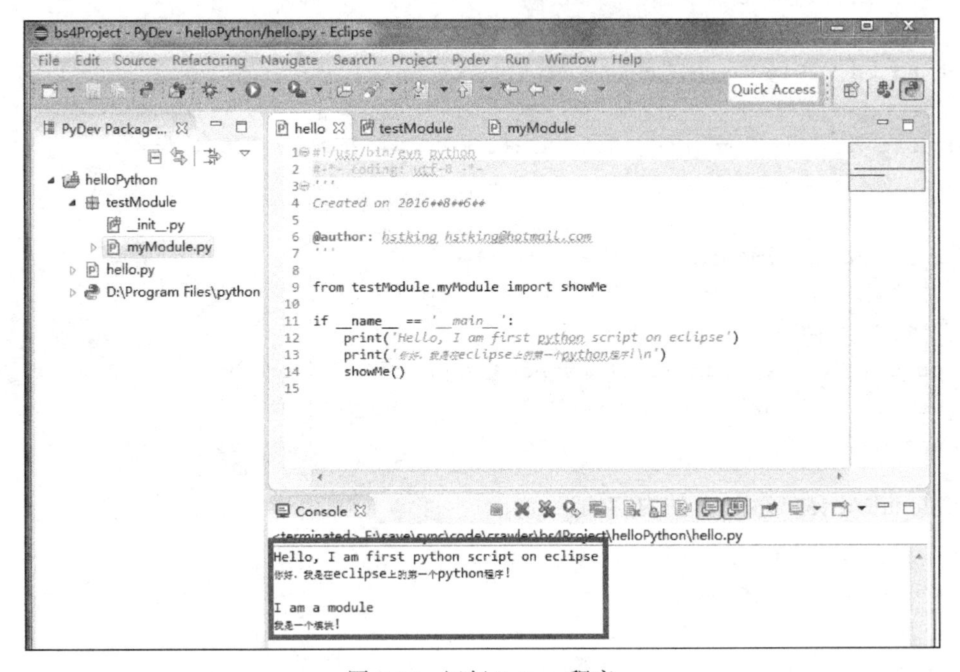

图 6-18　运行 Python 程序

运行无误，Eclipse 测试完毕。选择 Eclipse 做 IDE 除了它跨平台、支持语言丰富外，还因为 Eclipse 有着强大的调试功能。在后面的实例中会演示 Eclipse Debug 调试的强大方便之处。

6.2 Beautiful Soup 解析器

与 Scrapy 相比，bs4 中间多了一道解析的过程（Scrapy 是 URL 返回什么数据，程序就接受什么数据进行过滤）。bs4 则在接收数据和进行过滤之间多了一个解析的过程。根据解析器的不同，最终处理的数据也有所不同。加上这一步骤的优点是可以根据输入数据的不同进行针对式的解析，缺点就是可能会让使用者选择困难，无所适从。在本章中，统一选择 lxml 解析器。

6.2.1 bs4 解析器选择

网络爬虫最终的目的就是过滤选取网络信息，因此最重要的部分就是解析器了。解析器的优劣决定了网络爬虫的速度和效率。Beautiful Soup 除了支持 Python 标准库中的 HTML 解析器外，还支持一些第三方的解析器。表 6-1 中列出了主要的解析器，以及它们的优缺点。

表 6-1 bs4 解析器对比

解析器	使用方法	优点	缺点
Python 标准库	BeautifulSoup(markup,"html.parser")	Python 标准库 执行速度适中 容错能力强	Python 2.7.3 或 Python 3.2.2 之前的版本，中文容错能力差
lxml HTML 解析器	BeautifulSoup(markup,"lxml")	速度快 容错能力强	需要安装 C 语言库
Lxml XML 解析器	BeautifulSoup(markup,["lxml-xml"]) BeautifulSoup(markup,"xml")	速度快 唯一支持 XML 解析器	需要安装 C 语言库
html5lib	BeautifulSoup(markup,"html5lib")	最好的容错性 以浏览器的方式解析文档 生成 HTML5 格式文档	速度慢 不依赖外部扩展

Beautiful Soup 官方推荐使用 lxml 作为解析器，据说因为 lxml 解析器的效率更高，在此接受官方意见。本章所有的 bs4 爬虫，如无特殊说明都将使用 lxml 解析器。

6.2.2 lxml 解析器安装

1. Windows 下安装 lxml 解析器

这里需要管理员权限，使用 pip 安装，执行命令：

```
pip3 install lxml
```

执行结果如图 6-19 所示。

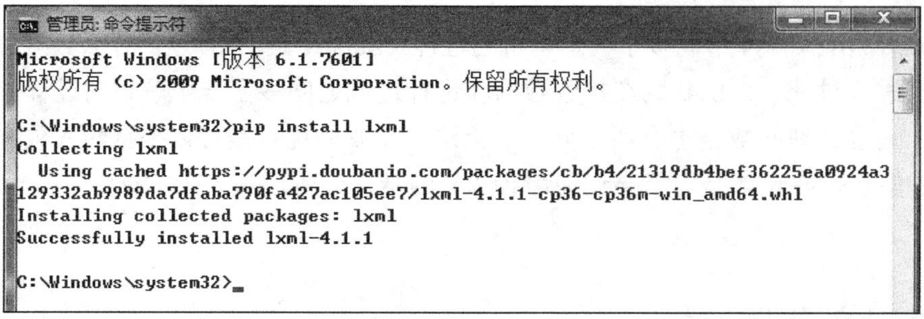

```
管理员: 命令提示符
Microsoft Windows [版本 6.1.7601]
版权所有 (c) 2009 Microsoft Corporation。保留所有权利。

C:\Windows\system32>pip install lxml
Collecting lxml
  Using cached https://pypi.doubanio.com/packages/cb/b4/21319db4bef36225ea0924a3
129332ab9989da7dfaba790fa427ac105ee7/lxml-4.1.1-cp36-cp36m-win_amd64.whl
Installing collected packages: lxml
Successfully installed lxml-4.1.1

C:\Windows\system32>
```

图 6-19　Windows 安装 lxml

在 cmd.exe 里测试一下，如图 6-20 所示。

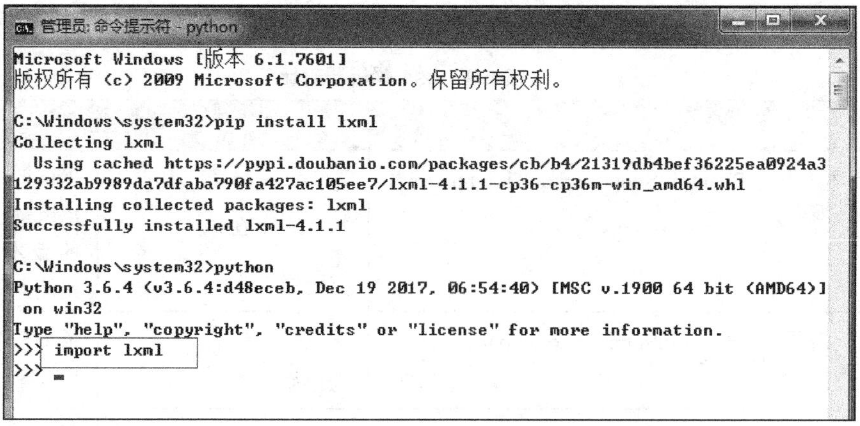

```
管理员: 命令提示符 - python
Microsoft Windows [版本 6.1.7601]
版权所有 (c) 2009 Microsoft Corporation。保留所有权利。

C:\Windows\system32>pip install lxml
Collecting lxml
  Using cached https://pypi.doubanio.com/packages/cb/b4/21319db4bef36225ea0924a3
129332ab9989da7dfaba790fa427ac105ee7/lxml-4.1.1-cp36-cp36m-win_amd64.whl
Installing collected packages: lxml
Successfully installed lxml-4.1.1

C:\Windows\system32>python
Python 3.6.4 (v3.6.4:d48eceb, Dec 19 2017, 06:54:40) [MSC v.1900 64 bit (AMD64)]
 on win32
Type "help", "copyright", "credits" or "license" for more information.
>>> import lxml
>>>
```

图 6-20　测试 lxml 模块

没有提示错误，表明安装成功。

2. Linux 下安装 lxml 解析器

一般来说在安装 bs4 时 lxml 就已经被安装过了，如果没有安装，也可以使用 apt-get 命令重新安装一下，执行命令：

```
apt-get install python3-lxml
```

执行结果如图 6-21 所示。

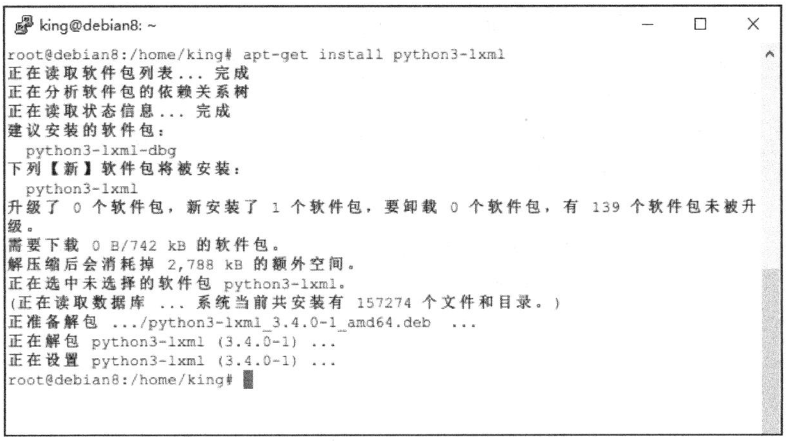

```
king@debian8: ~
root@debian8:/home/king# apt-get install python3-lxml
正在读取软件包列表... 完成
正在分析软件包的依赖关系树
正在读取状态信息... 完成
建议安装的软件包：
  python3-lxml-dbg
下列【新】软件包将被安装：
  python3-lxml
升级了 0 个软件包，新安装了 1 个软件包，要卸载 0 个软件包，有 139 个软件包未被升
级。
需要下载 0 B/742 kB 的软件包。
解压缩后会消耗掉 2,788 kB 的额外空间。
正在选中未选择的软件包 python3-lxml。
(正在读取数据库 ... 系统当前共安装有 157274 个文件和目录。)
正准备解包 .../python3-lxml_3.4.0-1_amd64.deb  ...
正在解包 python3-lxml (3.4.0-1) ...
正在设置 python3-lxml (3.4.0-1) ...
root@debian8:/home/king#
```

图 6-21　Linux 安装 lxml

显然 Linux 的 apt-get 更加简单方便。

6.2.3　使用 bs4 过滤器

在上一章中，Scrapy 使用 XPath 当过滤器，在网页中过滤得到所需的数据。本章 bs4 则使用 BeautifulSoup 做过滤器。与 XPath 相同的是 BeautifulSoup 同样支持嵌套过滤，可以很方便地找到数据所在的位置。不同的是 BeautifulSoup 的查找方式更加灵活方便，不但可以通过标签查找，还可通过标签属性来查找。而且 bs4 还可以配合第三方的解析器，可以有针对性地对网页进行解析，使 bs4 威力更加强大、方便。

官网教程上使用的是“爱丽丝梦游仙境”的内容作为示例文件，但这个文件比较大，看起来没那么直观。这里笔者自建一个 HTML 的示例文件 scenery.html，通过对 scenery.html 的操作过滤，再对照官网对示例文件的操作方法，很容易就能明白 bs4 是如何过滤提取数据的。

【示例 6-2】自建示例文件 scenery.html 的内容如下：

```
1 <html>
2 <head>
3    <meta charset="utf-8">
4        <title>武汉旅游景点</title>
5    <meta name="description" content="武汉旅游景点 精简版" />
6    <meta name="author" content="hstking">
7 </head>
8 <body>
9    <div id="content">
10       <div class="title">
11           <h3>武汉景点 </h3>
12       </div>
13       <ul class="table">
```

```
14              <li>景点 <a>门票价格</a></li>
15          </ul>
16          <ul class="content">
17              <li nu="1">东湖 <a class="price">60 </a></li>
18              <li nu="2">磨山 <a class="price">60 </a></li>
19              <li nu="3">欢乐谷 <a class="price">108 </a></li>
20              <li nu="4">海昌极地海洋世界 <a class="price">150 </a></li>
21              <li nu="5">玛雅水上乐园 <a class="price">i50 </a></li>
22          </ul>
23      </div>
24  </body>
25  </html>
```

进入文件目录执行命令：

```
python3
from bs4 import BeautifulSoup
soup = BeautifulSoup(open('scenery.html'), 'lxml')
soup.prettify
```

执行结果如图 6-22 所示。

```
king@debian: ~/code/crawler/bs4Project/seletors
>>> soup.prettify
<bound method BeautifulSoup.prettify of <html>
<head>
<meta charset="utf-8"/>
<title>武汉旅游景点</title>
<meta content="武汉旅游景点 精简版" name="description"/>
<meta content="hstking" name="author"/>
</head>
<body>
<div id="content">
<div class="title">
<h3>武汉景点 </h3>
</div>
<ul class="table">
<li>景点 <a>门票价格</a></li>
</ul>
<ul class="content">
<li nu="1">东湖 <a class="price">60 </a></li>
<li nu="2">磨山 <a class="price">60 </a></li>
<li nu="3">欢乐谷 <a class="price">108 </a></li>
<li nu="4">海昌极地海洋世界 <a class="price">150 </a></li>
<li nu="5">玛雅水上乐园 <a class="price">i50 </a></li>
</ul>
</div>
```

图 6-22　soup.prettify

bs4 会将所有输入的内容的字符编码编为 unicode。输入内容为英文时还看不出什么优势，但在过滤中文网页时会非常方便。

一个文件或一个网页，在导入 BeautifulSoup 处理之前，bs4 并不知道它的字符编码是什么。在导入 BeautifulSoup 过程中，它会自动地猜测这个文件或是网页的字符编码。常用的编码当然会又快又好地猜出来。但不常用的编码呢？好在 BeautifulSoup 还有两个非常重要的参数：exclude_encoding 和 from_encoding。

参数 exclude_encoding 的作用是排除掉不正确的字符编码。例如，已经非常确定网页不是 iso-8859-7 也不是 gb2312 编码，但又未知网页编码时，就可以使用命令：

```
soup = BeaurtifulSoup(response.read(), exclude_encoding=['iso-8859-7','gb2312'])
```

此时 bs4 就会放弃猜测这两种编码。比如，如果已知网页的具体编码是 big5，也可以直接使用 from_encoding 参数确定编码，让 bs4 放弃猜测，可以使用命令：

```
soup = BeaurtifulSoup(response.read(), exclude_encoding='big5')
```

一般来说 bs4 都不需要自己确定编码，常用的字符编码它都能检测出来。但有时碰见比较生僻的编码时，这两个命令就显得非常重要了。中文的字符编码是个非常讨厌的问题，如果不知道文件的字符编码，而 bs4 又解析编码错误时，那就只有根据官网的方法，安装 chardet 或者 cchardet 模块，然后使用 UnicodeDammit 自动检测了。

解决字符编码这个问题后，已经得到了 soup 这个 bs4 的类。在 soup 中，bs4 将网页节点解析成了一个个 Tag。同名的 Tag（HTML 中的标签就那么几个，所以同名的 Tag 会非常多）会有不同的属性。即使同名又同属性的 Tag，它们又有顺序和父标签的区别。bs4 就是通过这些不同将所需的数据过滤出来的。

这里的 Tag 与 HTML 或 XML 中的 Tag 是一致的。执行命令：

```
Tag1 = soup.ul
```

得到的结果如图 6-23 所示。

以上命令的作用是通过 soup 来获取第一次出现的标签名为 ul 的标签内容。用同样的方法，可以获取第一个出现的，标签名为 div、li、head、title……的标签内容。

如果某个标签只出现了一次，比如<head>、<title>标签，通常只会出现一次。可以用 soup.head 和 soup.title 的方式获取标签内容，还可以用 bs4 过滤器 soup.find(Tag, [attrs])的方法获取第一次出现的标签的内容。执行命令：

```
soup.ul
soup.find('ul')
```

执行结果如图 6-24 所示。

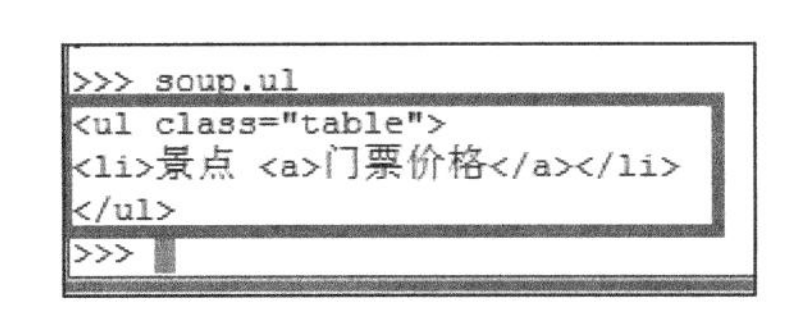

图 6-23　soup 获取 Tag

```
>>> soup = BeautifulSoup(open('scenery.html'), 'lxml')
>>> soup.ul
<ul class="table">
<li>景点 <a>门票价格</a></li>
</ul>
>>> soup.find('ul')
<ul class="table">
<li>景点 <a>门票价格</a></li>
</ul>
>>>
```

图 6-24　soup.find 获取 Tag

在一个 HTML 文件中，有的标签肯定不止出现一次。具体到这个示例文件 scenery.html

中，<div>、<ul>、<li>就不止出现一次。第一次出现的标签位置如何确定已经很清楚了，那第二次、第三次、第 N 次呢？bs4 给出的方法是 soup.find_all(Tag, [attrs])。使用 soup.find_all 命令可以获取所有符合条件的标签列表，然后直接从列表中读取就可以了。执行命令：

```
soup.find_all('ul')
soup.find_all('ul')[0]
soup.find_all('ul')[1]
```

执行结果如图 6-25 所示。

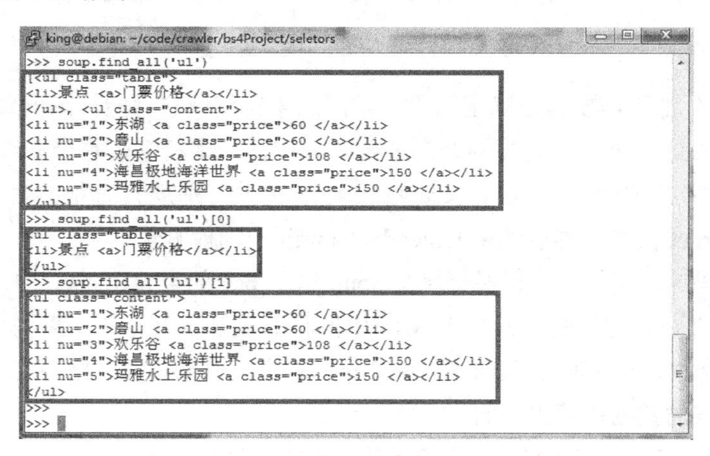

图 6-25　soup.find_all 获取 Tag

从顺序上来区别同名标签，这样出现再多的同名标签也可以很从容地定位了。在 HTML 中，同名标签比较少时，可以先用 soup.find_all 来获取标签位置列表，再用一个个数的方法来确定标签位置。如果这个列表比较短还好，从 1 数到 20 还可以接受。如果这个列表很长呢？从 1 数到 100 那就太讨厌了。

还是以 scenery.html 文件为例，文件中的<li>标签，目前在文件中只出现了 6 次。如果列出所有的景点，标签<li>出现 60 次都不奇怪。仔细观察一下 li 标签，它们除了名字相同外，还有一个相同的属性 nu，而属性 nu 的值是不同的。bs4 过滤器 Soup.find 和 soup.find_all 都支持名字+属性值定位。

如果一个 HTML 文件中出现了标签名相同，属性不同的标签。例如，scenery.html 文件中的<li>标签，可以用 soup.find(TagName, attrs={attrName:attrValue})的方法获取 Tag 的位置。比如需要定位标签文字为欢乐谷的那个<li>标签（<li>标签的属性是相同的，都是 nu，只是属性值不同）。可以执行命令：

```
soup.find('li', attrs={'nu':'3'})
```

执行结果如图 6-26 所示。

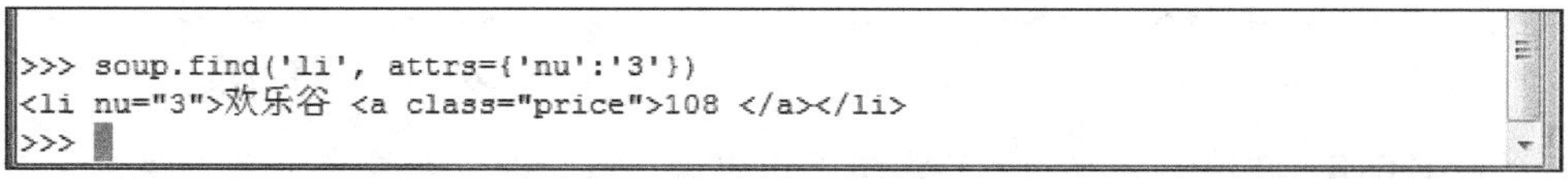

```
>>> soup.find('li', attrs={'nu':'3'})
<li nu="3">欢乐谷 <a class="price">108 </a></li>
>>>
```

图 6-26　soup.find 配合属性获取标签

如果标签名相同，属性相同，连属性值都相同的标签，那就用 soup.find_all(tagName, attrs={'attName':'attValue'})将所有符合条件的标签装入列表，然后从列表中慢慢地数。请放心，一般情况下，标签名相同，属性相同，连属性值都相同的标签在任何一个文件中都是很少见的。在 scenery.html 文件中，符合这个条件的只有<a>标签（如果是显示完整的景点<a>标签也会很多，那是下一步的问题）。如果需要获取景点"磨山"这一行的<a>标签，可以执行命令：

```
Tags = soup.find_all('a', attrs={'class':'price'})
Tags[1]
```

执行结果如图 6-27 所示。

```
>>> Tags = soup.find_all('a', attrs={'class':'price'})
>>> Tags[1]
<a class="price">60 </a>
>>>
```

图 6-27 soup.find_all 配合属性获取标签

目前 HTML 没有列出所有的景点，<a>标签还比较少，如果列出了所有景点<a>标签很多，该怎么办？再仔细观察一下<a>标签，所有<a>标签的标签名、属性和属性值虽然是相同的，但它们的上级标签（也就是常说的父标签）的标签名、属性和属性值总不可能相同吧？即使运气再差点，上级标签的标签名、属性、属性值都相同，上上级标签的难道也相同？还是以获取景点，"磨山"这一行的<a>标签为例，执行命令：

```
tmpTag = soup.find('li', attrs={'nu':'2'})
tmpTag.a
tmpTag.find('a')
```

执行结果如图 6-28 所示。

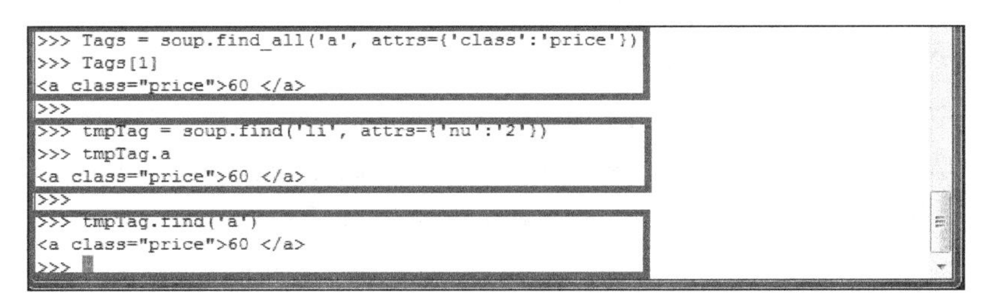

图 6-28 soup 嵌套获取标签

这种不直接定位目标标签，先间接定位目标标签的上级（也可以是下级）标签，再间接定位目标标签的方法，有点类似于 Scrapy 中 XPath 的嵌套过滤了。

实际上，如果觉得目标标签没什么显著特征，上级标签和下级标签也没有什么显著特征。还可以定位目标标签的兄弟标签。不过这种方法一般很少用，这里就不多说了。有兴趣的读者可以参考官方文档。

一般来说，最终需要获取保存的数据都不会是标签，而是标签里的数据，这个数据有可能是标签所包含的字符串，也有可能是标签的属性值。不过获取标签后，要数据那就很简单了。例如，获取示例文件中海昌极地海洋世界这个景点的序号和票价，也就是这一行标签<li>的属性 nu 的值和<a>标签包含的字符串，可以执行命令：

```
Tag = soup.find('li', attrs={'nu':'4'})
Tag.get('nu')
Tag.a.get_text()'
```

执行结果如图 6-29 所示。

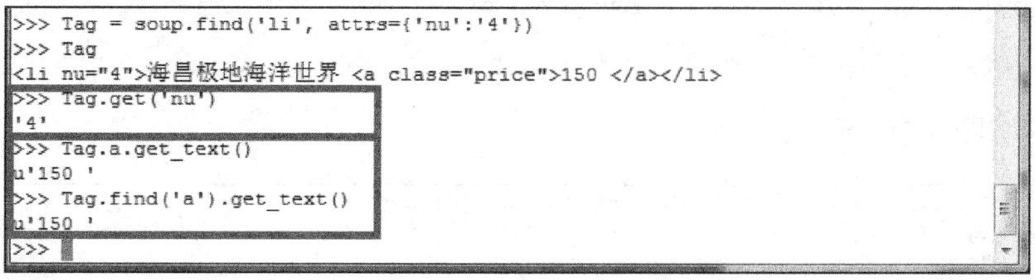

```
>>> Tag = soup.find('li', attrs={'nu':'4'})
>>> Tag
<li nu="4">海昌极地海洋世界 <a class="price">150 </a></li>
>>> Tag.get('nu')
'4'
>>> Tag.a.get_text()
u'150 '
>>> Tag.find('a').get_text()
u'150 '
>>>
```

图 6-29　soup 获取数据

如果只需要做简单爬虫，了解以上知识就可以了。如果需要对 bs4 进行深度挖掘，还需要读者自行参考 bs4 的官方文档。

6.3 bs4 爬虫实战一：获取百度贴吧内容

笔者是个美剧迷，经常在网上追剧，偶尔也在百度贴吧上看看美剧贴，可又比较懒，天天登录贴吧查看贴子觉得很麻烦。干脆就写个爬虫让它自动爬内容好了，有空就看看哪些帖子回复了，又有哪些新贴。这里以百度贴吧里的“权利的游戏吧”为例。

6.3.1 目标分析

百度贴吧中“权利的游戏”的 URL 是 http://tieba.baidu.com/f?kw=%E6%9D%83%E5%88%A9%E7%9A%84%E6%B8%B8%E6%88%8F&ie=utf-8&pn=0。看起来很乱是不是？仔细看看这个 URL，其中包含有 ie=utf-8，说明那个浏览器接受的是 utf8 的字符编码。正好，Python 3 默认的编码就是 utf-8。可以省下好多事。而%E6%9D%83%E5%88%A9%E7%9A%84%E6%B8%B8%E6%88%8F 实际上是 unicode 编码的权利的游戏转码成 utf-8 编码而来的。这种 url 转码在 Python 3 中有专门的模块 urllib.parse 来转换，如图 6-30 所示。

```
选择命令提示符 - python
Microsoft Windows [版本 10.0.16299.192]
(c) 2017 Microsoft Corporation。保留所有权利。

C:\Users\king>python
Python 3.6.4 |Anaconda custom (64-bit)| (default, Jan 16 2018, 10:22:32) [MSC v.
1900 64 bit (AMD64)] on win32
Type "help", "copyright", "credits" or "license" for more information.
>>> st = u'权利者的游戏'
>>> st.encode('utf-8')
b'\xe6\x9d\x83\xe5\x88\xa9\xe8\x80\x85\xe7\x9a\x84\xe6\xb8\xb8\xe6\x88\x8f'
>>> import urllib.parse


>>> urllib.parse.quote('权利者的游戏')
'%E6%9D%83%E5%88%A9%E8%80%85%E7%9A%84%E6%B8%B8%E6%88%8F'
>>>
```

图 6-30　编码转换

这个由“权利的游戏”转换而来的乱码是不是很眼熟。所以这个 URL 原本的状态应该是 http://tieba.baidu.com/f?kw=权利的游戏&ie=utf-8&pn=0，将其中的中文转码后交给 python 程序处理就可以了。

在网页上单击“下一页”按钮，浏览器跳转得到的 URL 是 http://tieba.baidu.com/f?kw=%E6%9D%83%E5%88%A9%E7%9A%84%E6%B8%B8%E6%88%8F&ie=utf-8&pn=50。好的，明白了。每单击一次“下一页”按钮，pn 都将增加 50。

在浏览器（这里使用的是 Chrome 浏览器，其他浏览器基本上都差不多）中打开这个 URL，查看帖子标题，如图 6-31 所示。

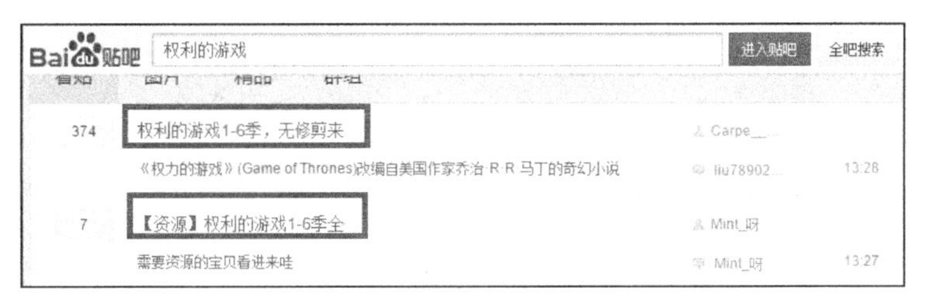

图 6-31　bs4 爬虫来源页面

在页面空白处右击，选择“查看网页源代码”，在页面源代码网页按 Ctrl+F 键打开查找框，在查找框内输入第一个帖子的标题名，找到所需数据位置，如图 6-32 所示。

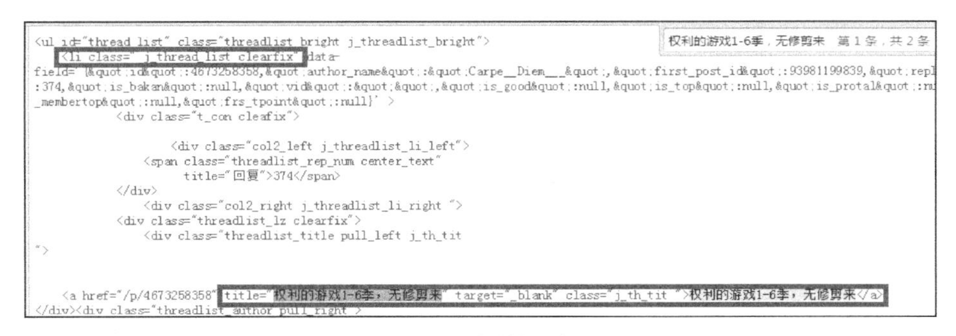

图 6-32　所需数据位置

找到所需数据的位置后，仔细观察一下，发现所有帖子都有一个共同的标签<li class=" j_thread_list clearfix">（这个标签还有其他的属性，只需要一个共同的属性就够了）。所以只需要用 bs4 过滤器 find_all 找到所有的标签，然后再进一步分离出所需的数据就可以了。

6.3.2 项目实施

既然思路都已经明确了，那就开工吧。打开 Eclipse，单击 New 图标右侧的三角按钮，在弹出菜单中选择 PyDev Project 项，如图 6-33 所示。

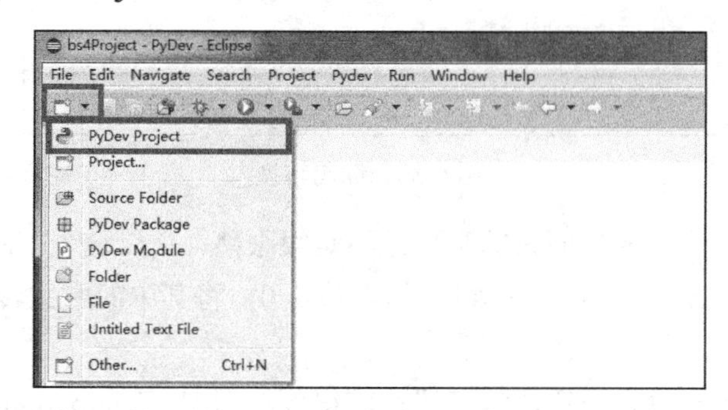

图 6-33 Eclipse 创建 Python 新项目

在弹出的对话框中输入项目名称，单击 Finish 按钮，如图 6-34 所示。

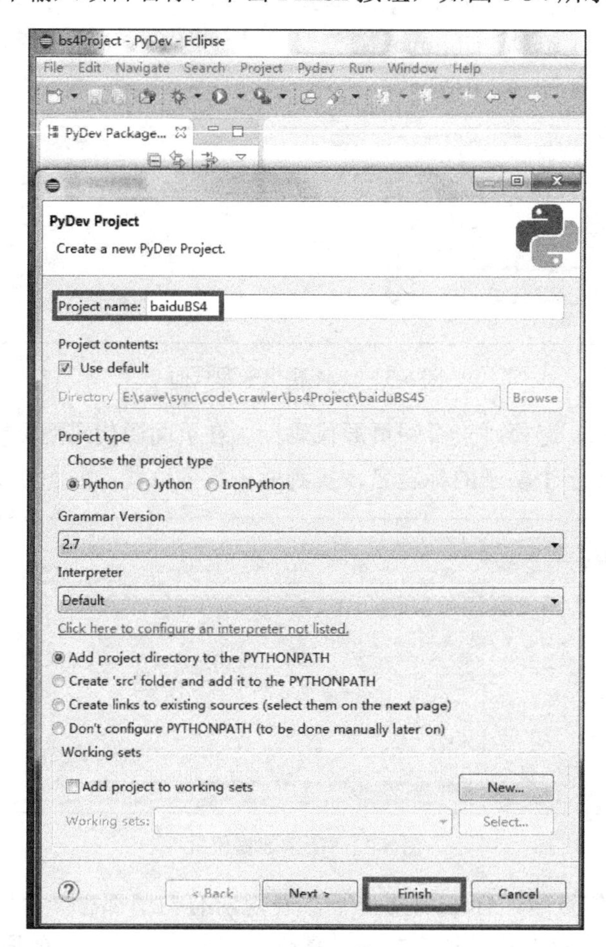

图 6-34 输入项目名

在 Eclipse 的左侧右击刚建立的项目 baiduBS4，在弹出的菜单中选择 New | PyDev Module 菜单。在项目中创建一个新的 Python 模块（前面提到过，这里选择 PyDev Module 是为了方便。非要选择 file，从零开始一步步地创建一个 Python 文件当然也可以），如图 6-35 所示。

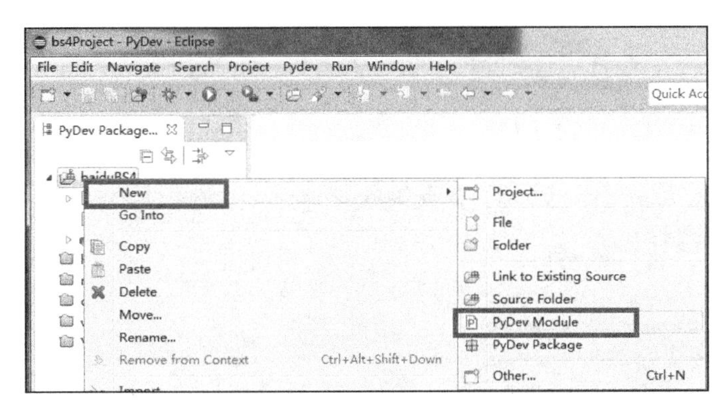

图 6-35　在项目中创建 Python 文件

在弹出的对话框中输入 Python 文件的文件名（无须加后缀名），右击 Finish 按钮。Python 文件创建完成，如图 6-36 所示。

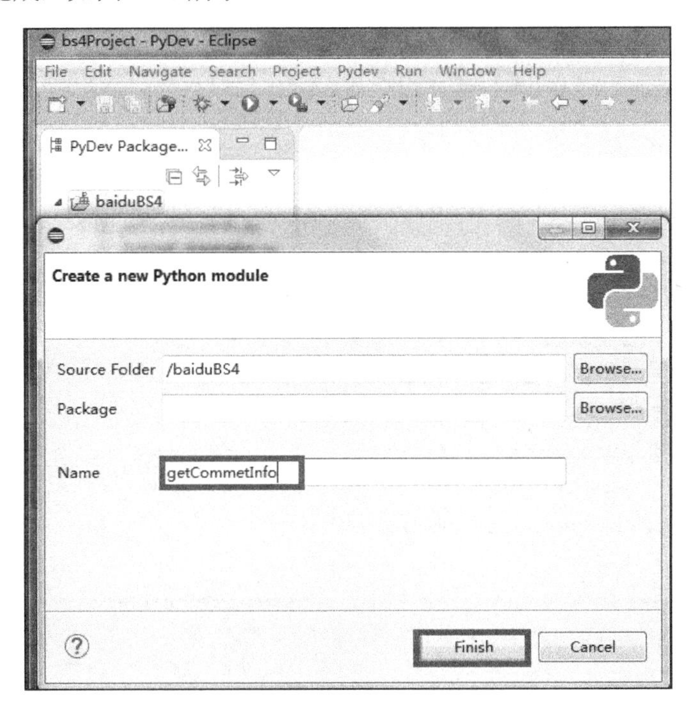

图 6-36　Python 文件名

【示例 6-3】在新创建的 getCommentInfo.py 中输入代码，getCommentInfo.py 的代码如下：

```
1 #!/usr/bin/evn python3
2 #-*- coding: utf-8 -*-
3 '''
```

```
 4 Created on 2016年8月9日
 5
 6 @author: hstking hst_king@hotmail.com
 7 '''
 8
 9
10 import urllib.request
11 import urllib.parse
12 from bs4 import BeautifulSoup
13 from mylog import MyLog as mylog
14 import codecs
15
16
17 class Item(object):
18     title = None     #帖子标题
19     firstAuthor = None  #帖子创建者
20     firstTime = None   #帖子创建时间
21     reNum = None     #总回复数
22     content = None  #最后回复内容
23     lastAuthor = None   #最后回复者
24     lastTime = None #最后回复时间
25
26
27 class GetTiebaInfo(object):
28     def __init__(self,url):
29         self.url = url
30         self.log = mylog()
31         self.pageSum = 5
32         self.urls = self.getUrls(self.pageSum)
33         self.items = self.spider(self.urls)
34         self.pipelines(self.items)
35
36     def getUrls(self,pageSum):
37         urls = []
38         pns = [str(i*50) for i in range(pageSum)]
39         ul = self.url.split('=')
40         for pn in pns:
41             ul[-1] = pn
42             url = '='.join(ul)
43             urls.append(url)
44         self.log.info('获取 URLS 成功')
45         return urls
46
```

```
    47      def spider(self, urls):
    48          items = []
    49          for url in urls:
    50              htmlContent = self.getResponseContent(url)
    51              soup = BeautifulSoup(htmlContent, 'lxml')
    52              tagsli = soup.find_all('li',attrs={'class':' j_thread_list
clearfix'})
    53              for tag in tagsli:
    54                  item = Item()
    55                  item.title = tag.find('a',
attrs={'class':'j_th_tit'}).get_text().strip()
    56                  item.firstAuthor = tag.find('span', attrs={'class':'frs-
author-name-wrap'}).a.get_text().strip()
    57                  item.firstTime = tag.find('span', attrs={'title':'创建时间
'}).get_text().strip()
    58                  item.reNum = tag.find('span', attrs={'title':'回复
'}).get_text().strip()
    59                  item.content = tag.find('div',
attrs={'class':'threadlist_abs threadlist_abs_onlyline '}).get_text().strip()
    60                  item.lastAuthor = tag.find('span',
attrs={'class':'tb_icon_author_rely j_replyer'}).a.get_text().strip()
    61                  item.lastTime = tag.find('span', attrs={'title':'最后回复时
间'}).get_text().strip()
    62                  items.append(item)
    63                  self.log.info('获取标题为<<%s>>的项成功 ...' %item.title)
   64           return items
    65
    66      def pipelines(self, items):
    67          fileName = '百度贴吧_权利的游戏.txt'#.encode('utf-8')
    68          with codecs.open(fileName, 'w', 'utf-8') as fp:
    69              for item in items:
    70                  try:
    71                      fp.write('title:%s \t author:%s \t firstTime:%s \r\n
content:%s \r\n return:%s \r\n lastAuthor:%s \t lastTime:%s \r\n\r\n\r\n\r\n'
    72                               %(item.title, item.firstAuthor, item.firstTime,
item.content, item.reNum, item.lastAuthor, item.lastTime))
    73                  except Exception as e:
    74                      self.log.error('写入文件失败')
    75                  else:
    76                      self.log.info('标题为<<%s>>的项输入到"%s"成功'
%(item.title, fileName))
    77
    78      def getResponseContent(self, url):
```

```
79         '''这里单独使用一个函数返回页面返回值，是为了后期方便的加入proxy和
headers等
80         '''
81         urlList = url.split('=')
82         urlList[1] = urllib.parse.quote(urlList[1])
83         url = '='.join(urlList)
84         try:
85             response = urllib.request.urlopen(url)
86         except:
87             self.log.error('Python 返回 URL:%s  数据失败' %url)
88         else:
89             self.log.info('Python 返回 URUL:%s  数据成功' %url)
90             return response.read()
91
92
93 if __name__ == '__main__':
94     url = 'http://tieba.baidu.com/f?kw=权利的游戏&ie=utf-8&pn=50'
95     GTI = GetTiebaInfo(url)
```

按照上面的步骤，在项目中重新建立一个名为 mylog.py 的 PyDev Module（也可以是一个单纯的 File）。

【示例 6-4】mylog.py 的内容如下：

```
 1 #!/usr/bin/env python3
 2 # -*- coding:utf-8 -*-
 3 #Author  :hstking
 4 #E-mail  :hst_king@hotmail.com
 5 #Ctime   :2015/09/15
 6 #Mtime   :
 7 #Version :
 8
 9 import logging
10 import getpass
11 import sys
12
13
14 #### 定义MyLog类
15 class MyLog(object):
16 #### 类MyLog的构造函数
17     def __init__(self):
18         self.user = getpass.getuser()
19         self.logger = logging.getLogger(self.user)
20         self.logger.setLevel(logging.DEBUG)
```

```
21
22 ####  日志文件名
23         self.logFile = sys.argv[0][0:-3] + '.log'
24         self.formatter = logging.Formatter('%(asctime)-12s %(levelname)-
8s %(name)-10s %(message)-12s\r\n')
25
26 ####  日志显示到屏幕上并输出到日志文件内
27         self.logHand = logging.FileHandler(self.logFile, encoding='utf8')
28         self.logHand.setFormatter(self.formatter)
29         self.logHand.setLevel(logging.DEBUG)
30
31         self.logHandSt = logging.StreamHandler()
32         self.logHandSt.setFormatter(self.formatter)
33         self.logHandSt.setLevel(logging.DEBUG)
34
35         self.logger.addHandler(self.logHand)
36         self.logger.addHandler(self.logHandSt)
37
38 ####  日志的 5 个级别对应以下的 5 个函数
39     def debug(self,msg):
40         self.logger.debug(msg)
41
42     def info(self,msg):
43         self.logger.info(msg)
44
45     def warn(self,msg):
46         self.logger.warn(msg)
47
48     def error(self,msg):
49         self.logger.error(msg)
50
51     def critical(self,msg):
52         self.logger.critical(msg)
53
54 if __name__ == '__main__':
55     mylog = MyLog()
56     mylog.debug(u"I'm debug 测试中文")
57     mylog.info("I'm info")
58     mylog.warn("I'm warn")
59     mylog.error(u"I'm error 测试中文")
60     mylog.critical("I'm critical")
```

项目代码已经完成了。此时 Eclipse 中的项目如图 6-37 所示。

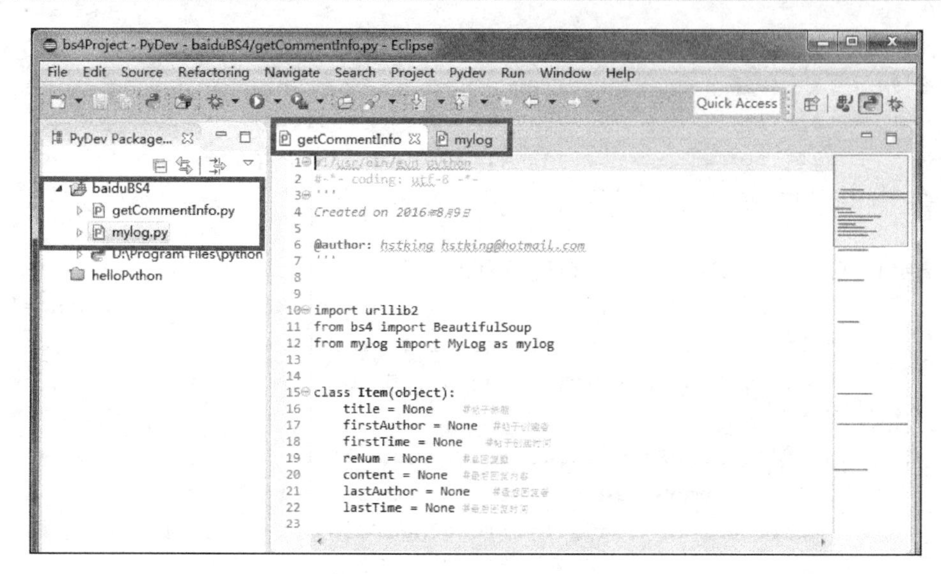

图 6-37　Eclipse 项目 baiduBS4

单击菜单栏上的运行图标，程序运行完毕后单击 baiduBS4 项目图标，按 F5 键刷新。得到的结果如图 6-38 所示。

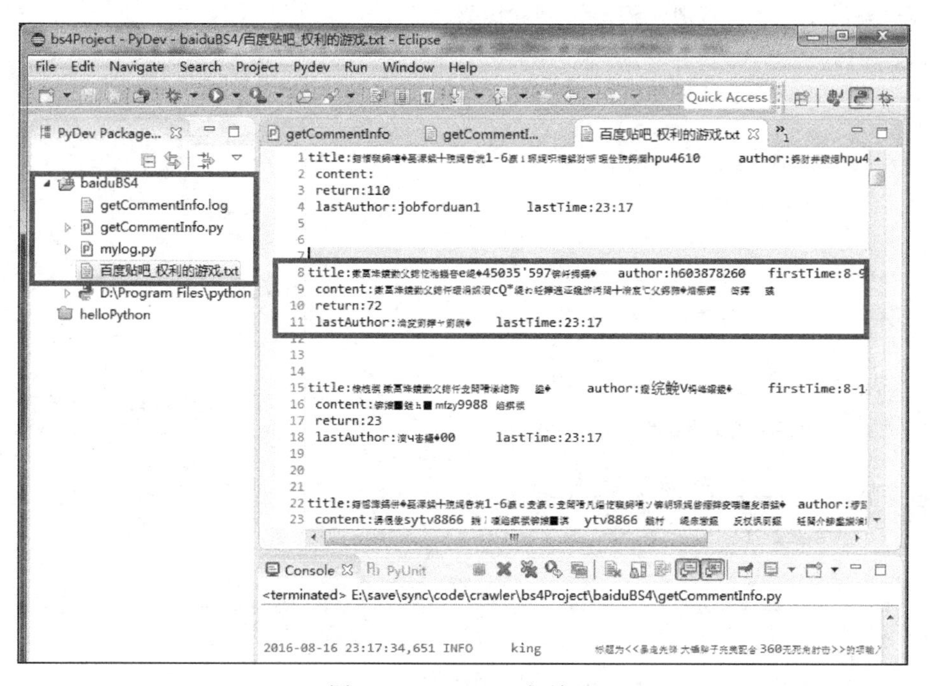

图 6-38　Eclipse 运行结果

运行完毕后得到了两个新文件。一个是 log 文件 getCommentInfo.log，一个是爬虫保存结果文件“百度贴吧_权利的游戏.txt”。在“百度贴吧_权利的游戏.txt”文件中的中文明显有乱码，没关系，那是因为直接用 Eclipse 的编辑器打开的缘故。右击 Eclipse 左边“百度贴吧_权利的游戏.txt”的图标，在弹出的菜单中选择 Open With 菜单，然后在弹出的子菜单中选择 System Eitor 项，使用 Windows 自带的笔记本打开文件，乱码就不见了，如图 6-39 所示。

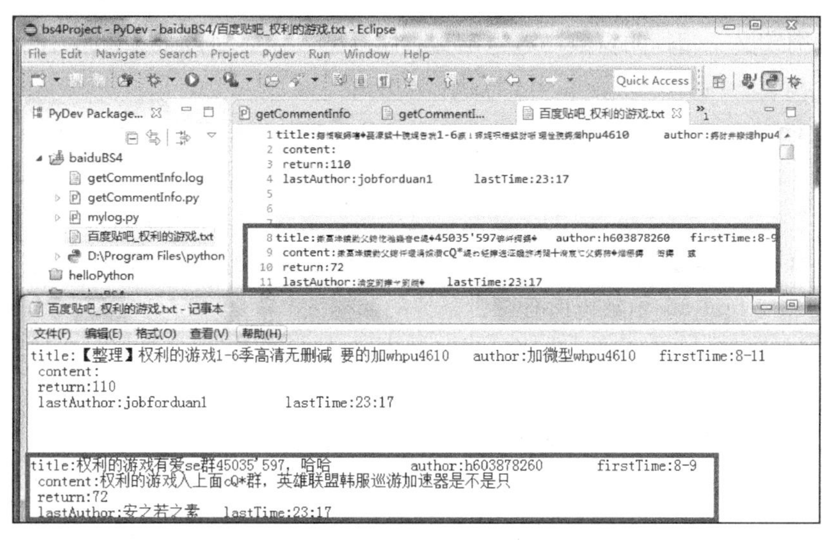

图 6-39　笔记本打开文件

这是因为“百度贴吧_权利的游戏.txt”文件中数据保存的是 utf8 编码。Eclipse 自带的文字编辑器默认支持的是 GBK 编码，所以会显示乱码。而 Windows 记事本 notepad 虽然也默认支持的是 GBK，但是它同时也支持 utf8 编码。

6.3.3　代码分析

在项目 baiduBS4 中除了主程序外，笔者还自定义了一个 mylog.py 模块（对，就是模块，这个 Python 程序就是做模块用的）。这个模块的作用很明显，就是为了主程序提供 log 功能。

log 功能很重要。虽然 Eclipse 已经提供了非常方便的 Debug 功能，没有 log 配合就只能从头到尾一步一步地调试。几步十几步那也就忍了，可爬虫动辄几十页上百页的爬行，一旦出错，没有 log 帮助定位，很难找到错误点。

这个 mylog.py 写得很简单，只是将 Python 的标准模块 logging 简单地包装了一下。第 9~11 行导入了所需的 Python 模块。第 15 行创建了一个新的类。第 18~24 行定义了 log 文件的文件名、用户名、log 的等级以及 log 文件的格式。这里要稍做说明的是，在 log 的格式 self.formatter 的最后添加了一个\r\n。那是因为在 Windows 下换行符号是\r\n，如果是在 Linux 下，加\n 就可以了。mylog.py 这个自建模块在 Windows 和 Linux 下基本是通用的。

第 27~36 行则定义了两个 loghandler。一个是将 log 输出到文本中，一个是将 log 输出到终端方便调试。第 39~52 行则按照 logging 模块定义了 5 个 log 级别。

主程序 getCommentInfo.py 也比较简单。第 10~14 行还是导入所需的模块。在第 17~24 行定义了一个新类。还记得 Scrapy 框架中的 items.py 吗？主程序里的 Item 类就是仿照 Scrapy 框架中的 items.py 写的。个人认为 Scrapy 的框架非常方便，也很合理，Scrapy 优秀的地方就直接学习借鉴了。也可以完全参考 Scrapy 的方法，重新建立一个 Python 模块，将这个类放到一个单独的文件中。

第 27 行创建了一个爬虫类。第 29 行定义了爬虫的入口 URL。第 30 行为类创建了一个

log。第 29 行则定义了爬行的页数，这里定义只爬行了 5 页，实际上有接近 1000 页可爬。如有必要，完全可以一网打尽。第 32~34 行执行类函数。

第 36~45 行定义了一个 getUrls 的类函数。这个函数的作用是根据页面变化的规律（每向后翻一页，pn 增加 50），将所有的 URL 装入一个列表中去，供下一个类函数调用。

第 47~64 行定义了一个 spider 的类函数。这个函数也参考了 Scrapy 的 spider。与 scrapy 不同的是 Scrapy 使用的是 XPath 过滤器，而这里使用的是 bs4 的 BeautifulSoup 过滤有用数据。第 52 行使用 soup.find_all 函数将所有符合条件的数据装入了 tagsli 列表中。第 51~61 行使用 for 函数遍历整个列表，将有效数据过滤出来，添加到 items 列表中，供下一个函数处理。

第 68~76 行把得到的 items 列表写入到最终的数据保存文件“百度贴吧_权利的游戏.txt”中去。其中还添加了一个 try 语句，防止写入文件失败。

第 78~90 行定义了 getResponseContent 函数，这个函数的作用很简单。从函数入口接收一个带有中文字符的 Url，将其转换成 url 编码后向服务器提出请求，最后返回请求结果。功能很简单，这里用单独一个函数是为了以后扩充功能。比如使用 proxy 代理，添加 headers 等。这个就有点类似于 Scrapy 框架中的中间件。一旦发现爬虫被禁止，就可以在这个函数中做出相应的修改，避开封锁。

第 93~95 行是__main__函数，实例化 GetTiebaInfo 类。

6.3.4 Eclipse 调试

虽然在 Windows 下也可以使用 pdb 模块对 Python 程序进行调试。Pdb 的强大当然是无须质疑，但直观上来说就远远不如 Eclipse 了。下面就牛刀小试，实验一下 Eclipse 的调试功能。

首先要做的是在程序中添加断点，也就是程序运行中暂停中断的位置。在所需中断行的最前方，行号的前面空白处双击右键，会出现一个绿色气球的图标，表明断点已经设立成功。这里只在 41 行和 60 行设置了 2 个断点，如图 6-40 所示。

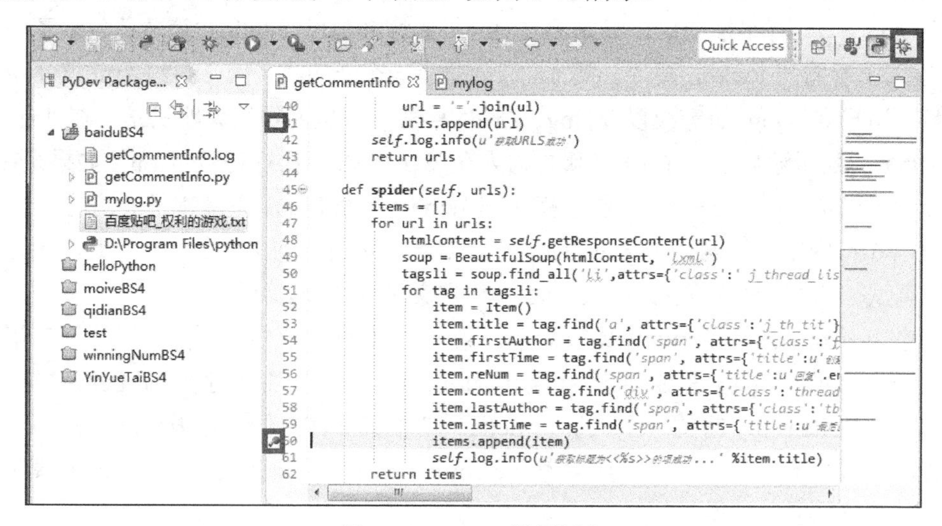


```
40              url = '='.join(ul)
41              urls.append(url)
42          self.log.info(u'获取URLS成功')
43          return urls
44
45      def spider(self, urls):
46          items = []
47          for url in urls:
48              htmlContent = self.getResponseContent(url)
49              soup = BeautifulSoup(htmlContent, 'lxml')
50              tagsli = soup.find_all('li',attrs={'class':' j_thread_lis
51              for tag in tagsli:
52                  item = Item()
53                  item.title = tag.find('a', attrs={'class':'j_th_tit'}
54                  item.firstAuthor = tag.find('span', attrs={'class':'f
55                  item.firstTime = tag.find('span', attrs={'title':u'创
56                  item.reNum = tag.find('span', attrs={'title':u'回复'.e
57                  item.content = tag.find('div', attrs={'class':'thread
58                  item.lastAuthor = tag.find('span', attrs={'class':'tb
59                  item.lastTime = tag.find('span', attrs={'title':u'最
60                  items.append(item)
61                  self.log.info(u'获取标题为<<%s>>的项成功...' %item.title)
62          return items
```

图 6-40　Eclipse 设置断点

再单击 Eclipsc 上方菜单栏最右边的爬虫图标，进入调试模式。单击图标栏的爬虫图标开始调试。程序运行到断点处会自动停止运行，单击图标栏的箭头图标进行单步调试。在程序栏中的箭头指向运行的位置。可以在变量标签中观察变量的值。测试完毕后可以单击图标栏的停止图标退出调试，如图 6-41 所示。

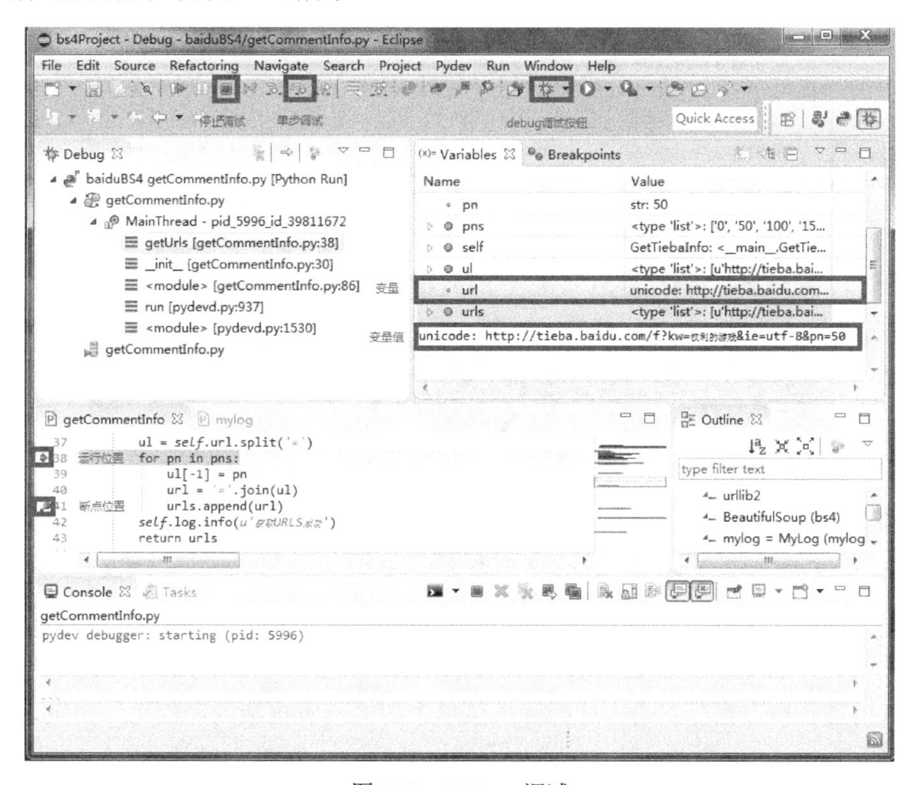

图 6-41　Eclipse 调试

配合 log 模块，即使程序出现什么问题也可以很容易地找到出错的位置，方便修改。

6.4 bs4 爬虫实战二：获取双色球中奖信息

在国内，唯一能合法暴富的方法似乎只有彩票中奖了。虽然人人都知道中奖的概率很低，但希望总是存在的。中奖的号码虽然无法直接推算出来，但根据概率计算将中奖的概率稍微调大点那还是可能的（据说所有赌场都有这样一条潜规则，不欢迎数学家进入赌场，就是为了防止客人计算概率。电影《决胜 21 点》就是根据真实事件改编，而历史上最出名的因概率计算被赌场禁止入场的人是日本的山本五十六）。在进行概率计算前要做的就是收集数据，好在中国福利彩票并不禁止收集数据进行概率计算。如何计算概率不是本章的内容，本章只负责将数据收集后存入到数据库中。

6.4.1 目标分析

在中彩网中打开双色球的往期中奖信息页面（这里使用的是 Chrome 浏览器，其他的浏览器可能会稍有区别）。网址为 http://www.zhcw.com/ssq/kaijiangshuju/index.shtml?type=0，如图 6-42 所示。

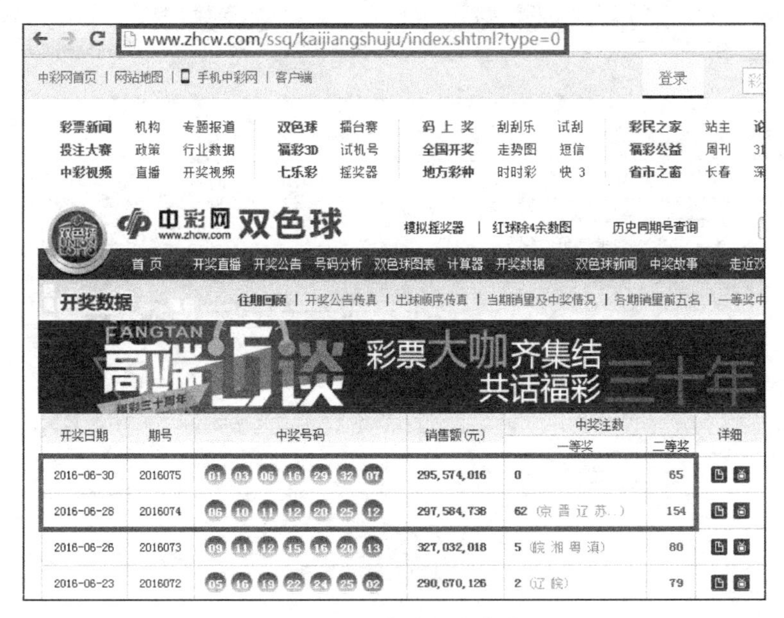

图 6-42　双色球往期中奖

在中奖信息表格上鼠标右击，选择弹出菜单中的“查看框架的源代码”。发现这个框架的数据来源于 kaijiang.zhcw.com/zhcw/html/ssq/list_1..html，如图 6-43 所示。

```
view-source:kaijiang.zhcw.com/zhcw/html/ssq/list_1.html
27   <table width="718" border="0" cellspacing="0" cellpadding="0" class="wqhgt">
28     <tr style=" background:url(http://images.zhcw.com/zhcw2010/kaijiang/zhcw/ssqpd_28.jpg) repeat-x;">
29       <th width="83" rowspan="2">开奖日期</th>
30       <th width="64" rowspan="2">期号</th>
31       <th width="203" rowspan="2">中奖号码</th>
32       <th width="92" rowspan="2">销售额(元)</th>
33       <th colspan="2">中奖注数</th>
34       <th width="65" rowspan="2">详细</th>
35     </tr>
36     <tr>
37       <th width="135" style="color:#F00">一等奖</th>
38       <th width="45" style="color:#00F">二等奖</th>
39     </tr>
40
41
42     <tr>
43       <td align="center">2016-08-16</td>
44       <td align="center">2016095</td>
45       <td align="center" style="padding-left:10px;">
46
47       <em class="rr">01</em>
48
49       <em class="rr">05</em>
50
51       <em class="rr">09</em>
52
53       <em class="rr">12</em>
54
55       <em class="rr">18</em>
56
57       <em class="rr">32</em>
58
59       <em>12</em></td>
60       <td><strong>297,413,702</strong></td>
61       <td align="left" style="color:#999;"><strong>[illegible]</strong>
62       (浙 闽 粤 深圳..)
63       </td>
```

图 6-43　框架源代码

然后再到网页中单击“下一页”的链接，再次查看框架源代码，新的框架数据来源是 kaijiang.zhcw.com/zhcw/html/ssq/list_2.html。大致明白 URL 的变化规律了，再回头测试一下 kaijiang.zhcw.com/zhcw/html/ssq/list_1.html 是否正常，返回数据正常，如图 6-44 所示。

kaijiang.zhcw.com/zhcw/html/ssq/list_1.html

开奖日期	期号	中奖号码	销售额(元)	中奖注数		详细
				一等奖	二等奖	
2016-08-16	2016095	01 05 09 12 18 32 12	297,413,702	7 (浙 闽 粤 深圳 ..)	73	
2016-08-14	2016094	06 07 10 12 18 31 10	324,311,584	4 (皖 粤 深圳 陕)	83	
2016-08-11	2016093	06 09 15 17 25 27 09	298,416,216	18 (京 津 晋 沪 ..)	131	
2016-08-09	2016092	02 13 15 23 24 29 06	299,992,386	19 (京 蒙 辽 沪 ..)	97	
2016-08-07	2016091	04 08 14 22 23 28 07	329,710,234	17 (京 冀 晋 沪 ..)	226	
2016-08-04	2016090	02 13 17 20 21 26 07	294,008,068	23 (辽 苏 浙 皖 ..)	164	
2016-08-02	2016089	01 03 14 30 31 32 08	288,232,376	10 (冀 辽 浙 粤 ..)	48	
2016-07-31	2016088	03 14 16 18 25 33 15	320,354,148	5 (辽 苏 豫 陕)	79	
2016-07-28	2016087	02 03 10 11 14 21 12	288,396,896	3 (冀 鲁 琼)	84	

图 6-44　表格来源网页

再来看看如何获取表格中的数据。任选一个双色球往期中奖号码的框架查看源代码，这里就选末页 kaijiang.zhcw.com/zhcw/html/ssq/list_100.htm，如图 6-45 所示。

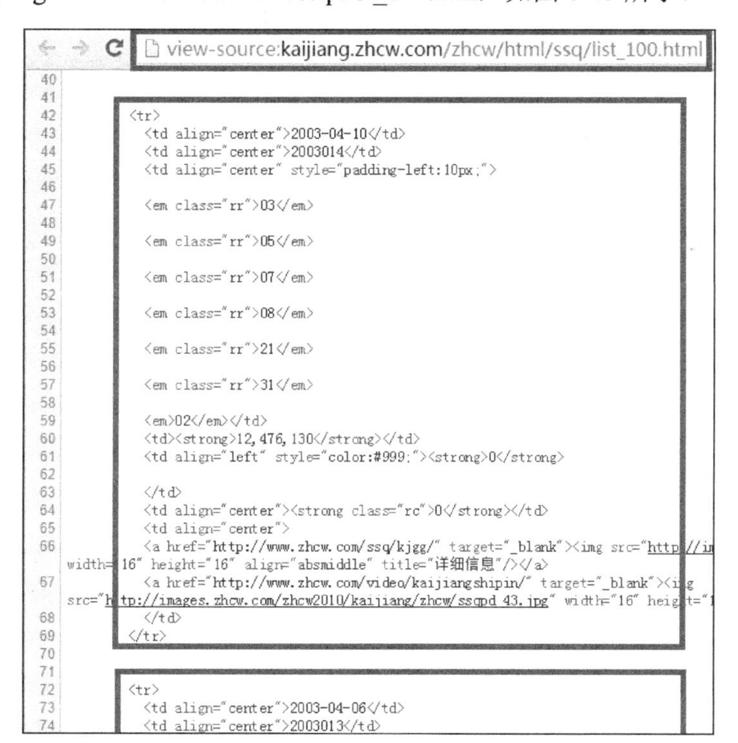

```
view-source:kaijiang.zhcw.com/zhcw/html/ssq/list_100.html
40
41
42    <tr>
43      <td align="center">2003-04-10</td>
44      <td align="center">2003014</td>
45      <td align="center" style="padding-left:10px;">
46
47      <em class="rr">03</em>
48
49      <em class="rr">05</em>
50
51      <em class="rr">07</em>
52
53      <em class="rr">08</em>
54
55      <em class="rr">21</em>
56
57      <em class="rr">31</em>
58
59      <em>02</em></td>
60      <td><strong>12,476,130</strong></td>
61      <td align="left" style="color:#999;"><strong>0</strong>
62
63      </td>
64      <td align="center"><strong class="rc">0</strong></td>
65      <td align="center">
66      <a href="http://www.zhcw.com/ssq/kjgg/" target="_blank"><img src="http://i
 width="16" height="16" align="absmiddle" title="详细信息"/></a>
67      <a href="http://www.zhcw.com/video/kaijiangshipin/" target="_blank"><img
 src="http://images.zhcw.com/zhcw2010/kaijiang/zhcw/ssqpd_43.jpg" width="16" height="1
68      </td>
69    </tr>
70
71
72    <tr>
73      <td align="center">2003-04-06</td>
74      <td align="center">2003013</td>
```

图 6-45　分析数据

在做爬虫时，遇到这种表格形式的数据，那就最方便了。因为它们都有固定的标签，可以很方便地获取数据。从图 6-45 中可以看出，表格中每一行的数据都包含在一对<tr>标签内。所以，在写爬虫时只需要先将<tr>标签挑选出来，然后再到其中过滤数据就可以了。

6.4.2 项目实施

【示例 6-5】还是打开 Eclipse，按照上节创建项目、文件的流程进行。首先创建项目 winningNumBS4，在项目中创建 PyDev Module 文件 getWinningNum.py，再把上节 baiduBS4 项目中使用过的 mylog.py 复制到 winningNumBS4 项目中，以备后期调用。项目的主文件 getWinningNum.py 的内容如下：

```
 1 #!/usr/bin/evn python3
 2 #-*- coding: utf-8 -*-
 3 '''
 4 Created on 2016年8月7日
 5 
 6 @author: hstking hst_king@hotmail.com
 7 '''
 8 
 9 
10 import re
11 from bs4 import BeautifulSoup
12 import urllib.request
13 from mylog import MyLog as mylog
14 import codecs
15 
16 
17 class DoubleColorBallItem(object):
18     date = None
19     order = None
20     red1 = None
21     red2 = None
22     red3 = None
23     red4 = None
24     red5 = None
25     red6 = None
26     blue = None
27     money = None
28     firstPrize = None
29     secondPrize = None
30 
31 class GetDoubleColorBallNumber(object):
32     '''这个类用于获取双色球中奖号码， 返回一个 txt 文件
33     '''
34     def __init__(self):
```

```
35          self.urls = []
36          self.log = mylog()
37          self.getUrls()
38          self.items = self.spider(self.urls)
39          self.pipelines(self.items)
40
41
42      def getUrls(self):
43          '''获取数据来源网页
44          '''
45          URL = 'http://kaijiang.zhcw.com/zhcw/html/ssq/list_1.html'
46          htmlContent = self.getResponseContent(URL)
47          soup = BeautifulSoup(htmlContent, 'lxml')
48          tag = soup.find_all(re.compile('p'))[-1]
49          pages = tag.strong.get_text()
50          for i in range(1, int(pages)+1):
51              url = r'http://kaijiang.zhcw.com/zhcw/html/ssq/list_' + str(i)
+ '.html'
52              self.urls.append(url)
53              self.log.info('添加 URL:%s 到 URLS \r\n' %url)
54
55      def getResponseContent(self, url):
56          '''这里单独使用一个函数返回页面返回值，是为了后期方便的加入 proxy 和
headers 等
57          '''
58          try:
59              response = urllib.request.urlopen(url)
60          except:
61              self.log.error('Python 返回 URL:%s  数据失败  \r\n' %url)
62          else:
63              self.log.info('Python 返回 URUL:%s  数据成功 \r\n' %url)
64              return response.read()
65
66
67      def spider(self,urls):
68          '''这个函数的作用是从获取的数据中过滤得到中奖信息
69          '''
70          items = []
71          for url in urls:
72              htmlContent = self.getResponseContent(url)
73              soup = BeautifulSoup(htmlContent, 'lxml')
74              tags = soup.find_all('tr', attrs={})
75              for tag in tags:
```

```
 76                if tag.find('em'):
 77                    item = DoubleColorBallItem()
 78                    tagTd = tag.find_all('td')
 79                    item.date = tagTd[0].get_text()
 80                    item.order = tagTd[1].get_text()
 81                    tagEm = tagTd[2].find_all('em')
 82                    item.red1 = tagEm[0].get_text()
 83                    item.red2 = tagEm[1].get_text()
 84                    item.red3 = tagEm[2].get_text()
 85                    item.red4 = tagEm[3].get_text()
 86                    item.red5 = tagEm[4].get_text()
 87                    item.red6 = tagEm[5].get_text()
 88                    item.blue = tagEm[6].get_text()
 89                    item.money = tagTd[3].find('strong').get_text()
 90                    item.firstPrize = tagTd[4].find('strong').get_text()
 91                    item.secondPrize = tagTd[5].find('strong').get_text()
 92                    items.append(item)
 93                    self.log.info('获取日期为:%s 的数据成功' %(item.date))
 94            return items
 95
 96        def pipelines(self,items):
 97            fileName = '双色球.txt'
 98            with codecs.open(fileName, 'w', 'utf-8') as fp:
 99                for item in items:
100                    fp.write('%s %s \t %s %s %s %s %s %s  %s \t %s \t %s %s
\r\n'
101
%(item.date,item.order,item.red1,item.red2,item.red3,item.red4,item.red5,item.
red6,item.blue,item.money,item.firstPrize,item.secondPrize))
102                    self.log.info('将日期为:%s 的数据存入"%s"...' %(item.date,
fileName))
103
104
105 if __name__ == '__main__':
106     GDCBN = GetDoubleColorBallNumber()
```

鼠标左键选取项目文件 getWinningNum.py，然后单击 Eclipse 的运行图标并复制，最终得到结果如图 6-46 所示。

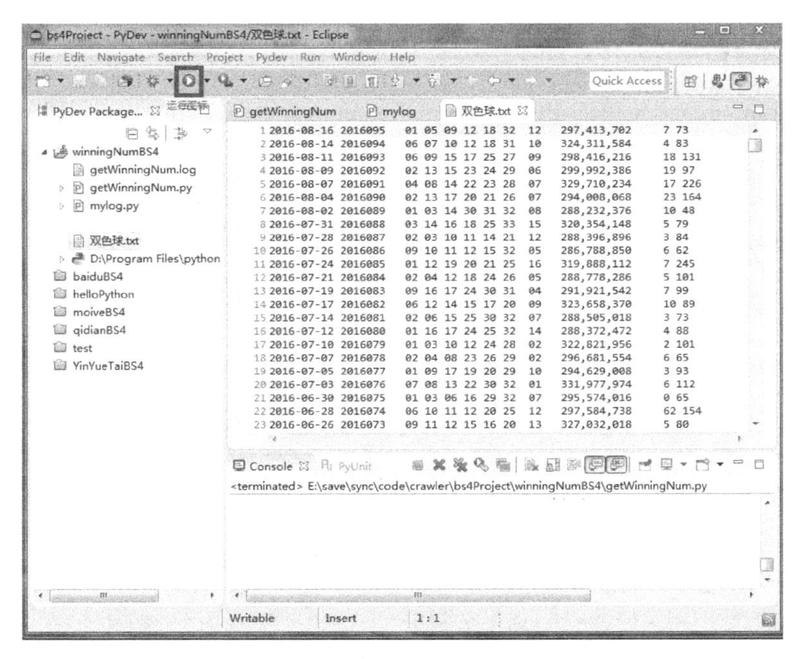

图 6-46 运行 getWinningNum.py

很顺利地将爬取的结果保存到了 txt 文件中。winningNumBS4 项目暂时告一段落，下一节继续挖掘。

6.4.3 保存结果到 Excel

在 Windows 下，最常见的数据保存工具是 Excel。下面尝试将结果保存到 Excel 中去。

在 Python 的标准库中，并没有直接操作 Excel 的模块。好在还有永远不会让人失望的第三方库。百度一下最流行的操作 Excel 的 Python 库就是 xlrd 和 xlwt 了。其中 xlrd 负责从 Excel 中读取数据，而 xlwt 则是将数据写入到 Excel 中去。这里我们使用 xlwt 模块。

从第三方库中安装 xlwt 模块很简单，一条命令足矣。执行命令：

```
pip install xlwt
```

执行结果如图 6-47 所示。

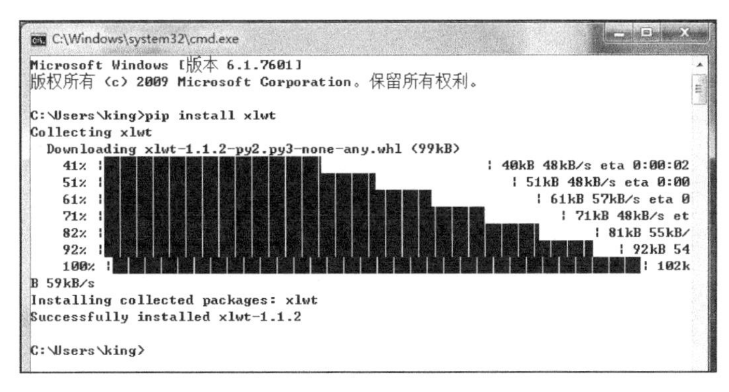

图 6-47 安装 xlwt 模块

至此 xlwt 模块已安装完毕。xlwt 模块使用很简单。

【示例 6-6】先写一个简单的 Python 程序来测试一下。在 Eclipse 中创建一个 test 项目，并在项目中创建一个名为 excelWrite.py 的 PyDev Module 文件。excelWrite.py 的内容如下：

```
 1 #!/usr/bin/evn python3
 2 #-*- coding: utf-8 -*-
 3 '''
 4 Created on 2016年8月17日
 5
 6 @author: hstking hst_king@hotmail.com
 7 '''
 8
 9 import xlwt
10
11 if __name__ == '__main__':
12     book = xlwt.Workbook(encoding='utf8', style_compression=0)
13     sheet = book.add_sheet('dede')
14     sheet.write(0, 0, 'hstking')
15     sheet.write(1, 1, '中文测试'.encode('utf8'))
16     book.save('d:\\1.xls')
```

很简单的一个程序。首先使用 xlwt.Workbook 函数创建一个工作簿，如果有中文最好是输入中文的字符编码。然后在工作簿里创建一个表，再就是往表里填入数据了。逻辑简单，结构也很简单。最后就是保存工作簿到文件中去。

单击 Eclipse 的运行图标，得到的结果如图 6-48 所示。

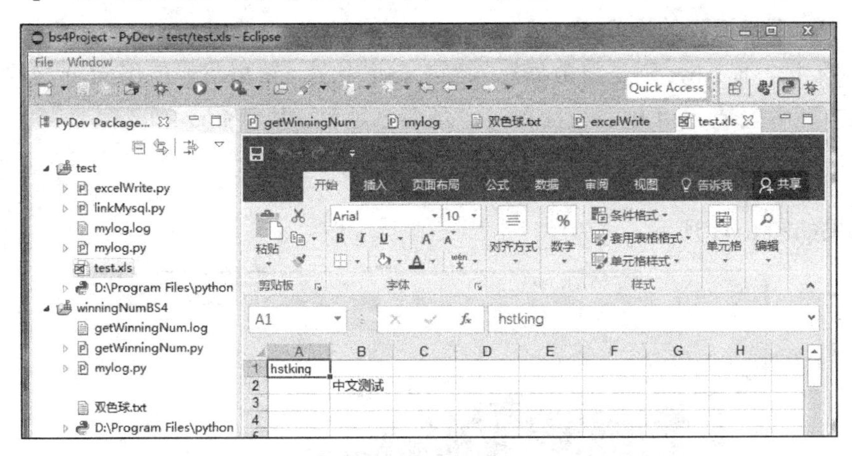

图 6-48　测试 xlwt 模块

根据 getWinningNum.log 的实际情况（也就是程序输出数据的形式），将 excelWrite.py 稍做变化就可以用了。回到 winningNumBS4 项目下，创建一个新的 PyDev Module 文件 save2excel.py、save2excel.py 和 getWinningNum.py 是在同一目录下的（这点很重要，如果不在同一目录下，getWinningNum.py 想把 save2excel.py 当模块使用会费很多功夫）。

【示例 6-7】Sava2excel.py 的内容如下：

```
 1 #!/usr/bin/evn python3
 2 #-*- coding: utf-8 -*-
 3 '''
 4 Created on 2016��8��17��
 5 
 6 @author: hstking hst_king@hotmail.com
 7 '''
 8 
 9 import xlwt
10 
11 
12 class SavaBallDate(object):
13     def __init__(self, items):
14         self.items = items
15         self.run(self.items)
16 
17     def run(self,items):
18         fileName = '双色球.xls'
19         book = xlwt.Workbook(encoding='utf8')
20         sheet=book.add_sheet('ball', cell_overwrite_ok=True)
21         sheet.write(0, 0, '开奖日期')
22         sheet.write(0, 1, '期号')
23         sheet.write(0, 2, '红 1')
24         sheet.write(0, 3, '红 2')
25         sheet.write(0, 4, '红 3')
26         sheet.write(0, 5, '红 4')
27         sheet.write(0, 6, '红 5')
28         sheet.write(0, 7, '红 6')
29         sheet.write(0, 8, '蓝')
30         sheet.write(0, 9, '销售金额')
31         sheet.write(0, 10, '一等奖')
32         sheet.write(0, 11, '二等奖')
33         i = 1
34         while i <= len(items):
35             item = items[i-1]
36             sheet.write(i, 0, item.date)
37             sheet.write(i, 1, item.order)
38             sheet.write(i, 2, item.red1)
39             sheet.write(i, 3, item.red2)
40             sheet.write(i, 4, item.red3)
41             sheet.write(i, 5, item.red4)
42             sheet.write(i, 6, item.red5)
43             sheet.write(i, 7, item.red6)
44             sheet.write(i, 8, item.blue)
45             sheet.write(i, 9, item.money)
46             sheet.write(i, 10, item.firstPrize)
47             sheet.write(i, 11, item.secondPrize)
48             i += 1
49         book.save(fileName)
50 
51 
52 
53 if __name__ == '__main__':
54     pass
```

【示例 6-8】将原来的 getWinningNum.py 稍做修改，修改后的 getWinningNum.py 的内容如下：

```
 1 #!/usr/bin/evn python3
 2 #-*- coding: utf-8 -*-
 3 '''
 4 Created on 2016年8月7日
 5
 6 @author: hstking hst king@hotmail.com
 7 '''
 8
 9
10 import re
11 from bs4 import BeautifulSoup
12 import urllib.request
13 from mylog import MyLog as mylog
14 from save2excel import SavaBallDate
15 import codecs
16
17
18 class DoubleColorBallItem(object):
19     date = None
20     order = None
21     red1 = None
22     red2 = None
23     red3 = None
24     red4 = None
25     red5 = None
26     red6 = None
27     blue = None
28     money = None
29     firstPrize = None
30     secondPrize = None
31
32 class GetDoubleColorBallNumber(object):
33     '''这个类用于获取双色球中奖号码， 返回一个 txt 文件
34     '''
35     def   init  (self):
36         self.urls = []
37         self.log = mylog()
38         self.getUrls()
39         self.items = self.spider(self.urls)
40         self.pipelines(self.items)
41         self.log.info('beging save data to excel \r\n')
42         SavaBallDate(self.items)
43         self.log.info('save data to excel end ...\r\n')
44
45
46     def getUrls(self):
47         '''获取数据来源网页
48         '''
49         URL = 'http://kaijiang.zhcw.com/zhcw/html/ssq/list 1.html'
50         htmlContent = self.getResponseContent(URL)
51         soup = BeautifulSoup(htmlContent, 'lxml')
52         tag = soup.find all(re.compile('p'))[-1]
53         pages = tag.strong.get text()
54         for i in range(1, int(pages)+1):
55             url = r'http://kaijiang.zhcw.com/zhcw/html/ssq/list ' + str(i)
+ '.html'
56             self.urls.append(url)
57             self.log.info('添加 URL:%s 到 URLS \r\n' %url)
58
59     def getResponseContent(self, url):
60         '''这里单独使用一个函数返回页面返回值，是为了后期方便的加入 proxy 和
```

```
headers 等
    61          '''
    62          try:
    63              response = urllib.request.urlopen(url)
    64          except:
    65              self.log.error('Python 返回 URL:%s  数据失败  \r\n' %url)
    66          else:
    67              self.log.info('Python 返回 URUL:%s  数据成功 \r\n' %url)
    68              return response.read()
    69
    70
    71      def spider(self,urls):
    72          '''这个函数的作用是从获取的数据中过滤得到中奖信息
    73          '''
    74          items = []
    75          for url in urls:
    76              htmlContent = self.getResponseContent(url)
    77              soup = BeautifulSoup(htmlContent, 'lxml')
    78              tags = soup.find_all('tr', attrs={})
    79              for tag in tags:
    80                  if tag.find('em'):
    81                      item = DoubleColorBallItem()
    82                      tagTd = tag.find_all('td')
    83                      item.date = tagTd[0].get_text()
    84                      item.order = tagTd[1].get_text()
    85                      tagEm = tagTd[2].find_all('em')
    86                      item.red1 = tagEm[0].get_text()
    87                      item.red2 = tagEm[1].get_text()
    88                      item.red3 = tagEm[2].get_text()
    89                      item.red4 = tagEm[3].get_text()
    90                      item.red5 = tagEm[4].get_text()
    91                      item.red6 = tagEm[5].get_text()
    92                      item.blue = tagEm[6].get_text()
    93                      item.money = tagTd[3].find('strong').get_text()
    94                      item.firstPrize = tagTd[4].find('strong').get_text()
    95                      item.secondPrize = tagTd[5].find('strong').get_text()
    96                      items.append(item)
    97                      self.log.info('获取日期为:%s 的数据成功' %(item.date))
    98          return items
    99
   100      def pipelines(self,items):
   101          fileName = '双色球.txt'
   102          with codecs.open(fileName, 'w', 'utf-8') as fp:
   103              for item in items:
   104                  fp.write('%s %s \t %s %s %s %s %s %s  %s \t %s \t %s %s
\r\n'
   105
%(item.date,item.order,item.red1,item.red2,item.red3,item.red4,item.red5,item.
red6,item.blue,item.money,item.firstPrize,item.secondPrize))
   106                  self.log.info('将日期为:%s 的数据存入"%s"...' %(item.date,
fileName))
   107
   108
   109 if __name__ == '__main__':
   110     GDCBN = GetDoubleColorBallNumber()
```

实际上就是导入了 save2excel 模块后再在__init__函数中添加了 3 行，让 save2excel 处理了一下爬取的数据而已。

单击 Eclipse 图标栏的运行图标，最终得到的结果如图 6-49 所示。

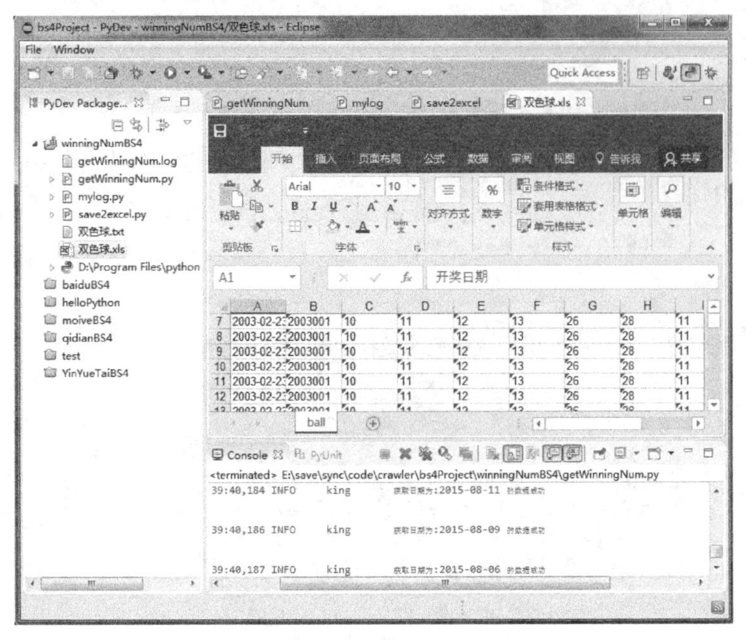

图 6-49　保存结果到 Excel

至此，winningNumBS4 项目已全部完成。这里要注意的是，不要频繁地跑这个爬虫，在一定的时间内多次爬取会引起网站反爬虫人员的注意。得到数据就够了，没必要耗费网站的网络资源。

6.4.4　代码分析

winningNumBS4 项目中只有 3 个 Python 文件，分别是 getWinningNum.py、save2excel.py 和 mylog.py。其中 mylog.py 和上个项目中的 mylog.py 是一样的（实际上所有的项目中使用的都是同一个 mylog.py），这个可以略过。主要是看主文件 getWinningNum.py 和 save2excel.py。

先看 getWinningNum.py 文件。第 10~15 行是导入程序所需的模块，其中包含了 Python 标准模块和自定义模块。顺便演示了导入模块的几种方式。

第 18~30 行定义了一个类。这个类包含了获取数据的所有项。这种写法借鉴了 Scrapy 的 items 的写法。第 32~106 行定义的模块负责获取数据和保存数据。其中 35~43 行是类的解析函数（Python 是没有解析函数这个概念的，但__init__函数所起的作用基本上就是解析函数了）。当类实例化时就自动运行__init__函数。

第 46~57 行的 getUrls 函数作用是从网站中获取所有需要爬取的网页的 URL，然后将这些 url 加入到 urls 列表中去，以备后面的函数调用。第 59~68 行 getResponseConent 函数作用是从一个 url 中获取数据。这个函数可以用一句话代替，之所以写成函数是为了加入 headers 和 proxy 更加方便。

第 71~98 行是使用爬虫爬取数据，然后将爬取的数据保存到 items 列表中供后面的函数调用。第 100~106 行 pipelines 函数将 items 列表中的数据写入 txt 文件中。那么将数据写入

Excel 是哪个函数呢？是在第 42 行，从__init__函数中调用了 save2excel 模块中的 SaveBallDate 函数。

最后的第 109~110 行是主函数，它将实例化 GetDoubleColorBallNumber 类。使 GetDoubleColorBallNumber 类的__init__函数自动运行。

至于 save2excel.py 就比较简单了。第 9 行导入了 xlwt 模块。第 13~14 行初始化了类变量，调用类函数。第 17~49 行就是很简单地遍历 items 列表，然后将列表中的数据保存到 Excel 中去。

6.5 bs4 爬虫实战三：获取起点小说信息

现在娱乐消费好贵。最便宜最方便的娱乐消费莫过于在网上看小说了（网游还需要充值，看电影一次至少两小时），看小说就绕不开原创中文小说网站——起点中文。笔者看小说不喜欢那种看一章等一章的看法，说不定一不小心小说就无限期的断更了，还是直接看那些完本小说比较爽快。本节将使用 bs4 爬虫获取起点中文网所有的完本小说信息，并将其保存到 MySQL 中去。

6.5.1 目标分析

打开起点中文网，搜索所有的完本小说。在浏览器中打开网页 https://www.qidian.com，鼠标单击上方栏目的全部作品，然后再将左侧的状态修改为完本，如图 6-50 所示。

图 6-50 选择小说类型

看看当前网页的网址是 https://www.qidian.com/all?action=1&orderId=&page=1&style=1&pageSize= 20&siteid=1&pubflag=0&hiddenField=0。找到下一页的链接，鼠标单击该链接进入下一页。这一页的网址是 https://www.qidian.com/all?action=1&orderId=&style=1&pageSize

=20&siteid=1&pubflag=0&hiddenField=0&page=2。把最后一个参数 page=2 修改为 page=1 测试一下。发现页面 https://www.qidian.com/all?action=1&orderId=&style=1&pageSize=20&siteid=1&pubflag=0&hiddenField=0&page=1 的内容和页面 https://www. qidian. com/all?action=1&orderId= &page=1&style=1&pageSize=20&siteid=1&pubflag=0&hiddenField=0 的内容是一样的。现在需要爬的页面命名规则已经有了，只需要修改最后那个 page 的参数就可以了。

总共需要爬取多少页呢？查看页面下方的页面选择位置，共有 2292 页，如图 6-51 所示。

图 6-51 总页数

在网页的任意空白处右击，选择弹出菜单中的“查看网页源代码”，找到表格的开头部分，如图 6-52 所示。

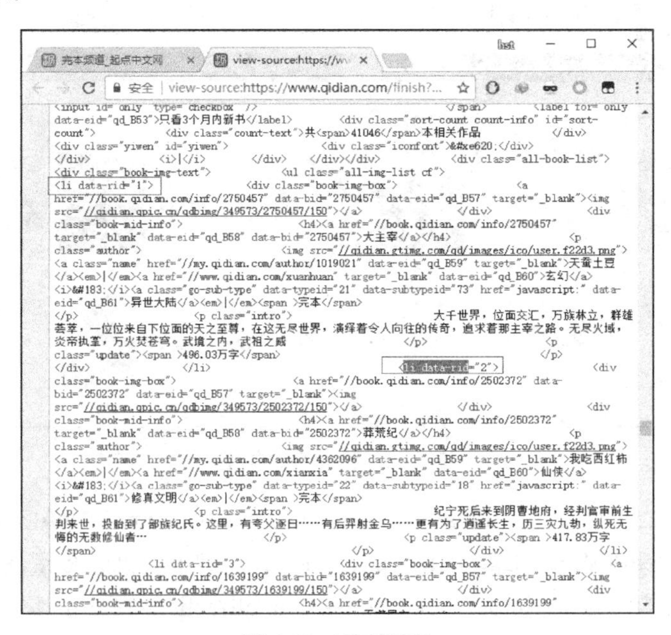

图 6-52 页面源码

在页面源码中发现，全本小说标签都是以<li data-rid="*">开头的。找到规律后就好办了，直接按照这个规律构建过滤规则就可以了。

6.5.2　项目实施

打开 Eclipse，创建项目 qidianBS4，在项目中创建 PyDev Module 文件 completeBook.py。把上节 winningNumBS4 项目中使用过的 mylog.py 复制到 qidianBS4 项目中，以备后期调用。

【示例 6-9】项目的主文件 completeBook.py 的内容如下：

```
 1 #!/usr/bin/evn python3
 2 #-*- coding: utf-8 -*-
 3 '''
 4 Created on 2016年8月11日
 5 
 6 @author: hstking hstking@hotmail.com
 7 '''
 8 
 9 from bs4 import BeautifulSoup
10 import urllib.request
11 import re
12 import codecs
13 import time
14 from mylog import MyLog as mylog
15 from save2mysql import SavebooksData
16 
17 
18 class BookItem(object):
19     categoryName = None
20     middleUrl = None
21     bookName = None
22     wordsNum = None
23     updateTime = None
24     authorName = None
25 
26 
27 class GetBookName(object):
28     def __init__(self):
29         self.urlBase = 
'https://www.qidian.com/all?action=1&orderId=&style=1&pageSize=20&siteid=1&pub
flag=0&hiddenField=0&page=1'
30         self.log = mylog()
31         self.pages = self.getPages(self.urlBase)
```

```
32          self.booksList = []
33          # self.spider(self.urlBase, 5)
34          self.spider(self.urlBase, self.pages)
35          self.pipelines(self.booksList)
36          self.log.info('begin save data to mysql\r\n')
37          SavebooksData(self.booksList)
38          self.log.info('save data to mysql end ...\r\n')
39
40
41      def getPages(self,url):
42          '''获取总页数 '''
43          htmlContent = self.getResponseContent(url)
44          pattern = re.compile('data-pageMax=".*?"')
45          pageStr = pattern.search(htmlContent).group()
46          pageMax = pageStr.split('"')[1]
47          print("pageMax = %s" %pageMax)
48          return int(pageMax)
49
50
51      def getResponseContent(self, url):
52          try:
53              response = urllib.request.urlopen(url, timeout=3)
54          except:
55              self.log.error('Python 返回 URL:%s  数据失败' %url)
56              return None
57          else:
58              self.log.info('Python 返回 URU:%s  数据成功' %url)
59              return response.read().decode('utf-8')
60
61
62      def spider(self, url, pages):
63          urlList = url.split('=')
64          for i in range(1, pages + 1):
65              urlList[-1] = str(i)
66              newUrl = '='.join(urlList)
67              htmlContent = self.getResponseContent(newUrl)
68              if not htmlContent:
69                  self.mylog.error('未获取到页面内容')
70                  continue
71              soup = BeautifulSoup(htmlContent, 'lxml')
72              tags = soup.find_all('li', attrs={'data-rid':
re.compile('\d{1,2}')})
73              for tag in tags:
```

```
    74                item = BookItem()
    75                item.categoryName = tag.find('a', attrs={'class': 'go-sub-
type'}).get_text()
    76                item.middleUrl = tag.find('h4').a.get('href')
    77                item.bookName = tag.find('h4').a.get_text()
    78                item.wordsNum = tag.find('p',
attrs={'class':'update'}).span.get_text()
    79                item.updateTime = None
    80                item.authorName = tag.find('a',
attrs={'class':'name'}).get_text()
    81                self.booksList.append(item)
    82                self.log.info('获取书名为<<%s>>的数据成功' %item.bookName)
    83
    84
    85        def pipelines(self,bookList):
    86            bookName = '起点完本小说.txt'
    87            nowTime = time.strftime('%Y-%m-%d %H:%M:%S\r\n', time.localtime())
    88            with codecs.open(bookName, 'w', 'utf8') as fp:
    89                fp.write('run time: %s' %nowTime)
    90                for item in self.booksList:
    91                    fp.write('%s \t %s \t\t %s \t %s \t %s \r\n'
    92                            %(item.categoryName, item.bookName, item.wordsNum,
item.updateTime, item.authorName))
    93                    self.log.info('将书名为<<%s>>的数据存入"%s"...'
%(item.bookName, bookName))
    94
    95 if __name__ == '__main__':
    96     GBN = GetBookName()
```

主程序部分已经完成了。

6.5.3 保存结果到 MySQL

因为最后还需要将结果保存到 MySQL 中去，所以还得添加一个自定义的模块（也就是一个自建 Python 程序）。

【示例 6-10】在 qidianBS4 项目下，completeBook.py 的同级目录中创建一个 PyDev Module 文件 save2mysql.py。save2mysql.py 的内容如下：

```
  1 #!/usr/bin/evn python3
  2 #-*- coding: utf-8 -*-
  3 '''
  4 Created on 2016��8��17��
```

```
 5
 6 @author: hstking hst_king@hotmail.com
 7 '''
 8
 9 import pymysql
10
11 class SavebooksData(object):
12     def __init__(self,items):
13         self.host = '192.168.1.80'
14         self.port = 3306
15         self.user = 'crawlUSER'
16         self.passwd = 'crawl123'
17         self.db = 'bs4DB'
18
19         self.run(items)
20
21     def run(self, items):
22         conn = pymysql.connect(host=self.host,
23                                port=self.port,
24                                user=self.user,
25                                passwd=self.passwd,
26                                db=self.db)
27         cur = conn.cursor()
28         for item in items:
29             cur.execute("INSERT INTO qiDianBooks(categoryName, bookName, 
wordsNum, updateTime, authorName) values(%s, %s, %s, %s, %s)", 
(item.categoryName, item.bookName, item.wordsNum, item.updateTime, 
item.authorName))
30         cur.close()
31         conn.commit()
32         conn.close()
33
34
35 if __name__ == '__main__':
36     pass
```

至此，该项目中的所有代码已经完成了。因为要将数据保存到远程 MySQL 服务器，首先得在 MySQL 服务器上创建好数据库和表。在第 5 章 Scrapy 项目中就创建过一个 MySQL 服务器，并分别在 Windows 和 Linux 系统上安装了 Python 中支持 MySQL 的模块 Pymysql3。这里就直接使用现成的 MySQL 服务器就可以了。与 Scrapy 项目不同的是，本节存储数据到 MySQL 服务器是远程存储，Scrapy 项目的存储是本地存储。本机与 MySQL 服务器的关系如图 6-53 所示。

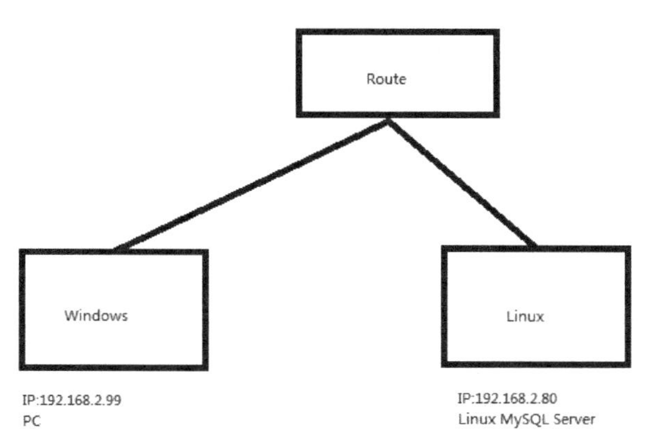

图 6-53　网络关系图

使用 Putty 登录到 Linux。进入 MySQL 为 bs4 项目创建一个数据库，并为 qidianBS4 项目创建一个表。

在 Linux 系统下登录到 MySQL 后，执行命令：

```
CREATE DATABASE bs4DB CHARACTER SET 'utf8' COLLATE 'utf8_general_Ci';
use bs4DB;
CREATE TABLE qiDianBooks(
    -> id INT AUTO_INCREMENT,
    -> categoryName char(20),
    -> bookName char(20),
    -> wordsNum char(10),
    -> authorName char(20),
-> PRIMARY KEY(id) )ENGINE=InnoDB DEFAULT CHARSET=utf8;
```

创建一个名为 bs4DB 的数据库，并在数据库中建立一个 qiDianBooks 的表，所有编码都使用 utf8 编码，执行结果如图 6-54 所示。

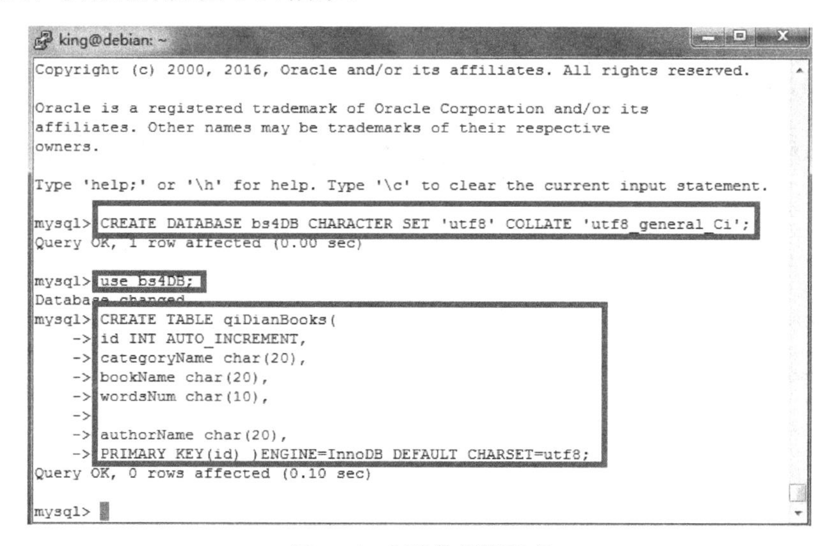

图 6-54　创建数据库和表

随后为登录用户分配权限，执行命令：

```
GRANT all privileges ON bs4DB.* to crawlUSER@all IDENTIFIED BY 'crawl123';
GRANT all privileges ON bs4DB.* to crawlUSER@localhost IDENTIFIED BY
'crawl123';
GRANT all privileges ON bs4DB.* to crawlUSER@192.168.2.99 IDENTIFIED BY
'crawl123';
```

执行结果如图 6-55 所示。

```
mysql>
mysql> GRANT all privileges ON bs4DB.* to crawlUSER@all IDENTIFIED BY 'crawl123'
;
Query OK, 0 rows affected (0.00 sec)

mysql> GRANT all privileges ON bs4DB.* to crawlUSER@localhost IDENTIFIED BY 'cra
wl123';
Query OK, 0 rows affected (0.00 sec)

mysql> GRANT all privileges ON bs4DB.* to crawlUSER@192.168.2.99 IDENTIFIED BY '
crawl123';
Query OK, 0 rows affected (0.00 sec)

mysql>
```

图 6-55　MySQL 用户权限

这三条命令的作用分别是：允许 crawlUSER 用户远程登录，允许 crawlUSER 用户本地登录，允许 crawlUSER 从 192.168.2.99 这个 IP 登录。

这里需要说明的是，crawlUSER 这个用户在 Scrapy 项目中已经创建过了，如果没有创建这个用户，则需要在 MySQL 中执行命令：

```
INSERT INTO mysql.user(Host,User,Password)
VALUES("%","crawlUSER",password("crawl123"));
INSERT INTO mysql.user(Host,User,Password)
VALUES("localhost","crawlUSER",password("crawl123"));
```

MySQL 服务器已经准备好了，可以运行程序了。单击 Eclipse 图标栏上的运行图标，执行该项目，得到的结果如图 6-56 所示。

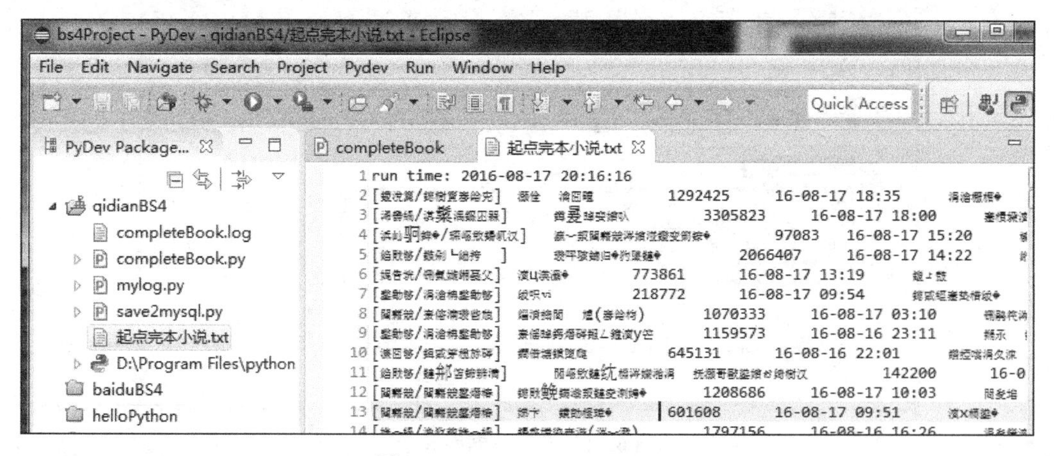

图 6-56　run completeBook.py

保存到本地的文件内容有乱码，是不是？没关系，用 Windows 自带的记事本打开就没有了，只是编码问题。再来看看保存到远程的 MySQL。使用 pytty 登录到 Linux，连接到 MySQL 服务器后，在 MySQL 里执行命令：

```
use bs4DB;
select * from qiDianBooks;
```

执行的结果如图 6-57 所示。

```
king@debian: ~
                   | 8572       | 16-06-28 14:28 | yangch...              |
| 12388 | [武侠/传统武侠]              | 大唐逸事
                   | 6519       | 16-06-28 14:28 | 玄宁青风                |
| 12389 | [玄幻/东方玄幻]              | 另类
                   | 88016      | 16-07-12 13:56 | 宋达威                  |
| 12390 | [都市/都市生活]              | 血色婚纱
                   | 7320       | 16-06-28 14:28 | 晚秋.QD                 |
| 12391 | [都市/青春校园]              | 穿红内裤的男老师
                   | 5398       | 16-06-28 14:28 | 柳三变1                 |
| 12392 | [武侠/武侠幻想]              | 华山论情
                   | 792        | 16-08-03 17:56 | 枫枫之心                |
| 12393 | [职场/娱乐明星]              | 大亨传说
                   | 1799849    | 16-07-18 15:31 | 黯然销魂                |
| 12394 | [武侠/武侠幻想]              | 桃花阁
                   | 2045       | 16-06-28 14:28 | 叶筠                    |
| 12395 | [科幻/未来世界]              | 假若明天来临……
                   | 19017      | 16-06-28 14:28 | 龙神将.QD               |
| 12396 | [科幻/未来世界]              | 风（新的故事）
                   | 43686      | 16-06-28 14:28 | 龙神将.QD               |
+-------+---------------------------+---------------------------------------
-------------------+----------+----------------+-----------------------+
12396 rows in set (0.06 sec)

mysql>
```

图 6-57 MySQL 保存结果

保存的结果是 12396 条，而网站上显示所有的全本小说是 14380 本，大约有 2000 本小说没有被录上。稍微修改一下程序，可以从 log 中得到哪些小说没有被爬取。笔者大致检查了一下，有一些小说记录的标签与笔者设置的标签不太一样，如果需要读取完整的列表请读者自行修改一下。另外，这个程序的瑕疵在于 MySQL 保存数据时使用的都是 char 类型，如果要追求完美，可以将日期改成 Date 类型，将字数改成 int 类型等。

6.5.4 代码分析

项目 qidianBS4 中有 3 个 Python 程序，其中 mylog.py 无须再解释了，这里需要分析的只有 completeBook.py 和 save2mysql.py。

completeBook.py 中第 9~15 行是导入需要的模块。第 18~24 行是仿照 Scrapy 建立的一个 item 类。第 27~93 行是自定义类 GetBookName，用于从起点中文网站获取全本小说的信息。

第 27~38 行是 GetBookName 类的“解析函数”。第 33 行调用了 spider 类函数将所有的数据保存到类变量 self.booksList 列表中。第 34 和 36 行分别调用了 self.pipelines 函数和 SavebookData 函数，将所爬取的数据保存到 txt 文件和 MySQL 远程服务器中。

第 41~48 行是从网站起始页面中获取了总共的页数。因为这个总页数并不是单独包含在某个标签内的，所以这里使用 re 模块将这个页数过滤出来。

第 51~59 行的 getResponseContent 函数还是用于返回从 URL 中得到的原始数据。

第 62~82 行的 spider 函数使用 bs4 模块从原始数据中过滤出所需要的数据，然后将数据保存到了 self.booksList 列表中去。

第 85~93 行的 pipelines 函数将 self.bookList 列表中的数据保存到 txt 文件。

第 95~96 行是__main__程序，只有一条命令，作用是实例化 GetBookName 类。

6.6 bs4 爬虫实战四：获取电影信息

这一节的内容还是跟娱乐有关，从网络上获取电影。影视网站会每天都有新的电影上架，限于页面的篇幅，每页显示的电影有限。如果想找一部心仪的电影恐怕得翻遍整个网站，当然也可以使用百度的高级搜索和网站自身的搜索，但最方便的还是自己写个爬虫，每天让它爬一次，就可以知道有什么新电影上架了。

6.6.1 目标分析

这次爬虫的目标网站是 http://dianying.2345.com/，爬虫的搜索目标仅限于今年的电影。在网站打开搜索，在年代中选择 2016，得到的结果如图 6-58 所示。

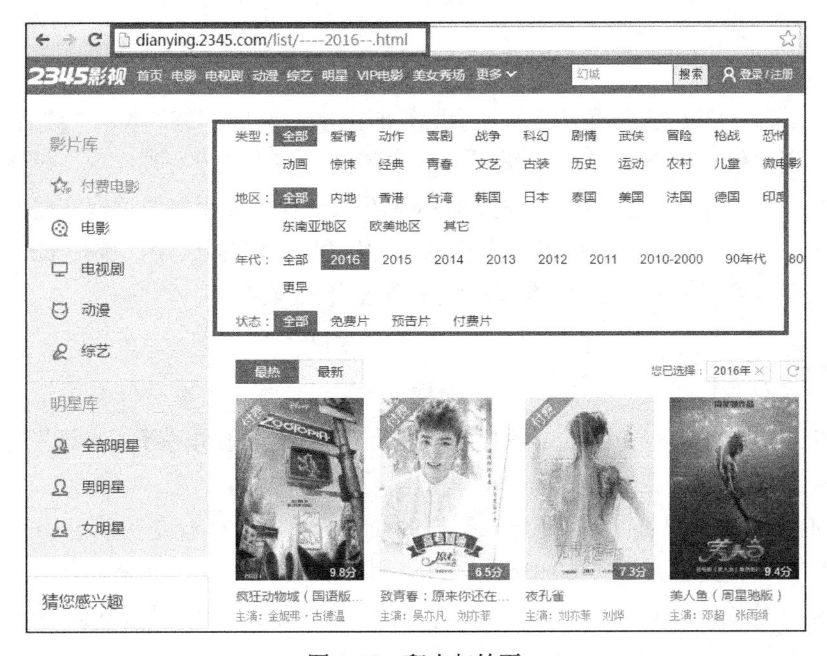

图 6-58 爬虫起始页

从图片上看，这个站点和上节的起点找书没什么区别啊？的确如此，从爬虫上看，除了爬取的规则有所不同外，这个爬虫和起点网站的爬虫区别不大。这节的重点不在于爬虫，而在于获取页面的过程，这个暂且先放下，继续爬虫过程。

在页面的下方单击“下一页”，发现 URL 变成了 http://dianying.2345.com/list/----2016---2.html。测试一下 http://dianying.2345.com/list/----2016---1.html，可以正常返回，urls 的变化规律找到了。再看看总共有多少页呢？如图 6-59 所示。

图 6-59　总页数

总页数也找到了，最后只需要找到爬虫的过滤规则就可以了。单击页面空白处，在弹出菜单中选择“查看网页源代码”选项，查看页面源代码，如图 6-60 所示。

```
244 <ul class="globalPicTxt pic140 clearfix">
245         <li media="161388">
246         <div class="pic" onmouseover="this.className='pic picHover';" onmouseout="this.className='pic';">
247             <img width="140" height="195" src="http://imgwx5.2345.com/dypcimg/images/noimg.png"
    loadsrc="http://imgwx5.2345.com/dypcimg/img/a/53/s161388.jpg"
    onerror="javascript:this.src='http://imgwx3.2345.com/dypcimg/images/default_img110.jpg';" alt="疯狂动物城国语版">
248             <i class="iStyleIcon iStyleFF"></i>            <span class="pRightBottom"><em>9.8分</em></span>
249             <a class="aPlayBtn" href="http://dianying.2345.com/detail/161388.html" target="_blank" title="疯狂动物城国
    ajax83="ys_dy_list_pic_161388"><i></i></a>
250         </div>
251         <span class="sTit"><a title="疯狂动物城国语版" target="_blank" href="http://dianying.2345.com/detail/161388.ht
    ajax83="ys_dy_list_title_161388">疯狂动物城（国语版&#8230;</a></span>
252         <span class="sDes">主演：<em><a href="http://dianying.2345.com/mingxing/22403/" title='金妮弗·古德温电影' 1 t
    ajax83="ys_dy_list_actor_161388" >金妮弗·古德温</a></em> 杰森·贝特曼</span>
253     </li>
254         <li media="168580">
255         <div class="pic" onmouseover="this.className='pic picHover';" onmouseout="this.className='pic';">
256             <img width="140" height="195" src="http://imgwx1.2345.com/dypcimg/images/noimg.png"
    loadsrc="http://imgwx2.2345.com/dypcimg/img/9/56/s168580.jpg"
    onerror="javascript:this.src='http://imgwx4.2345.com/dypcimg/images/default_img110.jpg';" alt="致青春原来你还在这里">
257             <i class="iStyleIcon iStyleFF"></i>            <span class="pRightBottom"><em>6.5分</em></span>
258             <a class="aPlayBtn" href="http://dianying.2345.com/detail/168580.html" target="_blank" title="致青春原来你
    ajax83="ys_dy_list_pic_168580"><i></i></a>
259         </div>
260         <span class="sTit"><a title="致青春原来你还在这里" target="_blank" href="http://dianying.2345.com/detail/16858
    ajax83="ys_dy_list_title_168580">致青春：原来你还在&#8230;</a></span>
261         <span class="sDes">主演：<em><a href="http://dianying.2345.com/list/---wuyifan---.html" title='刘亦菲电影' 0 t
    ajax83="ys_dy_list_actor_168580" >刘亦菲</a></em> <em><a href="http://dianying.2345.com/list/---liuyifei---.html"
    target="_blank" data-ajax83="ys_dy_list_actor_168580" >吴亦凡</a></em></span>
262     </li>
```

图 6-60　页面源代码

直接找<li>标签就可以了。先找<ul>标签，然后再嵌套查找<li>标签也行，更加精确。现在爬虫所有的要素都已经完备了，可以构造爬虫了。

6.6.2　项目实施

在 Eclipse 中创建新项目 movieBS4，然后在项目中创建新的 PyDev Module 文件 get2016movie.py，再将上面几节都用到过的 mylog.py 复制到 movieBS4 项目下。mylog.py 还是直接略过，主要是 get2016movie.py。

【示例 6-11】get2016movie.py 的内容如下：

```
1 #!/usr/bin/evn python3
2 #-*- coding: utf-8 -*-
3 '''
4 Created on 2016��8��13��
5
6 @author: hstking hst_king@hotmail.com
7 '''
8
9 from bs4 import BeautifulSoup
10 import urllib.request
11 import codecs
12 from mylog import MyLog as mylog
13 import sys
14 import re
15
16 class MovieItem(object):
17     movieName = None
18     movieScore = None
19     movieStarring = None
20
21 class GetMovie(object):
22     # '''获取电影信息 '''
23     def __init__(self):
24         self.urlBase = 'http://dianying.2345.com/list/----2016---1.html'
25         self.log = mylog()
26         self.pages = self.getPages()
27         self.urls = []  #url 池
28         self.items = []
29         self.getUrls(self.pages) #获取抓取页面的 url
30         self.spider(self.urls)
31         self.pipelines(self.items)
32
33     def getPages(self):
34         '''获取总页数 '''
35         self.log.info('开始获取页数')
36         htmlContent = self.getResponseContent(self.urlBase)
37         soup = BeautifulSoup(htmlContent, 'lxml')
38         tag = soup.find('div', attrs={'class':'v_page'})
39         subTags = tag.find_all('a', attrs={'target': '_self'})
40         self.log.info('获取页数成功')
41         return int(subTags[-2].get_text())
42
43     def getResponseContent(self, url):
```

```
    44          '''获取页面返回的数据 '''
    45          fakeHeaders= {'User-Agent':'Mozilla/5.0 (Windows NT 6.2; rv:16.0)
Gecko/20100101 Firefox/16.0'}
    46          request = urllib.request.Request(url, headers=fakeHeaders)
    47          try:
    48              response = urllib.request.urlopen(request)
    49          except:
    50              self.log.error('Python 返回 URL:%s  数据失败' %url)
    51              return None
    52          else:
    53              self.log.info('Python 返回 URUL:%s  数据成功' %url)
    54              return response.read().decode('GBK')
    55
    56      def getUrls(self, pages):
    57          urlHead = 'http://dianying.2345.com/list/----2016---'
    58          urlEnd = '.html'
    59          for i in range(1,pages + 1):
    60              url = urlHead + str(i) + urlEnd
    61              self.urls.append(url)
    62              self.log.info('添加 URL:%s 到 URLS 列表' %url)
    63
    64      def spider(self, urls):
    65          for url in urls:
    66              htmlContent = self.getResponseContent(url)
    67              soup = BeautifulSoup(htmlContent, 'lxml')
    68              anchorTag = soup.find('ul', attrs={'class':'v_picTxt
pic180_240 clearfix'})
    69              tags = anchorTag.find_all('li', attrs={'media':
re.compile('\d{5}')})
    70              for tag in tags:
    71                  item = MovieItem()
    72                  item.movieName = tag.find('span',
attrs={'class':'sTit'}).get_text()
    73                  item.movieScore = tag.find('span',
attrs={'class':'pRightBottom'}).em.get_text().replace('分', '')
    74                  item.movieStarring = tag.find('span',
attrs={'class':'sDes'}).get_text().replace('主演：', '')
    75                  self.items.append(item)
    76                  self.log.info('获取电影名为：<<%s>>成功' %(item.movieName))
    77
    78      def pipelines(self, items):
    79          fileName = '2016 热门电影.txt'
    80          with codecs.open(fileName, 'w', 'utf8') as fp:
```

```
    81          for item in items:
    82              fp.write('%s \t %s \t %s \r\n' %(item.movieName,
item.movieScore, item.movieStarring))
    83              self.log.info('电影名为：<<%s>>已成功存入文件"%s"...'
%(item.movieName, fileName))
    84
    85
    86
    87 if __name__ == '__main__':
    88     GM = GetMovie()
```

单击 Eclipse 图标栏的运行图标，顺利获取了所需的数据，如图 6-61 所示。

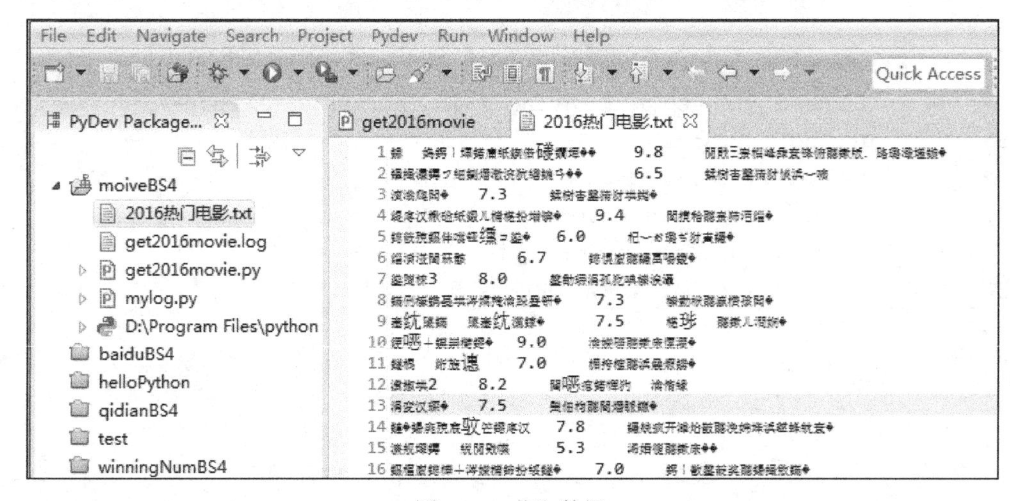

图 6-61　获取数据

这个爬虫做到这里就可以结束了。可这跟上节爬起点中文网站的爬虫太相似了，根本没必要重复做一种爬虫吧。

6.6.3　bs4 反爬虫

前面曾经提到过，有的网站会因为爬虫频繁地爬取而被反爬虫程序封锁。万一哪天运气不好被封锁了怎么办？最简单的方法当然是换个 IP 再去爬，如果网站禁止机器人爬取，也简单，换个 headers 就可以了（一般爬虫默认的 User-Agent 都比较特别，很容易被反爬虫程序找出来）。还记得每个项目中都有的 getResponseContent 函数吗？本来只需要一行就能解决的问题，每次都把它扩展成了一个函数，就是在这个时候用的。

【示例 6-12】将 getResponseConteng 函数修改一下，最终的 get2016movieWithProxy.py 的内容如下：

```
1 #!/usr/bin/evn python3
2 #-*- coding: utf-8 -*-
3 '''
4 Created on 2016��8��13��
```

```
  5
  6 @author: hstking hst_king@hotmail.com
  7 '''
  8
  9 from bs4 import BeautifulSoup
 10 import urllib.request
 11 import codecs
 12 from mylog import MyLog as mylog
 13 import sys
 14 import re
 15
 16 rProxy = {'http': 'http://127.0.0.1:1080'}
 17
 18 class MovieItem(object):
 19     movieName = None
 20     movieScore = None
 21     movieStarring = None
 22
 23
 24 class GetMovie(object):
 25     # '''获取电影信息 '''
 26     def __init__(self):
 27         self.urlBase = 'http://dianying.2345.com/list/----2016---1.html'
 28         self.log = mylog()
 29         self.pages = self.getPages()
 30         self.urls = []  #url 池
 31         self.items = []
 32         self.getUrls(self.pages) #获取抓取页面的 url
 33         self.spider(self.urls)
 34         self.pipelines(self.items)
 35
 36     def getPages(self):
 37         '''获取总页数 '''
 38         self.log.info('开始获取页数')
 39         htmlContent = self.getResponseContent(self.urlBase)
 40         soup = BeautifulSoup(htmlContent, 'lxml')
 41         tag = soup.find('div', attrs={'class':'v_page'})
 42         subTags = tag.find_all('a', attrs={'target': '_self'})
 43         self.log.info('获取页数成功')
 44         return int(subTags[-2].get_text())
 45
 46     def getResponseContent(self, url):
 47         '''获取页面返回的数据 '''
 48         fakeHeaders= {'User-Agent':'Mozilla/5.0 (Windows NT 6.2; rv:16.0)
Gecko/20100101 Firefox/16.0'}
 49         request = urllib.request.Request(url, headers=fakeHeaders)
 50         proxy = urllib.request.ProxyHandler(rProxy)
 51         opener = urllib.request.build_opener(proxy)
 52         urllib.request.install_opener(opener)
 53         try:
 54             response = urllib.request.urlopen(request)
 55         except:
 56             self.log.error('Python 返回 URL:%s  数据失败' %url)
 57             return None
 58         else:
```

```
    59            self.log.info('Python 返回 URUL:%s  数据成功' %url)
    60            return response.read().decode('GBK')
    61
    62     def getUrls(self, pages):
    63         urlHead = 'http://dianying.2345.com/list/----2016---'
    64         urlEnd = '.html'
    65         for i in range(1,pages + 1):
    66             url = urlHead + str(i) + urlEnd
    67             self.urls.append(url)
    68             self.log.info('添加 URL:%s 到 URLS 列表' %url)
    69
    70     def spider(self, urls):
    71         for url in urls:
    72             htmlContent = self.getResponseContent(url)
    73             soup = BeautifulSoup(htmlContent, 'lxml')
    74             anchorTag = soup.find('ul', attrs={'class':'v_picTxt
pic180_240 clearfix'})
    75             tags = anchorTag.find_all('li', attrs={'media':
re.compile('\d{5}')})
    76             for tag in tags:
    77                 item = MovieItem()
    78                 item.movieName = tag.find('span',
attrs={'class':'sTit'}).get_text()
    79                 item.movieScore = tag.find('span',
attrs={'class':'pRightBottom'}).em.get_text().replace('分', '')
    80                 item.movieStarring = tag.find('span',
attrs={'class':'sDes'}).get_text().replace('主演：', '')
    81                 self.items.append(item)
    82                 self.log.info('获取电影名为：<<%s>>成功' %(item.movieName))
    83
    84     def pipelines(self, items):
    85         fileName = '2016 热门电影.txt'
    86         with codecs.open(fileName, 'w', 'utf8') as fp:
    87             for item in items:
    88                 fp.write('%s \t %s \t %s \r\n' %(item.movieName,
item.movieScore, item.movieStarring))
    89                 self.log.info('电影名为：<<%s>>已成功存入文件"%s"...'
%(item.movieName, fileName))
    90
    91
    92
    93 if __name__ == '__main__':
    94     GM = GetMovie()
```

设置的 rProxy 一定要真实有效的代理服务器，而且格式也不能错，必须要写成字典的格式。

好了，这样再也不怕被网站封锁了。封锁一次，大不了再换个代理而已，简简单单解决问题。

6.6.4 代码分析

本节的代码与上节的起点网站爬虫很相似，这里就不详细解析了，只分析一下其中的不同之处。最大的不同就是 getResponseContent 函数了。本节在 getResponseContent 函数中添加了一个浏览器的 headers 和一个经过验证、可以使用的 proxy，解除了网站反爬虫程序的封锁。但这种反爬虫很被动，只有被封锁了才会解除封锁，而不能主动避免反爬虫程序的封锁。

6.7 bs4 爬虫实战五：获取音悦台榜单

既然要反反爬虫，那就要反个彻底。在 Scrapy 里曾提过反爬虫的运行机制，基本上就是通过 IP、headers 来锁定爬虫用户，然后进行封锁（用验证码、验证图案的不在讨论范围中）。前面的 Scrapy 使用的是随机跳转 proxy 和 headers 的方法对付反爬虫。这里也是如此（反反爬虫的手段远不止这些，比如使用专门网站爬虫、分布式爬虫都可以。个人用户没什么特殊要求，做到这一步就差不多了）。

6.7.1 目标分析

本节将使用随机 proxy 和 headers 主动抵抗反爬虫。打开 www.yinyuetai.com 网站，本节爬虫的目的是爬取音悦台网站公布的 MV 榜单。单击网站最上方的“V 榜”，从弹出菜单中选取“MV 作品榜”选项，打开了音乐 V 榜。以内地篇为例，网站排列除了内地 MV 音乐榜的前 50 名，使用了 3 个网页。这 3 个页面的网址分别为 http://vchart.yinyuetai.com/vchart/trends?area=ML&page=1、http://vchart.yinyuetai.com/vchart/trends?area=ML&page=2、http://vchart.yinyuetai.com/vchart/trends?area=ML&page=3，如图 6-62 所示。

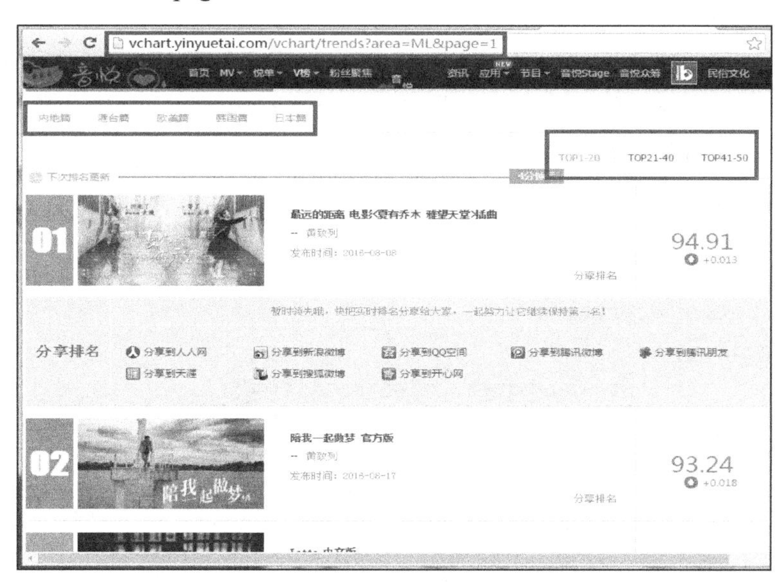

图 6-62 音悦台榜单

看看其他几个 V 榜中的地区代码，分别是 HT、US、KR 和 JP，Urls 的规则很明了了。再来看看爬虫的抓取规则。在网页的任意空白处右击，选择弹出菜单中的“查看网页源代码”项，打开页面源代码页面，如图 6-63 所示。

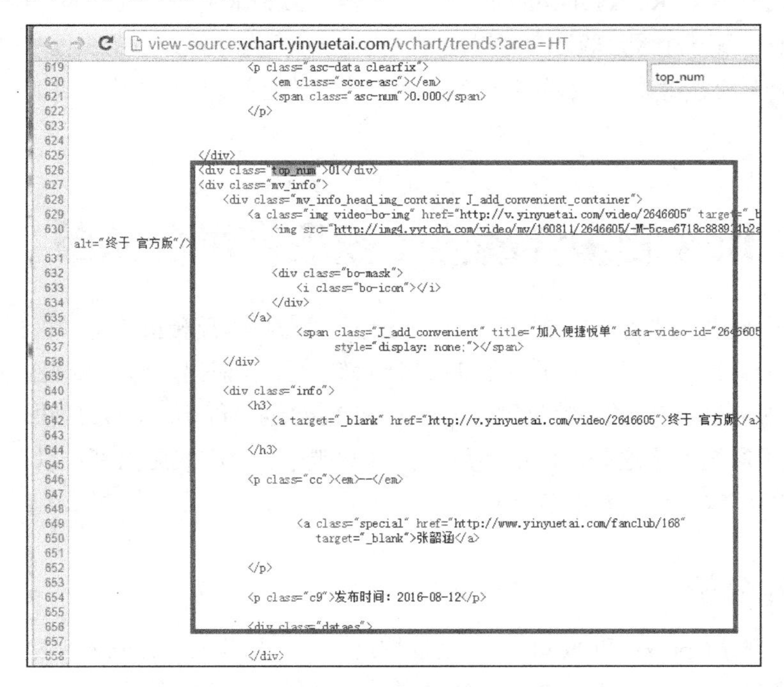

图 6-63　源码页面

所有的上榜 MV 都在标签<div class="op_num">这个标签下。爬虫的抓取规则也有了，下面就看具体实施了。

6.7.2　项目实施

打开 Eclipse，创建新项目 YinYueTaiBS4URL，并在项目中创建一个 PyDev Modules 文件 getTrendsMV.py 作为主文件，把上节项目中使用过的 mylog.py 复制到当前目录下。因为要使用不同的 proxy 和 headers，再创建一个新的资源文件 resource.py。

老规矩，mylog.py 可以略过，这次先看看 resource.py。

【示例 6-13】resource.py 的内容如下：

```
1 #!/usr/bin/env python3
2 #-*- coding: utf-8 -*-
3 __author__ = 'hstking hst_king@hotmail.com'
4
5 UserAgents = [
6   "Mozilla/4.0 (compatible; MSIE 6.0; Windows NT 5.1; SV1;
AcooBrowser; .NET CLR 1.1.4322; .NET CLR 2.0.50727)",
7   "Mozilla/4.0 (compatible; MSIE 7.0; Windows NT 6.0; Acoo Browser;
```

```
SLCC1; .NET CLR 2.0.50727; Media Center PC 5.0; .NET CLR 3.0.04506)",
     8  "Mozilla/4.0 (compatible; MSIE 7.0; AOL 9.5; AOLBuild 4337.35;
Windows NT 5.1; .NET CLR 1.1.4322; .NET CLR 2.0.50727)",
     9  "Mozilla/5.0 (Windows; U; MSIE 9.0; Windows NT 9.0; en-US)",
    10  "Mozilla/5.0 (compatible; MSIE 9.0; Windows NT 6.1; Win64; x64;
Trident/5.0; .NET CLR 3.5.30729; .NET CLR 3.0.30729; .NET CLR 2.0.50727; Media
Center PC 6.0)",
    11  "Mozilla/5.0 (compatible; MSIE 8.0; Windows NT 6.0; Trident/4.0;
WOW64; Trident/4.0; SLCC2; .NET CLR 2.0.50727; .NET CLR 3.5.30729; .NET CLR
3.0.30729; .NET CLR 1.0.3705; .NET CLR 1.1.4322)",
    12  "Mozilla/4.0 (compatible; MSIE 7.0b; Windows NT 5.2; .NET CLR
1.1.4322; .NET CLR 2.0.50727; InfoPath.2; .NET CLR 3.0.04506.30)",
    13  "Mozilla/5.0 (Windows; U; Windows NT 5.1; zh-CN) AppleWebKit/523.15
(KHTML, like Gecko, Safari/419.3) Arora/0.3 (Change: 287 c9dfb30)",
    14  "Mozilla/5.0 (X11; U; Linux; en-US) AppleWebKit/527+ (KHTML, like
Gecko, Safari/419.3) Arora/0.6",
    15  "Mozilla/5.0 (Windows; U; Windows NT 5.1; en-US; rv:1.8.1.2pre)
Gecko/20070215 K-Ninja/2.1.1",
    16  "Mozilla/5.0 (Windows; U; Windows NT 5.1; zh-CN; rv:1.9)
Gecko/20080705 Firefox/3.0 Kapiko/3.0",
    17  "Mozilla/5.0 (X11; Linux i686; U;) Gecko/20070322 Kazehakase/0.4.5",
    18  "Mozilla/5.0 (X11; U; Linux i686; en-US; rv:1.9.0.8) Gecko
Fedora/1.9.0.8-1.fc10 Kazehakase/0.5.6",
    19  "Mozilla/5.0 (Windows NT 6.1; WOW64) AppleWebKit/535.11 (KHTML, like
Gecko) Chrome/17.0.963.56 Safari/535.11",
    20  "Mozilla/5.0 (Macintosh; Intel Mac OS X 10_7_3) AppleWebKit/535.20
(KHTML, like Gecko) Chrome/19.0.1036.7 Safari/535.20",
    21  "Opera/9.80 (Macintosh; Intel Mac OS X 10.6.8; U; fr) Presto/2.9.168
Version/11.52",
    22 ]
    23
   24 PROXIES = [
    25 {'http': '58.20.238.103:9797'},
    26 {'http': '123.7.115.141:9797'},
    27 {'http': '121.12.149.18:2226'},
    28 {'http': '176.31.96.198:3128'},
    29 {'http': '61.129.129.72:8080'},
    30 {'http': '115.238.228.9:8080'},
    31 {'http': '124.232.148.3:3128'},
    32 {'http': '124.88.67.19:80'},
    33 {'http': '60.251.63.159:8080'},
    34 {'http': '118.180.15.152:8102'}
    35 ]
```

这个文件很简单，仅包含了 2 个列表。UserAgents 列表只需要在网上找一下，可以找到各种各样的 headers，排除掉移动端的也有不少（有的网站根据客户端的不同，返回的数据也不同），尽量选择大众化的 UserAgent。而 proxies 那就更简单了，Scrapy 项目中不是有个 getProxy 项目吗？执行条命令而已，来个 100 条 proxy 都没问题。这里仅为测试给数十个 proxy 就可以了，只需稍微注意一下，不要选择 https 协议的就可以了（https 协议的 proxy 也可以用，但有可能会增加代码工作量。既然 http 协议的够用了，就不用那么费劲了）。

【示例 6-14】主程序 getTrendsMV.py 的内容如下：

```
 1 #!/usr/bin/evn python3
 2 #-*- coding: utf-8 -*-
 3 '''
 4 Created on 2016��8��10��
 5
 6 @author: hstking hst_king@hotmail.com
 7 '''
 8
 9 from bs4 import BeautifulSoup
10 import urllib.request
11 import codecs
12 import time
13 from mylog import MyLog as mylog
14 import resource
15 import random
16
17 class Item(object):
18     top_num = None  #排名
19     score = None  #打分
20     mvName = None  #MV 名字
21     singer = None  #演唱者
22     releasTime = None  #释放时间
23
24
25 class GetMvList(object):
26     '''The all data from www.yinyuetai.com
27         所有数据都来自 www.yinyuetai.com
28     '''
29     def __init__(self):
30         self.urlBase = 'http://vchart.yinyuetai.com/vchart/trends?'
31         self.areasDic =
{'ML':'Mainland','HT':'Hongkong&Taiwan','US':'Americ','KR':'Korea','JP':'Japan
'}
32         self.log = mylog()
```

```
33            self.getUrls()
34
35
36        def getUrls(self):
37            '''获取 url 池 '''
38            areas = ['ML','HT','US','KR','JP']
39            pages = [str(i) for i in range(1,4)]
40            for area in areas:
41                urls = []
42                for page in pages:
43                    urlEnd = 'area=' + area + '&page=' + page
44                    url = self.urlBase + urlEnd
45                    urls.append(url)
46                    self.log.info(u'添加 URL:%s 到 URLS' %url)
47                self.spider(area, urls)
48
49
50
51        def getResponseContent(self, url):
52            '''从页面返回数据 '''
53            fakeHeaders = {'User-Agent':self.getRandomHeaders()}
54            request = urllib.request.Request(url, headers=fakeHeaders)
55
56            proxy = urllib.request.ProxyHandler(self.getRandomProxy())
57            opener = urllib.request.build_opener(proxy)
58            urllib.request.install_opener(opener)
59            try:
60                response = urllib.request.urlopen(request)
61                time.sleep(1)
62            except:
63                self.log.error(u'Python 返回 URL:%s  数据失败' %url)
64                return ''
65            else:
66                self.log.info(u'Python 返回 URUL:%s  数据成功' %url)
67                return response.read().decode('utf-8')
68
69        def spider(self,area,urls):
70            items = []
71            for url in urls:
72                responseContent = self.getResponseContent(url)
73                if not responseContent:
74                    continue
75                soup = BeautifulSoup(responseContent, 'lxml')
```

```
76            tags = soup.find_all('li', attrs={'name':'dmvLi'})
77            for tag in tags:
78                item = Item()
79                item.top_num = tag.find('div',
attrs={'class':'top_num'}).get_text()
80                if tag.find('h3', attrs={'class':'desc_score'}):
81                    item.score = tag.find('h3',
attrs={'class':'desc_score'}).get_text()
82                else:
83                    item.score = tag.find('h3',
attrs={'class':'asc_score'}).get_text()
84
85                item.mvName = tag.find('img').get('alt')
86                item.singer = tag.find('a',
attrs={'class':'special'}).get_text()
87                item.releaseTime = tag.find('p',
attrs={'class':'c9'}).get_text()
88                items.append(item)
89                self.log.info(u'添加mvName为<<%s>>的数据成功' %(item.mvName))
90        self.pipelines(items, area)
91
92
93    def getRandomProxy(self): #
94        proxy = random.choice(resource.PROXIES)
95        print(proxy)
96        return proxy 97
98    def getRandomHeaders(self): #随机选取文件头
99        return random.choice(resource.UserAgents)
100
101
102    def pipelines(self, items, area): #处理获取的数据
103        fileName = 'mvTopList.txt'
104        nowTime = time.strftime('%Y-%m-%d %H:%M:%S', time.localtime())
105        with codecs.open(fileName, 'a', 'utf8') as fp:
106            fp.write('%s -------%s\r\n' %(self.areasDic.get(area),
nowTime))
107            for item in items:
108                fp.write('%s %s \t %s \t %s \t %s \r\n'
109                        %(item.top_num, item.score, item.releaseTime,
item.singer, item.mvName))
110                self.log.info(u'添加mvName为<<%s>>的MV到%s...'
%(item.mvName, fileName))
111            fp.write('\r\n'*4)
```

```
112
113
114 if __name__ == '__main__':
115     GML = GetMvList()
```

所有的代码都完成了，开始运行。单击 Eclipse 图标栏上的运行图标，执行 getTrendsMV.py，得到的结果如图 6-64 所示。

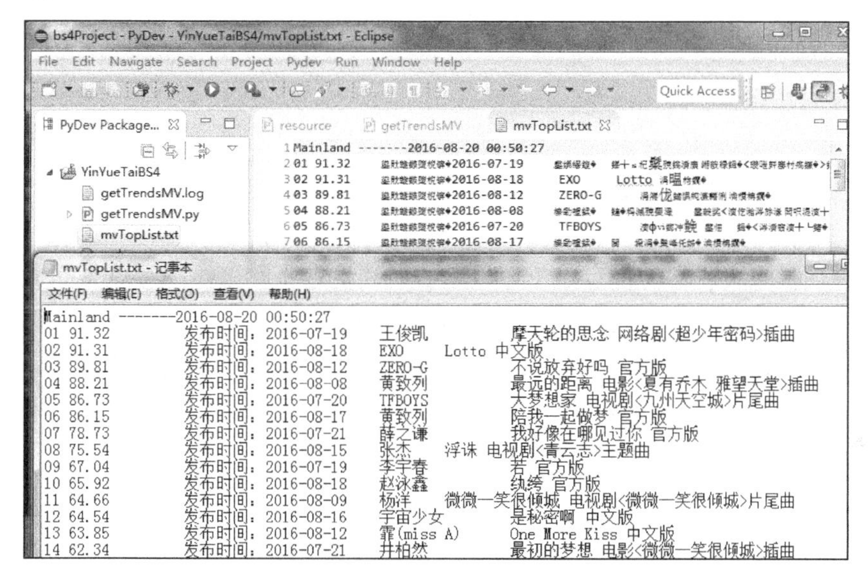

图 6-64　运行 getTrendsMV.py

好了，程序执行结果没问题。如果想知道实时榜单，单击鼠标运行一下程序就可以了。

6.7.3　代码分析

本节的 getTrendsMV.py 爬虫从功能上看要比上节的被动式反爬虫要复杂一些，但代码更简单一点。项目中 mylog.py 没什么好说的，就一 log 助手而已。resource.py 也无须多说，就一资源文件。如果觉得手动挑选 proxy 比较麻烦，可以再写一个 Python 程序让其自动导入 proxy 到 resource.py 中。唯一需要分析的就是 getTrendsMV.py 主程序了。

第 9~15 行，开头还是导入所需的模块，这里只是多导入了一个 random 模块，用于从列表中随机挑选 User-Agent 和 proxy。

第 17~22 行创建一个 Item 类，这个是仿照 Scrapy 的 Item.py 写的，也很简单。

第 25~111 行是 GetMvList 类。这个类将从音悦台网站中获取所需的数据。第 29~32 行给出了起始页面和 urls 的规则列表，然后__init__函数自动执行了 self.getUrls 函数。self.getUrls 再调用其他函数，完成类设计的功能。第 36~47 行是 getUrls 函数，将利用起始页 url 的页面规则，将所有需要爬取的网页 url 存入到 urls 列表中。第 51~67 行是 getResponseContent 函数，它将返回请求 url 的数据。每执行一次 getResponseContent 函数都将调用一次 self.getRandomHeaders 和 self.getRandomProxy 函数。随机选择一个 proxy 和 User-Agent 使用，使网站的反爬虫工具无从捕捉。第 61 行的作用是每执行一次函数都将暂停 1 秒，避免被反爬虫工具发觉（这个暂停的秒数可以用 random 选出一个随机数，这样更加安全）。第 69~90 行是 spider 函数，它的作用就是根据爬虫的抓取规则，从返回的数据中抓取所需的数据。第 93~96 行是 getRandomProxy 函数和 getRandomHeaders 函数，虽然这个函数的功能可以精简成一条语句，但还是写成了函数，这是为了以后有什么新功能可以很方便地添加进去。第 102~111 行是 pipelines 函数，将所有抓取到的有效数据保存到 txt 文件中。第 114~115 行是程序的__main__程序，只有一条命令，用于实例化 GetMvList 类。

6.8 本章小结

bs4 爬虫也很强大。它的优点在于可以随心所欲地定制爬虫，缺点就是稍微复杂了一点点，需要从头到尾的写代码，这毕竟是作文题。填空题虽然简单，但从头到尾都身不由己，得按照框架作者的思路走。作文题毕竟是自己写的，可以随心所欲地修改调整。如果是比较小的项目，个人建议还是用 bs4，可以有针对性地根据自己的需要编写爬虫。大项目，那还是建议选 Scrapy 吧，Scrapy 能流行至今可不是浪得虚名的。

第 7 章

◂Mechanize模拟浏览器▸

细心的读者应该已经发现了，本章之前的爬虫讲的都是对一般静态网站的数据过滤，但不是所有的网站都可以这么简单地得到数据的。比如，某些站点需要登录后才能获取数据，这样一来，仅靠 urllib2 模块就有点力不从心了（urllib2 模块也可以爬取动态网站的数据，不过过程就很麻烦了）。幸好 Python 还有更加强大的模块 Mechanize。

Mechanize 并不是爬虫，它是一个 Python 模块，用于模拟浏览器的模块。本书讲的是网络爬虫，直接爬数据就好了，为什么会跟 Mechanize 扯上关系呢？前面的章节都是使用 urllib2 模块向服务器发送请求的。如果网页要求登录，输入用户名、密码，urllib2 可以应付，但如果是需要输入验证码那就麻烦了。目前有开源的方案可以解决这个问题，只不过需要绕很多弯路，倒不如直接使用模拟浏览器，很方便地解决这个问题。

Python 的第三方模块中，能模拟浏览器的模块也不少。选择 Mechanize 的原因在于它的易用性和实用性比较平衡，功能强大而又简单易用，就选它了。

7.1 安装 Mechanize 模块

Mechanize 的官网是 http://wwwsearch.sourceforge.net/mechanize/。在官网中给出了 3 种安装方法：easy_install 安装、源码安装和 git 安装。实际安装时根据平台特性选择最简单的安装方法即可。

因为 Mechanize 只工作于 Python 2 平台下，所以本章所使用的 Python 版本为 Python 2。尽管使用了 Python 2，版本低一点，但是作为一个工具，读者必须熟悉一下。

7.1.1 Windows 下安装 Mechanize

在 Windows 中安装 Python 的第三方模块，最简单的方法莫过于 pip 了（前提条件是已经配置过 pip 源了，使用初始源会比较慢）。打开 cmd.exe，执行命令：

```
pip install mechanize
```

执行结果如图 7-1 所示。

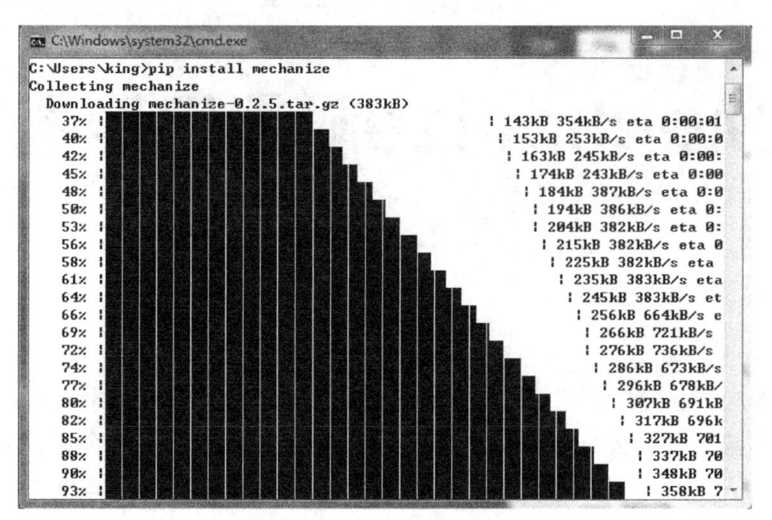

图 7-1　Windows 安装 mechanize

已经把 Mechanize 安装到 Windows 上，可以直接使用了。

7.1.2　Linux 下安装 Mechanize

在 Linux 下找安装软件最简单的方法还是 apt-get，感谢“万能”的 Debian 软件库，即使是 Python 模块也可以用 apt-get 一键安装。不必介意 Mechanize 官网上的安装建议，怎么简单怎么来就可以了。执行命令：

```
apt-get install python-mechanize
```

执行结果如图 7-2 所示。

```
king@debian:~$ apt-cache search python-mechanize
python-mechanize - stateful programmatic web browsing
king@debian:~$ su
密码：
root@debian:/home/king# apt-get install python-mechanize
正在读取软件包列表... 完成
正在分析软件包的依赖关系树
正在读取状态信息... 完成
下列【新】软件包将被安装：
  python-mechanize
升级了 0 个软件包，新安装了 1 个软件包，要卸载 0 个软件包，有 0 个软件包未被升级
。
需要下载 343 kB 的软件包。
解压缩后会消耗掉 1,000 kB 的额外空间。
获取：1 http://mirrors.163.com/debian/ jessie/main python-mechanize all 1:0.2.5-
3 [343 kB]
下载 343 kB，耗时 0秒 (1,249 kB/s)
正在选中未选择的软件包 python-mechanize。
(正在读取数据库 ... 系统当前共安装有 83384 个文件和目录。)
正准备解包 .../python-mechanize_1%3a0.2.5-3_all.deb  ...
正在解包 python-mechanize (1:0.2.5-3) ...
正在设置 python-mechanize (1:0.2.5-3) ...
root@debian:/home/king#
root@debian:/home/king#
```

图 7-2　Linux 安装 Mechanize

因为 Mechanize 很久没更新的缘故，Linux 下安装的最稳定版本也是最新的版本 0.2.5。不过无须担忧，Mechanize 已经很强大了，使劲地往好的方面想，说不定没更新是因为这个模块已经改无可改了呢！

7.2 Mechanize 测试

百闻不如一见，说得再多也不如直接测试一次。Mechanize 模块常用的命令、方法并不多，作为普通使用者，无须追求掌控所有细节，只需要能使用、会使用即可。它只是一个很简单的模块，多试几次就能熟练掌握。

7.2.1 Mechanize 百度

先试一下最简单的用法，以最常用的网站百度为例。使用 Mechanize 访问百度搜索站点，并使用百度搜索“Python 网络爬虫”得到返回结果。如果不使用 Mechanize，就只能在浏览器中输入搜索的关键字，再观察 URL 的变化规律，最后将所有的 URL 注入列表中，一个个地返回结果爬取数据。下面演示如何使用 Mechanize 模拟浏览器，搜索关键字。

使用 Putty 连接到 Linux，运行 Python 程序，并导入 Mechanize 模块，如图 7-3 所示。

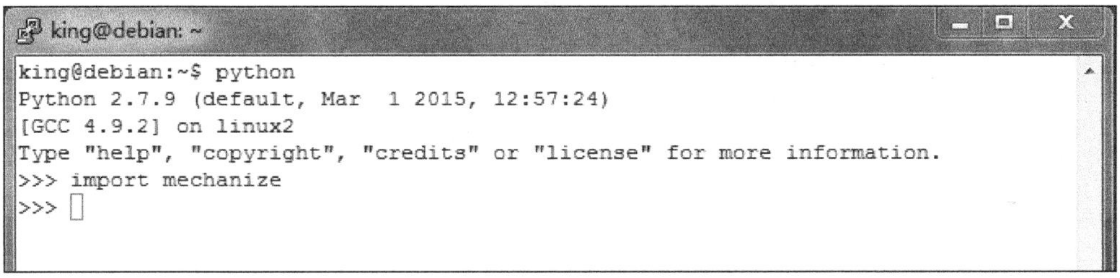

```
king@debian: ~
king@debian:~$ python
Python 2.7.9 (default, Mar  1 2015, 12:57:24)
[GCC 4.9.2] on linux2
Type "help", "copyright", "credits" or "license" for more information.
>>> import mechanize
>>>
```

图 7-3　Mechanize 环境

在 Python 环境下，执行命令：

```
br = mechanize.Browser()
br.set_handle_equiv(True)
br.set_handle_redirect(True)
br.set_handle_referer(True)
br.set_handle_robots(False)
br.set_handle_gzip(False)
br.set_handle_refresh(mechanize._http.HTTPRefreshProcessor(), max_time=1)
br.addheaders = [('User-Agent', 'Mozilla/5.0 (X11; U; Linux i686; en-US;
rv:1.9.0.1) Gecko/2008071615 Fedora/3.0.1-1.fc9 Firefox/3.0.1')]
```

执行结果如图 7-4 所示。

```
king@debian: ~
king@debian:~$ python
Python 2.7.9 (default, Mar  1 2015, 12:57:24)
[GCC 4.9.2] on linux2
Type "help", "copyright", "credits" or "license" for more information.
>>> import mechanize
>>> br = mechanize.Browser()
>>> br.set_handle_equiv(True)
>>> br.set_handle_redirect(True)
>>> br.set_handle_referer(True)
>>> br.set_handle_robots(False)
>>> br.set_handle_gzip(False)
>>> br.set_handle_refresh(mechanize._http.HTTPRefreshProcessor(), max_time=1)
>>> br.addheaders = [('User-agent', 'Mozilla/5.0 (X11; U; Linux i686; en-US; rv:
1.9.0.1) Gecko/2008071615 Fedora/3.0.1-1.fc9 Firefox/3.0.1')]
>>> 
```

图 7-4　Browser 环境设置

使用 Mechanize 浏览器打开百度搜索的主页，并查看网页中的框架。执行命令：

```
br.open('https://www.baidu.com'):
for form in br.forms():
 print form
```

执行结果如图 7-5 所示。

```
king@debian: ~
>>>
>>> br.open('https://www.baidu.com')
<response_seek_wrapper at 0x7fa5b4c91e60 whose wrapped object = <closeable_respo
nse at 0x7fa5b4c91368 whose fp = <socket._fileobject object at 0x7fa5b4cccc50>>>
>>> for form in br.forms():
...     print form
...
<f GET https://www.baidu.com/s application/x-www-form-urlencoded
  <HiddenControl(ie=utf-8) (readonly)>
  <HiddenControl(f=8) (readonly)>
  <HiddenControl(rsv_bp=1) (readonly)>
  <HiddenControl(rsv_idx=1) (readonly)>
  <HiddenControl(ch=) (readonly)>
  <HiddenControl(tn=baidu) (readonly)>
  <HiddenControl(bar=) (readonly)>
  <TextControl(wd=)>
  <SubmitControl(<None>=百度一下) (readonly)>
  <HiddenControl(rn=) (readonly)>
  <HiddenControl(oq=) (readonly)>
  <HiddenControl(rsv_pq=e21416f7000ac4be) (readonly)>
  <HiddenControl(rsv_t=2358R/NVmDD+/zEba6aqmOPkH9Q2oHj304sMNarrDF8C+yxoLNtKDM4Oz
qk) (readonly)>
  <HiddenControl(rqlang=cn) (readonly)>>
>>> 
```

图 7-5　显示网页框架

从图 7-5 中可以看出，只有一个名字为 f 的框架（有时候框架没有名字，只能用它们的顺序来选择，比如第一个框架是 nr=0，第二个是 nr=1，以此类推）。输入文字的位置为文本输入框<TextControl (wd=)>。选择框架，在框架内输入数据后提交数据。以搜索“Python 网络爬虫”为例，执行命令：

```
br.select_form(name='f')
br.form['wd'] = 'Python 网络爬虫'
```

```
br.submit()
```

执行结果如图 7-6 所示。

```
>>>
>>> br.select_form(name='f')
>>> br.form['wd'] = 'Python 网络爬虫'
>>> br.submit()
<response_seek_wrapper at 0x7fa5b4c91dd0 whose wrapped object = <closeable_respo
nse at 0x7fa5b4cba830 whose fp = <socket._fileobject object at 0x7fa5b4cd3dd0>>>
>>> 
```

图 7-6　搜索关键字

返回搜索的结果，执行命令：

```
print br.response().read()
```

执行结果如图 7-7 所示。

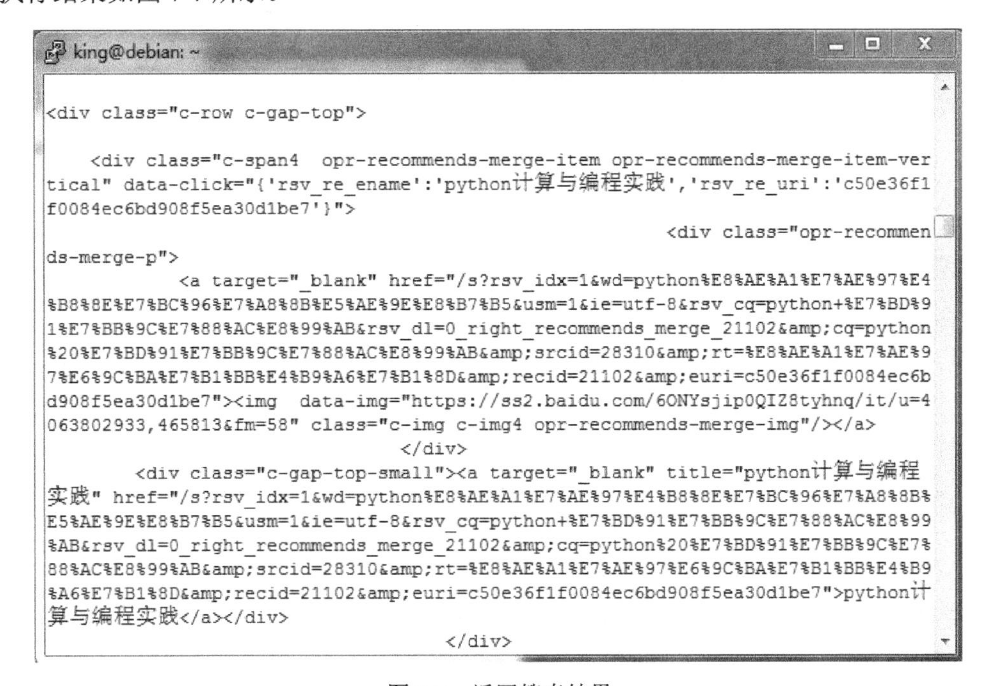

图 7-7　返回搜索结果

查看返回页面的所有链接，执行命令：

```
for link in br.links():
 print("%s : %s" %(link.url, link.text))
```

执行结果如图 7-8 所示。

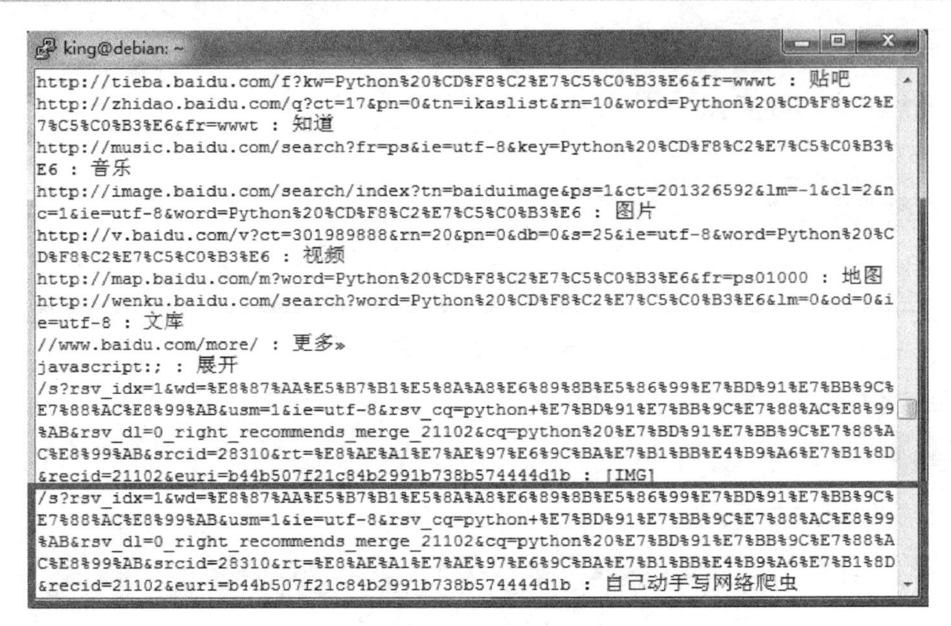

图 7-8　返回链接

使用 Mechanize 浏览器打开指定链接，执行命令：

```
newLink = br.click_link(text='自己动手写网络爬虫')
br.open(newLink)
```

执行结果如图 7-9 所示。

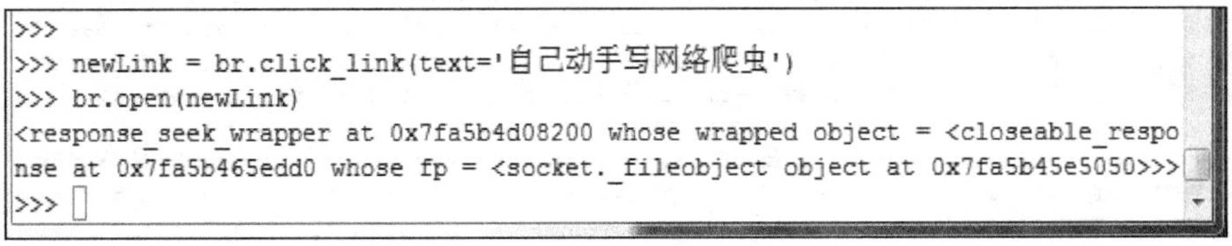

```
>>>
>>> newLink = br.click_link(text='自己动手写网络爬虫')
>>> br.open(newLink)
<response_seek_wrapper at 0x7fa5b4d08200 whose wrapped object = <closeable_response at 0x7fa5b465edd0 whose fp = <socket._fileobject object at 0x7fa5b45e5050>>>
>>> 
```

图 7-9　打开链接

如果觉得打开的链接不对，还可以使用 br.back()命令返回上一个页面。Mechanize 的基本操作就是这些了。

7.2.2　Mechanize 光猫 F460

Mechanize 可以模拟登录，只是现在几乎所有的站点登录都需要输入验证码。虽然也有开源的解决方案，可以解决验证码什么的，但是后面有更简单的解决方案，没必要在这里与验证码死磕。笔者一向认为，最简单的方法就是最合适的方法，宁愿多敲几行代码，也要选择最简单的。

如今无须验证码就可以登录的站点不好找。好在身边有一个现成的 Web 服务器符合要求，F460 光猫的配置页面，而且正好是动态回复数据的，简直是为 Mechanize 量身定做的。

在浏览器中打开光猫 F460 的配置页面 http://192.168.1.1，执行结果如图 7-10 所示。

图 7-10 F460 光猫登录

填写用户名和密码后单击“登录”按钮（用户名是 admin，密码要么直接问电信，要么在百度里搜索一下“hack f460 光猫”），进入配置界面，结果如图 7-11 所示。

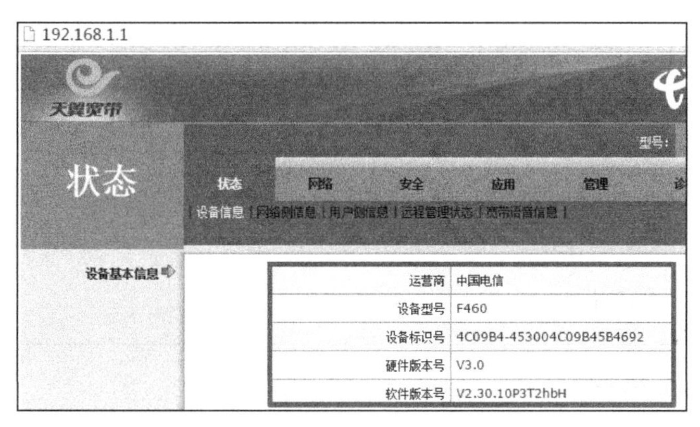

图 7-11 获取光猫 F460 信息

先用 Python 模拟测试一次。打开 Putty，登录到 Linux，进入 Python 环境。执行命令：

```
import mechanize
cj = mechanize.CookieJar()
br = mechanize.Browser()
br.set_handle_equiv(True)
br.set_handle_gzip(False)
br.set_handle_redirect(True)
br.set_handle_referer(True)
br.set_handle_robots(False)
br.set_handle_refresh(mechanize._http.HTTPRefreshProcessor(), max_time=1)
br.addheaders = [('User-Agent', 'Mozilla/5.0 (Windows NT 6.1; WOW64)
AppleWebKit/537.36 (KHTML, like Gecko) Chrome/43.0.2357.81 Safari/537.36')]
br.set_cookiejar(cj)
```

```
br.open('http://192.168.1.1')
```

执行结果如图 7-12 所示。

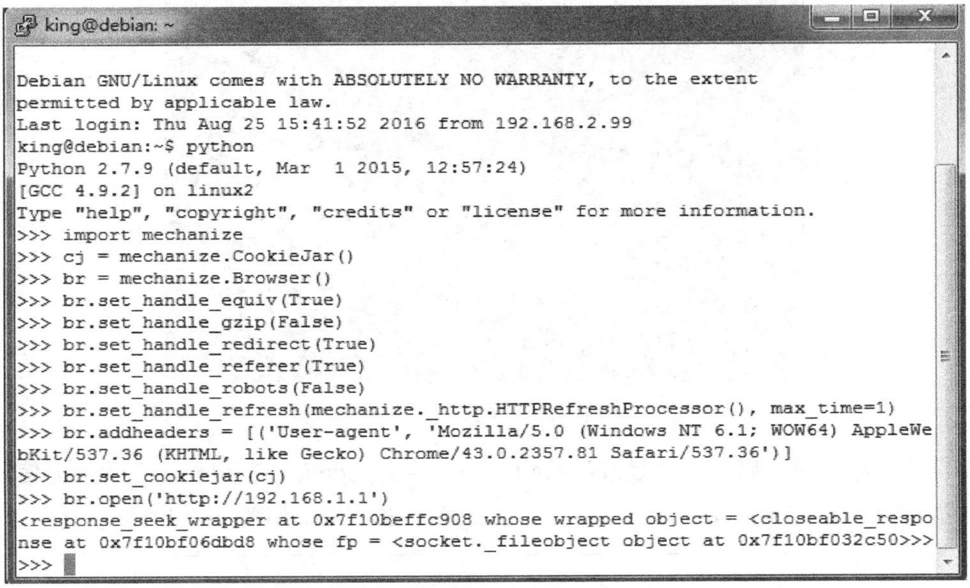

```
king@debian: ~

Debian GNU/Linux comes with ABSOLUTELY NO WARRANTY, to the extent
permitted by applicable law.
Last login: Thu Aug 25 15:41:52 2016 from 192.168.2.99
king@debian:~$ python
Python 2.7.9 (default, Mar  1 2015, 12:57:24)
[GCC 4.9.2] on linux2
Type "help", "copyright", "credits" or "license" for more information.
>>> import mechanize
>>> cj = mechanize.CookieJar()
>>> br = mechanize.Browser()
>>> br.set_handle_equiv(True)
>>> br.set_handle_gzip(False)
>>> br.set_handle_redirect(True)
>>> br.set_handle_referer(True)
>>> br.set_handle_robots(False)
>>> br.set_handle_refresh(mechanize._http.HTTPRefreshProcessor(), max_time=1)
>>> br.addheaders = [('User-agent', 'Mozilla/5.0 (Windows NT 6.1; WOW64) AppleWe
bKit/537.36 (KHTML, like Gecko) Chrome/43.0.2357.81 Safari/537.36')]
>>> br.set_cookiejar(cj)
>>> br.open('http://192.168.1.1')
<response_seek_wrapper at 0x7f10beffc908 whose wrapped object = <closeable_respo
nse at 0x7f10bf06dbd8 whose fp = <socket._fileobject object at 0x7f10bf032c50>>>
>>>
```

图 7-12　模拟浏览器打开光猫 F460 主页

查看网页上的框架，执行命令：

```
for form in br.forms():
 Print form
```

执行结果如图 7-13 所示。

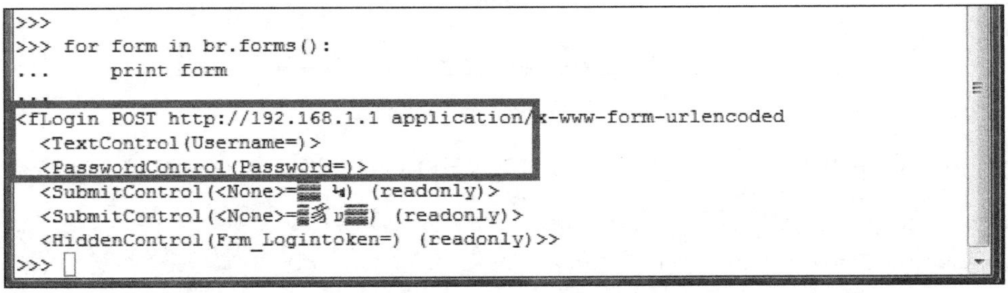

```
>>>
>>> for form in br.forms():
...     print form
...
<fLogin POST http://192.168.1.1 application/x-www-form-urlencoded
  <TextControl(Username=)>
  <PasswordControl(Password=)>
  <SubmitControl(<None>=[illegible]) (readonly)>
  <SubmitControl(<None>=[illegible]) (readonly)>
  <HiddenControl(Frm_Logintoken=) (readonly)>>
>>>
```

图 7-13　查看主页框架

从图 7-13 可以得知，主页框架的名字是 fLogin，框架内文本框变量名是 Username，密码框的变量名是 Password。进入文本框，给变量赋值后，发送数据。执行命令：

```
br.select_form(name='fLogin')
br.form['Username'] = 'admin'
br.form['Password'] = '*******'#这里输入光猫 F460 的密码
br.submit()
print br.response().read().decode('gb2312')
```

其中，在选择框架时，可以用框架名字，也可以用框架的序列号，序列号从 0 开始。例如，在这里选择框架时就可以用 br.select_form(nr=0)。如果需要选择第二个框架，则是 br.select_form(nr=1)。执行结果如图 7-14 所示。

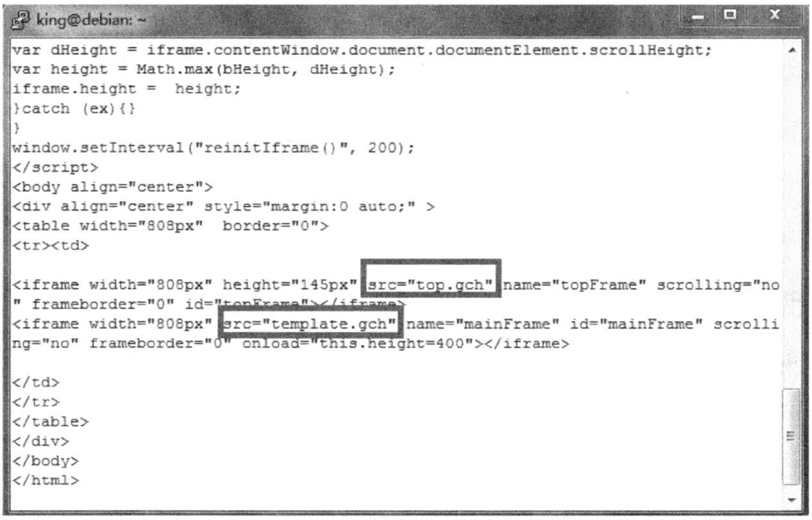

```
king@debian: ~
var dHeight = iframe.contentWindow.document.documentElement.scrollHeight;
var height = Math.max(bHeight, dHeight);
iframe.height =  height;
}catch (ex){}
}
window.setInterval("reinitIframe()", 200);
</script>
<body align="center">
<div align="center" style="margin:0 auto;" >
<table width="808px"  border="0">
<tr><td>

<iframe width="808px" height="145px" src="top.gch" name="topFrame" scrolling="no
" frameborder="0" id="topFrame"></iframe>
<iframe width="808px" src="template.gch" name="mainFrame" id="mainFrame" scrolli
ng="no" frameborder="0" onload="this.height=400"></iframe>

</td>
</tr>
</table>
</div>
</body>
</html>
```

图 7-14　获取框架 URL

这里显示了框架的链接。根据链接的地址 template.gch，直接使用 Mechanize 创建的浏览器打开这个链接就可以了。执行命令：

```
br.open('http://192.168.1.1/template.gch')
print br.response().read().decode('gb2312')
```

执行结果如图 7-15 所示。

```
king@debian: ~
<div class="space_0">
<table  class="infor" id="TABLE_DEV" width="410" border="0" cellpadding="0" cell
spacing="1" bgcolor="#979797">
<tr class="blue_1">
<td class="tdleft">运营商</td>
<td id="Frm_CarrierName" name="Frm_CarrierName" class="tdright">中国电信</td>
</tr>
<tr class="white_1">
<td class="tdleft">设备型号</td>
<td id="Frm_ModelName" name="Frm_ModelName" class="tdright">F460</td>
</tr>
<tr class="blue_1">
<td class="tdleft">设备标识号</td>
<td id="Frm_SerialNumber" name="Frm_SerialNumber" class="tdright">4C09B4-453004C
09B45B4692
</td>
</tr>
<tr class="white_1">
<td class="tdleft">硬件版本号</td>
<td id="Frm_HardwareVer" name="Frm_HardwareVer" class="tdright">V3.0</td>
</tr>
<tr class="blue_1">
<td class="tdleft">软件版本号</td>
<td id="Frm_SoftwareVer" name="Frm_SoftwareVer" class="tdright">V2.30.10P3T2hbH<
```

图 7-15　获取数据

好了，创建浏览器获取数据的过程已经运行了一遍，下面可以使用 bs4 配合 Mechanize 来抓取光猫 F460 的数据了。

7.3 Mechanize 实站一：获取 Modem 信息

使用 urllib2 也可以比较方便地处理那些无须验证码的登录页面，不过使用 Mechanize 登录更加方便。当然是怎么方便怎么做。下面以抓取光猫 F460 的设置页面为例，使用 Mechanize 配合 bs4 抓取光猫 F460 的数据。

7.3.1 获取 F460 数据

启动 Eclipse，新建 PyDev 项目 MechanizeAndBs4。在新项目中创建一个 PyDev Module 文件 getF460Info.py。

【示例 7-1】getF460Info.py 的内容如下：

```
 1 #!/usr/bin/evn python
 2 #-*- coding: utf-8 -*-
 3 '''
 4 Created on 2016年8月25日
 5 
 6 @author: hstking hst_king@hotmail.com
 7 '''
 8 
 9 import mechanize
10 from bs4 import BeautifulSoup
11 from mylog import MyLog as mylog
12 
13 
14 class F460Info(object):
15     '''获取光猫 f460 的信息 '''
16     def __init__(self):
17         self.url = 'http://192.168.1.1/'
18         self.log = mylog()
19         self.username = 'admin'
20         self.password = '******' #这里输入光猫的密码
21         self.spider()
22 
23 
24     def spider(self):
25         responseContent = self.getResponseContent(self.url)
26         if not responseContent:
27             self.log.error('the response is null')
28             exit()
```

```
    29          soup = BeautifulSoup(responseContent, 'lxml')
    30          modemInfo = {}
    31          modemInfo['CarrierName'] = soup.find('td',
attrs={'id':'Frm_CarrierName'}).get_text().strip()
    32          modemInfo['modelName'] = soup.find('td',
attrs={'id':'Frm_ModelName'}).get_text().strip()
    33          modemInfo['SerialNumber'] = soup.find('td',
attrs={'id':'Frm_SerialNumber'}).get_text().strip()
    34          modemInfo['HardwareVer'] = soup.find('td',
attrs={'id':'Frm_HardwareVer'}).get_text().strip()
    35          modemInfo['SoftwareVer'] = soup.find('td',
attrs={'id':'Frm_SoftwareVer'}).get_text().strip()
    36          modemInfo['BootVer'] = soup.find('td',
attrs={'id':'Frm_BootVer'}).get_text().strip()
    37          modemInfo['VerDate'] = soup.find('td',
attrs={'id':'Frm_VerDate'}).get_text().strip()
    38
    39          self.pipeline(modemInfo)
    40
    41
    42      def getResponseContent(self, url):
    43          self.log.info(u'begin create mechanize browser')
    44          br = mechanize.Browser()
    45          br.set_handle_equiv(True)
    46          br.set_handle_gzip(False)
    47          br.set_handle_redirect(True)
    48          br.set_handle_referer(True)
    49          br.set_handle_robots(False)
    50          br.set_handle_refresh(mechanize._http.HTTPRefreshProcessor(),
max_time=1)
    51     br.addheaders = [('User-Agent', 'Mozilla/5.0 (Windows NT 6.1; WOW64)
AppleWebKit/537.36 (KHTML, like Gecko) Chrome/43.0.2357.81 Safari/537.36')]
    52
    53          self.log.info(u'open url on mechanize browser')
    54          try:
    55              br.open(url)
    56          except:
    57              self.log.error(u'open %s failed' %url)
    58              return ''
    59          br.select_form(nr=0)
    60          br.form['Username'] = self.username
    61          br.form['Password'] = self.password
    62          br.submit()
    63
    64          newUrl = url + 'template.gch'
    65          try:
    66              br.open(newUrl)
```

```
    67        except:
    68            self.log.error(u'open %s failed' %newUrl)
    69            return ''
    70        else:
    71            return br.response().read()
    72
    73
    74    def pipeline(self, info):
    75        fileName = u'f460ModemInfo.txt'.encode('gbk')
    76        with open(fileName, 'w') as fp:
    77            for key in info.keys():
    78                print('%s \t %s \n' %(key.encode('utf8'),
info.get(key).encode('utf8')))
    79                fp.write('%s \t %s \n' %(key.encode('utf8'),
info.get(key).encode('utf8')))
    80
    81
    82 if __name__ == '__main__':
    83    fi = F460Info()
```

然后将 mylog.py 复制到 MechanizeAndBs4 项目下，单击 Eclipse 图标栏的运行图标，执行结果如图 7-16 所示。

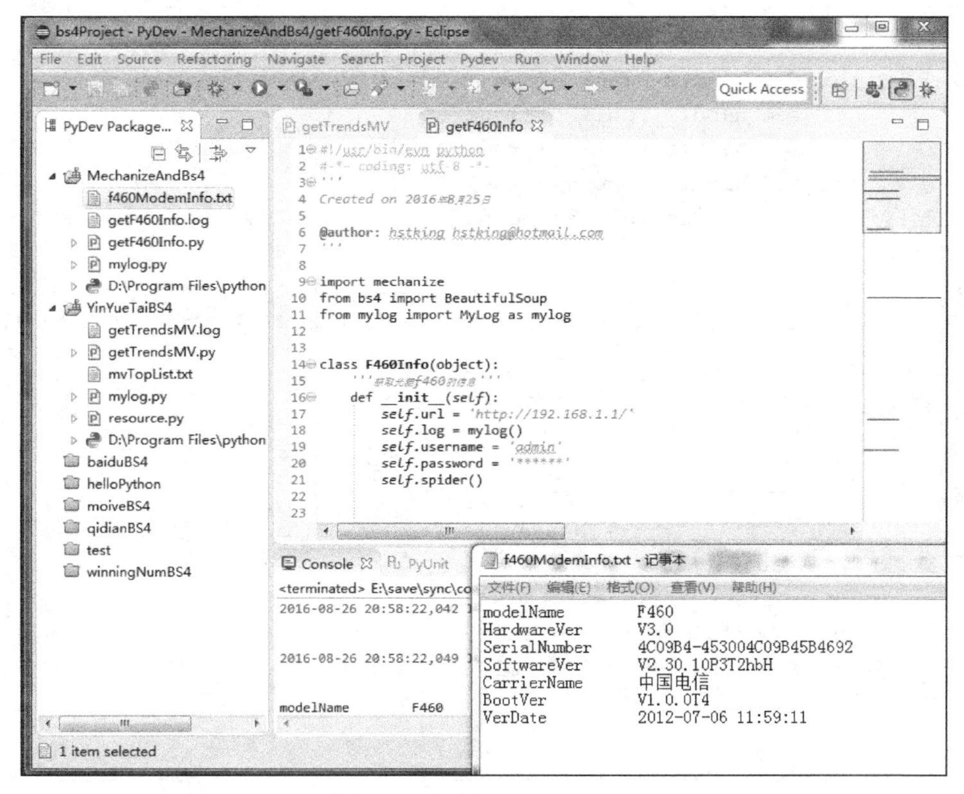

图 7-16 运行 getF460Info.py

爬虫程序运行无误，已经得到了预期的效果。

7.3.2　代码分析

这个爬虫大部分和以前的 bs4 爬虫没有什么区别，只是用 Mechanize 模块代替了 urllib2 模块。在不需要输入验证码的情况下，Mechanize 还是很简单方便的。下面来看看示例 7-1 这个程序中的代码作用。

第 9~11 行是导入模块，很标准的 Python 程序流程。

第 16~21 行是 F460Info 类的解析函数，定义了几个变量。在 C 语言中定义这种类似的变量，一般都是在文件头使用 define。Python 中没有 define，放在这里正好合适，修改也很方便。

第 24~39 行是 spider 类函数。这个函数的作用是通过 BeautifulSoup 从字符串中过滤抓取所需的数据。在使用 soup 获取数据后，都使用 strip 函数去除了数据左右的空格、回车等不可见字符。

第 42~71 行是 getResponseContent 类函数。作用是通过 Mechanize 模块来获取目标页面的返回数据。第 44 行创建了一个浏览器对象，第 45~51 行都是对浏览器对象的设置。这些设置并不是可有可无的，在打开某些网页时会因为这些设置的不同而得到不同的结果。如果没有什么特殊要求，这样设置就可以了。

在编写程序之前，已经知道了最终的目标网页是 http://192.168.1.1/template.gch，可在第 53~62 行还是用浏览器对象打开了 http://192.168.1.1。这是因为直接打开目标页面是得不到任何数据的，只有先登录 http://192.168.1.1，得到合法的 Cookie，然后利用这个 Cookie 才能打开目标页面。

第 74~79 行的 pipeline 类函数的作用是处理最终的结果，将结果存入文件。这里直接使用 open 打开文件，数据中有中文字符，存入数据时必须使用 encode 将字符串转换成合法的数据后存入。

7.4　Mechanize 实战二：获取音悦台公告

上节讲的是无验证码登录爬取数据，本节接着演示需要验证码的爬虫。有些网站或论坛为了防止暴力破解，在登录框设置了一个验证码。有坚固的盾就有锐利的矛，目前针对验证码的解决方案可谓是千奇百怪。有些方案的确有效，但不具备普遍性。考虑到爬虫所需要的只是数据，完全可以绕过验证码，直接使用 Cookie 登录就可以了。

7.4.1　登录原理

以音悦台网站为例，先来看看音乐台的登录界面，如图 7-17 所示。

图 7-17　音悦台登录界面

这个网站的登录就相当麻烦，需要拖动滑块到合适的位置补全图片。如果只是验证码还有些开源方案可供选择。这种验证方式，目前还没有发现可以模拟登录的 Python 程序。因此干脆选择适应性最广的方法，直接利用 Cookie 获取目标页面数据。

这种方法的好处在于不管有没有验证码，也不管验证码有多么复杂，它都是有效的。它利用的只是 Cookie，跟用户名、密码、验证码都没有关系。缺点就是操作比较复杂，还有就是 Cookie 的生存期可能不长，过一段时间就得重新操作一遍。

7.4.2　获取 Cookie 的方法

获取 Cookie 的方法很多。不管使用哪种方法，首先都得登录后再操作。打开登录页面，输入用户名密码，将滑块拖动到正确的位置后登录网站，如图 7-18 所示。

图 7-18　登录网站

登录网站后进入目标页面，如图 7-19 所示。

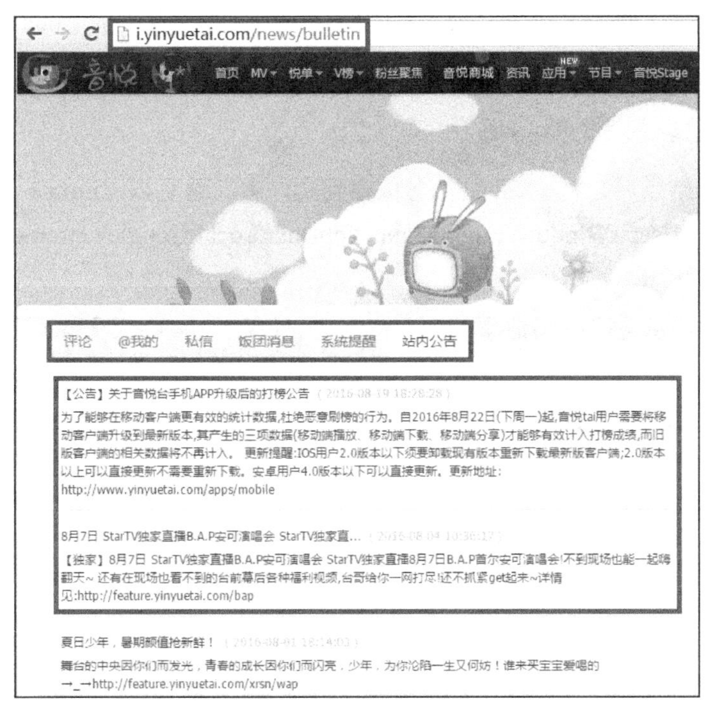

图 7-19　目标页面

从目标页面可以获取个人的信件、站内公告等。现在只需要从目标界面获取 Cookie 就可以了，其他的数据留给 bs4 处理。

获取 Cookie 的方法很多，以下只列出比较典型的几种。

1．JavaScript 获取 Cookie

所有的浏览器默认情况下都是支持 JavaScript 的（如果默认不支持，请自行修改选项）。因此获取 Cookie 最常见到的方法就是在浏览器中打开目标页面，然后在地址栏输入 JavaScript 命令：

```
javascript:document.write(document.cookie)
```

执行结果如图 7-20 所示。

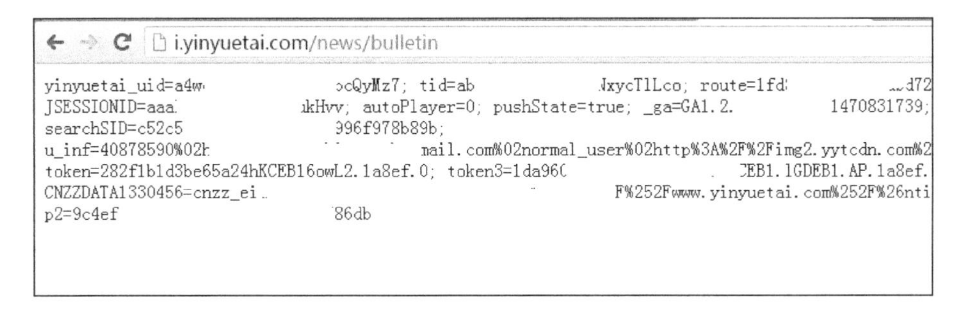

图 7-20　JavaScript 获取 Cookie

这种方法的好处在于无须借助任何工具就可以获取 Cookie 信息，缺点是获取的 Cookie 信息有时会不太完整，缺少关键的几项。有的网站用这种方法获取的 Cookie 可以登录，有的不行，不具备普遍性，所以这种方法不可取。

2. 从浏览器记录中获取 Cookie

浏览器在登录站点后会将 Cookie 信息保存到文件中（这里以 Chrome 浏览器为例）。这个文件的位置在 C:\Users\WindowsLoginName\AppData\Local\Google\Chrome\User Data\Default 目录，文件名为 Cookies，如图 7-21 所示。

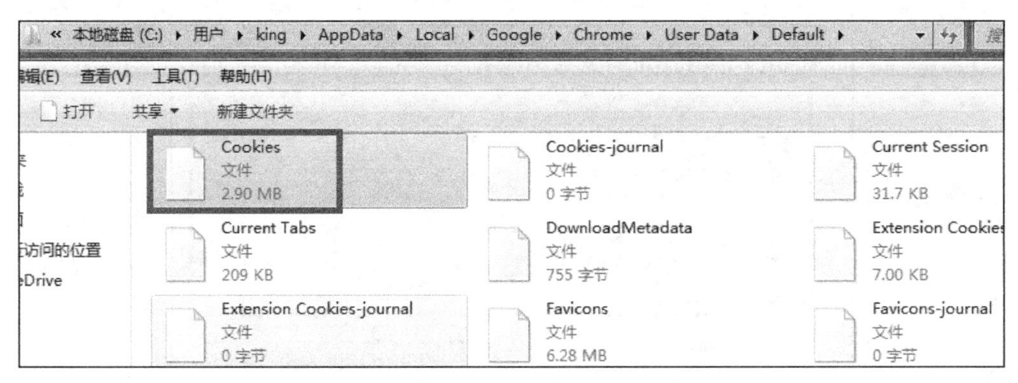

图 7-21　浏览器 Cookies 文件位置

这个 Cookies 文件实际上是一个 Sqlite3 的数据库。Chrome 将浏览器上的所有 Cookie 都保存到这个数据库中。将这个 Cookies 文件复制一个备份，名为 Cookies.db（尽量避免直接对系统文件操作）。在该目录下按 Shift 键并单击鼠标，在弹出的菜单中选取“在此处打开命令窗口”，如图 7-22 所示。

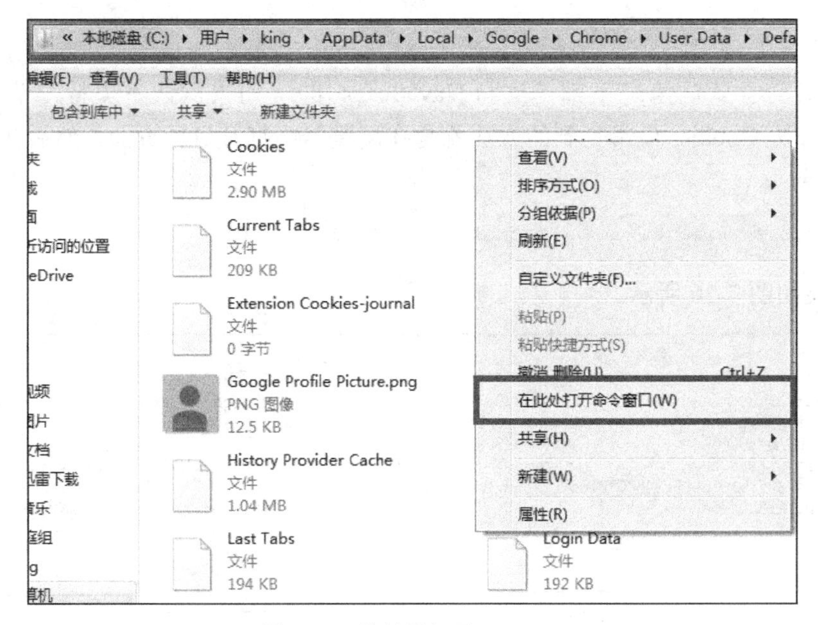

图 7-22　从目录打开 cmd.exe

在 cmd.exe 中打开 Python 环境，连接到 Sqlite 3 数据库，并读出与 yinyuetai.com 相关的 Cookie。执行命令：

```
import sqlite3
conn = sqlite3.connect('Cookies.db')
for row in conn.execute('select * from Cookies where host_key like
"%yinyuetai.com%"'):
    print row
```

新版 Chrome 支持的 Sqlite 3 版本必须是 3.8 以上的,而默认安装的 Python 2.7 自带的版本是 3.6.21。所以需要到 sqlite3.org 上下载 Windows 版本的新的 sqlite3.dll 替换。如果不愿意替换，那就把 Cookie.db 文件复制上传到 Linux 处理。目前 Linux 自带的 Python 2.7 中自带的版本是 3.8.7.1。

执行结果如图 7-23 所示。

```
6393.  '0100, 0, 0, 1, <read-write buffer ptr 0x7f0fbe5c56d8, size 262 at 0x7f0f
be5c5698>, 0)
(131      .199  201, u'vchart.yinyuetai.com', u'CNZZ      56', u'', u'/',
18   .   '000, 0, 0, 1311.    354200, 1, 1, 1, <read-write buffer ptr 0x7f0fbe
4l    , size 310 at 0x7f0fbe4b0498>, 0)
(1311    . )33. .00, u'vchart.yinyuetai.com', u'CNZ        521', u'', u'/',
1855    ..000, 0, 0, 1311     54200, 1, 1, 1, <read-write buffer ptr 0x7f0fbe
5b6    , size 326 at 0x7f0fbe5b6960>, 0)
(1311      27    1, u'www.yinyuetai.com', u'CNZZ_      .456', u'', u'/', 1.    0
4912     )0, 0, 0, 1311       4100, 1, 1, 1, <read-write buffer ptr 0x7f0fbe5dc
c88, size 278 at 0x7f0fbe5dcc48>, 0)
(13     85.   )0, u'so.yinyuetai.com', u'CNZ        30456', u'', u'/', 13_    4
918    000, 0, 0, 1311     73100, 1, 1, 1, <read-write buffer ptr 0x7f0fbe4b04
d8, size 310 at 0x7f0fbe4b0498>, 0)
(1311     88   .00, u'.yinyuetai.com', u'searchSID', u'', u'/', 0, 0, 0, 13
040    3100, 0, 0, 1, <read-write buffer ptr 0x7f0fbe5c56d8, size 262 at 0x7f0fbe
5c5698>, 0)
(1311      .87  )0, u'www.yinyuetai.com', u'route', u'', u'/', 0, 0, 0, 13
410    100, 0, 0, 1, <read-write buffer ptr 0x7f0fbe5c5448, size 262 at 0x7f0fbe5
c5408>, 0)
(1311     .)02    )0, u'v.yinyuetai.com', u'CNZZ      30456', u'', u'/', 13     49
90(    000, 0, 0, 13116        4100, 1, 1, 1, <read-write buffer ptr 0x7f0fbe4b04d
8, size 310 at 0x7f0fbe4b0498>, 0)
>>>
```

图 7-23　从文件中获取 Cookie

已经将所有相关的 Cookie 列出来了。如果要把这些数据转换成可使用 Cookie，还得继续将其中的 encrypted_value 字段解码。这个是可以做到的，得安装别的 Python 模块，相当不方便。使用这种方法获取 Cookie，好处是所有的 Cookie 内容都一网打尽，连用户名密码都可以用明文解读出来；坏处则是要把这些数据转换成 Mechanize 可用的 Cookie 比较麻烦，还需要安装其他的第三方模块，有些鸡肋。

3．利用工具获取 Cookie

最后的方法就是利用网络工具，在浏览器向服务器发送数据时截取这些数据，这些数据不仅仅包括 Cookie，还有一些其他的信息，而且这些信息 Mechanize 还都用得上，简直是完美。这种方法与 Mechanize 相当合拍，都是往服务器发送数据，区别仅在于一个是浏览器发送，一个是 Mechanize 模块发送而已。

截取浏览器和服务器之间的网络工具有很多，比如 Fiddler、Wireshark 和 Burp Suite，也有浏览器自带的，比如 Firefox 的 Httpfox 和 Chrome 开发工具。建议直接使用 Chrome 的开发工具，如果 Chrome 开发工具截取的数据不能使用（这种可能性极低）或者没使用 Chrome 浏览器，那就使用 Fiddler 或 Burp Suite。

7.4.3 获取 Cookie

1．Chrome 开发工具获取 Cookie

Chrome 浏览器自带的开发功能相当强大，这里只使用它的抓包功能。在浏览器中打开目标网站并登录，进入目标页面，按 F12 键，打开 Chrome 开发工具，如图 7-24 所示。

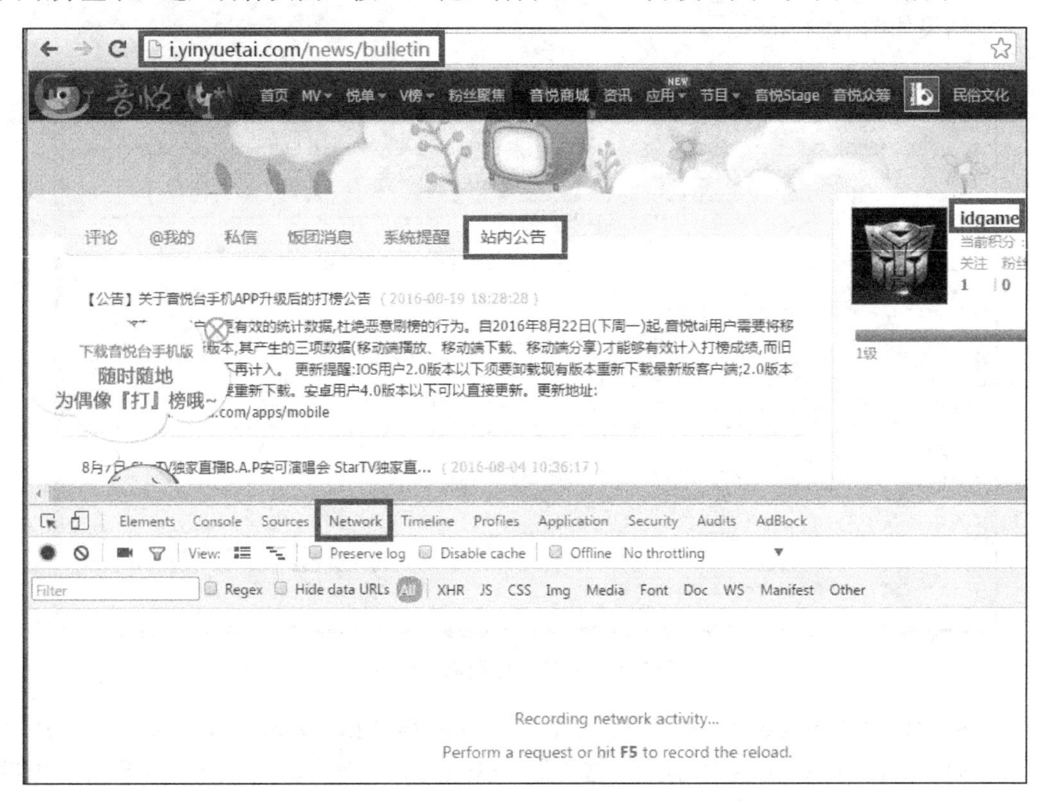

图 7-24 Chrome 开发工具

在 Chrome 浏览器下方的开发工具中单击 Network 标签页。按 F5 键，刷新页面，会在浏览器中得到很多数据，然后在 Filter 框中输入目标页面的关键词 bulletin，找到发送请求的 Request，如图 7-25 所示。

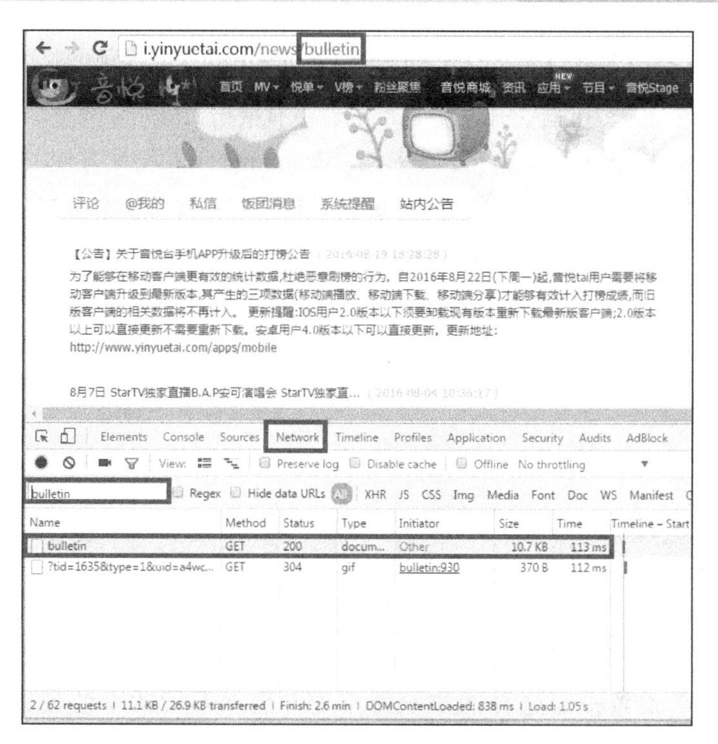

图 7-25　找到 Request

单击这个 Name 为 bulletin 的 Request，在打开的界面中单击 Headers 标签，得到这个 Reqeust 的 Headers（这里也有 Cookies 标签，但它的表现形式是表格，另外所需的数据不只是 Cookie，还有 User-Agent，所以这里选择 Headers 标签），如图 7-26 所示。

图 7-26　headers

将这个 Request Headers 里的所有数据都复制到一个文本文件 headersRaw.txt 中备用。

2．Burp Suite 获取 Cookie

如果不喜欢 Chrome 浏览器的开发工具，或者没有使用 Chrome 浏览器，也可以使用工具来获取 Cookie。这里选择的是 Burp Suite 工具。BrupSuite 工具简单方便，跨平台运行，功能强大。如果要完全说明 Burp Suite 的其他功能，恐怕得一本厚书才行。这里只使用 BrupSuite 最简单的抓包功能。打开 Burp Suite 工具，选择 Proxy 标签下的 Intercept 标签，将 Intercept is on 按钮激活。这样设置将截取浏览器的 Request，但不向服务器发送，如图 7-27 所示。

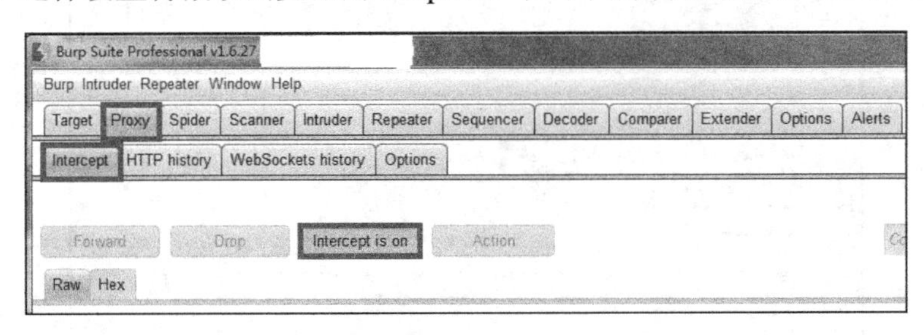

图 7-27 Burp Suite

Burp Suite 监控的端口是本机的 8080 端口，所以必须将浏览器的代理端口设置为 127.0.0.1:8080。这个设置根据选择的浏览器不同而选择不同的方法设置。如果使用的是 Chrome，建议使用 SwitchySharp 插件。如果使用的是 FireFox，建议使用 FoxyProxy。至于其他的浏览器，就干脆将系统代理设置成 127.0.0.1，然后将所有浏览器设置成使用系统代理。

打开浏览器，设置好代理，然后刷新登录后的目标网页。Burp Suite 将得到数据，如图 7-28 所示。

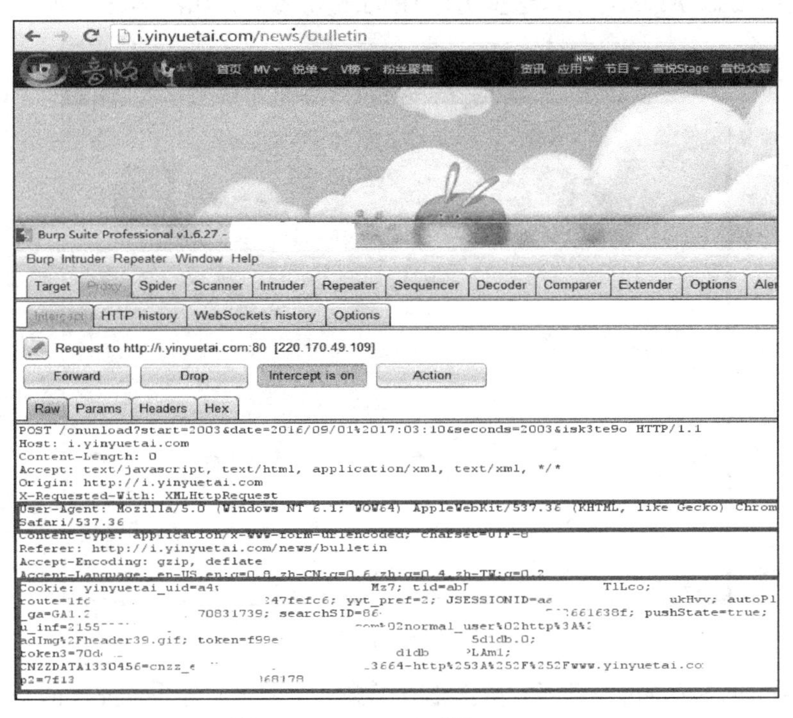

图 7-28 Burp Suite 获取 headers

主要是获取 Cookie 和 User-Agent 的数据，然后将这个 Raw 标签内的所有数据复制到文本文件 headersRaw.txt 中备用。

这两种获取 headersRaw.txt 文件的方法任选一种即可，然后为其写一个程序，将所需的数据按照所需的格式导出来。打开 Eclipse，创建 PyDev Project 项目 getBulletin，将 headersRaw.txt 文件复制到 getBulletin 项目下，并在项目下创建一个名为 getHeadersFromFile 的 pyDev Modules。

【示例 7-2】getHeadersFromFile.py 的内容如下：

```
 1 #!/usr/bin/evn python
 2 #-*- coding: utf-8 -*-
 3 '''
 4 Created on 2016年9月1日
 5 
 6 @author: hstking hst_king@hotmail.com
 7 '''
 8 
 9 
10 def getHeaders(fileName):
11     headers = []
12     headerList = ['User-Agent', 'Cookie']
13     with open(fileName, 'r') as fp:
14         for line in fp.readlines():
15             name, value = line.split(':', 1)
16             if name in headerList:
17                 headers.append((name.strip(), value.strip()))
18     return headers
19 
20 if __name__ == '__main__':
21     headers = getHeaders('headersRaw.txt')
22     print headers
```

测试 getHeadersFromFile.py，单击 Eclipse 图标栏的运行图标，执行结果如图 7-29 所示。

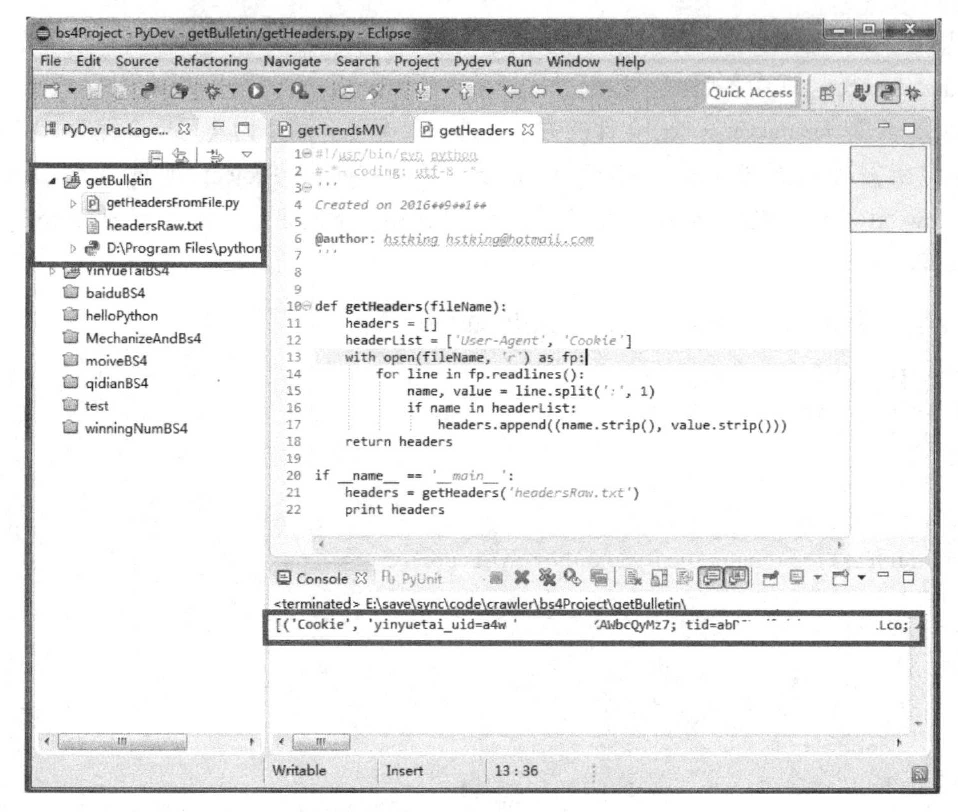

图 7-29　运行 getHeadersFromFile.py

已经将 Cookie 和 User-Agent 过滤出来并按照格式排列好了，最后所得到的 headers 是一个包含了 2 个元组的列表。

7.4.4　使用 Cookie 登录获取数据

获取音悦台网站个人站内公告的充分条件已经具备了。下面开始使用 Mechanize 和 bs4 来获取个人公告数据。

打开 Eclipse，进入刚建立的 getBulletin 项目中，将以前项目中使用的 mylog.py 复制到 getBulletin 项目下，并在项目中创建一个新的 PyDev Module，文件名为 getYinyuetaiBulletin.py。

【示例 7-3】getYinyuetaiBulletin.py 的内容如下：

```
1 #!/usr/bin/evn python
2 #-*- coding: utf-8 -*-
3 '''
4 Created on 2016年9月1日
5
6 @author: hstking hst_king@hotmail.com
7 '''
8
9 import mechanize
```

```
10 from bs4 import BeautifulSoup
11 from mylog import MyLog as mylog
12 from getHeadersFromFile import getHeaders
13 import codecs
14
15 class Item(object):
16     title = None
17     content = None
18
19
20 class GetBulletin(object):
21     def __init__(self):
22         self.url = 'http://i.yinyuetai.com/news/bulletin'
23         self.log = mylog()
24         self.headersFile = 'headersRaw.txt'
25         self.outFile = 'bulletin.txt'
26
27         self.spider()
28
29
30     def getResponseContent(self, url):
31         self.log.info('begin use mechanize module get response')
32         br = mechanize.Browser()
33         br.set_handle_equiv(True)
34         br.set_handle_redirect(True)
35         br.set_handle_referer(True)
36         br.set_handle_robots(False)
37
38         br.set_handle_refresh(mechanize._http.HTTPRefreshProcessor(),
max_time=1)
39         headers = getHeaders(self.headersFile)
40         br.addheaders = headers
41         br.open(url)
42         return br.response().read()
43
44
45     def spider(self):
46         self.log.info('beging run spider module')
47         items = []
48         responseContent = self.getResponseContent(self.url)
49         soup = BeautifulSoup(responseContent, 'lxml')
50         tags = soup.find_all('div', attrs={'class':'item_info'})
51         for tag in tags:
```

```
52             item = Item()
53             item.title = tag.find('p',
attrs={'class':'title'}).get_text().strip()
54             item.content = tag.find('p',
attrs={'class':'content'}).get_text().strip()
55             items.append(item)
56         self.pipelines(items)
57
58
59     def pipelines(self, items):
60         self.log.info('begin run pipeline function')
61         with codecs.open(self.outFile, 'w', 'utf8') as fp:
62             for item in items:
63                 fp.write(item.title + '\r\n')
64                 self.log.info(item.title)
65                 fp.write(item.content + '\r\n')
66                 self.log.info(item.content)
67                 fp.write('\r\n'*8)
68
69
70 if __name__ == '__main__':
71     GB = GetBulletin()
```

单击 Eclipse 图标栏的运行图标，执行结果如图 7-30 所示。

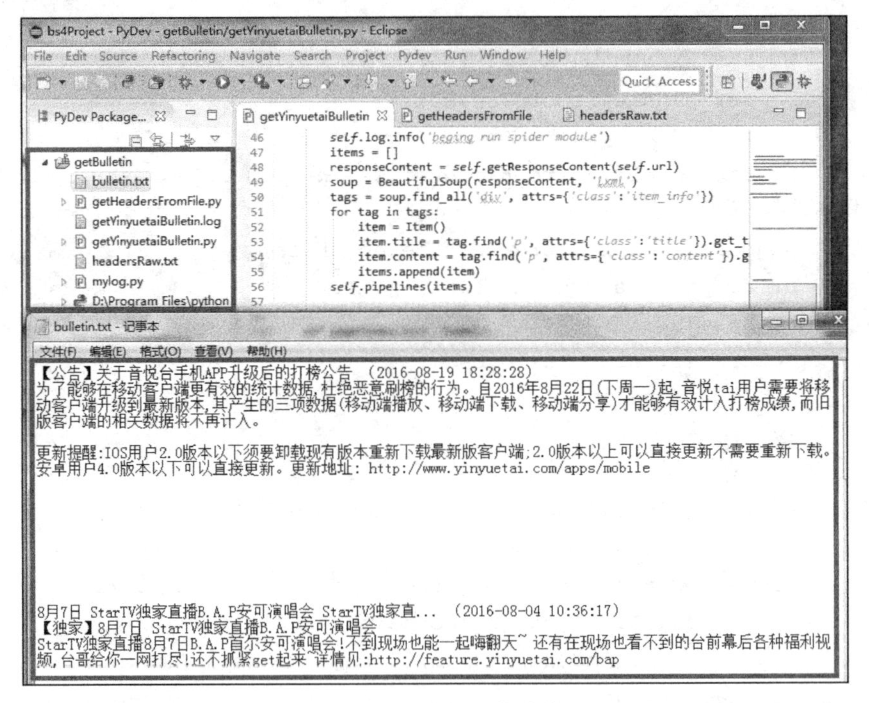

图 7-30　爬虫抓取的公告

已经成功地获取了音悦台的个人公告，如图 7-31 所示。

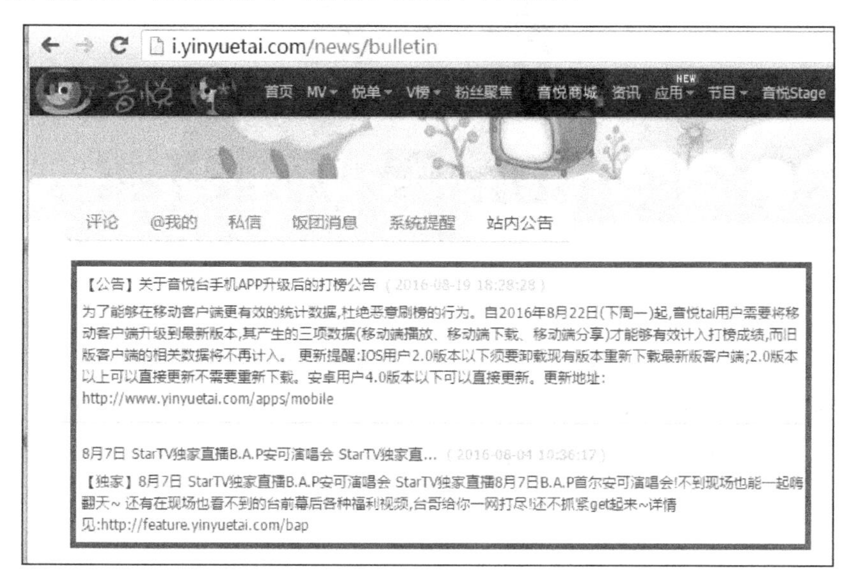

图 7-31　目标网页上的公告

与网站上的个人公告比较一下，完全一样，爬虫没有问题。Mechanize 使用 Cookie 登录，除了 Cookie 的生存期问题，算是一个非常好的办法，要比 urllib2 模块模拟浏览器方便得多。

7.5 本章小结

Mechanize 不是爬虫，虽不是得到爬虫结果的充要条件，但在某些时候比爬虫更加重要。毕竟爬虫过滤的来源数据要靠 Mechanize 来获取。大多数时候的确可以使用别的模块来替代 Mechanize，这样一来过程就未免有些复杂了。虽然爬虫程序追求的只是结果，过程是否繁杂对结果没有影响，但能用简单的模块解决问题就没必要用复杂的方法。

第 8 章

◂ Selenium模拟浏览器 ▸

Python 网络爬虫中最麻烦的不是那些需要登录才能获取数据的网站，而是那些通过 JavaScript 获取数据的站点。Python 对 JavaScript 的支持不太好。想用 Python 获取网站中 JavaScript 返回的数据，唯一的方法就是模拟浏览器了。这个模拟浏览器跟 Mechanize 模块稍有不同，第 7 章介绍的 Mechanize 模块并不支持 JavaScript，所以这里需要一款可以模拟真实浏览器的模块——Selenium 模块。

8.1 安装 Selenium 模块

Selenium 是一套完整的 Web 应用程序测试系统，包含了测试的录制（Selenium IDE）、编写及运行（Selenium Remote Control）和测试的并行处理（Selenium Grid）。Selenium 的核心 Selenium Core 基于 JsUnit，完全由 JavaScript 编写，因此可运行于任何支持 JavaScript 的浏览器上。

8.1.1 Windows 下安装 Selenium 模块

在 Windows 中安装 Selenium 模块还是采用最简单的 pip 安装，执行命令：

```
python -m pip install -U selenium
```

执行结果如图 8-1 所示。

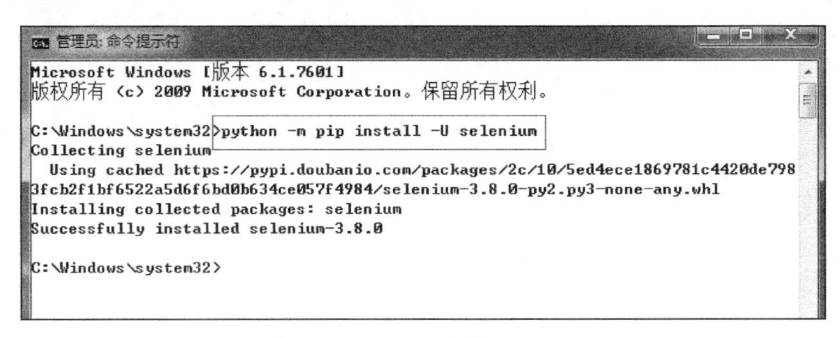

图 8-1　Windows 安装 Selenium

Windows 中安装 Selenium 完毕，可以直接使用了。

8.1.2　Linux 下安装 Selenium 模块

在 Linux 中安装软件尽可能地使用 apt-get，这样便于管理软件。执行命令：

```
apt-get install python3-selenium
```

执行结果如图 8-2 所示。

```
king@debian8: ~
king@debian8:~$ su
密码：
root@debian8:/home/king# apt-get install python3-selenium
正在读取软件包列表... 完成
正在分析软件包的依赖关系树
正在读取状态信息... 完成
建议安装的软件包：
  chromedriver firefoxdriver
下列【新】软件包将被安装：
  python3-selenium
升级了 0 个软件包，新安装了 1 个软件包，要卸载 0 个软件包，有 139 个软件包未被升
级。
需要下载 67.3 kB 的软件包。
解压缩后会消耗掉 490 kB 的额外空间。
获取：1 http://mirrors.163.com/debian/ jessie-backports/main python3-selenium al
l 2.48.0+dfsg1-2~bpo8+1 [67.3 kB]
下载 67.3 kB，耗时 0秒 (101 kB/s)
正在选中未选择的软件包 python3-selenium。
(正在读取数据库 ... 系统当前共安装有 157346 个文件和目录。)
正准备解包 .../python3-selenium_2.48.0+dfsg1-2~bpo8+1_all.deb  ...
正在解包 python3-selenium (2.48.0+dfsg1-2~bpo8+1) ...
正在设置 python3-selenium (2.48.0+dfsg1-2~bpo8+1) ...
root@debian8:/home/king#
root@debian8:/home/king#
```

图 8-2　Linux 安装 Selenium

Linux 中安装 Selenium 完毕。

在 Windows 中安装 Selenium 必须使用管理员权限。

8.2 浏览器选择

在编写 Python 网络爬虫时，主要用到 Selenium 的 Webdriver。Selenium.Webdrive 不可能支持所有的浏览器，也没必要支持所有的浏览器。实际上目前流行的浏览器核心也就是那么几种。先看看 Selenium.Webdriver 支持哪几种浏览器。

8.2.1　Webdriver 支持列表

查看模块的功能，最简单也是最方便的方法就是直接使用 help 命令。打开 cmd.exe 工具，执行命令：

```
python
from selenium import webdriver
help(webdriver)
```

执行结果如图 8-3 所示。

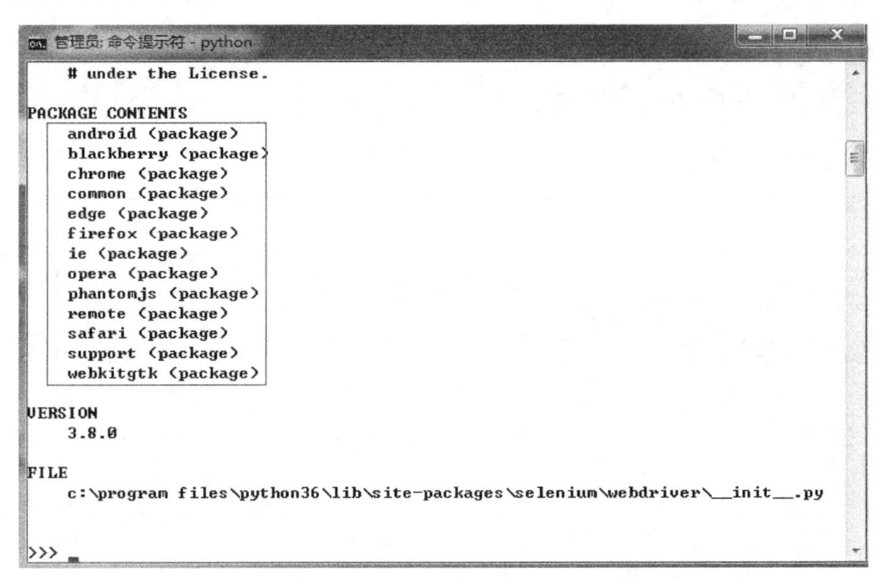

图 8-3 Webdriver 支持列表

在以上列表中，android 和 blackberry 是移动端的浏览器，可以先去掉。移动端的浏览器虽然也支持 JavaScript，但与 PC 端的浏览器根本是两回事。common 和 support 也可以先去掉，剩下的只有 Chrome、Edge、Firefox、IE、Opera、Phantomjs 和 Safari 了。Chrome、Dege、Firefox、IE、Opera、Safari 比较常见，而 PhantomJS 则有些名不见经传。

PhantomJS 是一个基于 WebKit 的服务器端 JavaScript API。它全面支持 Web 而不需浏览器支持，其快速、原生支持各种 Web 标准：DOM 处理、CSS 选择器、JSON、Canvas 和 SVG。 PhantomJS 可以用于页面自动化、网络监测、网页截屏以及无界面测试等。

无界面意味着开销小，也意味着速度快。网上有牛人测试过，使用 Selenium 调用上面的浏览器，速度前三分别是 PhantomJS、Chrome 和 IE（remote 调用 HtmlUnit 速度才是最快的，但 HtmlUnit 对 JavaScript 的支持不太好），开销小、速度快对 JavaScript 的支持也不错。唯一的缺点是没有 GUI，但在服务器下运行程序时，这又成了优点。所以无须犹豫，就选 PhantomJS 了。事实上，在爬行 JavaScript 才能返回数据的网站时，没有比 Selenium 和 PhantomJS 更适合的组合了。

8.2.2 Windows 下安装 PhantomJS

PhantomJS 的官网主页是 http://phantomjs.org/。在浏览器中打开主页，单击 Download V2.1 按钮进入下载页面，如图 8-4 所示。

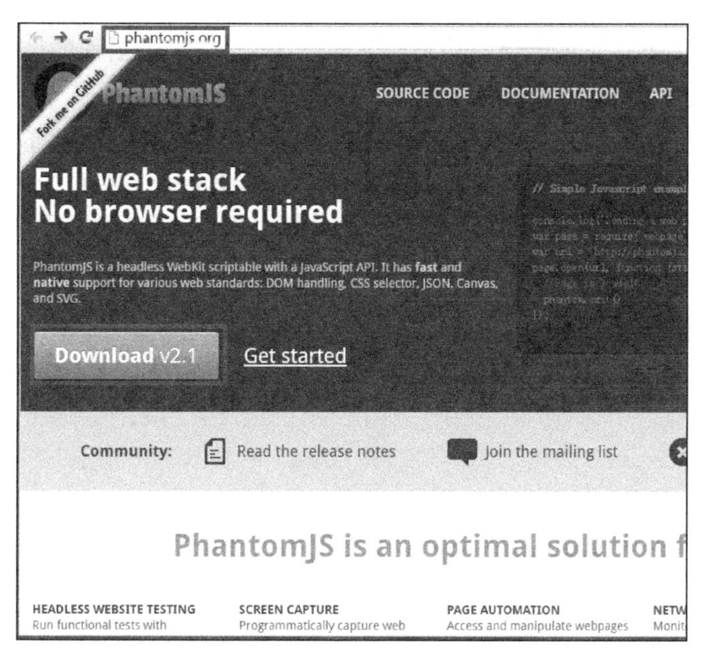

图 8-4　PhantomJS 官网主页

进入下载页面后，选择 Windows 版本的 PhantomJS 下载软件，如图 8-5 所示。

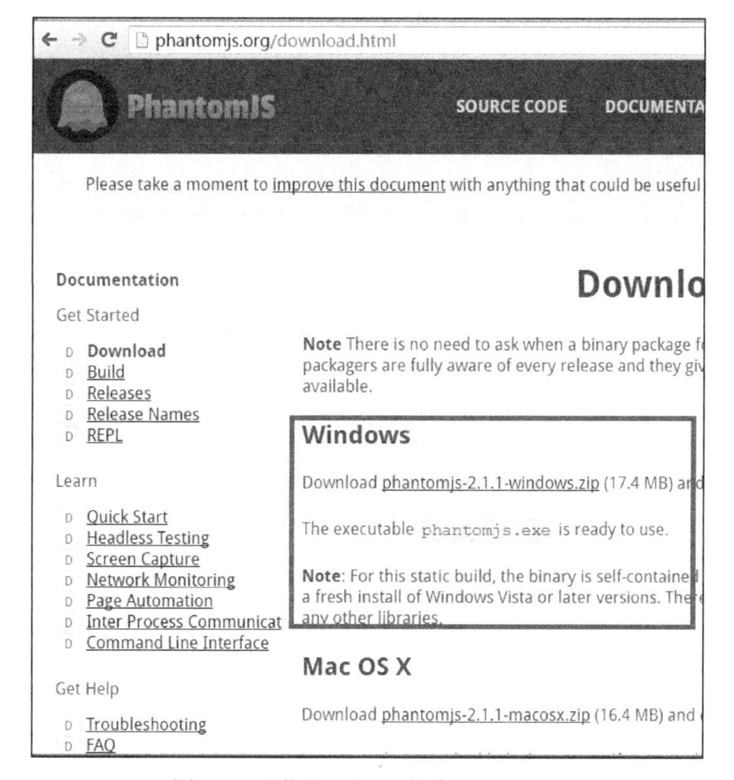

图 8-5　下载 Windows 版本 PhantomJS

因为未知的原因，直接用浏览器下载 PhantomJS 速度极慢。有时根本就没反应，建议使用迅雷下载 PhantomJS。迅雷上若有用户曾下载过 PhantomJS，后面的迅雷用户再次下载速度就很快了。

下载完成后，解压压缩包，然后将 exe 文件加入系统路径中就可以了。重新设置系统路径是很麻烦的事情。还记得安装 Python 的过程吗？安装程序已自动将 Python 的路径加入到系统路径中了，反正 PhantomJS 也是配合 Python 使用的，直接将解压后的 PhtomJS.exe 复制到 Python 的目录中就可以了，如图 8-6 所示。

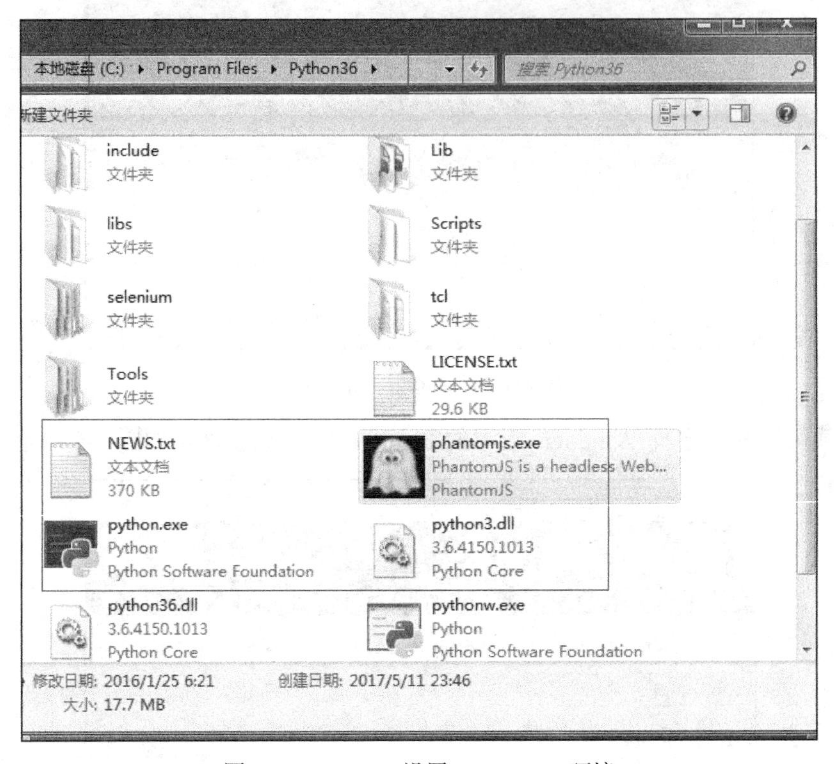

图 8-6　Windows 设置 PhantomJS 环境

在 Python 环境中测试一下，如图 8-7 所示。

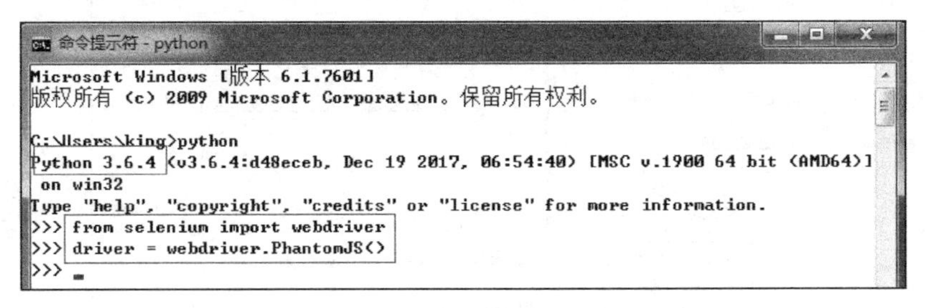

图 8-7　Windows 中测试 PhantomJS 环境

Windows 下的 PhantomJS 环境已配置好，可以直接使用了。

8.2.3　Linux 下安装 PhantomJS

还是打开 PhantomJS 官网的下载页面，选择合适的版本，使用迅雷下载，如图 8-8 所示。

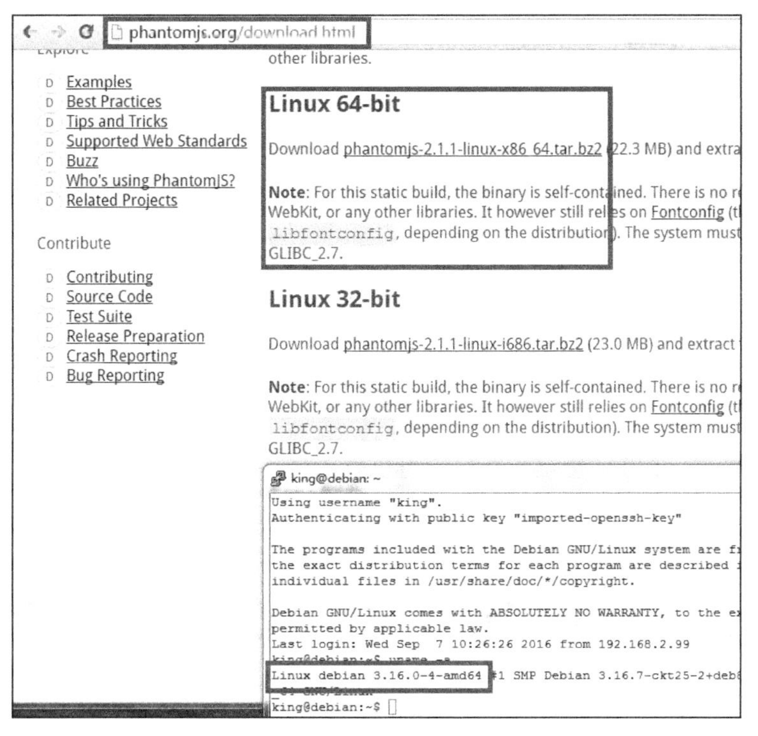

图 8-8　下载 Linux 版本 PhantomJS

将下载好的压缩文件上传到 Linux 后解压缩，然后将可执行文件复制到系统路径 /usr/local/bin 文件夹下（Linux 的系统路径有很多，随意选一个即可）。打开 Putty，连接到 Linux 上，执行命令：

```
tar jxvf phantomjs-2.1.1-linux-x86_64.tar.bz2 -C /usr/local/
ln -s phantomjs-2.1.1-linux-x86_64/bin/phantomjs /usr/local/bin/phantomjs
ls -l /usr/local/bin/
```

执行结果如图 8-9 所示。

```
king@debian8: ~
phantomjs-2.1.1-linux-x86_64/examples/features.js
phantomjs-2.1.1-linux-x86_64/examples/netsniff.js
phantomjs-2.1.1-linux-x86_64/examples/walk_through_frames.js
phantomjs-2.1.1-linux-x86_64/examples/printheaderfooter.js
phantomjs-2.1.1-linux-x86_64/examples/responsive-screenshot.js
phantomjs-2.1.1-linux-x86_64/examples/countdown.js
phantomjs-2.1.1-linux-x86_64/examples/detectsniff.js
phantomjs-2.1.1-linux-x86_64/examples/simpleserver.js
phantomjs-2.1.1-linux-x86_64/examples/postjson.js
phantomjs-2.1.1-linux-x86_64/examples/run-jasmine2.js
phantomjs-2.1.1-linux-x86_64/examples/run-jasmine.js
phantomjs-2.1.1-linux-x86_64/README.md
phantomjs-2.1.1-linux-x86_64/LICENSE.BSD
phantomjs-2.1.1-linux-x86_64/bin/
phantomjs-2.1.1-linux-x86_64/bin/phantomjs
phantomjs-2.1.1-linux-x86_64/third-party.txt
phantomjs-2.1.1-linux-x86_64/ChangeLog
root@debian8:/home/king# ln -s /usr/local/phantomjs-2.1.1-linux-x86_64/bin/phant
omjs  /usr/local/bin/phantomjs
root@debian8:/home/king# exit
exit
king@debian8:~$ ls -l /usr/local/bin/phantomjs
lrwxrwxrwx 1 root staff 53 1月   27 18:52 /usr/local/bin/phantomjs -> /usr/local/
phantomjs-2.1.1-linux-x86_64/bin/phantomjs
king@debian8:~$
```

图 8-9　Linux 中设置 PhantomJS 环境

在 Python 环境中测试一下，执行命令：

```
python3
from selenium import webdriver
derver = webdriver.PhantomJS()
```

执行结果如图 8-10 所示。

```
king@debian8:~$ python3
Python 3.4.2 (default, Oct  8 2014, 10:45:20)
[GCC 4.9.1] on linux
Type "help", "copyright", "credits" or "license" for more information.
>>> from selenium import webdriver
>>> derver = webdriver.PhantomJS()
>>>
```

图 8-10　Linux 中测试 PhantomJS 环境

Linux 下的 PhantomJS 环境已配置好，可以直接使用了。

8.3 Selenium&PhantomJS 抓取数据

Selenium 和 PhantomJS 配合，可以模拟浏览器获取包括 JavaScript 的数据。问题是本文是讲爬虫的，现在不单要获取网站数据，还需要过滤出“有效数据”才行。这里就不用麻烦 bs4 了（实际上非要用 bs4 也不是不可以），Selenium 本身就带有一套自己的定位过滤函数。它可以很方便地从网站返回的数据中过滤出所需的“有效数据”。

8.3.1 获取百度搜索结果

还是那句老话，想知道 Python 模块最详细的用法，直接用 help 函数就可以了。鉴于 Selenium.Webdriver 的 help 文件太大，分屏显示又不那么方便，干脆将帮助文件保存到文件中慢慢查看。执行命令：

```
python
from selenium import webdriver
import sys
browser = webdriver.PhantomJS()
out = sys.stdout
sys.stdout = open('browserHelp.txt', 'w')
help(browser)
sys.stdout.close()
sys.stdout = out
browser.quit()
exit()
```

一定要加上 browser.quit()，否则 cmd.exe 在执行 exit 时会无法退出。

执行结果如图 8-11 所示。

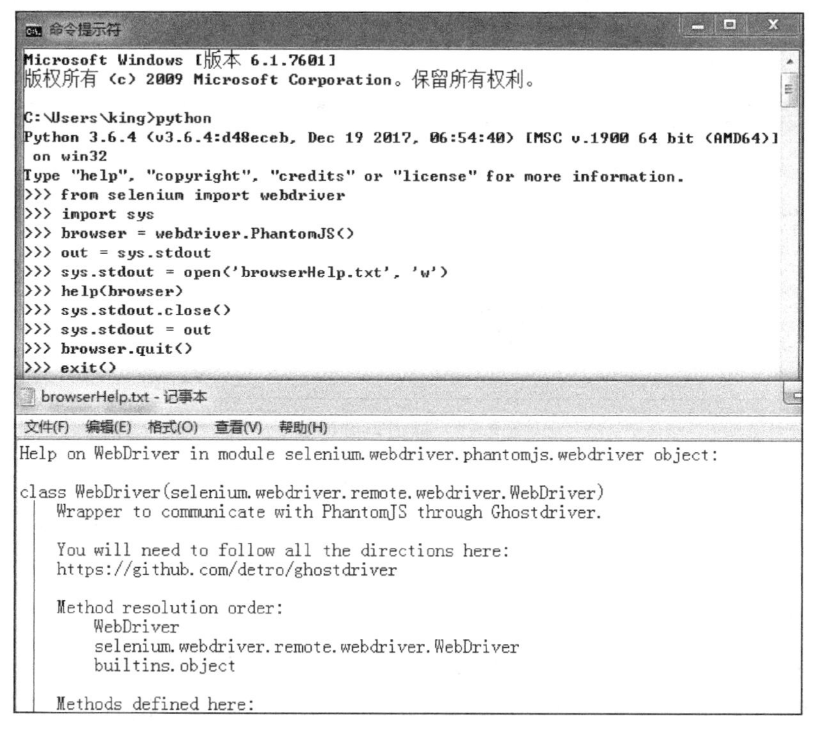

图 8-11　获取 help 文件

想获取“有效信息”，第一步当然是网站获取返回数据，第二步就是定位“有效数据”的位置，第三步就是从定位中获取“有效数据”。

以百度搜索为例，使用百度搜索“Python Selenium”，并保存第一页搜索结果的标题和链接。从服务器返回数据，由 PhantomJS 负责，获取返回的数据用 Selenium.Webdriver 自带的方法 page_source，例如：

```
from selenium import webdriver
browser = webdriver.PhantomJS()
browser.get(URL)
html = browser.page_source
```

有两种方法可以得到搜索结果页面。第一种，百度主页还是使用 get 方式上传 request。这里可以先找一个浏览器，打开百度后搜索关键词。再把返回来的搜索结果的 URL 保存下来用 Selenium&PhantomJS 打开，再获取返回的数据。第二种，直接用 Selenium&PhantomJS 打开百度的主页，然后模拟搜索关键词。直接从 Selenium&PhantomJS 中返回数据。这里使用第二种方法，可以很清楚地看到 Selenium&PhantomJS 获取数据的过程。

第一步获取搜索结果。打开 cmd.exe，准备好环境。执行命令：

```
python
from selenium import webdriver
browser = webdriver.PhantomJS()
```

```
browser.get('https://www.baidu.com')
browser.implicitly_wait(10)
```

执行结果如图 8-12 所示。

```
命令提示符 - python
Microsoft Windows [版本 6.1.7601]
版权所有 (c) 2009 Microsoft Corporation。保留所有权利。

C:\Users\king>python
Python 3.6.4 (v3.6.4:d48eceb, Dec 19 2017, 06:54:40) [MSC v.1900 64 bit (AMD64)]
 on win32
Type "help", "copyright", "credits" or "license" for more information.
>>> from selenium import webdriver
>>> browser = webdriver.PhantomJS()
>>> browser.get('https://www.baidu.com')
>>> browser.implicitly_wait(10)
>>>
```

图 8-12　模拟百度搜索

这里要关注一个函数 implicitly_wait()。使用 Selenium&PhantomJS 最大的优势是支持 JavaScript，而 PhantomJS 浏览器解释 JavaScript 是需要时间的。这个时间是多少并不好确定，当然可以用 time.sleep()强行休眠等待一个固定时间。可这个固定的时间定长了，浪费时间；定短了，又没能完整地解释 JavaScript。Implicitly_wait 函数则完美地解决了这个问题，给 implicitly_wait 一个时间参数。Implicitly_wait 会智能等待，只要解释完成了就进行下一步，完全没有浪费时间。下面从网页的框架中选取表单框，并输入搜索的关键词，完成搜索的过程。

8.3.2　获取搜索结果

第二步定位表单框架或“有效数据”位置，可以用 import 导入 bs4 来完成，也可以用 Selenium 本身自带的函数来完成。Selenium 本身给出了 18 个函数，总共 8 种方法从返回数据中定位“有效数据”位置。这些函数分别是：

```
find_element(self, by='id', value=None)
find_element_by_class_name(self, name)
find_element_by_css_selector(self, css_selector)
find_element_by_id(self, id_)
find_element_by_link_text(self, link_text)
find_element_by_name(self, name)
find_element_by_partial_link_text(self, link_text)
find_element_by_tag_name(self, name)
find_element_by_xpath(self, xpath)

find_elements(self, by='id', value=None)
find_elements_by_class_name(self, name)
find_elements_by_css_selector(self, css_selector)
find_elements_by_id(self, id_)
find_elements_by_link_text(self, text)
```

```
find_elements_by_name(self, name)
find_elements_by_partial_link_text(self, link_text)
find_elements_by_tag_name(self, name)
find_elements_by_xpath(self, xpath)
```

这 18 个函数前面的 9 个带 element 的函数将返回第一个符合参数要求的 element，后面 9 个带 elements 的函数将返回一个列表，列表中包含所有符合参数要求的 element。命名是 9 个函数，为什么只有 8 种方法呢？上面函数中，不带 by 的函数，配合参数可以替代其他的函数。例如：find_element(by='id', value='abc')就可以替代 find_element_by_id('abc')。同理，find_elements(by='id', value='abc')也可以替代 find_elements_by_id('abc')。

这 8 种定位方法组合应用，灵活配合，可以获取定位数据中的任何位置。在使用浏览器请求数据时，用 find_element_by_name、find_element_by_class_name、find_element_by_id、find_element_by_tag_name 会比较方便。一般的表单、元素都会有 name、class、id，这样定位会比较方便。如果仅仅是为了获取"有效数据"的位置，还是 find_element_by_xpath 和 find_element_by_css 比较方便。强烈推荐 find_element_by_xpath，真的是超级方便。

先定位文本框，输入搜索关键词并向服务器发送数据。在 Chrome 中打开百度主页，查看源代码页面（如果想全程无 GUI，也可以直接在 Selenium 中用 page_source 获取页面代码，保存后再慢慢搜索，不过这样就比较麻烦了）。在源代码页面搜索 type=text，也就是查找页面使用的文本框，搜索结果如图 8-13 所示。

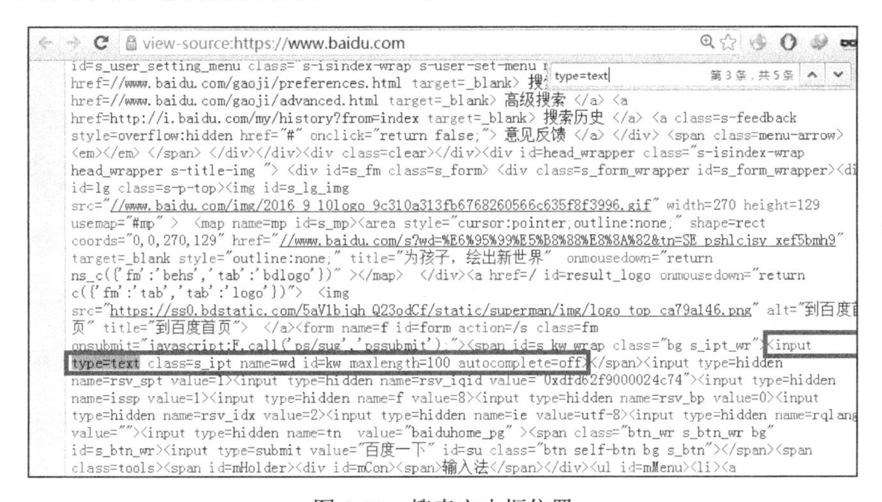

图 8-13　搜索文本框位置

从图 8-13 可以看出文本框里有 class、name、id 属性，可以使用 find_element_by_class_name、find_element_by_id、find_element_by_name 来定位。执行命令：

```
textElement = browser.find_element_by_class_name('s_ipt')
textElement = browser.find_element_by_id('kw')
textElement = browser.find_element_by_name('wd') #这三个任选其一都可以

textElement.clear()
textElement.send_keys('Python selenium')
```

回到 Chorme 中百度源代码页面，搜索 type=submit，定位 submit 按键位置，如图 8-14 所示。

图 8-14　搜索 submit 按键

从图 8-14 可看出，submit 按键有 id、class 属性，可以用 find_element_by_class_name 和 find_element_by_id 定位。执行命令：

```
submitElement = browser.find_element_by_class_name('btn self-btn bg s_btn')
submitElement = browser.find_element_by_id('su')  #这两个任选一个
submitElement.click()

print browser.title
```

执行结果如图 8-15 所示。

```
C:\Windows\system32\cmd.exe - python
Microsoft Windows [版本 6.1.7601]
版权所有 (c) 2009 Microsoft Corporation。保留所有权利。

C:\Users\king>python
Python 2.7.11 (v2.7.11:6d1b6a68f775, Dec  5 2015, 20:40:30) [MSC v.1500 64 bit (
AMD64)] on win32
Type "help", "copyright", "credits" or "license" for more information.
>>> from selenium import webdriver
>>> browser = webdriver.PhantomJS()
>>> browser.get('https://www.baidu.com')
>>> browser.implicitly_wait(10)
>>>
>>>
>>> textElement = browser.find_element_by_class_name('s_ipt')
>>> textElement.send_keys('Python selenium')
>>>
>>>
>>> submitElement = browser.find_element_by_id('su')
>>> submitElement.click()
>>>
>>>
>>> print browser.title
Python selenium_百度搜索
>>>
```

图 8-15　获取搜索结果

此时 browser 已经获取搜索的结果。

8.3.3 获取有效数据位置

第三步获取“有效数据”位置或者说是 element。先定位搜索结果的标题和链接，再回到 Chrome 浏览器，在百度中搜索 python selenium，在搜索结果页面中查看源代码。因为 Chrome 浏览器和 PhantomJS 浏览器返回的结果可能有所不同，这里只需要知道返回结果的大致结构，不需要完全一致。Chrome 浏览器返回结果如图 8-16 所示。

图 8-16 Chrome 浏览器搜索结果

打开源代码页面搜索第一个结果的标题 Selenium with Python，如图 8-17 所示。

图 8-17 搜索结果定位

在这里发现了一个比较特别的属性 class="c-tools"，在代码中查找这个属性，如图 8-18 所示。

图 8-18　搜索 class 属性

发现共有 10 个结果，并且第二个搜索结果的标题和搜索页面中第二个搜索结果相同，再数一数百度搜索结果页面中总共 10 个结果。可以确定所有的搜索结果中都包含有 class="c-tools"标签，可以使用 find_elements_by_class_name 定位所有的搜索结果了。执行命令：

```
resultElements = browser.find_elements_by_class_name('c-tools')
len(resultElements)
```

执行结果如图 8-19 所示。

```
C:\Windows\system32\cmd.exe - python
C:\Users\king>python
Python 2.7.11 (v2.7.11:6d1b6a68f775, Dec  5 2015, 20:40:30) [MSC v.1500 64 bit (
AMD64)] on win32
Type "help", "copyright", "credits" or "license" for more information.
>>> from selenium import webdriver
>>> browser = webdriver.PhantomJS()
>>> browser.get('https://www.baidu.com')
>>> browser.implicitly_wait(10)
>>>
>>>
>>> textElement = browser.find_element_by_class_name('s_ipt')
>>> textElement.send_keys('Python selenium')
>>>
>>>
>>> submitElement = browser.find_element_by_id('su')
>>> submitElement.click()
>>>
>>>
>>> print browser.title
Python selenium_百度搜索
>>>
>>> resultElements = browser.find_elements_by_class_name('c-tools')
>>> len(resultElements)
10
>>>
```

图 8-19　定位搜索结果

这里使用的是 find_elements，不是 find_element。定位多个结果时用 elements。

一般来说定位结果用 find_element_by_xpath 或 find_element_by_css 比较方便，如果结果中有特殊的属性，用 find_element_by_class_name 也挺好，哪个方便就用哪一个。

8.3.4　从位置中获取有效数据

有效数据的位置确定后，如何从位置中过滤出有效的数据呢？一般就是获取 element 的文字或者获取 Element 中某个属性值。Selenium 有自己独特的方法，分别是：

```
element.text

element.get_attribute(name)
```

回到 Chrome 浏览器搜索结果的源代码页面，如图 8-20 所示。

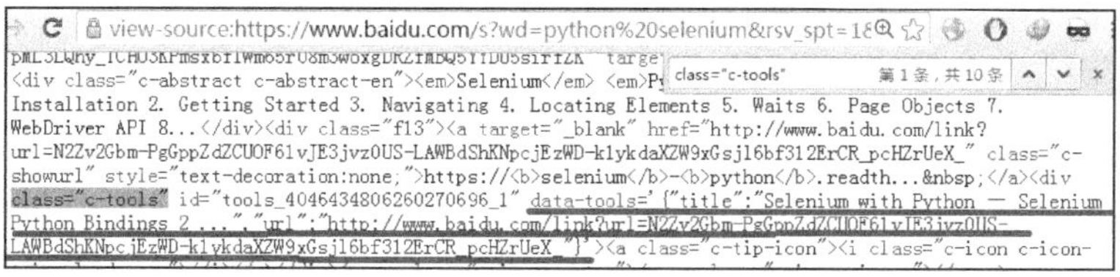

```
view-source:https://www.baidu.com/s?wd=python%20selenium&rsv_spt=1
<div class="c-abstract c-abstract-en"><em>Selenium</em> <em>Py      class="c-tools"   第 1 条，共 10 条
Installation 2. Getting Started 3. Navigating 4. Locating Elements 5. Waits 6. Page Objects 7.
WebDriver API 8...</div><div class="f13"><a target="_blank" href="http://www.baidu.com/link?
url=N2Zv2Gbm-PgGppZdZCUOF61vJE3jvz0US-LAWBdShKNpcjEzWD-k1ykdaXZW9xGsjl6bf312ErCR_pcHZrUeX_" class="c-
showurl" style="text-decoration:none;">https://<b>selenium</b>-<b>python</b>.readth... </a><div
class="c-tools" id="tools_4046434806260270696_1" data-tools='{"title":"Selenium with Python — Selenium
Python Bindings 2 ...","url":"http://www.baidu.com/link?url=N2Zv2Gbm-PgGppZdZCUOF61vJE3jvz0US-
LAWBdShKNpcjEzWD-k1ykdaXZW9xGsjl6bf312ErCR_pcHZrUeX_"}'><a class="c-tip-icon"><i class="c-icon c-icon-
```

图 8-20　有效数据

所需的有效数据就是 data-tools 属性的值。执行命令：

```
value = resultElements[0].get_attribute('data-tools')
valueDic = eval(value)
print valueDic.get('title').decode('utf8')
print valueDic.get('url')
```

执行结果如图 8-21 所示。

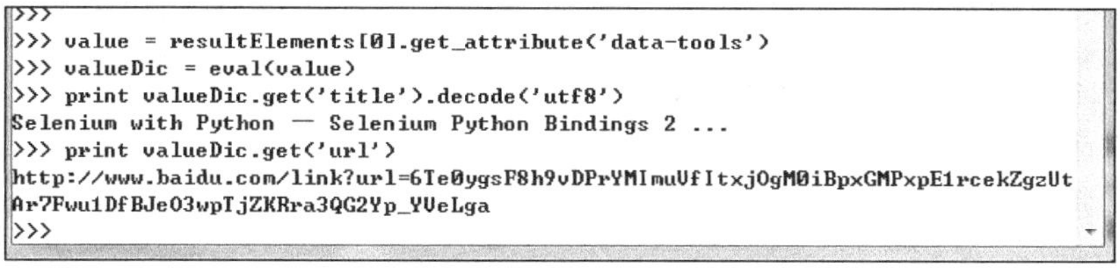

```
>>>
>>> value = resultElements[0].get_attribute('data-tools')
>>> valueDic = eval(value)
>>> print valueDic.get('title').decode('utf8')
Selenium with Python — Selenium Python Bindings 2 ...
>>> print valueDic.get('url')
http://www.baidu.com/link?url=6Te0ygsF8h9vDPrYMImuUfItxjOgM0iBpxGMPxpE1rcekZgzUt
Ar7Fwu1DfBJeO3wpTjZKRra3QG2Yp_YUeLga
>>>
```

图 8-21　获取有效数据

遍历 resultElements 列表，可以获取所有搜索结果的 title 和 url。至此，已将 Selenium&PhantomJS 爬虫运行了一遍。根据这个过程可以编写一个完整的爬虫。

8.4　Selenium&PhantomJS 实战一：获取代理

用 Selenium&PhantomJS 完成的网络爬虫，最适合使用的情形是爬取有 JavaScript 的网站，但用来爬其他的站点也一样给力。在 Scrapy 爬虫中曾爬取过代理服务器的例子，这里再以 Selenium&PhantomJS 爬取代理服务器为示例，比较两者有什么不同。

8.4.1 准备环境

在 Scrapy 爬虫中获取了代理，需要自行验证代理是否可用。这次将在 www.kuaidaili.com 中获取已经验证好了的代理服务器。打开目标站点主页，如图 8-22 所示。

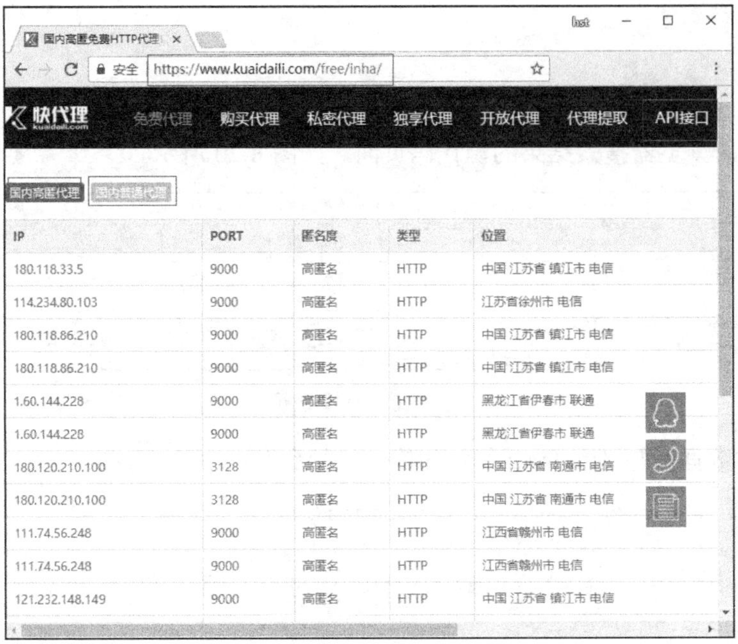

IP	PORT	匿名度	类型	位置
180.118.33.5	9000	高匿名	HTTP	中国 江苏省 镇江市 电信
114.234.80.103	9000	高匿名	HTTP	江苏省徐州市 电信
180.118.86.210	9000	高匿名	HTTP	中国 江苏省 镇江市 电信
180.118.86.210	9000	高匿名	HTTP	中国 江苏省 镇江市 电信
1.60.144.228	9000	高匿名	HTTP	黑龙江省伊春市 联通
1.60.144.228	9000	高匿名	HTTP	黑龙江省伊春市 联通
180.120.210.100	3128	高匿名	HTTP	中国 江苏省 南通市 电信
180.120.210.100	3128	高匿名	HTTP	中国 江苏省 南通市 电信
111.74.56.248	9000	高匿名	HTTP	江西省赣州市 电信
111.74.56.248	9000	高匿名	HTTP	江西省赣州市 电信
121.232.148.149	9000	高匿名	HTTP	中国 江苏省 镇江市 电信

图 8-22　目标主页

最终需要获取的有效数据就是代理服务器。从中可以看出网站也给出了 API 接口。从好的方面想，有现成的 API 接口获取代理服务器会更加方便；但从坏的方面考虑，因为本身就有 API 接口，那么限制爬虫恐怕就更加方便了。

单击 API 接口的链接查看一下，如图 8-23 所示。

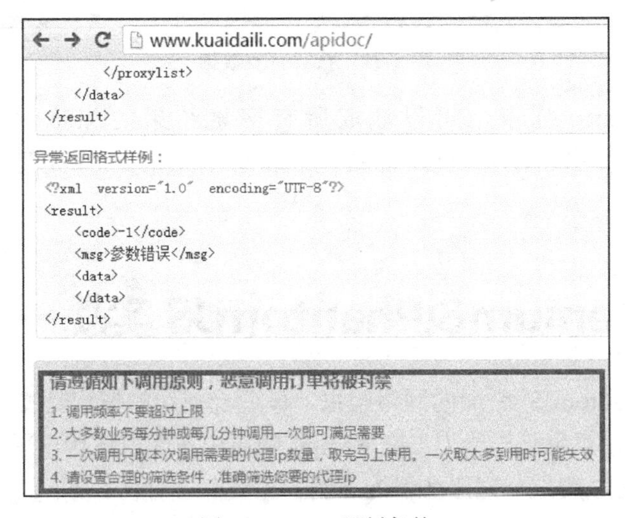

图 8-23　API 限制条件

还好，限制的条件不多，无须添加复杂的反爬虫。下面准备爬虫项目环境，打开 Putty，连接登录到 Linux，进入爬虫项目目录，执行命令：

```
mkdir -pv selenium/kuaidaili
cd $_
```

执行结果如图 8-24 所示。

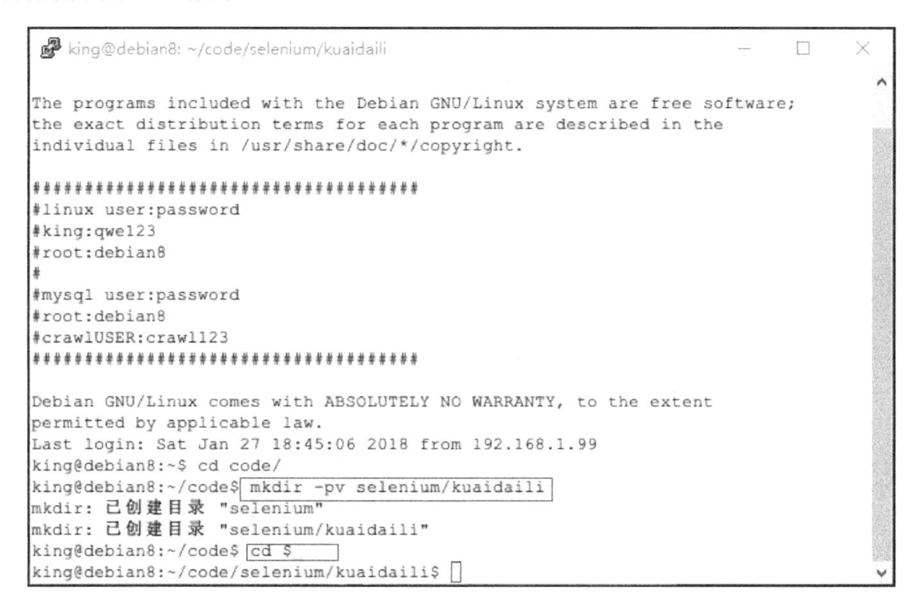

图 8-24　准备工作目录

下面就可以在该目录下编写爬虫文件 getProxyFromKuaidaili.py。

8.4.2　爬虫代码

【示例 8-1】getProxyFromKuaidaili.py 的代码如下：

```
 1 #!/usr/bin/env python3
 2 #-*- coding: utf-8 -*-
 3 __author__ = 'hstking hst_king@hotmail.com'
 4
 5
 6 from selenium import webdriver
 7 from myLog import MyLog as mylog
 8 import codecs
 9
10 pageMax = 10 #爬取的页数
11 saveFileName = 'proxy.txt'
12
13 class Item(object):
14         ip = None #代理 IP 地址
15         port = None #代理 IP 端口
16         anonymous = None #是否匿名
```

```
17          protocol = None #支持的协议 http or https
18          local = None #物理位置
19          speed = None #测试速度
20          uptime = None #最后测试时间
21
22  class GetProxy(object):
23          def __init__(self):
24                  self.startUrl = 'https://www.kuaidaili.com/free'
25                  self.log = mylog()
26                  self.urls = self.getUrls()
27                  self.proxyList = self.getProxyList(self.urls)
28                  self.fileName = saveFileName
29                  self.saveFile(self.fileName, self.proxyList)
30
31          def getUrls(self):
32                  urls = []
33                  for word in ['inha', 'intr']:
34                          for page in range(1, pageMax + 1):
35                                  urlTemp = []
36                                  urlTemp.append(self.startUrl)
37                                  urlTemp.append(word)
38                                  urlTemp.append(str(page))
39                                  urlTemp.append('')
40                                  url = '/'.join(urlTemp)
41                                  urls.append(url)
42                  return urls
43
44
45          def getProxyList(self, urls):
46                  proxyList = []
47                  item = Item()
48                  for url in urls:
49                          self.log.info('crawl page :%s' %url)
50                          browser = webdriver.PhantomJS()
51                          browser.get(url)
52                          browser.implicitly_wait(5)
53                          elements =
browser.find_elements_by_xpath('//tbody/tr')
54                          for element in elements:
55                                  item.ip =
element.find_element_by_xpath('./td[1]').text
56                                  item.port =
element.find_element_by_xpath('./td[2]').text
57                                  item.anonymous =
element.find_element_by_xpath('./td[3]').text
58                                  item.protocol =
element.find_element_by_xpath('./td[4]').text
59                                  item.local =
element.find_element_by_xpath('./td[5]').text
60                                  item.speed =
element.find_element_by_xpath('./td[6]').text
```

```
 61                                 item.uptime =
element.find_element_by_xpath('./td[7]').text
 62                                 proxyList.append(item)
 63                                 self.log.info('add proxy %s:%s to list'
%(item.ip, item.port))
 64                         browser.quit()
 65                 return proxyList
 66
 67         def saveFile(self, fileName, proxyList):
 68                 self.log.info('add all proxy to %s' %fileName)
 69                 with codecs.open(fileName, 'w', 'utf-8') as fp:
 70                         for item in proxyList:
 71                                 fp.write('%s \t' %item.ip)
 72                                 fp.write('%s \t' %item.port)
 73                                 fp.write('%s \t' %item.anonymous)
 74                                 fp.write('%s \t' %item.protocol)
 75                                 fp.write('%s \t' %item.local)
 76                                 fp.write('%s \t' %item.speed)
 77                                 fp.write('%s \r\n' %item.uptime)
 78
 79
 80 if __name__ == '__main__':
 81         GP = GetProxy()
```

按 Esc 键，进入命令模式后输入:wq 保存结果，再将之前项目中用过的 myLog.py 复制到当前目录下。查看当前目录，执行命令：

```
tree
```

执行结果如图 8-25 所示。

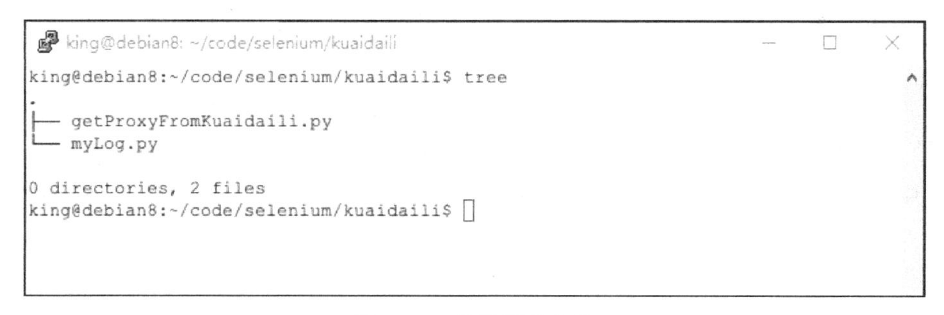

图 8-25　显示目录文件

运行爬虫文件，执行命令：

```
python3 getProxyFromKuaidaili.py
tree
```

执行结果如图 8-26 所示。

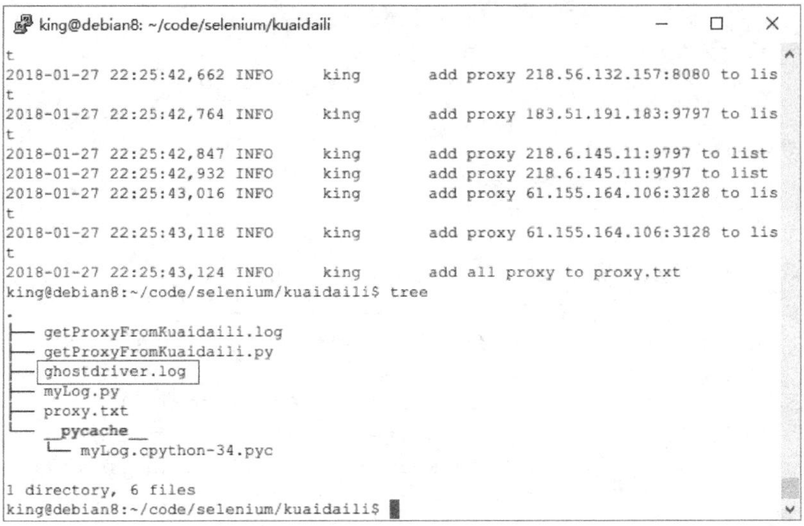

```
king@debian8: ~/code/selenium/kuaidaili
t
2018-01-27 22:25:42,662 INFO     king      add proxy 218.56.132.157:8080 to lis
t
2018-01-27 22:25:42,764 INFO     king      add proxy 183.51.191.183:9797 to lis
t
2018-01-27 22:25:42,847 INFO     king      add proxy 218.6.145.11:9797 to list
2018-01-27 22:25:42,932 INFO     king      add proxy 218.6.145.11:9797 to list
2018-01-27 22:25:43,016 INFO     king      add proxy 61.155.164.106:3128 to lis
t
2018-01-27 22:25:43,118 INFO     king      add proxy 61.155.164.106:3128 to lis
t
2018-01-27 22:25:43,124 INFO     king      add all proxy to proxy.txt
king@debian8:~/code/selenium/kuaidaili$ tree
.
├── getProxyFromKuaidaili.log
├── getProxyFromKuaidaili.py
├── ghostdriver.log
├── myLog.py
├── proxy.txt
└── __pycache__
    └── myLog.cpython-34.pyc

1 directory, 6 files
king@debian8:~/code/selenium/kuaidaili$
```

图 8-26 运行爬虫

这里的 getProxyFromKuaidaili.log 是用户定义的日志文件。Proxy.txt 是最终得到的结果。Ghostdriver.log 是运行 PhantomJS 的日志文件。

8.4.3 代码解释

示例 8-1 这个爬虫程序本身并不复杂。第 6~8 行是导入所需的模块，其中 myLog 模块是自定义模块，也就是后来复制到当前目录的 myLog.py 文件。

第 10~11 行定义了 2 个全局变量。变量在类中定义也可以，放在这里是为了修改起来比较方便。

第 13~20 行定义了一个 Item 类。这个类的作用是为了方便装载爬虫获取的数据，基本包含了网页中的所有项。

第 22~77 行定义了一个从 kuaidili 站点中获取 proxy 的类。这个类包含了 3 个类函数。getUrls 函数用于返回一个列表，这个列表包含了所有有效数据的网页地址。getProxyList 函数从网页中获取有效数据，并保存到一个列表中。最后的 saveFile 函数将所有列表中的数据保存到文件中。

8.5 Selenium&PhantomJS 实战二：漫画爬虫

Selenium&PhantomJS 可以说是专为 JavaScript 而生的。从前面的项目中已经熟悉了 Selenium&PhantomJS 的用法。本节学习使用 Selenium&PhantomJS 获取 JavaScript 返回的数据。一般来说，网站上用 JavaScript 返回数据，主要是为了美观，第二个目的估计就是增加爬虫的难度了。这里只是讨论技术实现的手段，请遵循“不作恶”原则，不要侵犯他人的知识产权。

8.5.1 准备环境

一般来说在线看漫画的网站都会使用 JavaScript 来返回页面，直接在页面上贴出图片的下载地址，稍微有点常识的程序员都不会这么做，那完全是在测试访问者的人品。在 Chrome 中打开百度搜索，搜索在线漫画，如图 8-27 所示。

图 8-27 寻找目标站点

第一个搜索结果已经很明确地提出了“禁止下载”，算了，找第二个好了。打开第二个搜索结果，如图 8-28 所示。

图 8-28 选取目标

任选一个目标就可以，这里选取第一个漫画。打开漫画浏览页面，如图 8-29 所示。

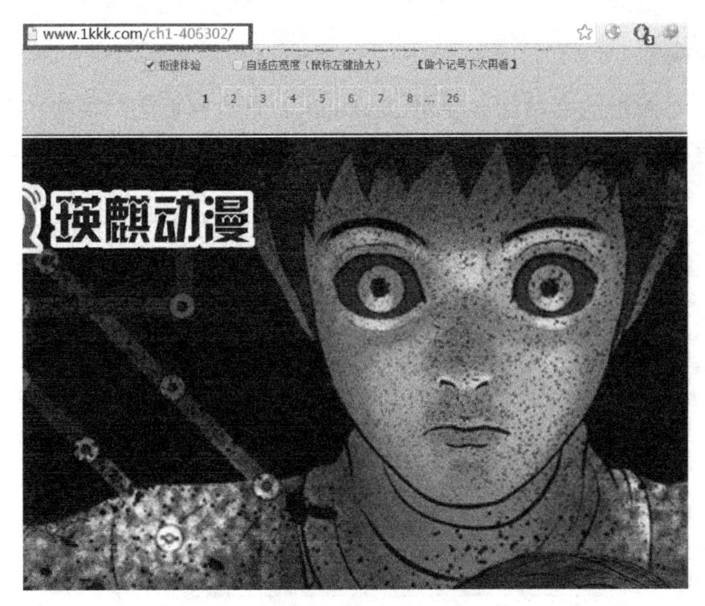

图 8-29　爬虫起始页面

这个爬虫将在 Windows 下使用 Eclipse 完成。打开 Eclipse，新建 PyDev Project，项目名为 getCartoon。

8.5.2　爬虫代码

在 getCartoon 项目中创建一个 PyDev Module，名字为 cartoon1.py。

【示例 8-2】cartoon1.py 的代码如下：

```
 1 #!/usr/bin/evn python3
 2 #-*- coding: utf-8 -*-
 3 '''
 4 Created on 2016年9月10日
 5 
 6 @author: hstking hst_king@hotmail.com
 7 '''
 8 
 9 from selenium import webdriver
10 from mylog import MyLog as mylog
11 import os
12 import time
13 
14 class GetCartoon(object):
15     def __init__(self):
16         self.startUrl = u'http://www.1kkk.com/ch1-406302/'
17         self.log = mylog()
18         self.browser = self.getBrowser()
19         self.saveCartoon(self.browser)
20 
21 
```

```
22     def getBrowser(self):
23         browser = webdriver.PhantomJS()
24         try:
25             browser.get(self.startUrl)
26         except:
27             mylog.error('open the %s failed' %self.startUrl)
28         browser.implicitly_wait(20)
29         return browser
30
31     def saveCartoon(self, browser):
32         cartoonTitle = browser.title.split('_')[0]
33         self.createDir(cartoonTitle)
34         os.chdir(cartoonTitle)
35         sumPage =
int(self.browser.find_element_by_xpath('//font[@class="zf40"]/span[2]').text)
36         i = 1
37         while i<=sumPage:
38             imgName = str(i) + '.png'
39             browser.get_screenshot_as_file(imgName)
40             self.log.info('save img %s' %imgName)
41             i += 1
42             NextTag = browser.find_element_by_id('next')
43             NextTag.click()
44 #            browser.implicitly_wait(20)
45             time.sleep(5)
46         self.log.info('save img sccess')
47         exit()
48
49     def createDir(self, dirName):
50         if os.path.exists(dirName):
51             self.log.error('create directory %s failed, hava a same name
file or directory' %dirName)
52         else:
53             try:
54                 os.makedirs(dirName)
55             except:
56                 self.log.error('create directory %s failed' %dirName)
57             else:
58                 self.log.info('create directory %s success' %dirName)
59
60
61 if __name__ == '__main__':
62     GC = GetCartoon()
```

再将之前项目中的 mylog.py 复制到项目中（Linux 中复制的是 myLog.py，实际上是一个文件，只不过 Windows 下不区分大小写而已）。单击 Eclipse 图标栏的运行图标，执行结果如图 8-30 所示。

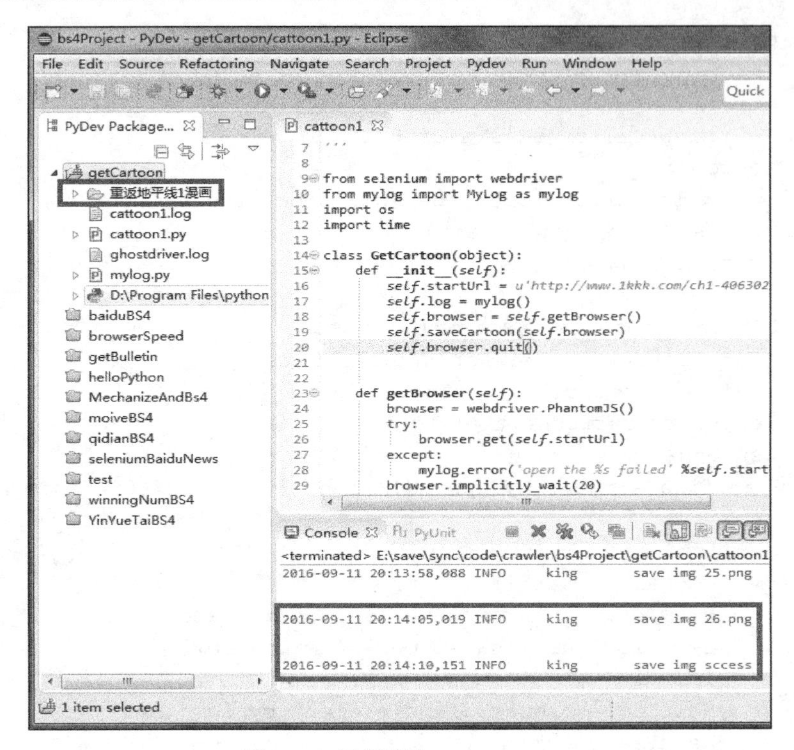

图 8-30　运行爬虫 Cartoon1.py

日志文件显示操作成功。项目中也得到了漫画的目录。打开下载的漫画目录，如图 8-31 所示。

图 8-31　获取的结果

最终保存的结果不是单纯的漫画，而是整个页面的截图。

8.5.3 代码解释

示例 8-2 这个爬虫不长，才 60 多行。第 9~12 行是导入所需的模块。第 14~58 行是爬虫类，这个爬虫类只有 3 个类函数。

- 第 22~29 行是类函数 getBrowser 的原型，它的作用是返回一个 browser 对象。这里稍微要注意点的就是 browser.implicitly_wait(20)，它的作用是设定了智能等待的最长时间。
- 第 31~47 行是类函数 savaCartoon。这个函数将从网站中获取图片，并保存到新建立的文件夹中。文件夹的名字是从网页的 title 中获取的。从网页中获取了这个漫画的总页数，因为这个漫画在最后一页（第 26 页）还是有“下一页”的按钮，没办法通过是否存在“下一页”按钮来确定是不是最后一页，所以必须先获取这个漫画的总页数。Seleniuim&PhantomJS 解释了页面的 JavaScript，也将解释后得到的图片显示在浏览器上了，但这个站点在防盗链上做得很到位，只要在页面上执行一次刷新操作，网站就判为盗链，显示出防止盗链的图片，并且得到的图片链接地址也无法下载，所以最简单的方法就是对整个页面进行截图。好在 Selenium 本身就有截图工具，还算方便。另外，在 NextTag.click()之后使用的并不是 Selenium 的智能等待 implicitly_wait，而是 time.sleep，因为 implicitly_wait 对 NextTag.click()并不起作用，反而是使用 time.sleep 的效果比较好。
- 第 49~58 行是类函数 createDir，作用是创建一个目录。为了防止有同名的目录，先在函数内做出判断。

这个爬虫虽然将漫画全部保存下来了，但也把页面上多余的部分保存了，略有瑕疵。如果想追求完美，也可以通过其他的模块将所需的漫画裁剪下来。

8.6 本章小结

Selenium&PhantomJS 爬虫功能很强，但效率并不高。对访问者限制不严格的网站，一般不建议使用 Selenium&PhantomJS 爬虫。仅仅是对那些通过 JavaScript 返回有效数据的网站，Selenium&PhantomJS 爬虫效果还不错，如果没有更好、更方便的选择，这可能是最好的方案了。

第 9 章

◀ Pyspider爬虫框架 ▶

Pyspider 爬虫框架是一个由国人设计开发的 Python 爬虫框架。与其他爬虫框架不同的是 Pyspider 不需要任何编辑器或者 IDE 的支持。它直接在 Web 界面，以浏览器来编写调试程序脚本。在浏览器上运行、起停、监控执行状态、查看活动历史、获取结果。Pyspider 支持 MySQL（MariaDB）、MongoDB、SQLite 等主流数据库，支持对 JavaScript 的页面抓取（也是靠的 PhantomJS 的支持），重要的是它还支持分布式爬虫的部署，是一款功能非常强大的爬虫框架。Pyspider 上手比较简单，但想深入了解也是要花点工夫的。

按照 Pyspider 官方说明，Pyspider 是支持 Python 3 的，但在安装 Pyspider for Python 3 时总会遇到问题。本章采用的是 Python 2 的 Pyspider。

9.1 安装 Pyspider

基于 Pyspider 纯正的 Python 血统，安装 Pyspider 最简单的方法是用 pip。如果需要最新版本的 Pyspider 可以到官网下载最新版本安装，或者用 git 来安装。

9.1.1 Windows 下安装 Pyspider

在 Windows 中安装 Pyspider 采用比较简单的 pip 安装，进入桌面后，单击左下角的开始按钮，在弹出菜单中单击“运行”，打开 cmd.exe，执行命令：

```
pip install pyspider
```

一定要先配置好 pip 的源，否则安装会慢得令人难以接受。

执行结果如图 9-1 所示。

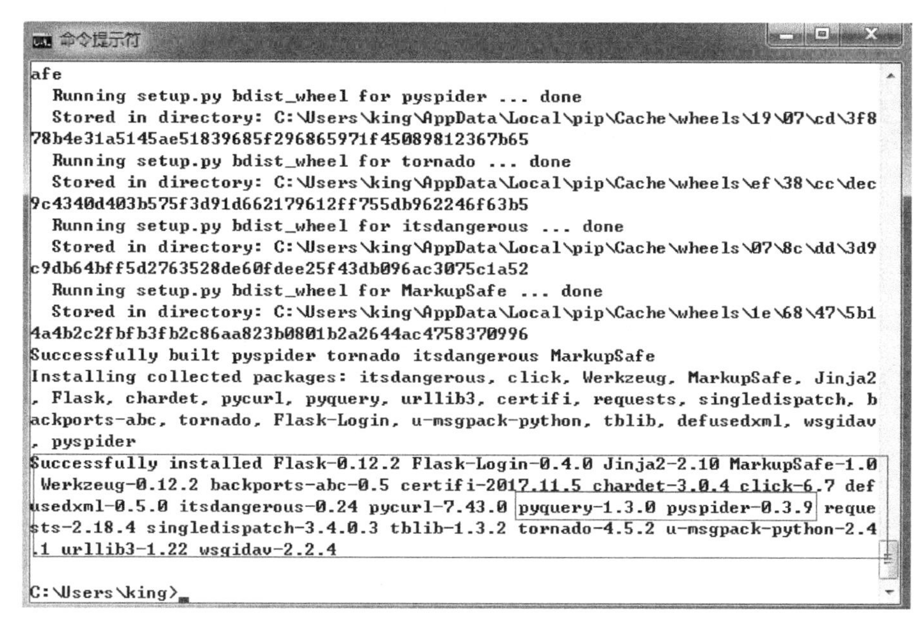

图 9-1　pip 安装 Pyspider

Pyspider 已经安装完毕了。这里要注意的是，Pyspider 默认是需要 PhantomJS 支持的（PhantomJS 在前面的章节中已经安装过了）。如果没有安装 PhantomJS，那么在运行过程中可能会出现警告信息。

Pyspider 对 Windows 的支持不是非常好。如果条件允许，尽量避免在 Windows 下使用 Pyspider 框架。官方网站也对此做了说明。

9.1.2　Linux 下安装 Pyspider

在 Linux 下安装 Pyspider 可能会出现依赖性的问题。这里采用最安全的方法，使用 Anaconda 创建虚拟环境 Python 3 后，在虚拟环境下安装 Pyspider，这样可以完美地解决依赖性的问题（Anaconda 的安装请参考其他资料）。执行命令：

```
su
cd /usr/local/
git clone https://github.com/binux/pyspider.git
ls
cd pyspider
python setup.py install
```

执行结果如图 9-2 所示。

```
king@debian8: ~
Using /usr/lib/python3/dist-packages
Searching for lxml==4.1.1
Best match: lxml 4.1.1
Adding lxml 4.1.1 to easy-install.pth file

Using /usr/local/lib/python3.4/dist-packages
Searching for cssselect==1.0.3
Best match: cssselect 1.0.3
cssselect 1.0.3 is already the active version in easy-install.pth

Using /usr/local/lib/python3.4/dist-packages
Searching for chardet==2.3.0
Best match: chardet 2.3.0
chardet 2.3.0 is already the active version in easy-install.pth
Installing chardetect script to /usr/local/bin

Using /usr/lib/python3/dist-packages
Searching for MarkupSafe==0.23
Best match: MarkupSafe 0.23
MarkupSafe 0.23 is already the active version in easy-install.pth

Using /usr/lib/python3/dist-packages
Finished processing dependencies for pyspider==0.3.10-dev
root@debian8:/usr/local/pyspider#
```

图 9-2　git 安装 Pyspider

Pyspider 已经安装完毕。测试一下，执行命令：

```
exit
cd
pyspider all
```

执行结果如图 9-3 所示。

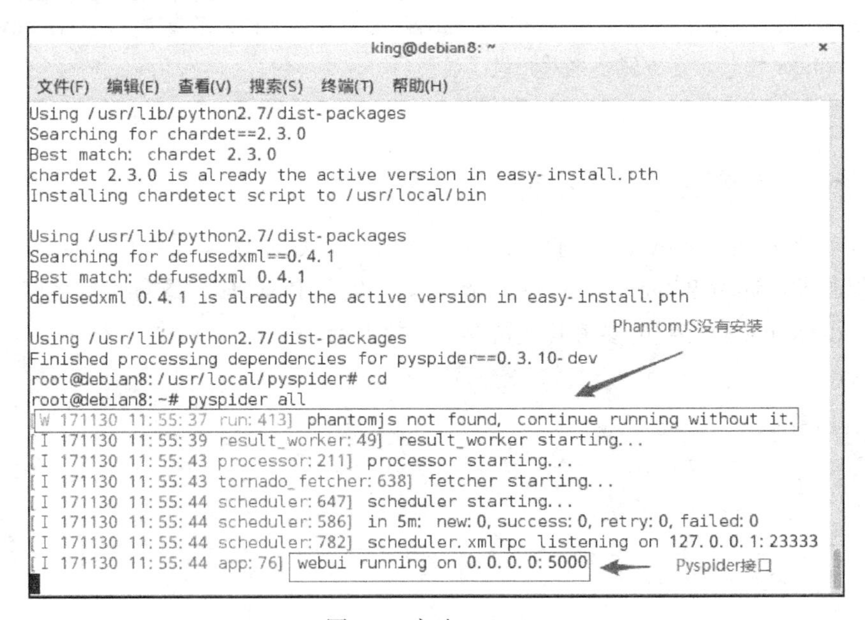

图 9-3　启动 Pyspider

如果没有安装 PhantomJS，需要先安装 PhantomJS（前面章节讲过如何安装 PhantomJS，这里只做演示）。这个接口（Pyspider 控制台）既可以本地访问，也可以远程访问。在浏览器中打开网址 http://127.0.0.1:5000（或者在远程主机上打开 http://IP:5000），如图 9-4 所示。

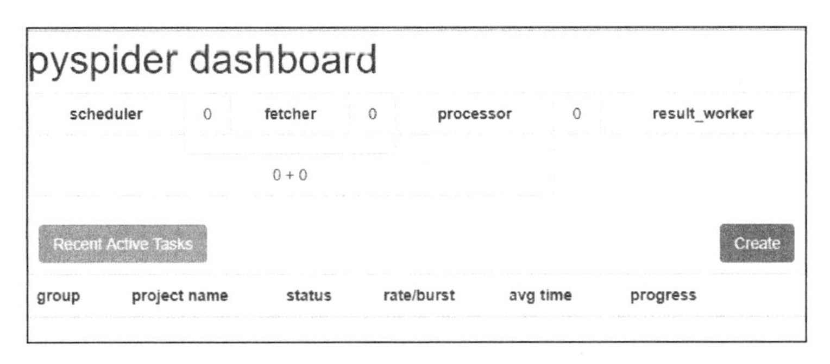

图 9-4 Pyspider WebUI

现在可以正常使用 Pyspider 了。

9.1.3 选择器 pyquery 测试

在前面的章节中曾讲解过 CSS 选择器和 XPath 选择器，在 Pyspider 爬虫中继续使用 CSS 和 XPath 也是可以的。但 Pyspider 框架自备了 pyquery 选择器（在安装 Pyspider 时 pyquery 会自动安装），并在框架中为 pyquery 准备了提示接口。pyquery 选择器与 CSS 和 XPath 一样强大，同样支持嵌套定位。在 Pyspider 框架中不妨试用一下 pyquery，至于最终选择哪一个选择器，视个人习惯而定。

pyquery 选择器不仅仅可以选择过滤有效信息，还可以修改原文中的标签属性，但在爬虫中只需要选择过滤这一功能就足够了。pyquery 选择定位非常简单，最常用的是通过标签配合标签属性和属性值定位（一般来说通过标签定位就足够了），偶尔也有直接通过标签属性或者标签属性值定位的。

写一个简单的网页 song.html 做测试，song.html 的代码如下：

```
1 <html>
2     <title>song</title>
3 <body>
4     <h1 id='001'>Adele Music</h1>
5     <ul>
6         <li album='21'>Someone like you</li>
7         <li album='25'>Hello</li>
8         <li album='21'>Rolling in the deep</li>
9         <li album='21'>Set fire to the rain</li>
10    </ul>
11 </body>
12 </html>
```

在浏览器中打开该页面并显示源代码，如图 9-5 所示。

Adele Music

- Someone like you
- Hello
- Rolling in the deep
- Set fire to the rain

```
1  <html>
2      <title>song</title>
3  <body>
4      <h1 id='001'>Adele Music</h1>
5      <ul>
6          <li album='21'>Someone like you</li>
7          <li album='25'>Hello</li>
8          <li album='21'>Rolling in the deep</li>
9          <li album='21'>Set fire to the rain</li>
10     </ul>
11 </body>
12 </html>
```

图 9-5　示例文件 song.html

pyquery 中的定位与 CSS 有些类似，使用 pyquery 初始化对象后，直接在对象内对标签名进行定位（正常主流的定位方法）。如果只需要标签内的文字，使用 pyquery 定位后使用 text()函数解析出来即可，在示例文件的当前目录下打开终端（或者打开终端后再进入示例文件的当前目录），进入 python，执行命令：

```
from pyquery import PyQuery
doc = PyQuery(filename='song.html')
print doc
print doc('title').text()
print doc('h1').text()
print doc('li[album = "25"]').text()
```

执行结果如图 9-6 所示。

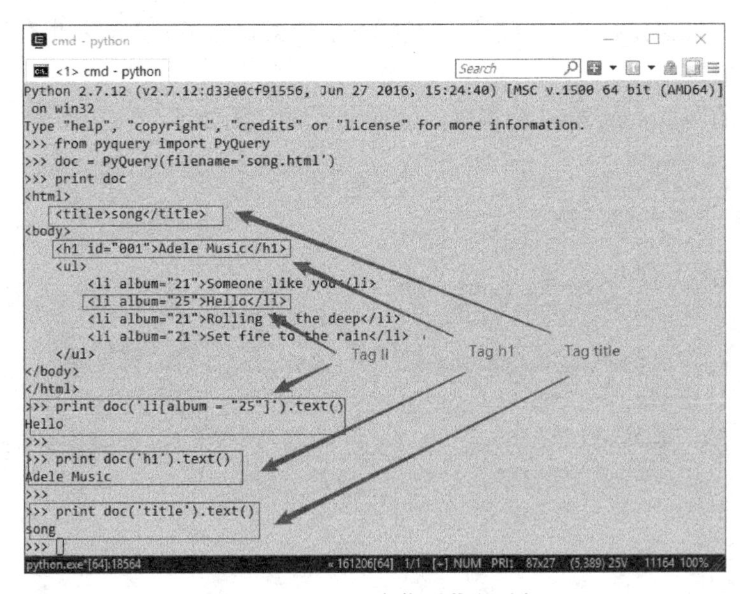

图 9-6　pyquery 定位后获取正文

有时爬虫所需的信息是隐藏在标签属性值中的，这时就需要 attr 函数了，继续在终端中执行命令：

```
print doc('h1').attr.id
print doc('li[album = "21"]').attr.album
```

```
subTags =  doc('li[album = "21"]').items()
for subTag in subTags:
    print subTag.attr.album
```

执行结果如图 9-7 所示。

```
cmd - python
<1> cmd - python
>>> from pyquery import PyQuery
>>> doc = PyQuery(filename='song.html')
>>> print doc
<html>
    <title>song</title>
<body>
    <h1 id="001">Adele Music</h1>
    <ul>
        <li album="21">Someone like you</li>
        <li album="25">Hello</li>
        <li album="21">Rolling in the deep</li>
        <li album="21">Set fire to the rain</li>
    </ul>
</body>
</html>
>>> print doc('h1').attr.id
001
>>> print doc('li[album = "21"]').attr.album
21
>>> subTags = doc('li[album = "21"]').items()
>>> for subTag in subTags:
...     print subTag.attr.album
...
21
21
21
>>>
```

多个标签符合条件
默认只选取第一个

图 9-7　pyquery 定位后获取属性值

这里要稍微注意一下，在定位时如果有多个标签符合条件，默认情况下只会选取第一个符合条件的标签。

对于爬虫而言，掌握了定位、获取正文和获取属性值基本就足够用了。虽然 pyquery 还有很大的潜力可挖，但对网络爬虫没有什么意义。如需继续深究，请参考 pyquery 的官网或者 Wiki。

9.2 Pyspider 实战一：Youku 影视排行

Pyspider 爬虫框架上手比较简单，即使没有使用过其他的爬虫框架，只要略通 Python，也可以很方便地创建爬虫。第一个 Pyspider 爬虫，选择一个最简单的目标，即爬取 Youku 影视中的热剧榜单。

编写爬虫时，首先要做的是打开 Pyspider 爬虫的接口。这里选择在 Debian 中打开 Pyspider 爬虫框架，然后远程连接爬虫接口。登录 Debian，打开终端（或者远程连接到 Debian），执行命令：

```
ls
pyspider all &
ls
```

```
ls data
```

执行结果如图 9-8 所示。

```
king@debian8: ~
the exact distribution terms for each program are described in the
individual files in /usr/share/doc/*/copyright.

Debian GNU/Linux comes with ABSOLUTELY NO WARRANTY, to the extent
permitted by applicable law.
Last login: Tue Dec  5 22:36:10 2017 from 192.168.
king@debian8:~$ ls
code  Desktop  Pictures
king@debian8:~$ pyspider all &
[1] 2245
king@debian8:~$ phantomjs fetcher running on port 25555
[I 171206 12:28:43 result_worker:49] result_worker starting...
[I 171206 12:28:45 processor:211] processor starting...
[I 171206 12:28:45 scheduler:647] scheduler starting...
[I 171206 12:28:45 scheduler:782] scheduler.xmlrpc listening on 127.0.0.1:23333
[I 171206 12:28:45 tornado_fetcher:638] fetcher starting...
[I 171206 12:28:45 app:76] webui running on 0.0.0.0:5000
[I 171206 12:28:45 scheduler:586] in 5m: new:0,success:0,retry:0,failed:0

king@debian8:~$ ls
code  data  Desktop  Pictures
king@debian8:~$ ls data
project.db  result.db  scheduler.1d  scheduler.1h  scheduler.all  task.db
king@debian8:~$
```

图 9-8　打开 Pyspider 框架

从图 9-8 中可以看出启动 Pyspider 框架后，在当前目录中会自动创建一个 data 文件夹。Pyspider 的所有文档都在 data 文件夹中。Pyspider 创建的所有项目都在 data 文件夹下的 project.db 文件中（后缀名为 db 的文件是 Sqlite 3 数据库所创建的表）。

9.2.1　创建项目

根据提示在浏览器中打开 Pyspider 的 webui（Pyspider 控制台）。0.0.0.0:5000 在浏览器中可以用 IP:5000 来打开，然后单击 Create 按钮，开始创建 Pyspider 项目，如图 9-9 所示。

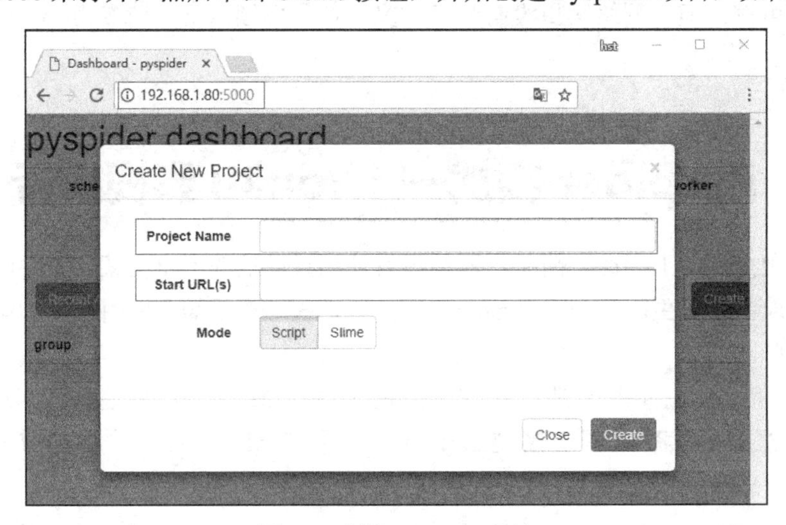

图 9-9　创建 Pyspider 项目

在这里只需要填入两个参数，一个项目名称，一个起始网址。在浏览器中打开 youku 的主页，并转移到电视剧分站，如图 9-10 所示。

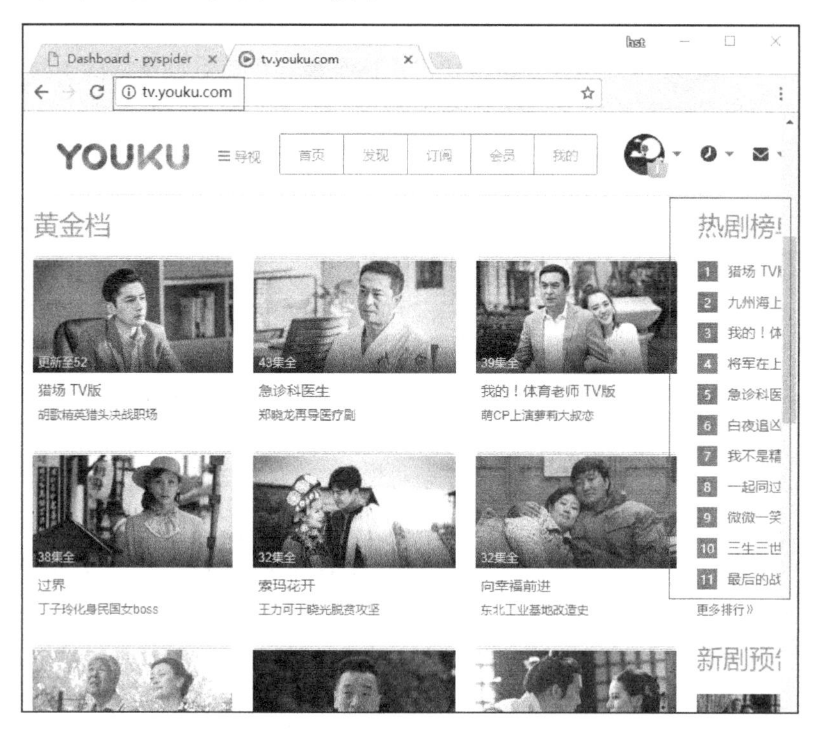

图 9-10　Youku hot TV list

现在起始网址已经有了（tv.youku.com），项目名称可以填 youkuHotTvList。填入刚才新创建的项目中去。最终的目标是爬当前热剧榜单的排名、电视名以及播放次数。将项目名和起始网址填入刚创建的 Pyspider 项目中去，如图 9-11 所示。

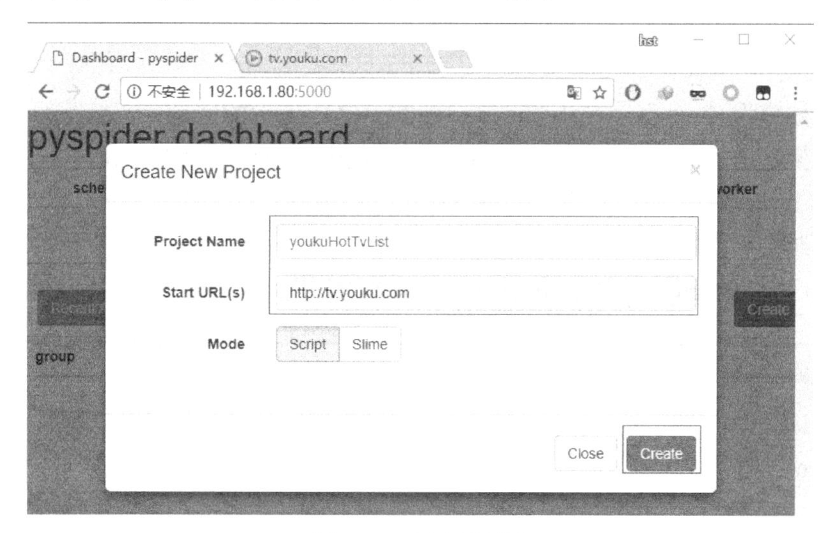

图 9-11　创建新项目

单击 Create 按钮，名字为 youkuHotTvList 的 Pyspider 爬虫项目已经创建完毕。

9.2.2 爬虫编写

现在 youkuHotTvList 项目将进入调试模式，在这个模式中可以调整修改 Pyspider 默认的代码，并测试代码效果，如图 9-12 所示。

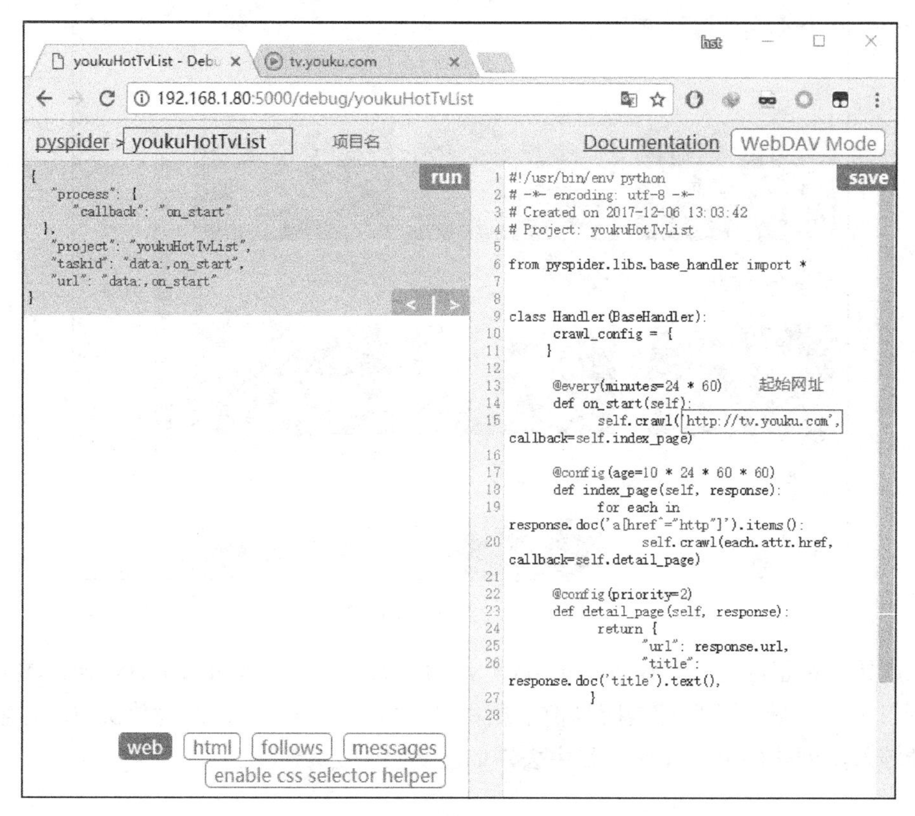

图 9-12　Pyspider 调试模式

此时页面被分为 2 个区，左边的区是页面预览区，右边的区是代码编写区。在代码编辑区 Pyspider 框架给出了最初的代码。只需要继续往代码中填空就可以完成这个爬虫了。

先来看看 Pyspider 给出的爬虫代码是怎样运作的，默认代码中只有一个类，包含有 3 个类函数（都是装饰函数）。在 on_start 函数中载入了在创建爬虫时输入的起始网址，然后通过回调函数调用 index_page 函数。Index_page 函数的作用是解析出起始网址中所有的 http 链接，然后使用回调函数调用 detail_page 函数来处理这些链接。而 detail_page 函数返回解析得到的网址以及网址的标题文本。

下面来测试一下，单击页面代码编辑区右上角的 save 按钮保存代码，然后单击页面预览区右上角的 run 按钮开始运行，如图 9-13 所示。

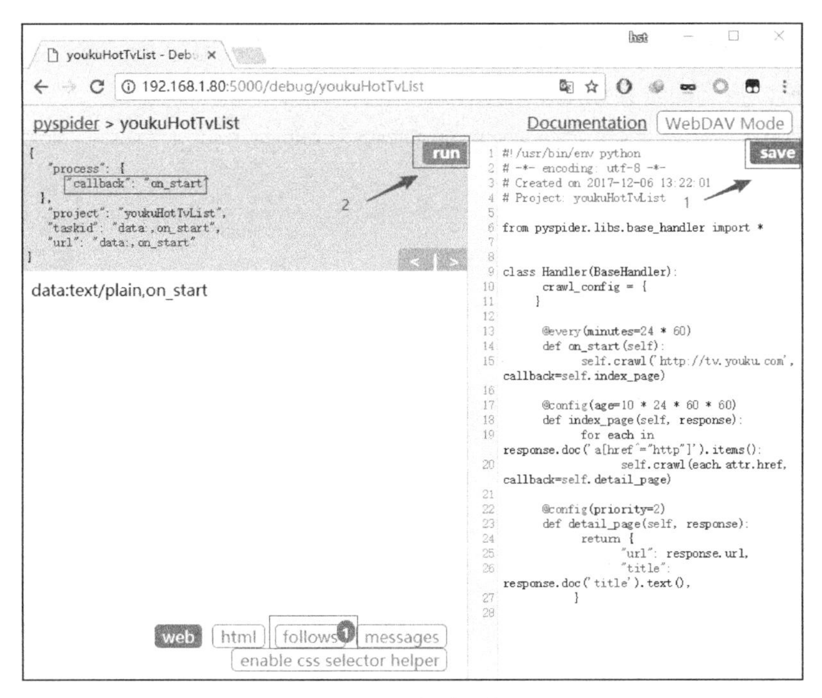

图 9-13　运行默认代码

默认代码运行后在页面预览区的下方 follows 按钮上出现了一个红色的圆形图标，图标上标示的数字是提示程序所需要解析多个少个页面。在默认的代码中只有一个起始的网址，所以这里显示的是 1，从页面预览区的上半部分可以看出，此时执行的是 on_start 函数。

继续进行下一步，单击页面预览区下方的 follows 按钮，如图 9-14 所示。

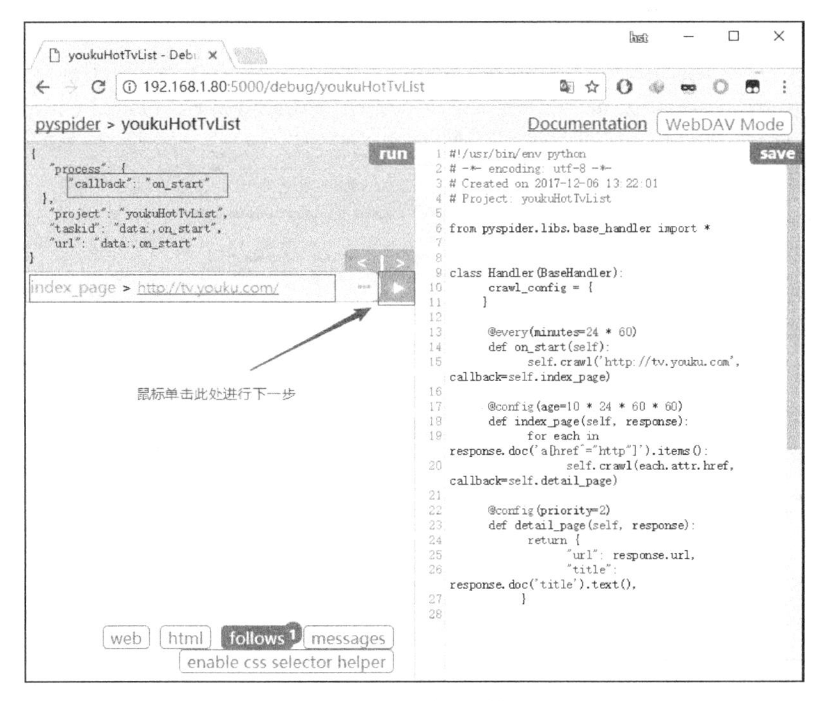

图 9-14　显示需要爬的网址

在页面预览区中得到了需要爬行的页面网址。此时还是在运行 on_start 函数。单击网址后面的箭头按钮，得到的结果如图 9-15 所示。

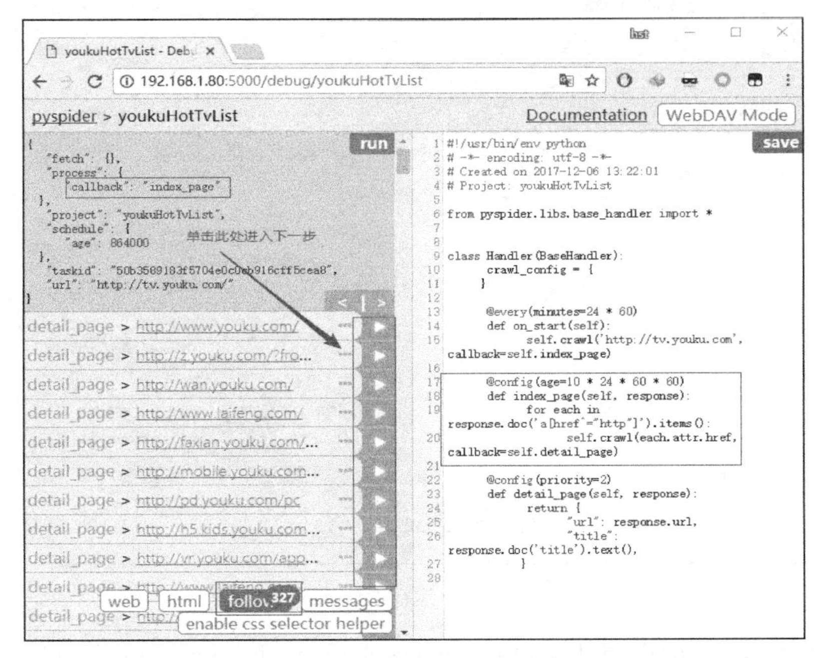

图 9-15　运行 index_page 函数

现在已经进入了 index_page 函数，index_page 函数返回了所有以 http 开头的链接，从图 9-15 可以看出，这样的链接一共有 327 个。任选一个链接，单击右侧的箭头按钮，如图 9-16 所示。

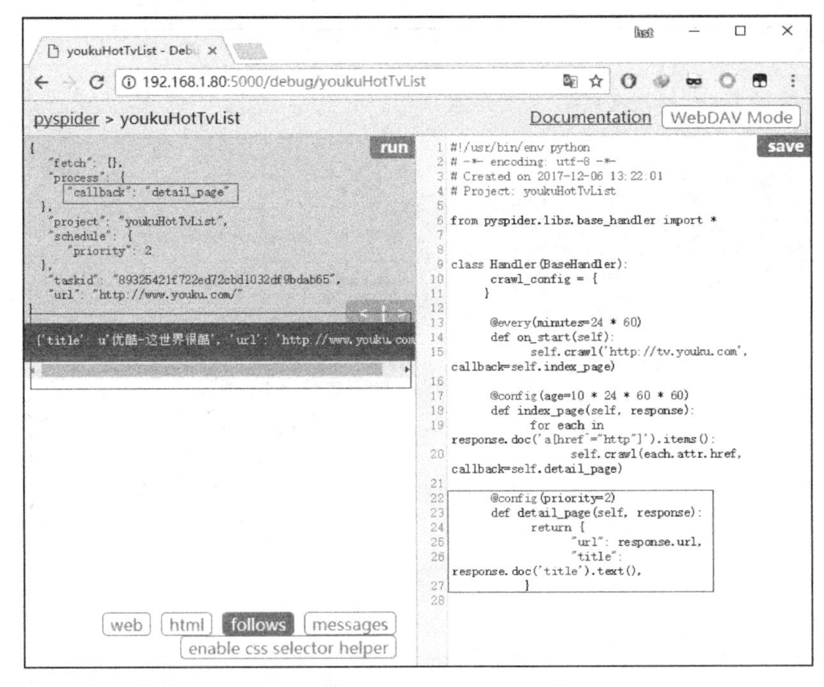

图 9-16　运行 detail_page 函数

此时运行的是 detail_page 函数，该函数返回的是网页链接的标题文本和该链接的网址。默认的爬虫代码运行正常，但设计爬虫的需求只是获取起始网址中包含的热剧榜单，不是默认程序中 index_page 函数中写的包含有 http 字符串的所有链接。而且设计的爬虫也不需要得到榜单中链接网页中的标题。所以，需要对 Pyspider 默认的程序修改一下。

现在起始页面源码中找到所需数据的位置。在浏览器中打开起始网址 http://tv.youku.com，查看源代码并查找特征字符串，如图 9-17 所示。

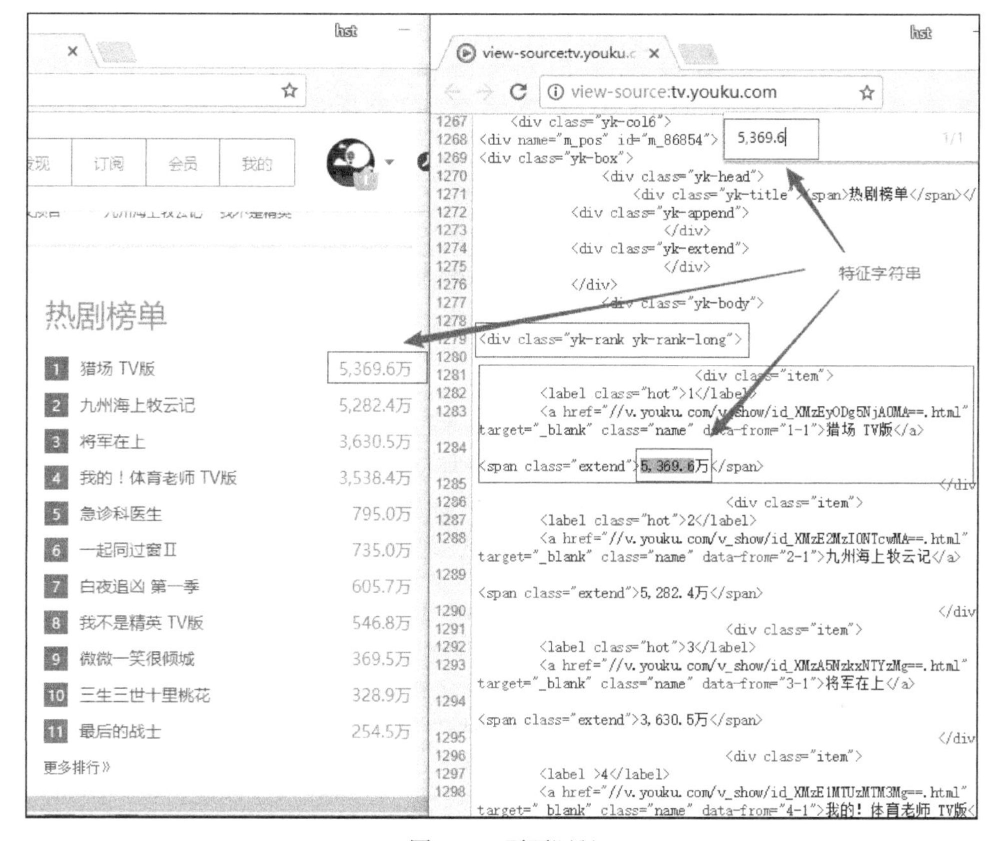

图 9-17　页面源码

确定源代码中热剧榜单的位置后，对照源代码可以发现，榜单内所有电视剧都包含在标签<div class"yk-rark yk-rank-long">里。所以，爬虫定位时最好是用嵌套定位的方式，先把这个标签过滤出来。在这个标签内间接定位所需的数据肯定要比在整个页面源码中直接定位所需数据要方便得多。

第二步就定位所需数据的精确位置。对照源代码发现，每个电视剧都是包含在<div class="item">标签里的，这样的标签在<div class"yk-rark yk-rank-long">标签内共有 11 个。与页面上显示的结果相符。

第三步就可以通过精准的定位来过滤所需的数据了。对默认的代码稍加修改即可。修改后的 youkuHotTVList 项目代码如下：

```
1 #!/usr/bin/env python
```

```
 2 # -*- encoding: utf-8 -*-
 3 # Created on 2017-12-06 13:22:01
 4 # Project: youkuHotTvList
 5
 6 from pyspider.libs.base_handler import *
 7 from bs4 import BeautifulSoup
 8
 9
10 class Handler(BaseHandler):
11     crawl_config = {
12     }
13
14     @every(minutes=24 * 60)
15     def on_start(self):
16         self.crawl('http://tv.youku.com', callback=self.index_page)
17
18
19     @config(age=10 * 24 * 60 * 60)
20     def index_page(self, response):
21 #         for each in response.doc('a[href^="http"]').items():
22 #             self.crawl(each.attr.href, callback=self.detail_page)
23
24 #使用 pyquery 定位过滤
25         Tag = response.doc('div[class = "yk-rank yk-rank-long"]')
26         subTags = Tag('div[class = "item"]').items()
27         for tag in subTags:
28             fileName = tag('a').text()
29             href = tag('a').attr.href
30             playNum = tag('span[class = "extend"]').text()
31             print('%s, %s, %s' %(playNum, fileName, href))
32
33 #使用 bs4 过滤定位
34 #         soup = BeautifulSoup(response.text, 'lxml')
35 #         Tag = soup.find('div', attrs={'class': 'yk-rank yk-rank-long'})
36 #         subTags = Tag.find_all('div', attrs={'class': 'item'})
37 #         for tag in subTags:
38 #             fileName = tag.find('a').get_text()
39 #             href = tag.find('a').get('href')
40 #             playNum = tag.find('span', attrs={'class':
'extend'}).get_text()
41 #             print('%s, %s, %s' %(playNum, fileName, href))
42
43
```

```
44    @config(priority=2)
45    def detail_page(self, response):
46        return {
47            "url": response.url,
48            "title": response.doc('title').text(),
49        }
```

与默认的爬虫代码相比，这个完整的爬虫程序只是修改了 index_page 函数。在 index_page 函数中放弃使用了回调函数调用 detail_page（没有必要使用 detail_page 函数了）。在页面中通过两次间接定位过滤出了所需的数据。

在这个爬虫中使用了 2 种方法定位过滤，一种是 Pyspider 默认使用的 pyquery 过滤，另一种使用的是 bs4 的过滤。两种方法同样有效，任意选择一种都可以。

先看看 pyquery 的过滤效果，在浏览器 Pyspider 页面中，单击左侧页面预览区的 Run 按钮，执行结果如图 9-18 所示。

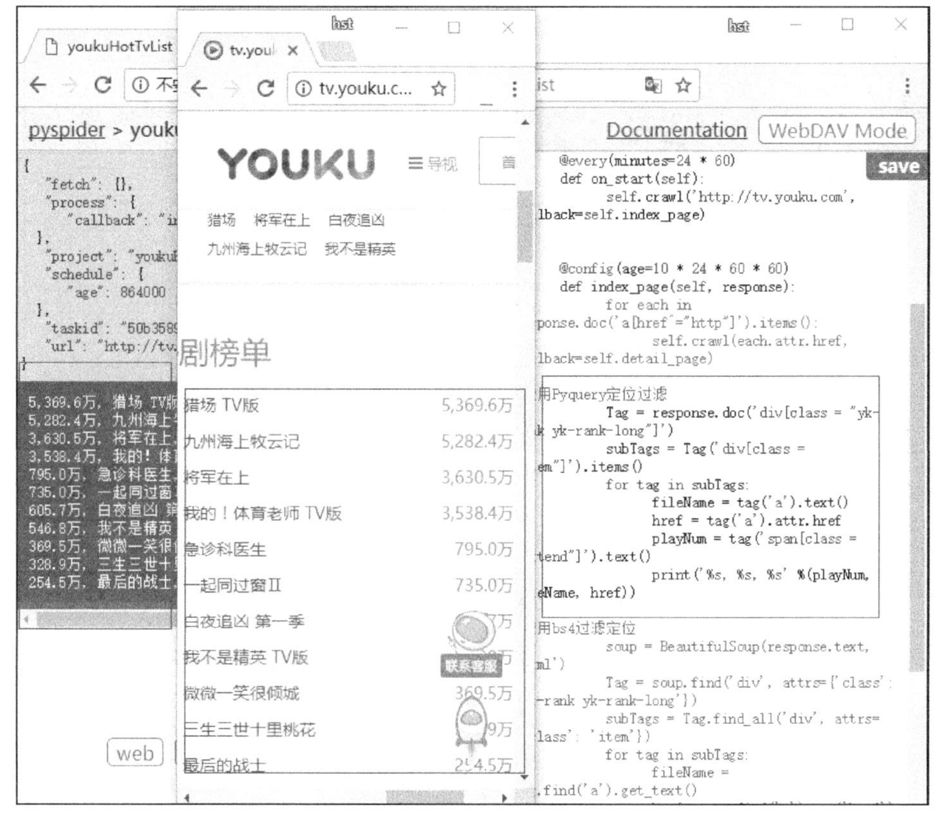

图 9-18　pyquery 过滤结果

从图 9-18 中可以看出 pyquery 过滤出的结果是准确无误的。再换成 bs4 的方法试试，在浏览器中的 Pyspider 页面的右侧代码区注释掉 25~31 行，并取消 34~41 行的注释，使用 bs4 定位，如图 9-19 所示。

```
1  #!/usr/bin/env python
2  # -*- encoding: utf-8 -*-
3  # Created on 2017-12-06 13:22:01
4  # Project: youkuHotTvList
5
6  from pyspider.libs.base_handler import *
7  from bs4 import BeautifulSoup
8
9
10 class Handler(BaseHandler):
11     crawl_config = {
12     }
13
14     @every(minutes=24 * 60)
15     def on_start(self):
16         self.crawl('http://tv.youku.com', callback=self.index_page)
17
18
19     @config(age=10 * 24 * 60 * 60)
20     def index_page(self, response):
21 #         for each in response.doc('a[href^="http"]').items():
22 #             self.crawl(each.attr.href, callback=self.detail_page)
23
24 #使用Pyquery定位过滤
25 #         Tag = response.doc('div[class = "yk-rank yk-rank-long"]')
26 #         subTags = Tag('div[class = "item"]').items()
27 #         for tag in subTags:
28 #             fileName = tag('a').text()
29 #             href = tag('a').attr.href
30 #             playNum = tag('span[class = "extend"]').text()
31 #             print('%s, %s, %s' %(playNum, fileName, href))
32
33 #使用bs4过滤定位
34         soup = BeautifulSoup(response.text, 'lxml')
35         Tag = soup.find('div', attrs={'class': 'yk-rank yk-rank-long'})
36         subTags = Tag.find_all('div', attrs={'class': 'item'})
37         for tag in subTags:
38             fileName = tag.find('a').get_text()
39             href = tag.find('a').get('href')
40             playNum = tag.find('span', attrs={'class': 'extend'}).get_text()
41             print('%s, %s, %s' %(playNum, fileName, href))
42
43
44     @config(priority=2)
45     def detail_page(self, response):
46         return {
47             "url": response.url,
48             "title": response.doc('title').text(),
49         }
```

图 9-19　改用 bs4 来定位过滤

刷新页面后，单击左侧页面预览区右上角的 Run 按钮（如果不刷新页面就单击 Run 按钮返回的还是上次运行的结果），结果如图 9-20 所示。

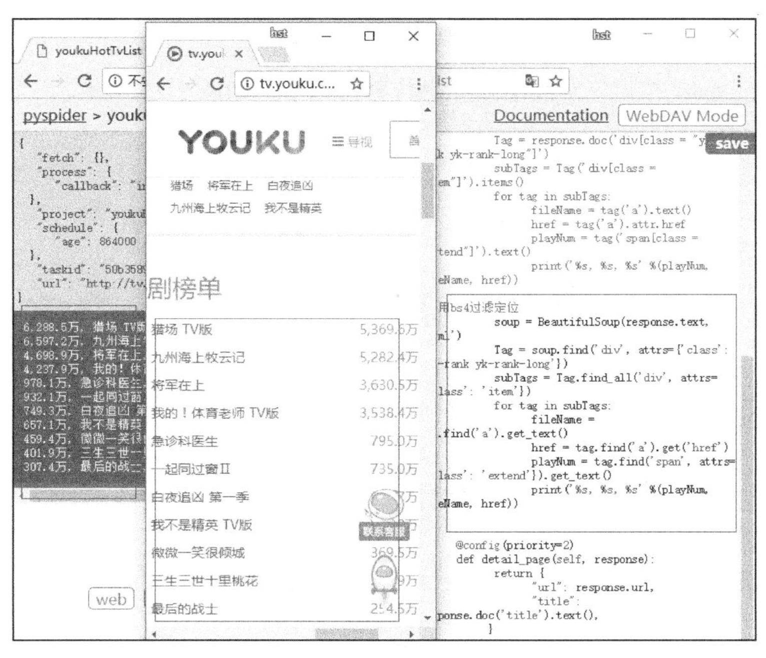

图 9-20　bs4 过滤结果

结果同样准确无误。使用哪种方法定位过滤对 PySpider 爬虫没有任何影响。如果有兴趣也可以试下使用 Xpath 和 CSS 来定位过滤。

经过测试，这个爬虫是可以正常运行的。现在单击代码编辑区右上角的 save 按钮，保存代码。然后单击页面预览区左上角的 pyspider 链接，退出 debug 模式，进入 Pyspider 的控制台，如图 9-21 所示。

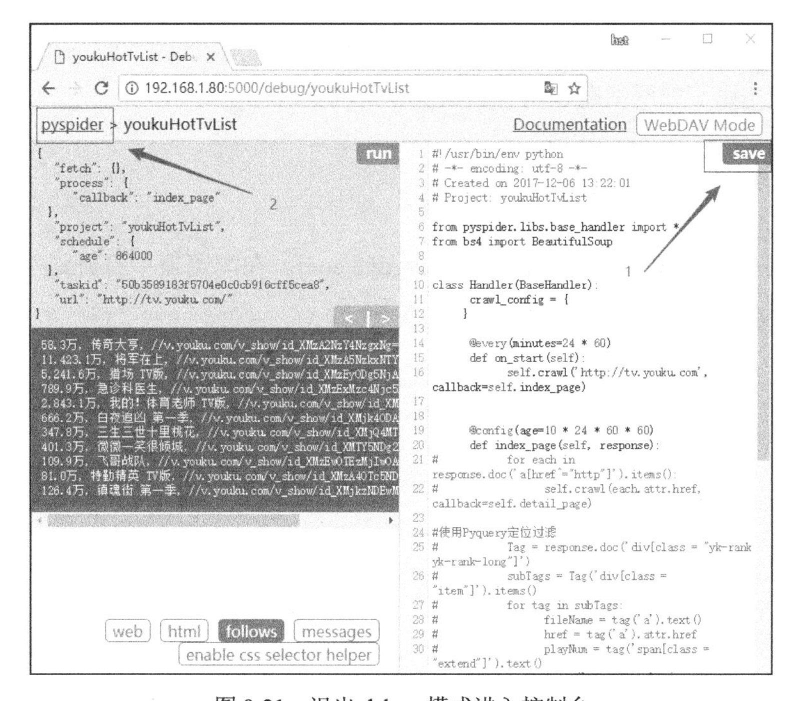

图 9-21　退出 debug 模式进入控制台

进入 Pyspider 控制台后可以看到列表中显示了刚创建的爬虫 youkuHotTvList。若需创建新的爬虫，单击 Create 按钮，继续照顺序操作就可以了，如图 9-22 所示。

图 9-22　Pyspider 控制台

至此，最简单的 Pyspider 爬虫就创建测试完毕了。这个 Pyspider 爬虫虽然可以运行，但没有保存结果，也没有体现出 Pyspider 爬虫的精髓。起到的作用仅仅是熟悉了 Pyspider 爬虫的流程。

9.3 Pyspider 实战二：电影下载

熟悉 Pyspider 爬虫的流程后，下面来编写一个完整的"纯粹的" Pyspider 项目。选一个简单的项目，在电影下载网站爬取所有的欧美影片的下载地址。

9.3.1 项目分析

这次选择的电影下载网站是 http://www.ygdy8.com。在浏览器中打开这个网站，在网页顶部使用鼠标单击欧美电影链接，如图 9-23 所示。

图 9-23　项目起始页

此时显示项目的起始页面为 http://www.ygdy8.com/html/gndy/oumei/index.html，移动页面右侧的下拉条，查看页面底部。将鼠标移动到末页链接上，页面左下角将显示该链接的链接地址，如图 9-24 所示。

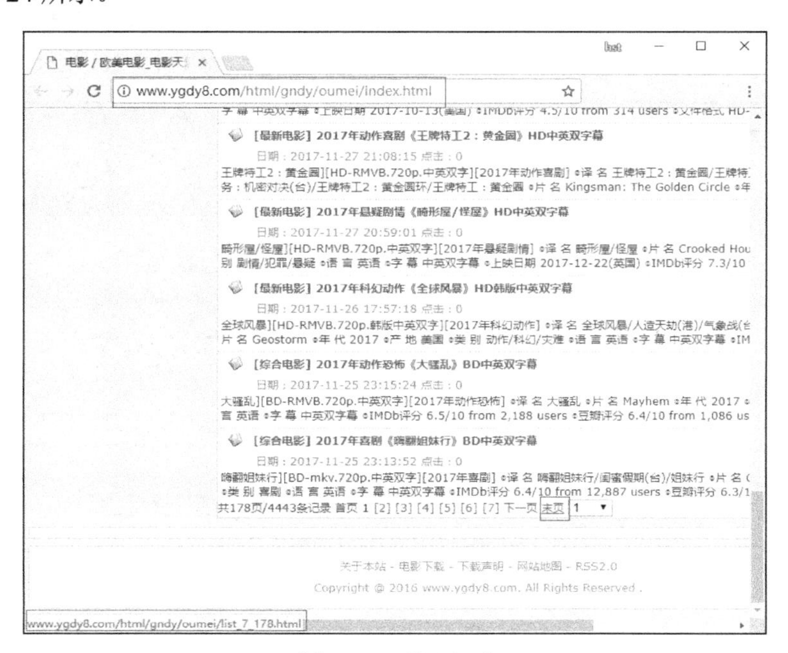

图 9-24　项目末页

单击末页链接，进入末页页面。在页面底部将鼠标分别移动到各个链接上，以分析链接地址规则，如图 9-25 所示。

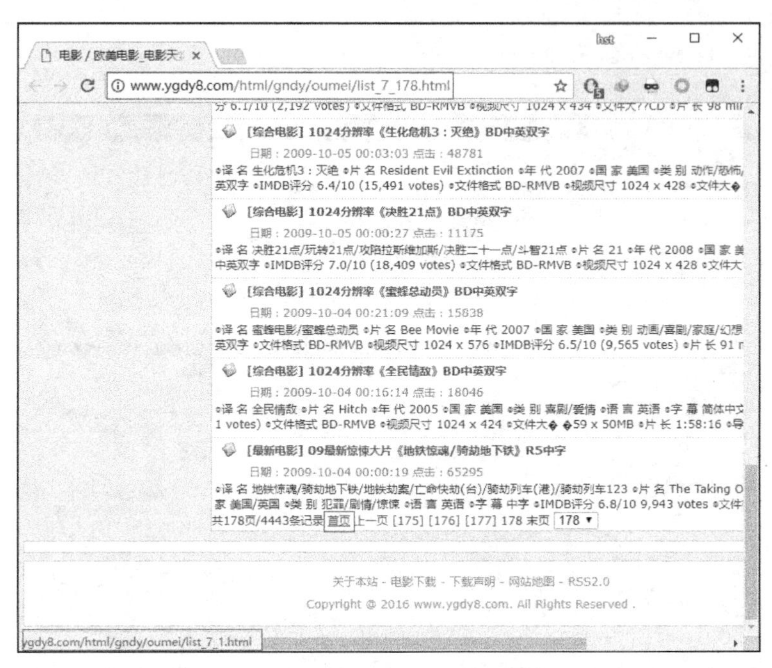

图 9-25　分析链接地址

单击首页链接，与开始的页面 http://www.ygdy8.com/html/gndy/oumei/index.html 对比一下，两者完全相同，因此可以得出结论：这个项目需要爬取的链接为 http://www.ygdy8.com/html/gndy/oumei/list_7_，加上[1.html, 178.html]。

在这些链接中需要得到两个数据，一个是电影的名字，一个是电影的链接。以最后一页的最后一个电影为例，将鼠标移动到最后一个电影的链接上，如图 9-26 所示。

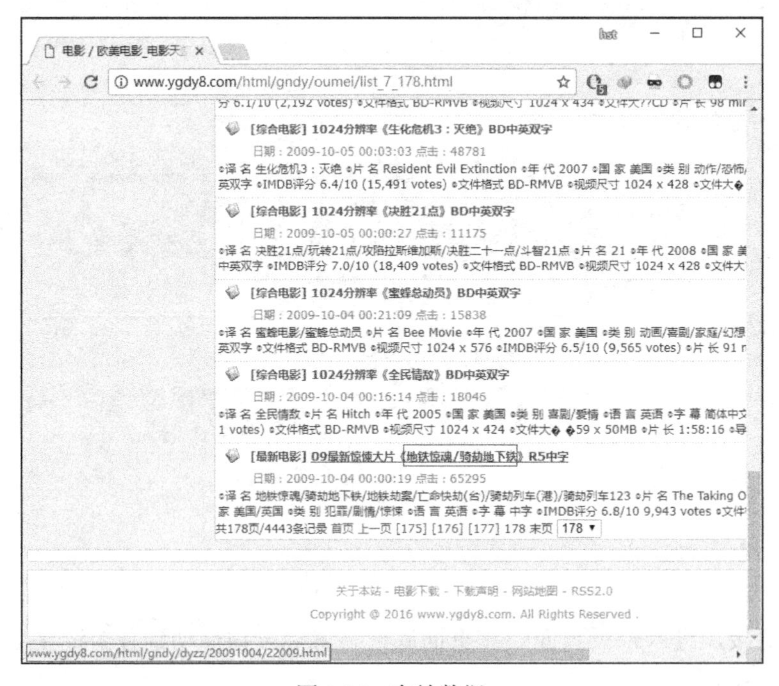

图 9-26　有效数据

项目的基本流程就是这样了，首先分析这 178 个页面，获取电影名字和电影链接，然后到链接页面获取电影的具体信息，比如放映时间、电影主演、下载地址等。

9.3.2　爬虫编写

在浏览器中打开 Pyspider 的 webui（Pyspider 控制台），单击 Create 按钮创建新项目。项目名为 oumeiMovie，起始地址可以为空。单击 Create 按钮进入调试界面。

与上一个项目 youkuHotTvList 不同，这个项目需要爬去的页面比较多，目前是 178 页。在函数 on_start 回调 index_page 函数之前，必须先把所有需要爬的页面统计出来，因此在 Handler 类中添加一个构造函数，用来统计爬取的页面，再到 on_start 函数中，循环回调 index_page 函数处理这些页面，如图 9-27 所示。

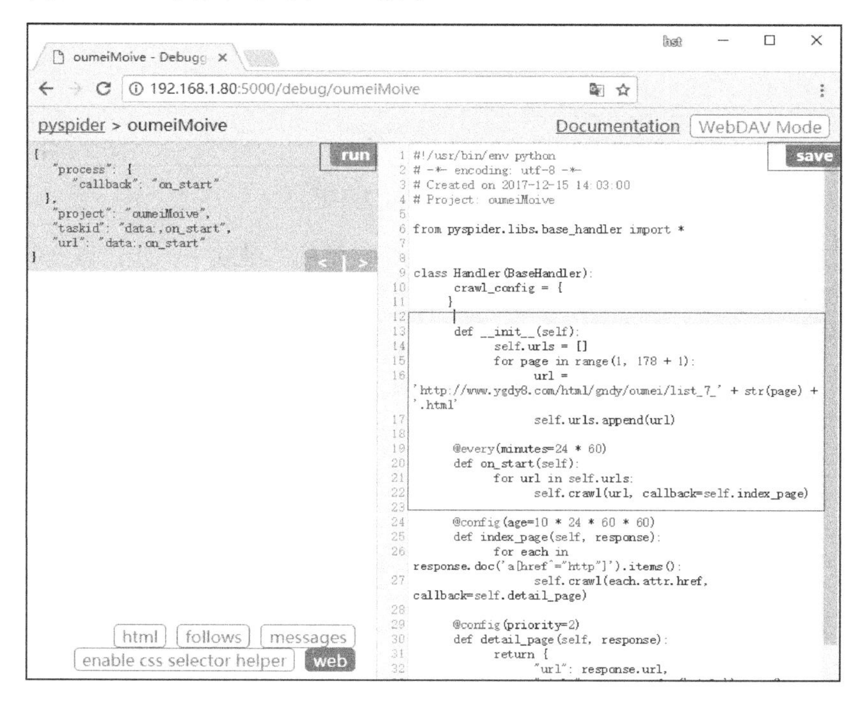

图 9-27　统计爬取页数

单击页面右侧代码编辑区右上角的 save 按钮后，单击页面左侧预览区右上角的 Run 按钮，执行结果如图 9-28 所示。

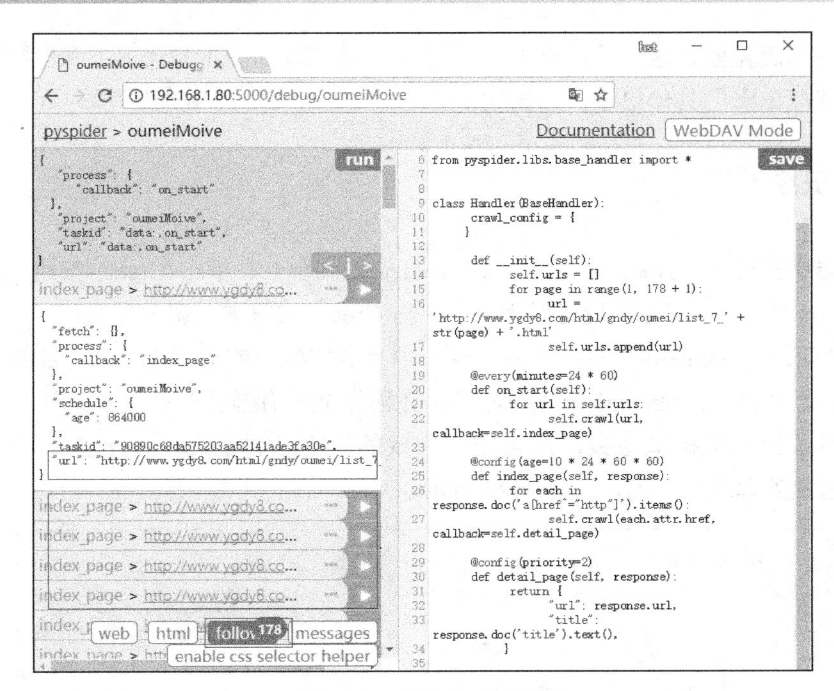

图 9-28　爬虫入口页面

显示有 178 页，与设计结果相符。url 显示也是正常的。继续下一步，修改 index_page 函数。在这个函数中获取电影名称和电影下载的页面，然后通过电影下载页面链接回调 detail_page 函数获取最终的数据。打开页面源码，找到离有效数据最近的标签。这里离有效数据最近，也最容易识别的是 Table 标签，如图 9-29 所示。

图 9-29　页面源码中定位有效数据标签

查找显示有 25 个相同的标签，这与页面显示是相符合的。根据查找得到的标签，修改 index_page 函数，如图 9-30 所示。

在 index_page 函数中并没有使用 pyquery 定位过滤，而是使用的 bs4 定位过滤。这是因为所需数据 movieName 存在于<a>标签内，而在<a>标签附近有一个与它属性完全相同的<a>标签。如果使用 pyquery 来定位，要么用 next 方法来分辨，要么添加条件判断来分辨，不如 bs4 方便。现在来测试一下结果，单击 Run 按钮，选择页面预览栏下面任意一个链接，单击右侧的三角运行按钮，如图 9-31 所示。

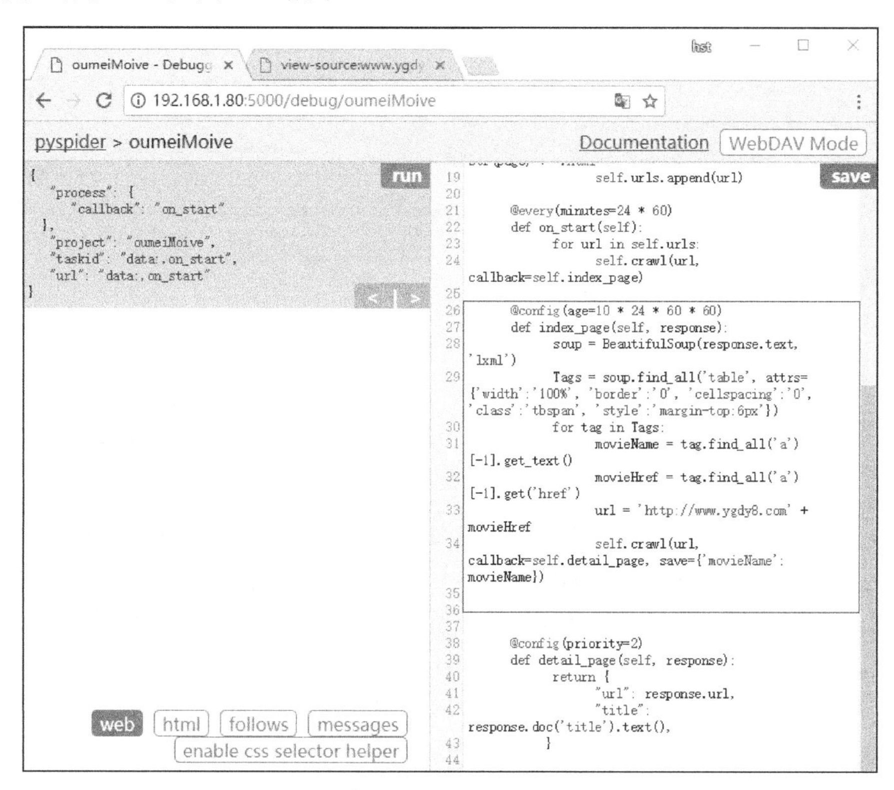

图 9-30　修改 index_page 函数

从中可以看出，index_page 函数解析出了 25 个结果。这与页面源码中搜索得到的结果是相符的。爬虫程序的下一步是使用回调 detail_page 函数，用于处理得到的下载页面链接地址。

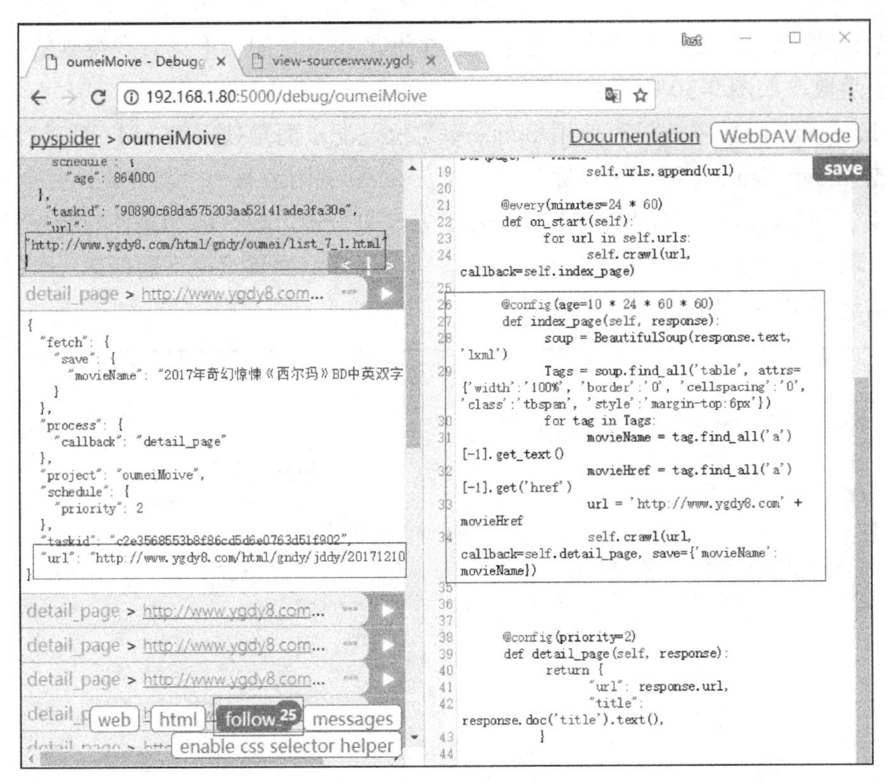

图 9-31　获取页面下载页

注意，这个回调函数 self.crawl(url, callback=self.detail_page, save={'movieName': movieName})与 Pyspider 默认的回调函数略有不同，这里多出了一个 save 的字典参数。这个参数很重要，有时候 index_page 函数需要将一些参数传递给 detail_page 函数（在这个爬虫中也可以不要，因为在下一步 detail_page 函数中也可以解析得到 movieName，这里只是做演示）。但两个函数都是回调函数，是无法直接传递参数的。使用全局变量传递参数也不行，因为 Pyspider 采用的是广度优先算法（深度优先算法倒是可以用全局变量传参），全局变量只能传递最后一个页面的参数。因此这里不得不借助其他的参数来传递值。再来仔细看一下回调的函数 detail_page，它定义的是 def detail_page(self, response)，只带有一个参数 response。这就意味着如果 index_page 函数需要传参给 detail_page 函数，就只能借助 response 这个参数来传递了。response 这个参数是怎么样的呢？它来自于 Pyspider 的安装目录下的 lib/response.py，具体到本例就是/usr/local/lib/Python 2.7/dis-packages/pyspider-0.3.10_dev-py2.7.egg/pyspider/libs/response.py。到该目录下执行命令：

```
vi response.py
```

执行结果如图 9-32 所示。

```
king@debian8: ~
21
22 class Response(object):
23
24     def __init__(self, status_code=None, url=None, orig_url=None, headers=Ca
seInsensitiveDict(),
25                  content='', cookies=None, error=None, traceback=None, save=
None, js_script_result=None, time=0):
26         if cookies is None:
27             cookies = {}
28         self.status_code = status_code
29         self.url = url
30         self.orig_url = orig_url
31         self.headers = headers
32         self.content = content
33         self.cookies = cookies
34         self.error = error
35         self.traceback = traceback
36         self.save = save
37         self.js_script_result = js_script_result
38         self.time = time
39
40     def __repr__(self):
41         return u'<Response [%d]>' % self.status_code
                                                    41,1          9%
```

图 9-32　使用 save 参数传值

这里 save 定义的是 None，其实可以将 save 定义为任何类型。也许会有多个值需要传递，还是将 save 定义为字典更方便。

回到爬虫程序，继续下一步。利用 save 传递参数，修改 detail_page 函数，获取最终需要的数据。任意挑选一个电影下载页面的链接在浏览器中打开，如图 9-33 所示。

图 9-33　电影下载页面

查看该页面的源代码，找到这些有效数据的位置，如图 9-34 所示。

图 9-34　源码中有效数据

电影下载链接的定位和过滤不难，不管是用 bs4 还是 pyquery 都很简单，但电影信息就有点麻烦了。因为源代码中电影信息内使用了大量的
标签。众所周知，
标签是由
…</br>标签组“进化”而来的，但 bs4 和 pyquery 都只能从闭合的标签组中过滤出有效数据（至少目前是如此）。所以在这里要过滤出电影的信息，就要先把
标签过滤出去，然后在剩下的数据中使用 re 模块来过滤有效信息。因此，修改爬虫中函数 detail_page，如图 9-35 所示。

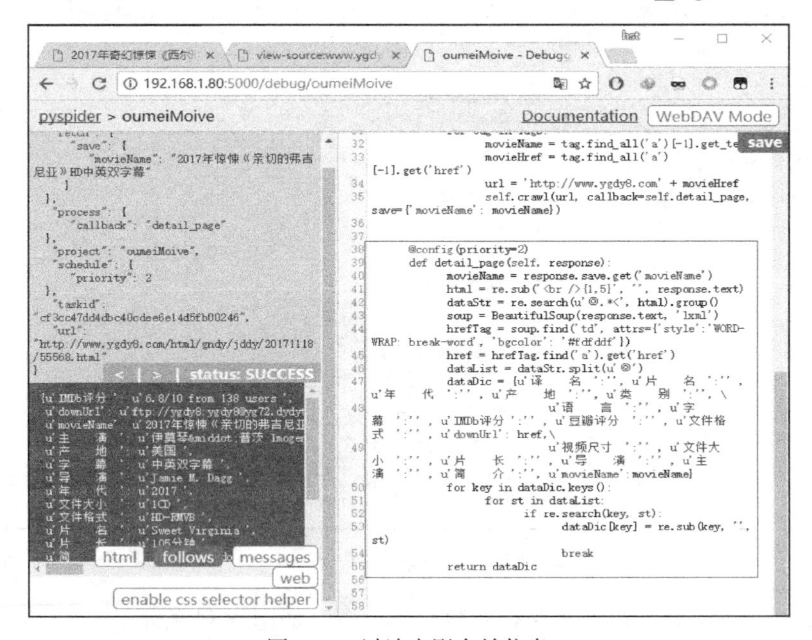

图 9-35　过滤电影有效信息

先单击爬虫页面右侧代码编辑区右上角的 Save 按钮保存爬虫代码，再单击页面左侧页面预览区右上角的 Run 按钮，在左侧页面预览区下部过滤得出最终所需的有效数据。

9.3.3 爬虫运行、调试

现在这个爬虫基本上编辑完毕了，可以试运行一下。单击页面左上角的 pyspider 链接，或者在地址栏中输入 Pypider 爬虫 IP:5000，进入 Pyspider 主界面（控制台）。

每个爬虫都被分为了 7 列，分别为 Group、Project Name、Status、rate/burst、avg time、Progress、Actions。

- Group：组名是可以修改的，直接在组名上单击进行修改。如果需要对爬虫进行标记，可以通过修改组名来完成。

组名改为 delete 后如果状态为 stop 状态，24 小时后项目会被系统删除。

- Project Name：项目名只能在开始创建时确定，不可修改。
- Status：显示的是当前项目的运行状态。每个项目的运行状态都是单独设置的。直接在每个项目的运行状态上单击进行修改。运行分为五个状态：TODO、STOP、CHECKING、DEBUG、RUNNING。
  各状态说明：TODO 是新建项目后的默认状态，不会运行项目；STOP 状态是停止状态，也不会运行；CHECKING 是修改项目代码后自动变的状态；DEBUG 是调试模式，遇到错误信息会停止继续运行；RUNNING 是运行状态，遇到错误会自动尝试，如果还是错误会跳过错误的任务继续运行。
- Rate/Burst：这一列是速度控制。Rate 是每秒爬取的页面数，Burst 是并发数。默认情况下是 1/3，意思是每秒 3 个并发，每个并发爬一个页面。这一项是可以调整的，如果被爬的网站没做什么限制，可以把这个数稍微调高一点。
- Avg Time：平均运行时间。
- Progress：爬虫进展统计。一个简单的运行状态统计。5m 是五分钟内任务执行情况，1h 是一小时内运行任务统计，1d 是一天内运行统计，all 是所有的任务统计。
- Actions：这一列包含了 3 个按钮，即 Run、Active Tasks、Results。run 按钮是项目初次运行需要点的按钮，这个功能会运行项目的 on_start 方法来生成入口任务。Active Tasks 按钮显示最新任务列表，方便查看状态，查看错误。Results 按钮查看项目爬取的结果。

目前爬虫刚编辑完成，所以该项目状态为 TODO，单击 TODO 状态，在弹出的菜单中将状态修改为 DEBUG（也可以选择 RUNNING），如图 9-36 所示。

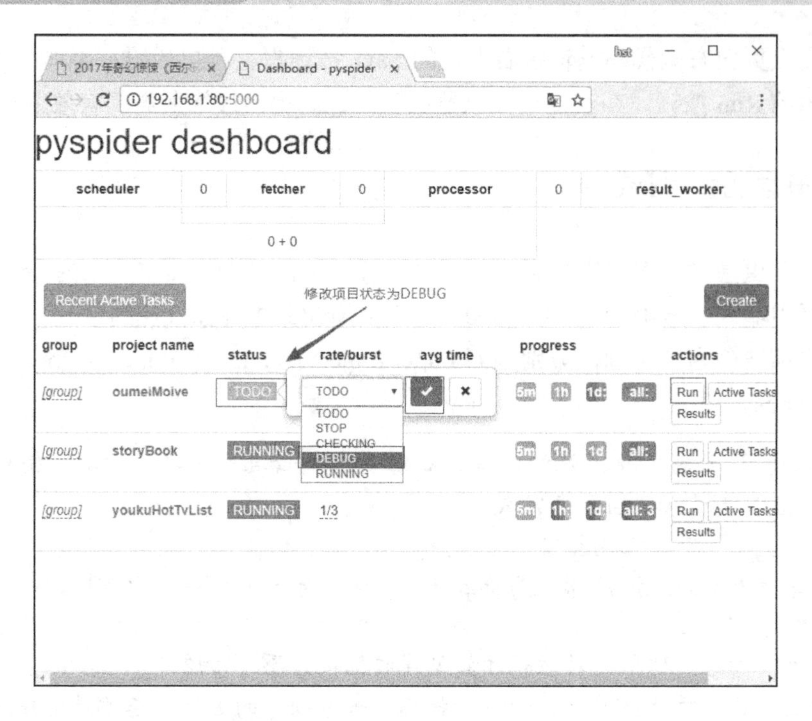

图 9-36　修改项目运行状态

默认的速度是每秒 3 次，这个速度太慢了。单击项目的 Rate/Burst 列，修改并发数和爬取页面的速度，暂时修改为 3/10，如图 9-37 所示。

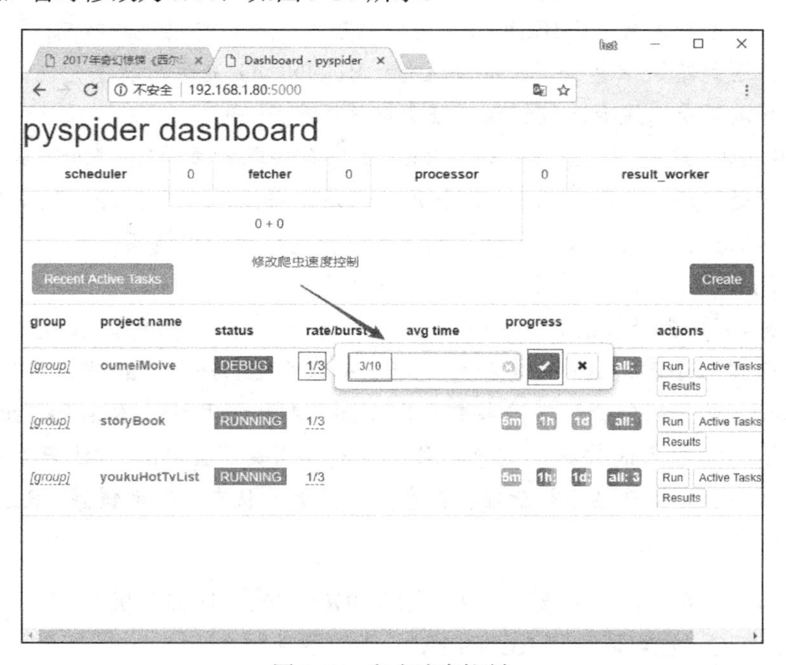

图 9-37　爬虫速度控制

设置完毕后，单击项目右侧的 Run 按钮，开始运行爬虫。稍等几分钟后就会有结果出现了。单击项目右侧的 Results 按钮，如图 9-38 所示。

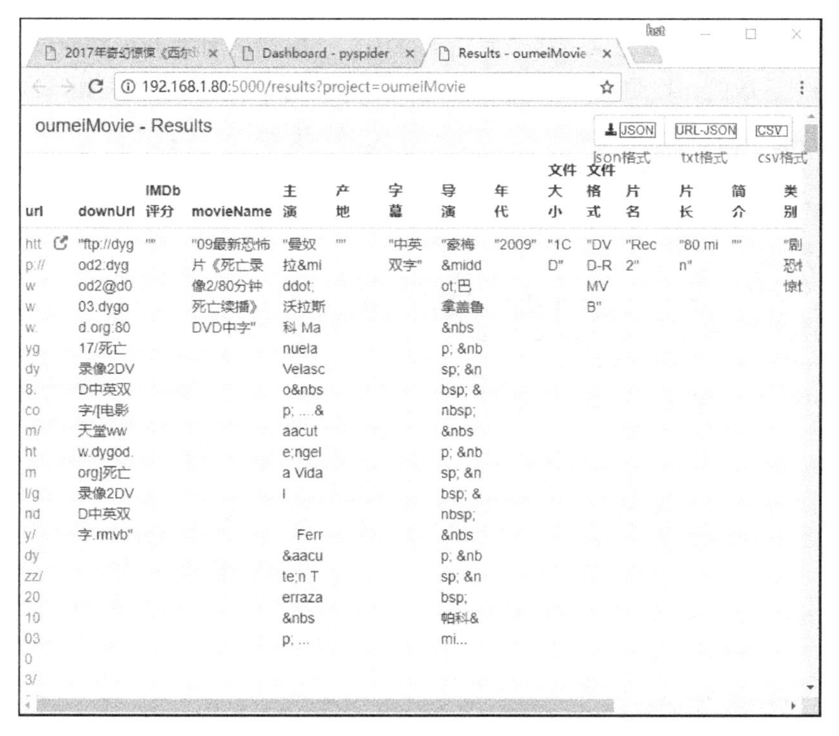

图 9-38　爬虫结果

在页面右上角选择保存的格式，可以保存为 json、txt、csv 三种格式（基本上是够用的）。回到 Pyspider 控制台，单击项目右侧的 Active Tasks 按钮，如图 9-39 所示。

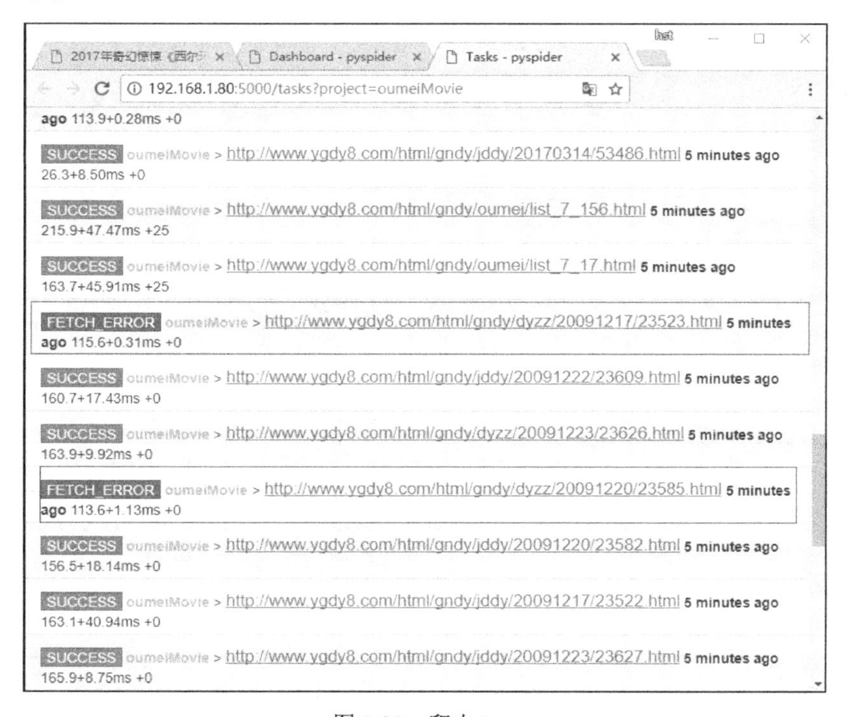

图 9-39　爬虫 Log

显示有 2 次错误。单击错误链接查看错误原因，一般都是因为 bs4 按照过滤条件没有获取到合适的结果造成的，按照提示修改爬虫代码。最终修改后的爬虫代码如下：

```
 1 #!/usr/bin/env python
  2 # -*- encoding: utf-8 -*-
  3 # Created on 2017-12-15 14:03:00
  4 # Project: oumeiMovie
  5
  6 from pyspider.libs.base_handler import *
  7 from bs4 import BeautifulSoup
  8 import re
  9 import codecs
 10
 11
 12 class Handler(BaseHandler):
 13     crawl_config = {
 14     }
 15
 16     def __init__(self):
 17         self.urls = []
 18         for page in range(1, 178 + 1):
 19             url = 'http://www.ygdy8.com/html/gndy/oumei/list_7_' +
str(page) + '.html'
 20             self.urls.append(url)
 21
 22     @every(minutes=24 * 60)
 23     def on_start(self):
 24         for url in self.urls:
 25             self.crawl(url, callback=self.index_page)
 26
 27     @config(age=10 * 24 * 60 * 60)
 28     def index_page(self, response):
 29         soup = BeautifulSoup(response.text, 'lxml')
 30         try:
 31             Tags = soup.find_all('table', attrs={'width':'100%',
'border':'0', 'cellspacing':'0', 'class':'tbspan', 'style    ':'margin-
top:6px'})
 32         except Exception as e:
 33             pass
 34         for tag in Tags:
 35             try:
 36                 movieName = tag.find_all('a')[-1].get_text()
 37                 movieHref = tag.find_all('a')[-1].get('href')
 38                 url = 'http://www.ygdy8.com' + movieHref
 39             except Exception as e:
 40                 pass
 41            self.crawl(url, callback=self.detail_page, save={'movieName':
movieName})
 42
 43
```

```
    44      @config(priority=2)
    45      def detail_page(self, response):
    46          movieName = response.save.get('movieName')
    47          html = re.sub('<br />{1,5}', '', response.text)
    48          try:
    49              dataStr = re.search(u'◎.*<', html).group()
    50          except Exception as e:
    51              pass
    52          soup = BeautifulSoup(response.text, 'lxml')
    53          try:
    54              hrefTag = soup.find('td', attrs={'style':'WORD-WRAP: break-
word', 'bgcolor': '#fdfddf'})
    55              href = hrefTag.find('a').get('href')
    56          except Exception as e:
    57              pass
    58          dataList = dataStr.split(u'◎')
    59          dataDic = {u'译名':'', u'片名':'' , u'年代':'',u'产地':'',u'类别':'',\
    60                      u'语言':'' , u'字幕':'' , u'IMDb 评分 ':'' , u'豆瓣评分
':'' , u'文件格式':'' , u'downUrl    ': href,\
    61                      u'视频尺寸':'' , u'文件大小':'' , u'片长':'' , u'导演':'' ,
u'主演':'' , u'简
        介 ':'', u'movieName':movieName}
    62          for key in dataDic.keys():
    63              for st in dataList:
    64                  if re.search(key, st):
    65                      dataDic[key] = re.sub(key, '', st)
    66                      break
    67          return dataDic
```

提示　在中文字符前加上 u，意思是指字符编码为 unicode。

解决方法起始很简单，只要在 bs4 搜索结果时加上 except 就可以了。好了，现在已经将爬虫代码修改完毕，保存后回到 Pyspider 控制台。单击 oumeiMovie 项目中的 Run 按钮，观察 Active Tasks 的结果，却发现 Pyspider 爬虫虽然从入口启动，但并没有真正地开始作业。这是因为 Pyspider 爬虫除了第一次运行时是用单击 Run 按钮启动的，之后爬虫的运行是由代码中的 scheduler（调度器）控制的，如图 9-40 所示。

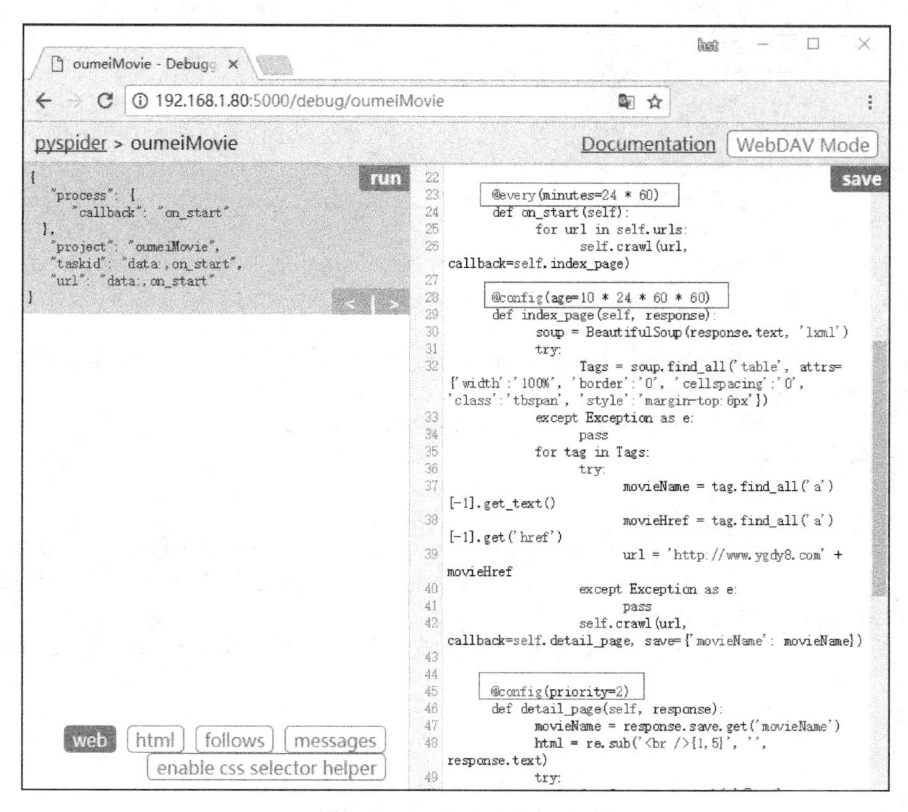

图 9-40　Pyspider scheduler

从图 9-40 中可以看到，在 Pyspider 默认定义的三个函数的上一行中有一个以@开头的函数。这个是 Python 的装饰器。装饰器是 Python 的高阶函数，这里不做解释。有兴趣的读者可自行上网搜索学习。@every(minutes=24*60)在这里是作为调度器使用的，意思是 on_start 函数每天执行一次。@config(age=10*24*60*60)也是调度器，意思是当前 request 的有效期是 10 天，10 天内遇到相同的请求将忽略。最后@config(priority=2)是优先级设置，数字越大就越先执行。没有特殊要求，一般不需要修改默认的设置。

9.3.4　删除项目

项目运行完毕，得到了想要的结果。保存好结果，这个项目就没什么用处了。下一步就是删除项目了。删除 Pyspider 项目的方法有两种。

（1）方法一：官方推荐常规的删除方法是将需要删除的项目状态设置为 STOP，然后把项目的 Group 修改为 delete，如图 9-41 所示。

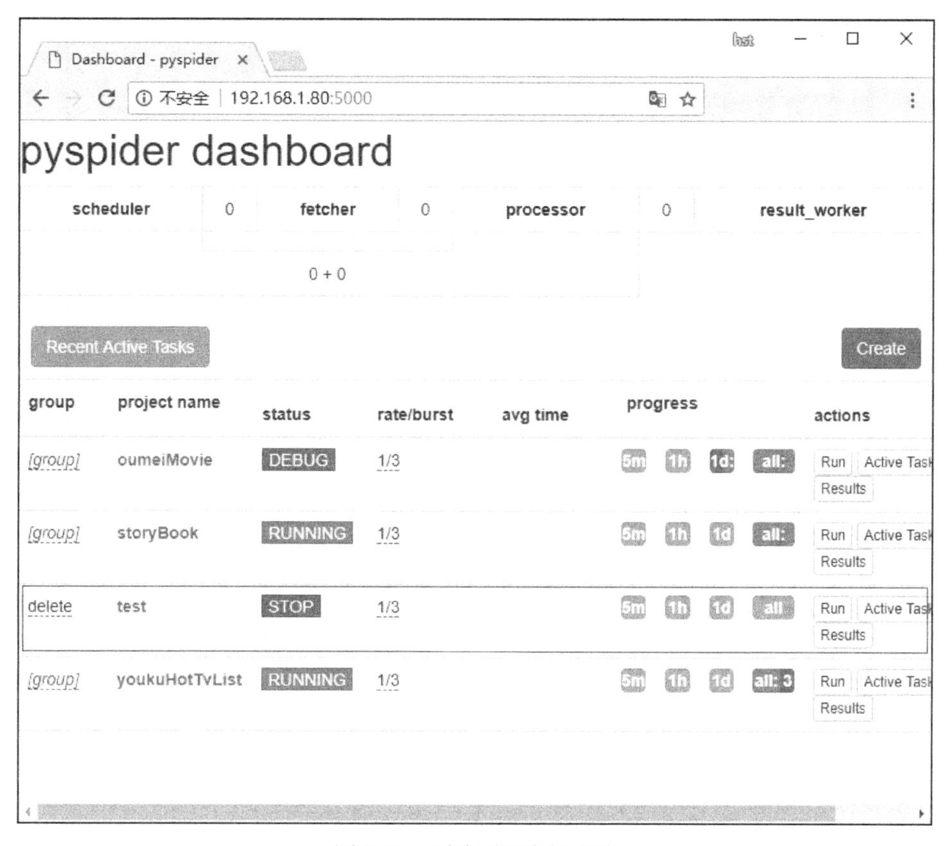

图 9-41　删除项目常规方法

在 24 小时后，Pyspider 的服务端就将该项目删除了。这是为了给性急的用户一个后悔的机会，如果认定不后悔，那就参考方法二。

（2）方法二：在前面的章节曾提过，Pyspider 所有的文档都保存在启动 Pyspider 的目录下的 data 文件夹中，而所有的项目都保存在 data 文件夹下的 project.db 文档内，因此删除 Pyspider 项目，只需要在 project.db 文档中删除相应的记录就可以了。执行命令：

```
ls
cd data
ls
sqlite3 project.db
.tables
select name from projectdb;
delete from projectdb where name='test';
```

如果没有安装 Sqlite3，则需要使用 apt-get 安装。

执行结果如图 9-42 所示。

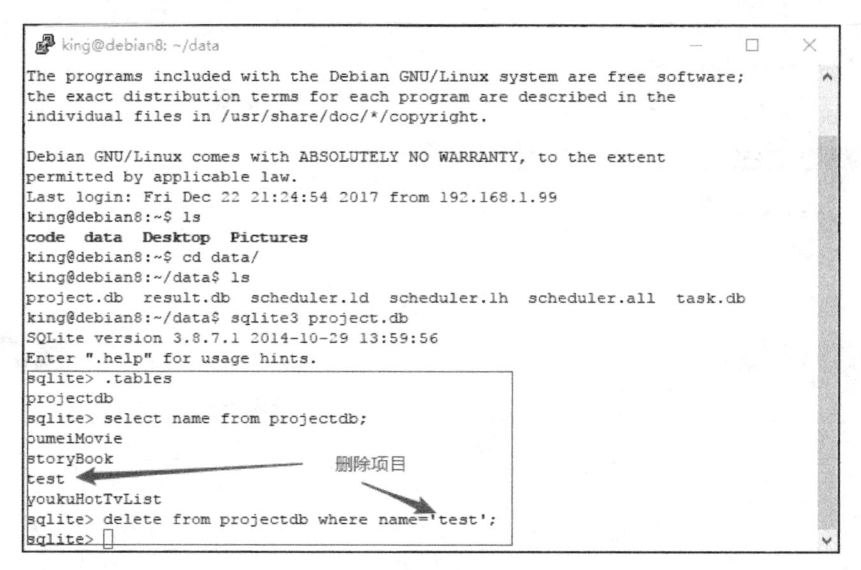

图 9-42　从文档中删除项目

回到 Pyspider 控制台页面，刷新一下，可以看到 test 项目已经被删除了，如图 9-43 所示。

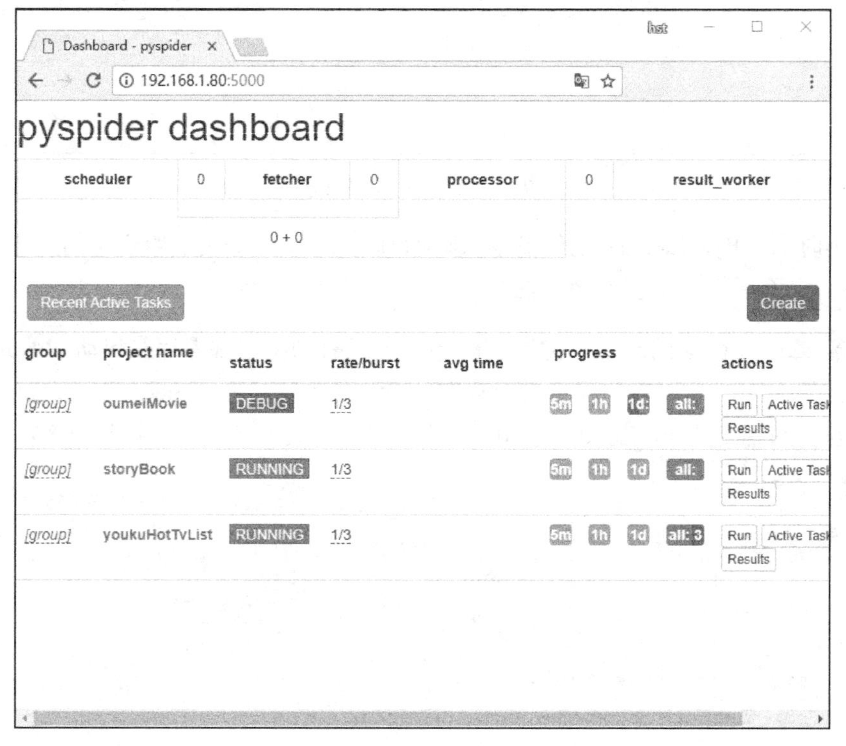

图 9-43　快速删除 Pyspider 项目

同理，如果需要修改项目的 result、task，只需要用 Sqlite3 命令修改相应的数据库文件就可以了。

9.4 Pyspider 实战三：音悦台 MusicTop

在使用爬虫抓取有效数据时，有些网站用 Python 并不能直接获取数据。有的是需要指定 User-Agent 的信息（Python 默认会声明自己为 Python 脚本），有的是需要 cookie 数据，还有的网站因为一些缘故无法直接访问的还需要加上代理，这时就需要在 Pyspider 中添加、修改 headers 数据加上代理，然后向服务器提出请求。相比 Scrapy 而言，Pyspider 修改 headers，添加代理更加方便简洁。毕竟 Scrapy 还需要修改中间件，而 Pyspider 更加类似 bs4，直接在源码中修改就可以达到目的。

9.4.1 项目分析

这次还是以音悦台网站为目标，在音悦台中获取实时动态的音乐榜单。音悦台中的实时动态榜单有 5 个，这里只爬内地篇的榜单，如图 9-44 所示。

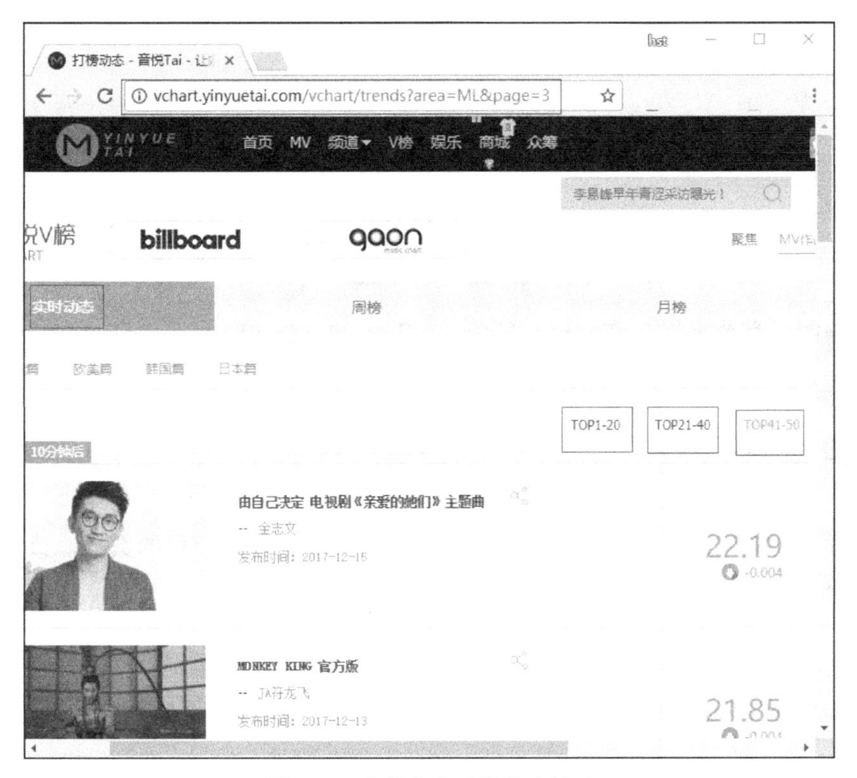

图 9-44　音悦台实时榜单内地篇

从图 9-44 中可以看出，这个实时的榜单有 3 页，共 50 首歌曲。只需要获取当前榜单的歌曲名、歌手名、评分以及当前排名就可以了。打开页面编码，找到所需数据的位置，如图 9-45 所示。

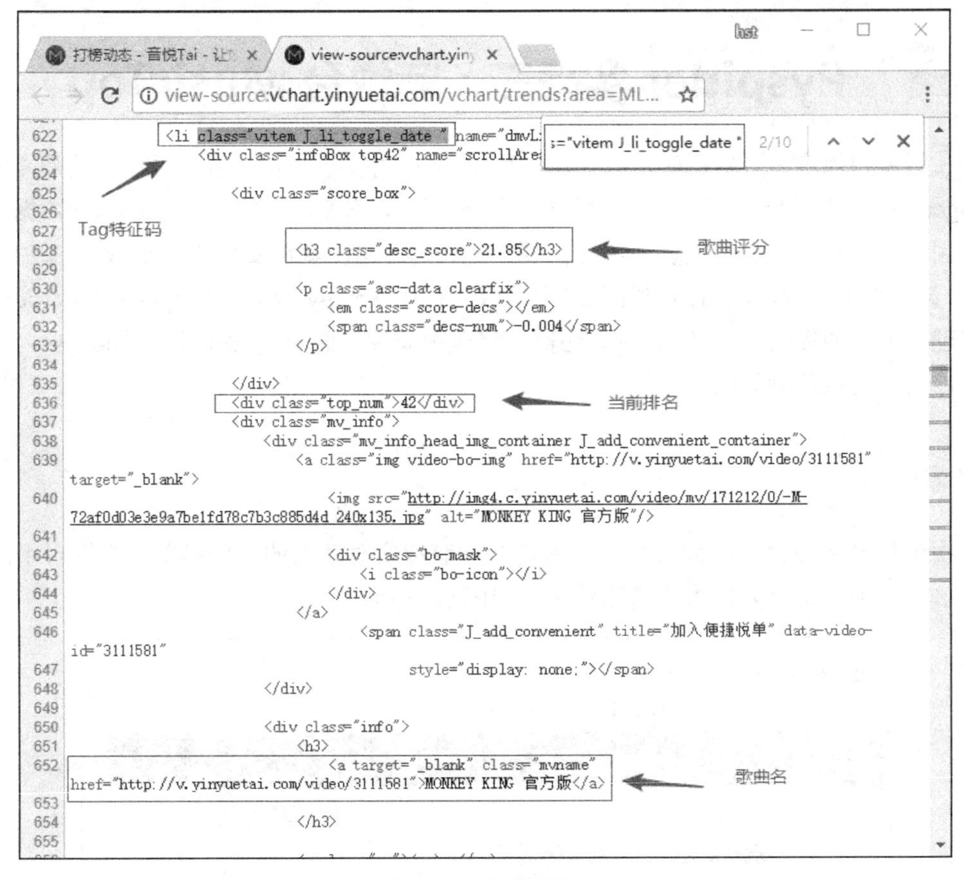

图 9-45　榜单源码

爬虫所需的所有数据都在<li class="vitem J_li_toggle_date " name="dmvLi">这个标签里，只需要定位一次，就可以得到所有数据了。

9.4.2　爬虫编写

这个页面写得非常标准，可以很容易地根据特征标签获取到想要的数据，该爬虫的 alpha 版本如图 9-46 所示。

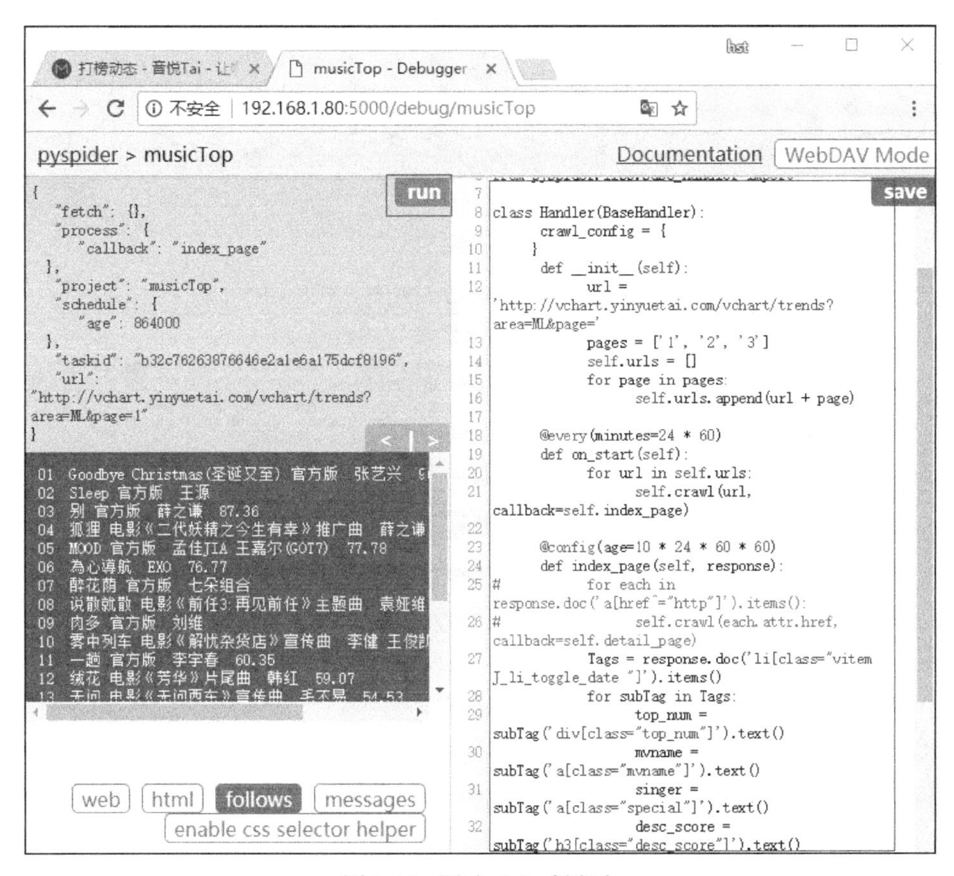

图 9-46 测试 alpha 版爬虫

单击网页左侧页面预览区右上方的 Run 按钮测试一下。如图 9-46 所示，爬虫运行正常。现在为这个爬虫加上 headers 和 proxy（通常为爬虫加载 headers 和 proxy 是因为页面不能返回数据或者是为了反爬虫需要，本例中页面是可以正常返回的，加载 headers 和 proxy 只是为了做演示）。为爬虫加载 headers 和 proxy 很简单，只需要在 crawl_config 中添加相应的值就可以了。一般情况下 headers 中只需要添加 User-Agent 就可以了，但有的网页也许会限制比较严格，这里添加的 headers 比较详细。Proxy 只需要给一个可以使用的代理就可以了。单击左侧页面预览区右上方的 Run 按钮测试一下，如图 9-47 所示。

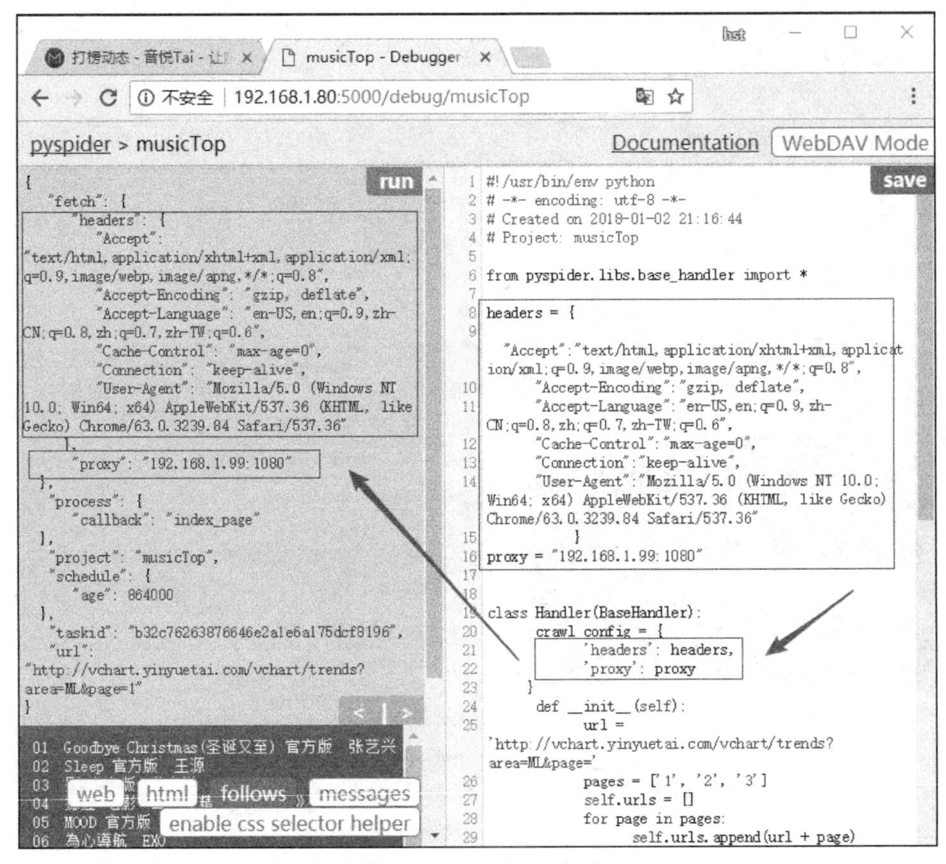

图 9-47 测试 beta 版爬虫

在浏览器中可以打开页面而爬虫无法得到数据，一般加载 headers 就可以解决问题了。浏览器需要使用 proxy 才能打开的页面，爬虫也需要加载 proxy 才能得到数据。如果网站中设置了反爬虫，过滤频繁发送请求的 IP 的情况下怎么办呢？正常的应对方法是使用多个代理服务器进行轮询。通过网络搜索得到为 Pyspider 加载多个代理的方法是使用 squid 轮询。这种方法是可以，但需要安装 squid 软件，而且 squid 设置起来也比较麻烦。这里采用更加简单的方法，只要在爬虫发送请求的部位，随机地从代理池中挑选一个代理就可以了（按顺序挑选也可以，这就相当于代理的轮询了）。因此，爬虫最终版本 omega 版的代码如下：

```
#!/usr/bin/env python
# -*- encoding: utf-8 -*-
# Created on 2018-01-02 21:16:44
# Project: musicTop

from pyspider.libs.base_handler import *
import random

headers = {
```

```
"Accept":"text/html,application/xhtml+xml,application/xml;q=0.9,image/webp,ima
ge/apng,*/*;q=0.8",
        "Accept-Encoding":"gzip, deflate",
        "Accept-Language":"en-US,en;q=0.9,zh-CN;q=0.8,zh;q=0.7,zh-TW;q=0.6",
        "Cache-Control":"max-age=0",
        "Connection":"keep-alive",
        "User-Agent":"Mozilla/5.0 (Windows NT 10.0; Win64; x64)
AppleWebKit/537.36 (KHTML, like Gecko) Chrome/63.0.3239.84 Safari/537.36"
            }
    proxyList = ["192.168.1.99:1080","101.68.73.54:53281", ""]


    class Handler(BaseHandler):
        crawl_config = {
    #        "proxy":proxy,
    #        "headers": headers
        }
        def __init__(self):
            url = 'http://vchart.yinyuetai.com/vchart/trends?area=ML&page='
            pages = ['1', '2', '3']
            self.urls = []
            for page in pages:
                self.urls.append(url + page)

        @every(minutes=24 * 60)
        def on_start(self):
            for url in self.urls:
                self.crawl(url, callback=self.index_page,
proxy=random.choice(proxyList), headers=headers)

        @config(age=10 * 24 * 60 * 60)
        def index_page(self, response):
    #        for each in response.doc('a[href^="http"]').items():
    #            self.crawl(each.attr.href, callback=self.detail_page)
            Tags = response.doc('li[class="vitem J_li_toggle_date "]').items()
            for subTag in Tags:
                top_num = subTag('div[class="top_num"]').text()
                mvname = subTag('a[class="mvname"]').text()
                singer = subTag('a[class="special"]').text()
                desc_score = subTag('h3[class="desc_score"]').text()
                print('%s  %s  %s  %s' %(top_num, mvname, singer, desc_score))
```

```
    @config(priority=2)
    def detail_page(self, response):
        return {
            "url": response.url,
            "title": response.doc('title').text(),
        }
```

当前爬虫只有 index_page 函数需要发送请求，因此，只需要在回调这个函数时随机挑选一个代理加入参数就可以了。单击爬虫页面左侧预览栏右上方的 Run 按钮测试一下，结果如图 9-48 所示。

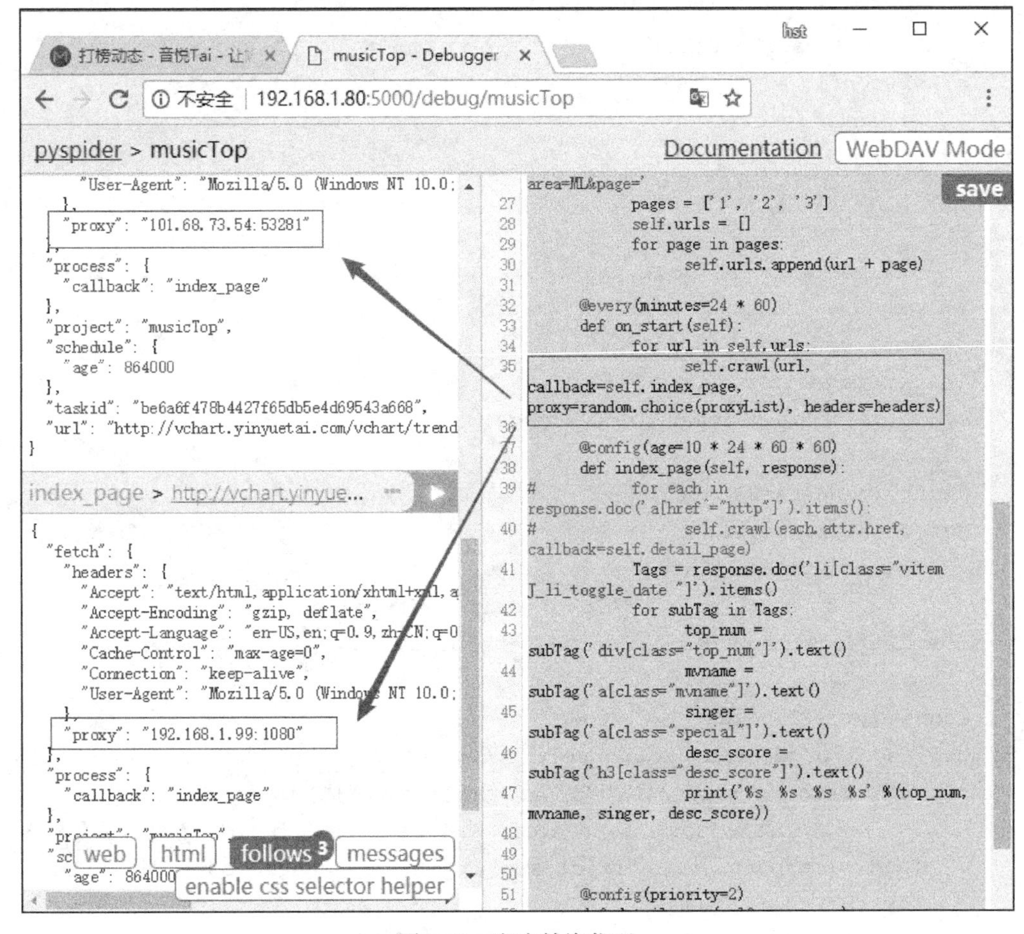

图 9-48　爬虫轮询代理

这里需要注意的是，代理池中的所有代理必须是可靠可用的。为了安全起见，可以在爬虫中添加一个测试程序，在每次使用代理前做个测试。如果网站是通过 IP 来判断用户身份的，就使用该代理 IP。如果是通过 User-Agent 来判断用户身份，那就轮询或者随机挑选 User-Agent。如果是通过 Cookies 来判断用户，那就轮询或随机选 Cookies……总之，网站的反爬虫防哪一部分，爬虫就需要绕过这一部分。

9.5 本章小结

Pyspider 与前面的爬虫略有不同。前面的爬虫基本上都是采用的类似于深度优先的方法爬取数据，而 Pyspider 则与众不同地采用了类似深度优先的方法。另外，其他的爬虫大多都是先难后易，在写代码时可能比较困难，但调试就比较简单了（即使没有 IDE 的配合，调试也比较简单），代码中出现问题，可以很容易地找到 bug 点。而 Pyspider 则相反，在编写代码时能很直观地看到效果，但调试起来并不方便，没有相应的错误提示，只能靠经验一遍遍地检查才能找到 bug 点。它作为爬虫还是相当优秀的，但是支持的文档比较少，有什么问题，基本只能靠自己慢慢地摸索，还有待于优化和推广。

第 10 章

爬虫与反爬虫

在使用爬虫技术时，需要考虑怎么对付反爬虫技术，希望本章内容能给读者带来启示。

以用户的角度来看，他只想获取网站的数据，对其他的内容完全不感兴趣。以网站方的角度来看，他只想为正常上网用户提供服务。为网络机器人（Python 爬虫）提供数据并不能获取有效流量（利益），那么网站以技术（反爬虫技术）拒绝网络爬虫，也就是理所当然应该考虑的了。

双方都有充足的理由，使用起“武器”来自然也是毫不手软。爬虫与反爬虫的斗争一直都在进行着，可能永远都不会停止，到底是矛更加尖锐还是盾更加坚固，就看各自的手段了。

爬虫在很多场景下的确是有必要的，但现在爬虫技术的使用已经处于失控状态。据说目前网络流量中有 60%以上都是由爬虫提供的，这就未免有些过分了。而且有些爬虫即使获取不到任何数据，也会孜孜不倦地继续工作，永不停息。这种失控的爬虫只会不停地消耗资源，对相关的双方都没有好处。

10.1 防止爬虫 IP 被禁

先来假设一段场景。一个普通的网络管理员，发觉网站的访问量有不正常的波动，通常第一反应就是检查日志，查看访问的 IP。此时如果发现某一个或几个 IP 在很短的时间内发出了大量的请求，比如每秒 10 次，那么这个 IP 就有爬虫的嫌疑，正常用户是不可能有这种操作速度的，就算是以最快的速度点击刷新按钮也不可能每秒 10 次。

10.1.1 反爬虫在行动

对付这种 IP，最简单的方法是一禁了之。实际上不管是 Apache 还是 Nginx 都可以对同一 IP 的访问频率和并发数做出限制，修改 Apache 或者 Nginx 的配置文件就可以解决。但在 Apache 或 Nginx 中设置禁止访问的 IP 后，需要重启服务才能生效。所以还需要考虑采用更方便的方法。正常来说，空间主机都有主机管理面板，找到 IP 限制，将疑似爬虫的 IP 填进去就可以了,如图 10-1 所示。

图 10-1　限制 IP

也可以用网站安全狗之类的软件设置黑名单。限制访问 IP 的方法很多，任意选一种都能达到目的。

这样一禁了之当然简单，但是有时候会误伤正常用户。同一 IP 大量发送请求，只是有爬虫嫌疑，但并不一定就是爬虫。一个人当然不能每秒 10 次的发送请求，但 10 个人呢？要知道目前主流使用的是 IPv4 协议，IP 数量严重不足，很多局域网都是使用 NAT 共用一个公网 IP 的，一个大的局域网每秒发送 10 个请求也不奇怪。反爬虫的目的是过滤爬虫，而不是宁可封锁一千也不放过一个，所以还需要其他的方法来分辨爬虫。

先写一个简单的 Python 程序来连接网站，再跟浏览器连接网站比较一下。在 Burp Suite 中可以非常清楚地看到它们的区别。连接程序 connWebWithProxy.py 的代码如下：

```
#!/usr/bin/env python3
#-*- coding:utf-8 -*-

import urllib.request
import sys

proxyDic = {'http': 'http://127.0.0.1:8080'}

def connWeb(url):
proxyHandler = urllib.request.ProxyHandler(proxyDic)
opener = urllib.request.build_opener(proxyHandler)
urllib.request.install_opener(opener)
try:
    response = urllib.request.urlopen(url)
    htmlCode = response.read().decode('utf-8')
except Exception as e:
    print("connect web faild...")
    print(e)
else:
    print(htmlCode)

if __name__ == '__main__':
url = sys.argv[1]
```

```
connWeb(url)
```

注意： http://127.0.0.1:8080 是 Burp Suite 的监听端口。

执行命令：

```
python connWebWithProxy.py study.163.com
```

执行结果如图 10-2 所示。

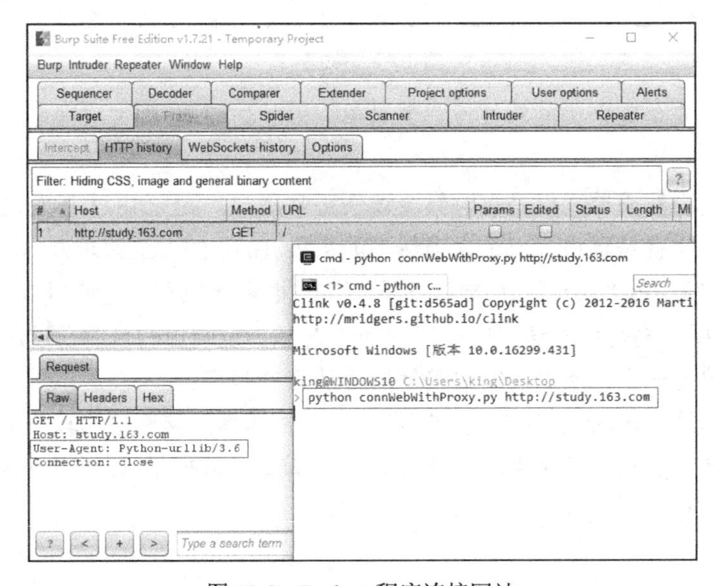

图 10-2 Python 程序连接网站

可以看到使用 Python 程序连接网站时，User-Agent 的值是 Python-urllib/3.6。在浏览器中，使用 Burp Suite 的监听端口为代理，连接网站得到的结果如图 10-3 所示。

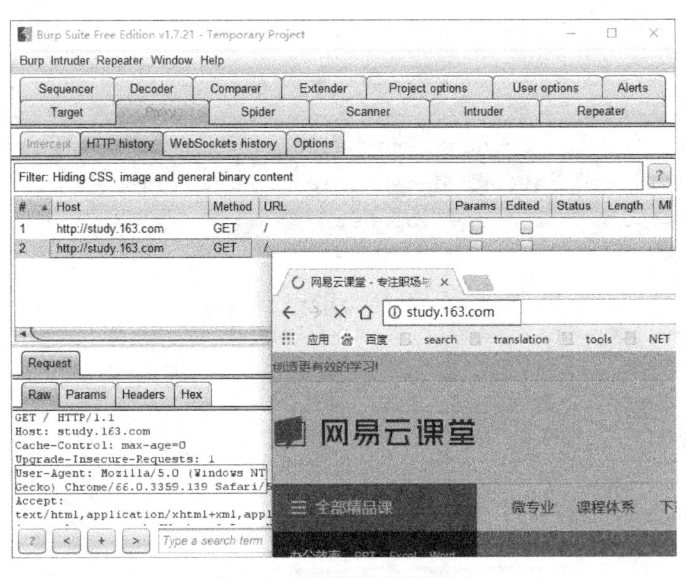

图 10-3 浏览器连接网站

浏览器连接网站时，User-Agent 显示的是浏览器的信息。通过对比可以得知，服务器端如果发现请求的 User-Agent 中含有 Python 等字符串的，那必定是机器人（Python 爬虫）发送的请求。

因此，网管就可以得出结论：凡是在某个时间段频繁连接服务器，并且发送请求的 User-Agent 中含有 Python 等字符串的就是爬虫。对这类 IP 一封了之，必定没错。

10.1.2 爬虫的应对

爬虫 IP 被封锁了，写爬虫的程序员反思了一下，到底是哪个方面露出了马脚。首先该考虑的就是 User-Agent 和爬虫的时间间隔，这是最容易出漏洞的地方。毕竟 User-Agent 是如此的明显，而且不停地发送请求，只要网络管理员愿意花点功夫，就一定可以鉴别出爬虫。

已知破绽，那就需要有针对性地修改爬虫程序。

首先，在每次请求时添加一个 delay 间隔时间。这个时间既要兼顾效率，不宜设置得太长，也不能设置得太短，避免被服务端发觉。一般来说 5~10 秒都是没问题的。不要使用一个固定值，使用 random 随机选择 delay 的值最佳。

其次，收集 User-Agent，组成一个 User-Agent 池。每次发送请求时，从 User-Agent 池中随机获取一个 User-Agent，让服务器认为发送请求的不是网络爬虫，而是一个大型的局域网。在前面章节中的爬虫都是这么做的。这里再举一个简单的例子，把 connWebWithProxy.py 稍微修改一下，最终得到的 connWebWithUserAgent.py 程序代码如下：

```
    #!/usr/bin/env python3
    #-*- coding:utf-8 -*-

    import urllib.request
    import sys
    import random
    import time

    proxyDic = {'http': 'http://127.0.0.1:8080'}
    userAgentDic = {
        '淘宝浏览器 2.0 on Windows 7 x64': 'Mozilla/5.0 (Windows NT 6.1; WOW64)
AppleWebKit/536.11 (KHTML, like Gecko) Chrome/20.0.1132.11 TaoBrowser/2.0
Safari/536.11',
        '猎豹浏览器 2.0.10.3198 急速模式 on Windows 7 x64': 'Mozilla/5.0 (Windows
NT 6.1; WOW64) AppleWebKit/537.1 (KHTML, like Gecko) Chrome/21.0.1180.71
Safari/537.1 LBBROWSER',
        '猎豹浏览器 2.0.10.3198 兼容模式 on Windows 7 x64': 'Mozilla/5.0
(compatible; MSIE 9.0; Windows NT 6.1; WOW64; Trident/5.0; SLCC2; .NET CLR
2.0.50727; .NET CLR 3.5.30729; .NET CLR 3.0.30729; Media Center PC
6.0; .NET4.0C; .NET4.0E; LBBROWSER)',
```

```
        '猎豹浏览器2.0.10.3198 兼容模式on Windows XP x86 IE6': 'Mozilla/4.0
(compatible; MSIE 6.0; Windows NT 5.1; SV1; QQDownload 732; .NET4.0C; .NET4.0E;
LBBROWSER)',
        '猎豹浏览器1.5.9.2888 急速模式on Windows 7 x64': 'Mozilla/5.0 (Windows NT
6.1; WOW64) AppleWebKit/535.11 (KHTML, like Gecko) Chrome/17.0.963.84
Safari/535.11 LBBROWSER',
        '猎豹浏览器 1.5.9.2888 兼容模式 on Windows 7 x64': 'Mozilla/4.0 (compatible;
MSIE 7.0; Windows NT 6.1; WOW64; Trident/5.0; SLCC2; .NET CLR 2.0.50727; .NET
CLR 3.5.30729; .NET CLR 3.0.30729; Media Center PC 6.0; .NET4.0C; .NET4.0E)',
        'QQ 浏览器 7.0 on Windows 7 x64 IE9': 'Mozilla/5.0 (compatible; MSIE 9.0;
Windows NT 6.1; WOW64; Trident/5.0; SLCC2; .NET CLR 2.0.50727; .NET CLR
3.5.30729; .NET CLR 3.0.30729; Media Center PC 6.0; .NET4.0C; .NET4.0E;
QQBrowser/7.0.3698.400)',
        'QQ 浏览器 7.0 on Windows XP x86 IE6': 'Mozilla/4.0 (compatible; MSIE 6.0;
Windows NT 5.1; SV1; QQDownload 732; .NET4.0C; .NET4.0E)',
        '360 安全浏览器 5.0 自带 IE8 内核版 on Windows XP x86 IE6': 'Mozilla/4.0
(compatible; MSIE 7.0; Windows NT 5.1; Trident/4.0; SV1; QQDownload
732; .NET4.0C; .NET4.0E; 360SE) ',
        '360 安全浏览器 5.0 on Windows XP x86 IE6': 'Mozilla/4.0 (compatible; MSIE
6.0; Windows NT 5.1; SV1; QQDownload 732; .NET4.0C; .NET4.0E) ',
        '360 安全浏览器 5.0 on Windows 7 x64 IE9': 'Mozilla/4.0 (compatible; MSIE
7.0; Windows NT 6.1; WOW64; Trident/5.0; SLCC2; .NET CLR 2.0.50727; .NET CLR
3.5.30729; .NET CLR 3.0.30729; Media Center PC 6.0; .NET4.0C; .NET4.0E) ',
        '360 急速浏览器 6.0 急速模式 on Windows XP x86': 'Mozilla/5.0 (Windows NT
5.1) AppleWebKit/537.1 (KHTML, like Gecko) Chrome/21.0.1180.89 Safari/537.1',
        '360 急速浏览器 6.0 急速模式 on Windows 7 x64': 'Mozilla/5.0 (Windows NT 6.1;
WOW64) AppleWebKit/537.1 (KHTML, like Gecko) Chrome/21.0.1180.89 Safari/537.1',
        '360 急速浏览器 6.0 兼容模式 on Windows XP x86 IE6': 'Mozilla/4.0
(compatible; MSIE 6.0; Windows NT 5.1; SV1; QQDownload 732; .NET4.0C; .NET4.0E)
',
        '360 急速浏览器 6.0 兼容模式 on Windows 7 x64 IE9': 'Mozilla/4.0 (compatible;
MSIE 7.0; Windows NT 6.1; WOW64; Trident/5.0; SLCC2; .NET CLR 2.0.50727; .NET
CLR 3.5.30729; .NET CLR 3.0.30729; Media Center PC 6.0; .NET4.0C; .NET4.0E) ',
        '360 急速浏览器 6.0 IE9/IE10 模式 on Windows 7 x64 IE9': 'Mozilla/5.0
(compatible; MSIE 9.0; Windows NT 6.1; WOW64; Trident/5.0; SLCC2; .NET CLR
2.0.50727; .NET CLR 3.5.30729; .NET CLR 3.0.30729; Media Center PC
6.0; .NET4.0C; .NET4.0E) ',
        '搜狗浏览器 4.0 高速模式 on Windows XP x86': 'Mozilla/5.0 (Windows NT 5.1)
AppleWebKit/535.11 (KHTML, like Gecko) Chrome/17.0.963.84 Safari/535.11 SE 2.X
MetaSr 1.0',
        '搜狗浏览器 4.0 兼容模式 on Windows XP x86 IE6': 'Mozilla/4.0 (compatible;
MSIE 7.0; Windows NT 5.1; Trident/4.0; SV1; QQDownload 732; .NET4.0C; .NET4.0E;
SE 2.X MetaSr 1.0) ',
```

```
        'Waterfox 16.0 on Windows 7 x64': 'Mozilla/5.0 (Windows NT 6.1; Win64;
x64; rv:16.0) Gecko/20121026 Firefox/16.0',
        'iPad': 'Mozilla/5.0 (iPad; U; CPU OS 4_2_1 like Mac OS X; zh-cn)
AppleWebKit/533.17.9 (KHTML, like Gecko) Version/5.0.2 Mobile/8C148
Safari/6533.18.5',
        'Firefox x64 4.0b13pre on Windows 7 x64': 'Mozilla/5.0 (Windows NT 6.1;
Win64; x64; rv:2.0b13pre) Gecko/20110307 Firefox/4.0b13pre',
        'Firefox x64 on Ubuntu 12.04.1 x64': 'Mozilla/5.0 (X11; Ubuntu; Linux
x86_64; rv:16.0) Gecko/20100101 Firefox/16.0',
        'Firefox x86 3.6.15 on Windows 7 x64': 'Mozilla/5.0 (Windows; U;
Windows NT 6.1; zh-CN; rv:1.9.2.15) Gecko/20110303 Firefox/3.6.15',
        'Chrome x64 on Ubuntu 12.04.1 x64': 'Mozilla/5.0 (X11; Linux x86_64)
AppleWebKit/537.11 (KHTML, like Gecko) Chrome/23.0.1271.64 Safari/537.11',
        'Chrome x86 23.0.1271.64 on Windows 7 x64': 'Mozilla/5.0 (Windows NT
6.1; WOW64) AppleWebKit/537.11 (KHTML, like Gecko) Chrome/23.0.1271.64
Safari/537.11',
        'Chrome x86 10.0.648.133 on Windows 7 x64': 'Mozilla/5.0 (Windows; U;
Windows NT 6.1; en-US) AppleWebKit/534.16 (KHTML, like Gecko)
Chrome/10.0.648.133 Safari/534.16',
        'IE9 x64 9.0.8112.16421 on Windows 7 x64': 'Mozilla/5.0 (compatible;
MSIE 9.0; Windows NT 6.1; Win64; x64; Trident/5.0)',
        'IE9 x86 9.0.8112.16421 on Windows 7 x64': 'Mozilla/5.0 (compatible;
MSIE 9.0; Windows NT 6.1; WOW64; Trident/5.0)',
        'Firefox x64 3.6.10 on Ubuntu 10.10 x64': 'Mozilla/5.0 (X11; U; Linux
x86_64; zh-CN; rv:1.9.2.10) Gecko/20100922 Ubuntu/10.10 (maverick)
Firefox/3.6.10',
        'Andorid 2.2 自带浏览器，不支持 HTML5 视频': 'Mozilla/5.0 (Linux; U; Android
2.2.1; zh-cn; HTC_Wildfire_A3333 Build/FRG83D) AppleWebKit/533.1 (KHTML, like
Gecko) Version/4.0 Mobile Safari/533.1',
    }

    def connWeb(url):
    proxyHandler = urllib.request.ProxyHandler(proxyDic)
    opener = urllib.request.build_opener(proxyHandler)
    urllib.request.install_opener(opener)
    headers = {'User-Agent': random.choice(list(userAgentDic.values()))}
    delay = random.choice(range(5, 11))
    try:
        request = urllib.request.Request(url, headers=headers)
        response = urllib.request.urlopen(request)
        htmlCode = response.read().decode('utf-8')
    except Exception as e:
        print("connect web faild...")
```

```
        print(e)
    else:
        print(htmlCode)
        time.sleep(delay)

if __name__ == '__main__':
url = sys.argv[1]
connWeb(url)
```

在终端下执行命令：

```
python connWebWithUserAgent.py http://study.163.com
```

执行结果如图 10-4 所示。

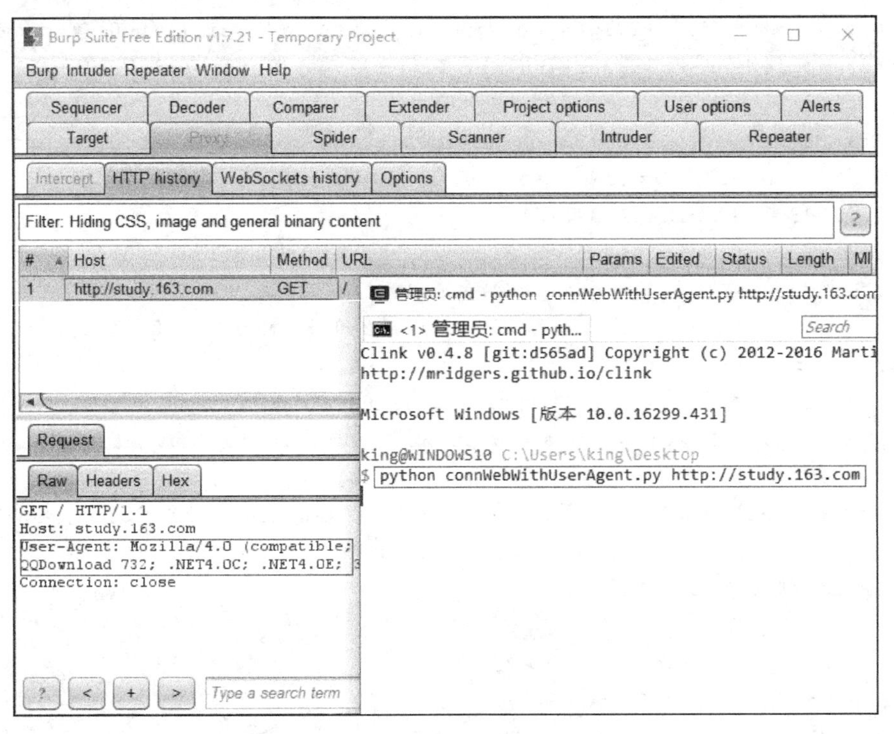

图 10-4　Python 隐藏特征连接网站

可以看到，这次连接随机选择了 QQ 浏览器的 User-Agent，让服务端认为本次连接是由 QQ 浏览器发出的。如果觉得还不够隐蔽，还可以在 headers 中加上 Accept、Host……让爬虫发出的请求更像浏览器。另外，在程序中还随机地暂停了 5~10 秒，让程序看起来更像是人在操作，尽量避免被服务端的管理员发觉。

10.2 在爬虫中使用 Cookies

对付一般简单的静态网站，使用 delay 和模拟浏览器基本上就够用了，但是有些具有商业价值的网站，为了避免商业损失会采取各种手段防止爬虫爬取数据。这就不是能用简单方法来解决的问题了。

10.2.1 通过 Cookies 反爬虫

以浏览 study.163.com 为例，捕捉浏览器发送的请求，然后和运行 connWebWithUserAgent.py 捕捉得到的结果比较一下，如图 10-5 所示。

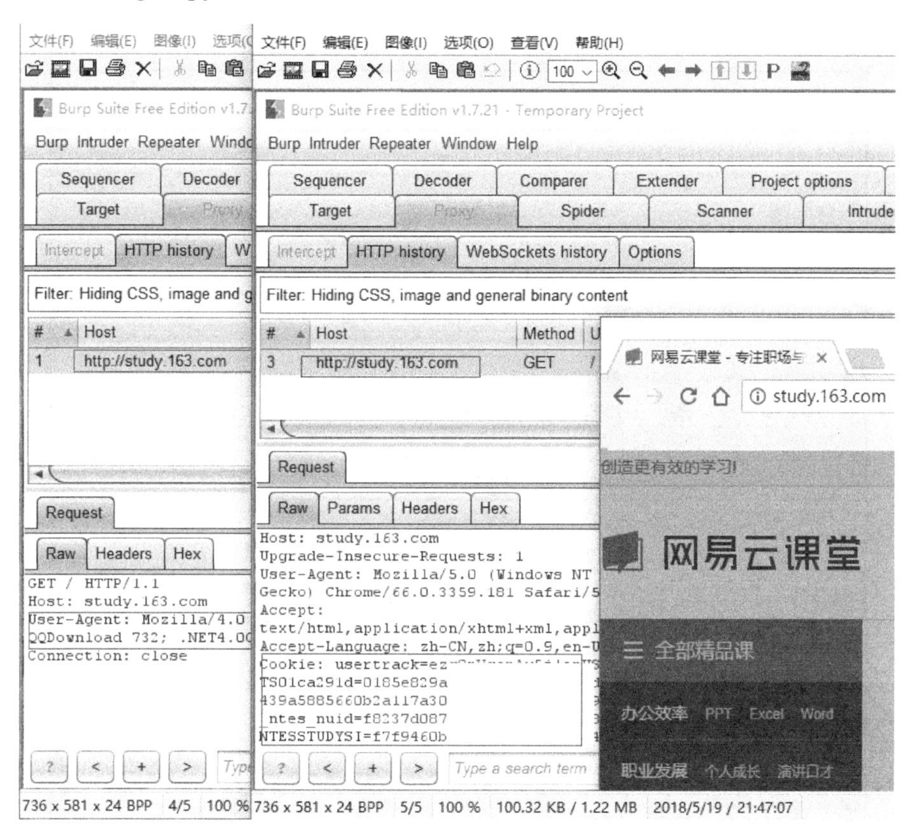

图 10-5 比较捕捉结果

我们可以发现 Python 程序发送的请求和浏览器发送的请求相比，除了缺少 Host、Accept、Accept-Language 等部分外（这些缺少的部分都可以在 headers 中自行添加），还缺少一个重要部分 Cookies。

Cookies 可以简单理解为服务器发给客户端的身份证。这个 Cookies 是浏览器在连接服务器时自动生成的（大部分时候都是通过用户登录来获取 Cookies，有时候登录还特别复杂，有验证码、验证条什么的），每次请求发送的 Cookies 都不同。所以服务器可以通过检查

Cookies 来判断连接过来的请求到底是来自于浏览器还是来自于机器人程序。

10.2.2 带 Cookies 的爬虫

爬虫缺少什么，就给它加上什么。不管网站登录多么烦琐，最终得到的 Cookies 中有关身份验证的代码总是一致的。只需要把这个身份验证代码的部分挑出来，然后写入爬虫 Cookies 相应的部分。这样就可以"骗过"服务器继续获取数据了。这种方法并不总是有效（比如网站中含有 token 验证的就不行），只能解决部分问题。

原理就是先用浏览器登录一遍网站，并截取得到 Headers 和 Cookies 信息，然后使用爬虫利用现有的 Headers 和 Cookies 伪装成浏览器，继续从网站服务端获取数据。

还是以 http://study.163.com 为例。先打开页面登录，然后用 Burp Suite 截取登录后的 Headers 和 Cookies，如图 10-6 所示。

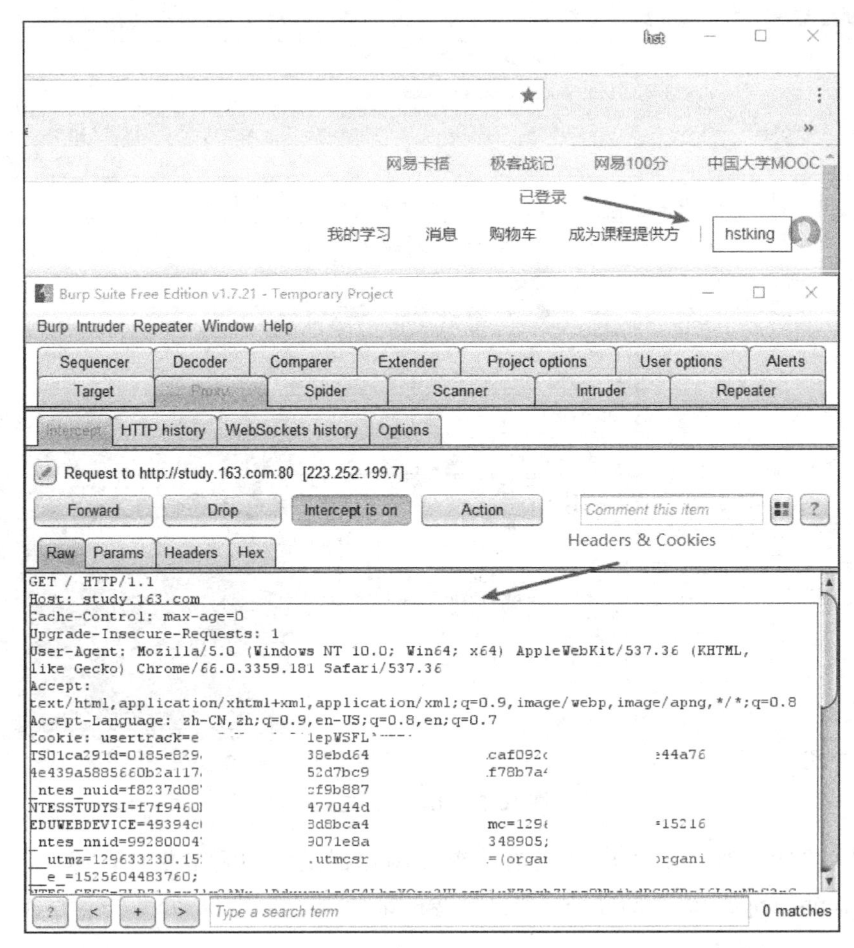

图 10-6 登录后截取 Headers 和 Cookies

在这个 Cookies 中就包含了用户登录的凭证。接下去就可以利用已获取的 Headers 和 Cookies 编写爬虫程序 fakeBrowser.py，将 Headers 和 Cookie 加入到程序内，如图 10-7 所示。

图 10-7　fakeBrowser.py 代码

注意：图 10-7 中一块空白是为了隐藏代码中的个人敏感信息。

在终端下执行命令：

```
python fakeBrowser.py http://study.163.com
```

使用 Brup Suite 截取爬虫程序发送的 requests，如图 10-8 所示。

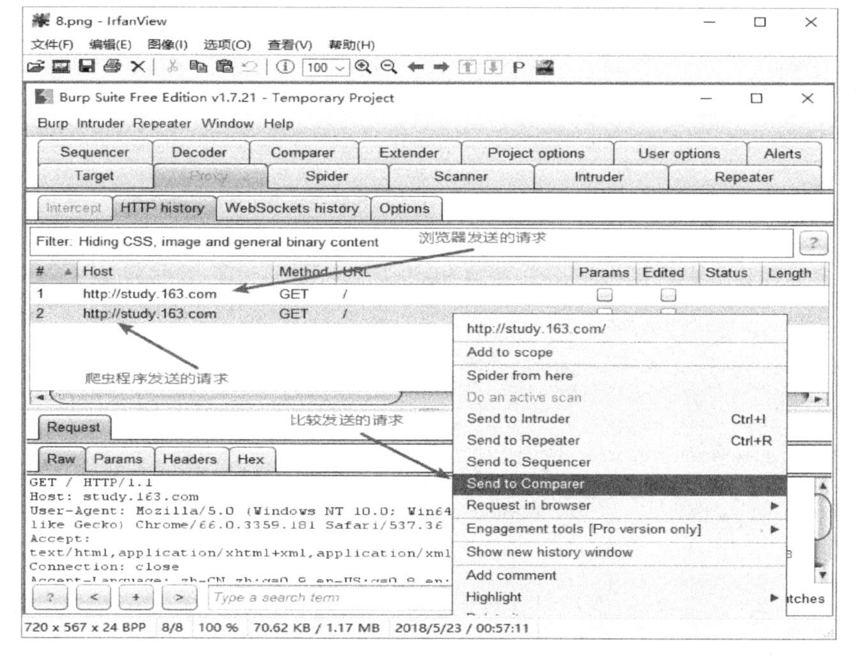

图 10-8　截取爬虫的 request

最后查看比较结果，如图 10-9 所示。

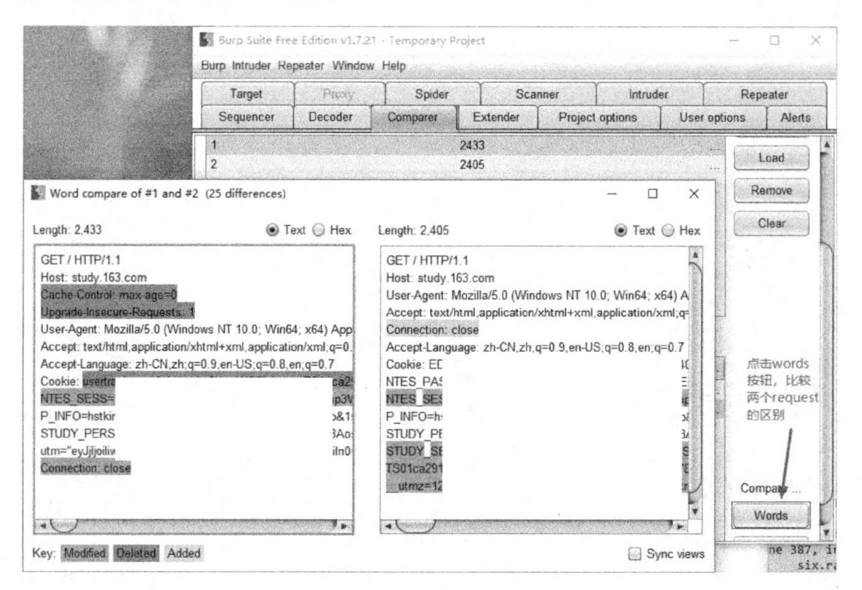

图 10-9　比较 request

彩色部分（彩图可从前言给的地址下载）是有差异的地方，这些差异多数是时间戳等一些会自动变化的变量，一般不影响使用效果。也可以将这些自动变化的变量挑出来，不写入到爬虫程序内，也不会影响最终效果。将爬虫得到的结果载入浏览器中，如图 10-10 所示。

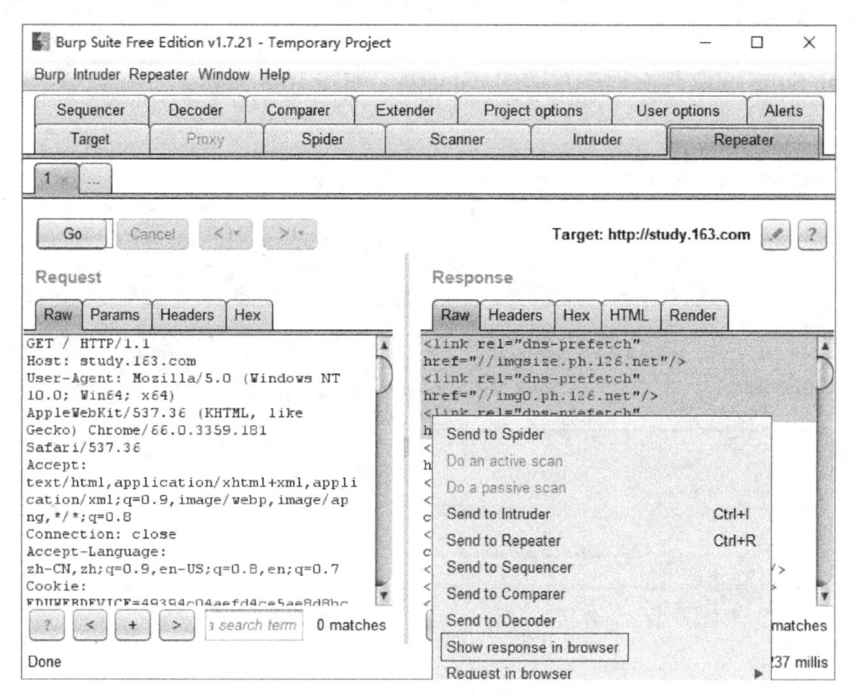

图 10-10　获取爬虫结果载入浏览器

会发现直接用浏览器得到的结果和爬虫爬取得到的结果是完全一致的。

10.2.3 动态加载反爬虫

作为服务器一方， 到了这一步，服务器已经无法从发送的请求中分辨出爬虫了。现在只能苦练内功，给爬虫增加难度。把爬虫爬取数据的成本上升到无利可图的地步，以此来拒绝网络爬虫的访问。

这个增加爬虫爬取数据难度的方法很简单。将所有重要的数据从数据库中直接调用改为使用 JavaScript 等方式动态加载。这样一来，机器人发送的请求并不会“激活”JS 脚本，也就得不到数据。目前很多网站都采用了这种方式来防止爬虫。可以说，这种方法的确很好用，彻底改变了爬虫运行模式，爬虫再也不能简单快捷地获取到数据了。

10.2.4 使用浏览器获取数据

动态加载数据也不是无法破解的。既然模拟浏览器的方法不能获取到数据，那就直接使用浏览器的核心来获取数据。

前面章节中提到过的 Selenium 和 PhantomJS 都是采用这种方法来获取数据的。只是这种方法的速度非常慢，如果目标只有几十页，还能忍受；如果目标达到了上百页，算一下投入的成本和得到的数据，那还是放弃吧。这也是服务器反爬虫的一种方法，让爬虫付出的成本和收获不成比例，爬虫自然就没有动力了。

10.3 本章小结

爬虫的基本原理就是这样了。简单的爬虫基本上就是直来直去地从静态页面获取数据、清洗数据，几乎都是在 Request 的 headers 里做手脚。稍微复杂一点的爬虫，则是通过伪造 Cookies 或者使用浏览器内核从网站获取数据。到这一步就差不多把爬虫获取数据的路子走到头了。非要更进一步，那就只有使用代理池轮询这种终极手段了。

再高级一点的爬虫技术是带有数据分析和存储功能的。作为个人用户而言，只要能爬取到数据就算成功，后面的数据分析和存储几乎用不上。这一点提出来后供读者参考。

最后祝大家在 Python 网络爬虫技术上不断进步。